W0269052

WICKLUNGEN ELEKTRISCHER MASCHINEN

UND IHRE HERSTELLUNG

VON

DR.-ING. HABIL. F. HEILES

ZWEITE VERBESSERTE AUFLAGE

MIT 257 ABBILDUNGEN

SPRINGER-VERLAG BERLIN HEIDELBERG GMBH 1953

ISBN 978-3-662-13434-4   ISBN 978-3-662-13433-7 (eBook)
DOI 10.1007/978-3-662-13433-7

Vorwort.

Die erste Auflage des Buches war 1942 vergriffen. Das Manuskript für eine neue Auflage wurde trotz kriegsbedingter Schwierigkeiten im Jahre 1943 fertiggestellt; mit der Drucklegung konnte jedoch während des Krieges nicht mehr begonnen werden. Nach meiner Rückkehr aus der Kriegsgefangenschaft Ende 1949 war es notwendig, das Manuskript noch einmal durchzuarbeiten und den Anforderungen anzupassen, die man heute an ein kurzes, einführendes Buch über die Wicklungen elektrischer Maschinen stellen muß.

Bei der ersten Auflage lag der Schwerpunkt der Darstellung auf der praktischen Herstellung der Wicklungen, ihrer Isolierung, Befestigung und Prüfung sowie auf der Beschreibung der dabei verwendeten Einrichtungen und Werkstoffe. Der Entwurf der Wicklungen war demgegenüber zu kurz gekommen. In der neuen Auflage ist versucht worden, diesen Nachteil zu beseitigen; dabei war eine Erweiterung und Umgruppierung des Stoffes notwendig. Da außerdem ein umfangreiches Schrifttumsverzeichnis in das Buch aufgenommen worden ist, ließ sich eine Vergrößerung seines Umfanges nicht vermeiden.

Es kann jedoch nicht die Aufgabe des Buches sein, über alle gebräuchlichen und bekannt gewordenen Entwurfsverfahren zu berichten. Den Vorteil der Anschaulichkeit haben die geometrischen Hilfsmittel für den Wicklungsentwurf (Nutenstern, Spannungsstern, Spannungsvieleck), für den praktischen Gebrauch ist aber ihre Anwendung in den meisten Fällen zu zeitraubend und umständlich. An ihrer Stelle sind im Buch einfache Zahlentafeln (Entwurfspläne) verwendet, deren innerer Zusammenhang mit den geometrischen Hilfsmitteln deutlich erkennbar ist. Dem Leser, der diese Zusammenhänge verstanden hat, wird auch die Benutzung anderer Entwurfsverfahren keine Schwierigkeiten bereiten, die fast alle mehr oder weniger auf der gleichen Grundlage beruhen. Aus diesem Rahmen fällt das von DE PISTOYE angegebene Verfahren heraus, Bruchlochwicklungen aus Ganzlochwicklungen abzuleiten; ihm ist daher ein besonderer, kurzer Abschnitt gewidmet.

Die Wicklungsfaktoren und ihre Berechnung werden zunächst in allgemeiner Form betrachtet unter Beschränkung auf die Grundwelle und die Oberwellen *ungerader* Ordnungszahl. Bei den einzelnen Wicklungsarten ist dann die Anwendung der allgemeinen Berechnungsformeln gezeigt. Am Schluß des Buches befinden sich Zahlen- und Kurventafeln, welche für die gebräuchlichsten Wicklungen die Bestimmung der Wicklungsfaktoren erleichtern.

Ein Wort ist noch über die Art der Darstellung der Stromverdrängungserscheinungen in Nutenleitern zu sagen. Die Theorie dieser Erscheinungen ist in mehreren anderen Büchern gut und ausführlich behandelt. Für den Berechnungsingenieur ist es jedoch wichtig, ein Hilfsmittel zur Verfügung zu haben, mit dem er sich rein handwerksmäßig über die ungefähre Größe der Zusatzverluste durch Stromverdrängung für eine bestimmte Leiteranordnung unterrichten kann. Diesem Zweck soll die im Buch gewählte Darstellungsart dienen.

Ich hoffe, daß das Buch in seiner jetzigen Gestalt nicht nur den mit der praktischen Herstellung der Wicklungen beschäftigten Elektrotechnikern ein brauchbares Hilfsmittel ist, sondern auch dem Berechnungs- und Konstruktionsingenieur nützliche Dienste leistet. Die Form der Darstellung und der Umfang des Stoffes läßt es auch für den Gebrauch an Technischen Hochschulen und Ingenieurschulen geeignet erscheinen.

Die Herren Dipl.-Ing. KARL LANGGUTH und Dipl.-Ing. KARL MEERBECK haben mit großer Aufmerksamkeit und Gewissenhaftigkeit die Korrekturen mitgelesen. Auch meine Tochter hat mich beim Lesen der Korrekturen sowie beim Zusammenstellen des Schrifttumsverzeichnisses[1] tatkräftig unterstützt. Ihnen sei auch an dieser Stelle für die wertvolle Hilfe gedankt, die sie mir geleistet haben. Den in den Abbildungsunterschriften und im Text genannten Firmen danke ich für die Überlassung von Bildern und sonstigen Unterlagen. Schließlich gilt mein Dank auch dem Springer-Verlag für die vorzügliche Ausstattung des Buches.

Aachen, September 1952.

F. Heiles.

---

[1] Hinweise auf das Schrifttumsverzeichnis im Text und in Abbildungsunterschriften enthalten in eckigen Klammern kursiv gedruckt die Nummern, unter denen die betreffenden Arbeiten im Verzeichnis aufgeführt sind.

Inhaltsverzeichnis.

Zweiter Teil:

Stromwenderwicklungen.

Inhaltsverzeichnis. **VII**

Dritter Teil:
Sonstige Wicklungen.

Vierter Teil:
Isolieren, Befestigen und Prüfen der Wicklungen.

Bedeutung der verwendeten Formelzeichen.

a = Zahl der parallelen Ankerzweigpaare.

A = Faktor zur Berechnung des Verlustverhältnisses.

b = Breite; b_K gesamte Kupferbreite in der Nut; b_N Nutbreite.

B = Faktor zur Berechnung des Verlustverhältnisses.

B = Dichte des magnetischen Feldes (Induktion); B_m Scheitelwert.

d, D = Durchmesser; d_r des Rollkreises.

e, E = erzeugte Spannung (EMK); E_t Teilspannung.

f = Frequenz.

F = Querschnittsfläche.

g = Gangzahl.

g = ganze Zahl.

h = Leiterhöhe; h_K gesamte Kupferhöhe; h_{krit} kritische Leiterhöhe; h_t Höhe
eines Teilleiters.

k = Zahl der Stromwenderstege.

l = wirksame Ankerlänge.

m = Strangzahl.

m = Lagenzahl in der Nut.

n = Drehzahl; n_s synchrone Drehzahl.

n = Zahl der Teilleiter je Einzelleiter.

n = Zahl der Stromableitungen bei angezapften und aufgeschnittenen Wicklungen.

n = Zahl der zusammenzusetzenden Teilspannungen.

N = Nutenzahl.

p = Polpaarzahl; p' und p'' bei Polumschaltung.

q = Zahl der bewickelten Nuten je Pol und Strang.

Q = Zahl der Nuten je Pol und Strang (wenn nicht alle bewickelt sind).

r = Zahl der Wicklungsringe.

s = Schlupf.

t = größter gemeinsamer Teiler der Nuten- und Polpaarzahl.

t' = Zahl der in einer Wicklung enthaltenen Urwicklungen.

u = Zahl der Spulenseiten quer zur Nut.

v = Verlustverhältnis; v' für Zusatzverluste erster, v'' für Zusatzverluste
zweiter Ordnung.

w = Windungszahl.

W = Spulenweite.

y = gesamter Wicklungsschritt; y_1 erster Teilschritt (Spulenweite); y_2 zweiter
Teilschritt (Schaltschritt); y_v = Verbindungsschritt.

z = Leiterzahl; z_1 und z_2 Zahl der Spulen in den Zonenwinkeln β_1 und β_2.

Z = Zahl der Spulenkopfe je Ebenenpaar bei Evolventenverbindungen.

α = elektrischer Winkel zwischen benachbarten Nuten.

α' = Winkel zwischen benachbarten Strahlen im Spannungsstern.

α, α' = Faktoren zur Berechnung der reduzierten Leiterhöhe.

β = Zonenwinkel; β_1 und β_2 bei Zonenänderung.

β = Faktor zur Berechnung des Verlustverhältnisses.

$\gamma =$ Zahl der Spulen je Strang.

$\gamma =$ Faktor zur Berechnung des Verlustverhältnisses.

$\delta =$ Mittellinienabstand bei Evolventenverbindungen; δ_1 und δ_2 bei vergrößertem Abstand zwischen den Strängen.

$\varepsilon =$ Winkel, Wicklungsfaktoren (Teilfaktoren) bestimmend; ε_S Sehnungswinkel; ε_U Unterschiedswinkel; ε_V Verschiebungswinkel.

$\eta_1 =$ Nutenschritt.

$\varkappa =$ elektrische Leitfähigkeit.

$\lambda =$ Verhältnis der Eisenlänge zur mittleren Leiterlänge.

$\nu =$ Ordnungszahl der Einzelwellen.

$\xi =$ Wicklungsfaktor; ξ_ν der ν-ten Welle; $\xi_{S\nu}$ Sehnungsfaktor, $\xi_{U\nu}$ Unterschiedsfaktor, $\xi_{V\nu}$ Verschiebungsfaktor, $\xi_{Z\nu}$ Zonenfaktor der ν-ten Welle.

$\xi, \xi' =$ reduzierte Leiterhöhe.

$\tau =$ Polteilung.

$\Phi =$ magnetischer Fluß.

Die elektrischen Maschinen.

A. Allgemeines.

Die Wirkung jeder elektrischen Maschine beruht auf dem Zusammenwirken von magnetischen Feldern und vom Strom durchflossenen Leitern. Ein magnetisches Feld ist z. B. daran zu erkennen, daß es auf eine Kompaßnadel Kräfte ausübt, die die Nadel in eine bestimmte Richtung einstellen.

Magnetische Felder werden ihrerseits wieder von elektrischen Strömen erzeugt. Eine Spule nach Abb. 1 sei von einem Gleichstrom durchflossen; die Richtung des Stromes ist in der Weise angedeutet, daß in den Schnittstellen der Windungen Kreuze und Punkte eingezeichnet sind, Kreuze deuten das Fließen des Stromes vom Beschauer her in die Papierebene hinein, die Punkte das Fließen aus der Papierebene heraus in Richtung auf den Beschauer an. Der Strom der Spule schafft ein magnetisches Feld, das durch die dünnen Linien angedeutet ist; die Linien laufen in sich selbst zurück, ein Teil in weitem Bogen, so daß sie nicht vollständig darzustellen sind. Man bezeichnet die Linien als Induktionslinien (auch Kraftlinien); die Gesamtheit der Linien nennt man *magnetischen Fluß Φ*.

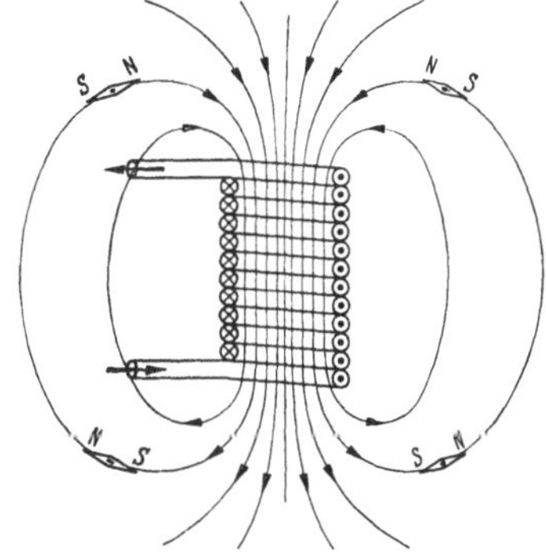

Abb. 1.
Magnetisches Feld einer Spule.

Die Kompaßnadel stellt sich an allen Stellen des Feldes so ein, daß ihre Längsachse mit den Linien zusammenfällt. Den Linien ordnet man eine solche Richtung zu, daß sie am Südpol der Nadel in diese eintreten und an ihrem Nordpol austreten. Die in Abb. 1 durch Pfeile angegebene Richtung der Induktionslinien ergibt sich, wenn der Strom die durch Kreuze und Punkte angedeutete Richtung hat, wobei die Stromrichtung in der üblichen Weise vom positiven zum negativen Pol gerechnet ist.

Eine wichtige Größe des magnetischen Feldes ist die *magnetische Dichte* oder *Induktion B*; sie entspricht der Zahl der Induktionslinien je Flächeneinheit, wenn die Meßfläche senkrecht zur Richtung der Linien steht. Wo das Feld *homogen* ist (z. B. angenähert im Innern der Spule in Abb. 1), besteht zwischen der Dichte B, der zu ihr senkrechten Querschnittsfläche F und dem Fluß Φ die Beziehung

$$\Phi = BF. \tag{1}$$

Man kann unter sonst gleichen Bedingungen die Dichte des Feldes erhöhen, wenn man es in Eisen verlaufen läßt. Durch das Eisen wird gleichzeitig den Induktionslinien der Weg weitgehend vorgeschrieben. Wenn sie jedoch ganz im Eisen verlaufen, läßt sich ihr Vorhandensein nicht mehr unmittelbar nachweisen. Dies gelingt jedoch wieder, wenn man den Eisenweg an einer Stelle unterbricht (Abb. 2). Im Luftspalt ist dann, wenn die Spule vom Strom durchflossen wird, ein starkes magnetisches Feld nachweisbar. An den Enden des Eisenweges haben sich magnetische Pole ausgebildet; dort, wo die Induktionslinien aus dem Eisen austreten, ist ein magnetischer Nordpol, wo sie wieder eintreten, ein magnetischer Südpol. Fast alle Linien treten vom Nordpol durch den schmalen Luftspalt zum Südpol über; nur ganz wenige verlaufen durch den übrigen Luftraum und bilden dort ein schwaches „Streufeld". Eine solche Anordnung, wie sie Abb. 2 zeigt, nennt man einen magnetischen Kreis.

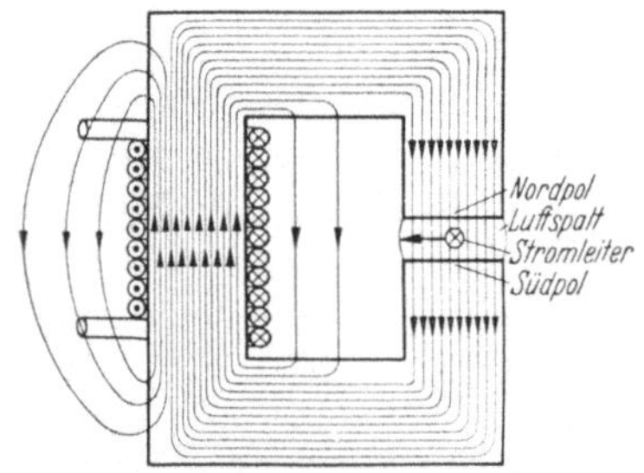

Abb. 2. Magnetischer Eisenkreis mit Luftspalt und Stromleiter.

In einem magnetischen Kreis ist an einer bestimmten Stelle die magnetische Dichte um so größer, je größer das Produkt aus Stromstärke und Windungszahl (Amperewindungszahl) ist; man nennt dieses Produkt *Durchflutung*. Allerdings besteht zwischen der Dichte und der Durchflutung keine Proportionalität, wenn Eisen in dem magnetischen Kreis vorhanden ist (Eisensättigung).

Wir denken uns in den Luftspalt einen geradlinigen, senkrecht zur Papierebene verlaufenden Stromleiter (Draht) hineingebracht, der in Abb. 2 im Schnitt dargestellt ist. Fließt der Strom in ihm in der angedeuteten Richtung, so wird auf ihn eine Kraft ausgeübt, die ihn in der Pfeilrichtung nach links zu bewegen sucht. Diese Kraftwirkung zwischen einem stromführenden Leiter und einem magnetischen Feld wird in jedem elektrischen Motor zur Erzeugung mechanischer Leistung benutzt, wobei der Maschine elektrische Leistung zugeführt werden muß.

Bewegt man den erwähnten Leiter, den wir dabei als stromlos annehmen, im magnetischen Feld, so tritt zwischen seinen Enden eine elektrische Spannung auf. Diese Erscheinung wird in den elektrischen Generatoren zur Erzeugung elektrischer Spannungen benutzt, welche die Maschinen zur Abgabe elektrischer Leistung bei gleichzeitiger Aufnahme mechanischer Leistung befähigen.

Neben diesen beiden Gruppen von elektrischen Maschinen gibt es noch eine dritte Gruppe, die Umformer, die elektrische Leistung in elektrische Leistung anderer Form verwandeln (meistens durch Umwandlung von Wechselstrom in Gleichstrom).

Die Gesamtheit der elektrischen Leiter, welche eine Maschine enthält, nennt man ihre Wicklungen. Ein Teil der Wicklungen hat die Aufgabe, das magnetische Feld in der Maschine zu erzeugen (*Feldwicklungen, Erregerwicklungen*), der andere enthält die Stromleiter, die in Verbindung mit dem Magnetfeld Kräfte oder Spannungen erzeugen. Darüber hinaus gibt es noch Wicklungen, welche dazu dienen, unerwünschte magnetische Felder in einer Maschine dadurch zu unterdrücken, daß sie selbst Felder entgegengesetzter Richtung erzeugen.

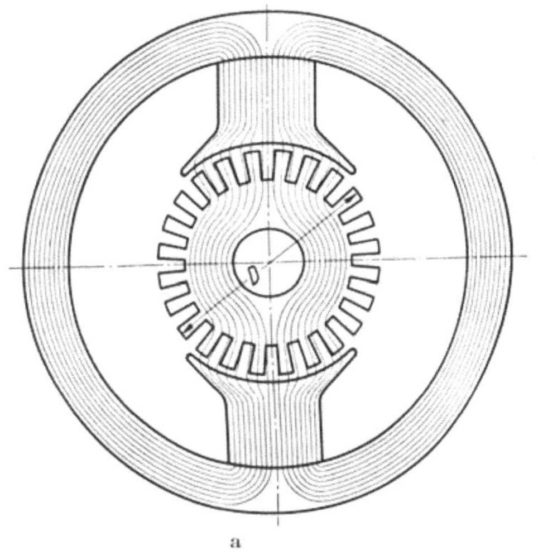
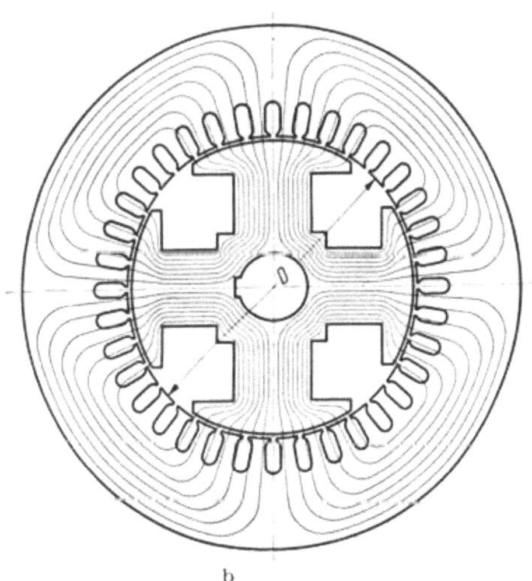

Abb. 3. Grundformen der elektrischen Maschine.
a Außenpolmaschine; b Innenpolmaschine.

Die elektrische Maschine besteht immer aus einem stillstehenden Teil (Ständer) und einem umlaufenden Teil (Läufer); von den Wicklungen abgesehen, bestehen beide aus Eisen. Die magnetischen Induktionslinien

durchsetzen Ständer und Läufer sowie den zwischen beiden befind-
lichen Luftspalt.

Die magnetisch wirksamen Eisenteile der Maschinen treten im
wesentlichen in drei Grundformen auf, die in Abb. 3 im Schnitt dargestellt sind. Eine Maschine der Form a, bei der sog. ausgeprägte Pole
im Ständer vorhanden sind, heißt Außenpolmaschine, eine Maschine
mit ausgeprägten Polen im Läufer, die der Form b entspricht, heißt
Innenpolmaschine. Bei beiden Ausführungsformen sind die ausgeprägten Pole stets die Träger der das Magnetfeld erregenden Wicklungen, die von Gleichstrom durchflossen werden. Bei der Form c sind weder im Ständer noch im Läufer ausgeprägte Pole vorhanden.

Diejenigen magnetisch wirksamen Eisenteile der Maschine, die keine ausgeprägten Pole tragen, haben Nuten, in denen Wicklungen liegen. Die gebräuchlichsten Nuten-

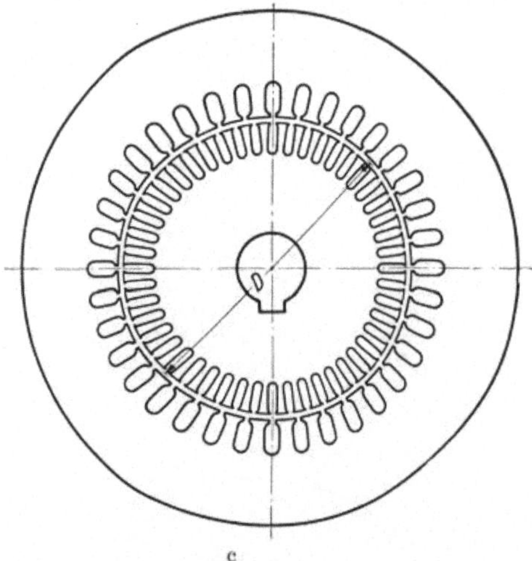

c
Abb. 3. Grundformen der elektrischen Maschine.
c Maschine ohne ausgeprägte Pole.

formen sind in Abb. 4 dargestellt. Die Formen a und b sind offene
Nuten, die übrigen halboffene oder halbgeschlossene Nuten; in Sonder-
fällen kommen auch ganz geschlossene Nuten vor, die im übrigen
meistens den Formen c, d und e entsprechen. Bei großem Maschinen-

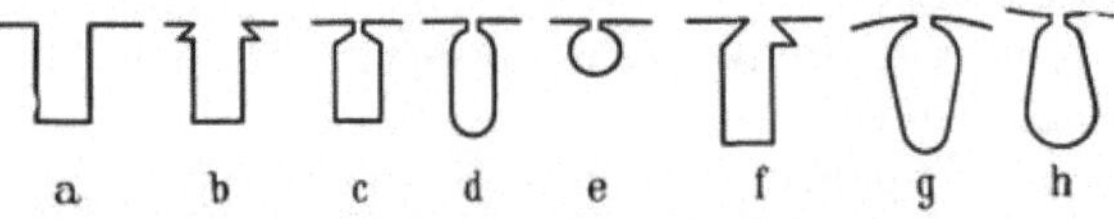

Abb. 4. Gebräuchliche Nutenformen.

durchmesser sind die Seitenwände einer Nut (Nutflanken) meistens
einander parallel (Formen a bis f), nur bei kleineren Durchmessern
verlaufen sie häufig radial, so daß die Nuten des inneren Teiles (Läufer)
der Form g, die des äußeren Teiles (Ständer) der Form h entsprechen.
Die zwischen den Nuten liegenden Eisenteile heißen *Zähne*. Die Wicklungen ausgeprägter Pole bezeichnet man auch als *konzentrierte* Wicklungen, während die in Nuten untergebrachten Wicklungen meistens
verteilte Wicklungen sind.

Das in der Maschine wirksame Magnetfeld kann in bezug auf bestimmte Eisenteile entweder räumlich und zeitlich konstant sein oder sich ändern. Ein räumlich stillstehendes aber zeitlich sich periodisch änderndes Feld wird *Wechselfeld* genannt. Wird die zeitliche periodische Änderung in dem betrachteten Maschinenteil durch ein sich drehendes Feld mit konstanter Amplitude bewirkt, so spricht man von einem magnetischen *Drehfeld*.

Solche Änderungen des Magnetfeldes in massiven Eisenteilen (Ummagnetisierung) rufen elektrische *Wirbelströme* hervor, die das Eisen erwärmen und außerdem eine Verdrängung des Magnetfeldes an die Ränder des Querschnitts hervorrufen ähnlich, wie dies mit elektrischen Strömen bei der Stromverdrängung geschieht (s. S. 96).

Alle magnetisch wirksamen Eisenkörper, die ummagnetisiert werden, müssen aus Blechen (meistens 0,5 mm stark) zusammengesetzt werden, die durch aufgeklebtes Papier oder durch eine Lackschicht gegeneinander isoliert sind. Einen solchen Eisenkörper nennt man ein *Blechpaket*. Bei großen Eisenlängen wird das Blechpaket in Teilpakete zerlegt, zwischen denen sich Schlitze von etwa 10 mm Breite als Durchlässe für die Kühlluft befinden (s. z. B. Abb. 119 u. 194).

Die Endbleche der Teilpakete sind mit aufgenieteten oder aufgeschweißten Stegen versehen, die den Abstand zwischen den Teilpaketen aufrecht erhalten. Das *ganze* Blechpaket wird gewöhnlich durch *Druckringe* zusammengehalten, die in geeigneter Weise mit dem Gestell der Maschine verbunden sind. Bei mittleren und großen Maschinen muß die Wirkung der Druckringe bis auf die Zähne fortgesetzt werden. Man kann dies dadurch erreichen, daß man die Druckringe an dem den Nuten zugekehrten Rande kammartig ausbildet; die dabei entstehenden *Druckfinger* drücken dann auf die Zähne des Blechpakets. Zuweilen werden die Druckfinger auch für sich hergestellt und an den Endblechen so befestigt, daß sie von den Zähnen ausgehend in radialer Richtung über den Bereich der Nutung hinausgreifen. Die Druckringe haben dann die Form von glatten Kreisringen und drücken ihrerseits auf die Druckfinger.

Die elektrische Maschine wird mit verschiedener Polzahl ausgeführt; die Zahl der Pole ist immer gerade, die Polpaarzahl wird allgemein mit p bezeichnet. Wenn ausgeprägte Pole vorhanden sind, ist die Polzahl ohne weiteres erkennbar; Abb. 3a stellt z. B. eine zweipolige ($p = 1$), Abb. 3b eine vierpolige ($p = 2$) Maschine dar. Die ungefähre Gestalt der Magnetfelder dieser beiden Maschinen ist in Abb. 3a und 3b angedeutet. Bei Maschinen ohne ausgeprägte Pole ist die Polzahl nicht ohne weiteres zu erkennen; es kommt auf den Verlauf des Magnetfeldes im Eisen an, und dieser wird bestimmt durch die Wicklung. Die Anordnung nach Abb. 3c ist (ohne Nuten) in der Abb. 5a mit zweipoligem ($p = 1$), in der Abb. 5 b mit vierpoligem Feld ($p = 2$) dargestellt. Ein Feld nach Abb. 5 a wird z. B. von einer Wicklung nach Abb. 52b, ein Feld nach Abb. 5 b von einer Wicklung nach Abb. 52a erregt.

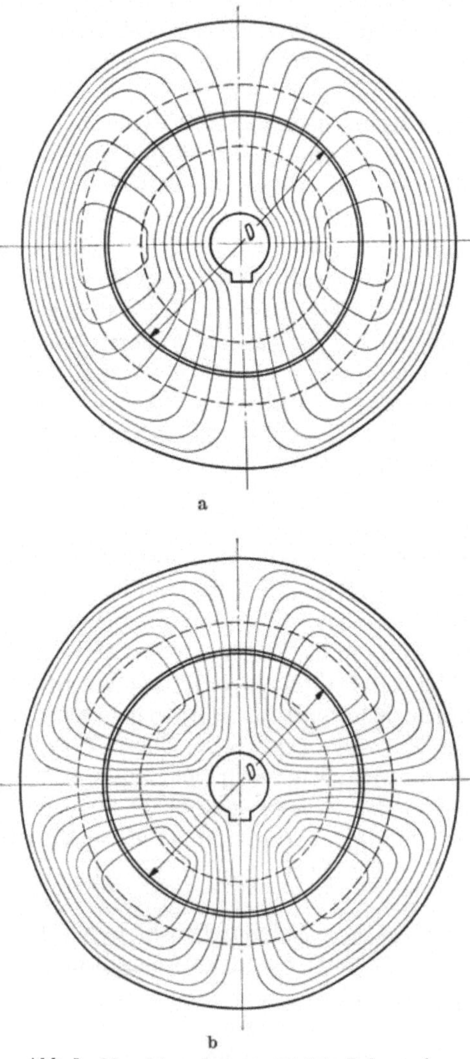

a

b

Abb. 5. Maschine ohne ausgeprägte Pole nach Abb. 3c. a mit zweipoligem, b mit vierpoligem Magnetfeld.

Die das Arbeiten einer elektrischen Maschine bewirkenden Vorgänge spielen sich im wesentlichen im Luftspalt zwischen Ständer und Läufer und in seiner unmittelbaren Umgebung ab. Für die Bemessung der Größe einer Maschine ist deshalb außer der Eisenlänge der in Abb. 3 u. 5 mit D bezeichnete Durchmesser maßgebend. Teilt man den diesem Durchmesser entsprechenden Umfang durch die Zahl der Pole, so erhält man die *Polteilung* τ. In Abb. 3 a und Abb. 5 a ist also die Polteilung $\dfrac{D\pi}{2}$, in Abb. 3 b und Abb. 5 b ist sie $\dfrac{D\pi}{4}$, allgemein also $\dfrac{D\pi}{2p}$.

Die magnetischen Verhältnisse in einer Maschine wiederholen sich jedesmal, wenn man um zwei Polteilungen weiterschreitet. Bei der mehrpoligen Maschine ist also die doppelte Polteilung in magnetischer und elektrischer Hinsicht dasselbe, was bei der zweipoligen Maschine der ganze dem Durchmesser D entsprechende Umfang ist.

Man ordnet daher der doppelten Polteilung einen *elektrischen Winkel* von 360° zu. Bei Maschinen mit nur einem Polpaar stimmen räumliche und elektrische Winkel überein, bei Maschinen mit p Polpaaren entspricht einem beliebigen räumlichen Winkel ein p-mal so großer elektrischer Winkel.

B. Die Synchronmaschine.

Die Synchronmaschine wird fast stets als Innenpolmaschine gebaut; ihr Aufbau entspricht also Abb. 3 b. Die Wicklung des Ständers steht meistens in unmittelbarer Verbindung mit dem Wechselstromnetz. Der Läufer, der auch die Bezeichnung *Induktor* führt, wird mit Gleichstrom erregt; dieser wird über zwei Schleifringe zugeführt.

Bei der Synchronmaschine stehen (synchrone) Drehzahl n_s, Polpaarzahl p und Frequenz f des Wechselstromes in einem festen Verhältnis zueinander; es gilt die allgemeine Größengleichung

$$n_s = f/p \qquad\qquad (2\,\text{a})$$

oder die zugeschnittene Größengleichung

$$n_s = \frac{60\,f}{p}\,\frac{\text{U/min}}{\text{Hz}}\;. \qquad\qquad (2\,\text{b})$$

Für die in Deutschland übliche Frequenz von 50 Hz gehören die genormten, in Zahlentafel 1 aufgeführten Polzahlen und Drehzahlen zusammen.

Zahlentafel 1. *Genormte Polzahlen und Synchrondrehzahlen von Wechselstrommaschinen für eine Frequenz von 50 Hz* (nach VDE 0530).
(Die eingeklammerten Werte sollen nach Möglichkeit vermieden werden.)

Drehzahl n U/min	Polzahl $2\,p$	Drehzahl n U/min	Polzahl $2\,p$	Drehzahl n U/min	Polzahl $2\,p$
3000	2	375	16	150	40
1500	4	300	20	125	48
1000	6	250	24	(107)	(56)
750	8	(214)	(28)	94	64
600	10	188	32	(83)	(72)
500	12	(167)	(36)	75	80

Mit der gleichen Drehzahl, wie sie der Läufer hat, läuft im Ständer ein magnetisches Drehfeld um. Von diesem Gleichlauf (Synchronismus) hat die Maschine ihren Namen.

Das Drehfeld macht es notwendig, den wirksamen Eisenkörper des Ständers aus Blechen zusammenzusetzen.

Die meisten Synchronmaschinen sind *dreiphasige* Wechselstrommaschinen (Drehstrommaschinen). Bei ihnen sind im Ständer drei *Wicklungsstränge* vorhanden, deren Anfänge und Enden die genormten Bezeichnungen nach Abb. 6 tragen. Stehen die drei Stränge, wie in Abb. 6a, in keiner Verbindung miteinander, so heißen sie unverkettet. Gewöhnlich sind sie jedoch zu einer Sternschaltung (Abb. 6b), seltener zu einer Dreieckschaltung (Abb. 6 c) miteinander verbunden. Für besondere Zwecke, z. B. für die Speisung von Bahnnetzen, werden auch einphasige Synchronmaschinen gebaut, die im Ständer nur *einen* Wicklungsstrang haben.

Für den Läufer gibt es zwei Ausführungsformen. Eine Maschine mit ausgeprägten Polen (Abb. 3 b) wird Schenkelpolmaschine genannt.

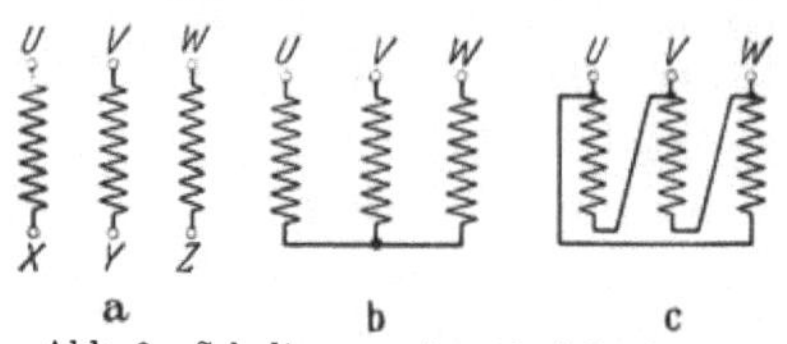

Abb. 6. Schaltungsarten dreiphasiger Wicklungen; a unverkettet; b Sternschaltung; c Dreieckschaltung.

Die Pole, die aus den *Polkernen* und den dem Ständer zugekehrten *Polschuhen* bestehen, tragen die von Gleichstrom durchflossenen Spulen der Feldwicklung, die das Magnetfeld erzeugen. Bei einer symmetrisch belasteten Drehstrommaschine tritt in den Eisenteilen des Läufers (Polrades) keine Ummagnetisierung auf. Der ganze Läuferkörper wird daher häufig massiv ausgeführt; die Herstellungskosten sind bei dieser Ausführung am niedrigsten.

Abb. 7. In Einzelteile zerlegte Synchronmaschine (Werkbild SIEMENS).

Wenn der Ständer *offene* Nuten hat, treten jedoch an der Oberfläche des Polschuhes Pulsationen des magnetischen Feldes auf, die Wirbelströme (*Oberflächenverluste*) zur Folge haben, wenn der Polschuh massiv ist. Zur Unterdrückung dieser Oberflächenverluste werden dann die Polschuhe zweckmäßig aus Blechen (meist 1 mm stark und unbeklebt) zusammengesetzt (Abb. 223). Noch stärkere Änderungen des Magnetfeldes treten in Läufern von stark unsymmetrisch belasteten Drehstrommaschinen und von Einphasenmaschinen auf, ferner während des Anlaufs in Läufern von Motoren, die asynchron angelassen werden (s. S. 11). In allen diesen Fällen wird meistens der *ganze* Pol aus Blechen zusammengesetzt; Polkern und Polschuh werden dann zusammenhängend gestanzt. Die Bleche erhalten oft einen schwalbenschwanzförmigen Ansatz, der zur Befestigung des Pols am Läuferkern dient (Abb. 7a). Diese Ausführungsart findet — abgesehen von Rundpolen (Abb. 224) — aus Herstellungsgründen oft auch dann Anwendung, wenn nicht der ganze Pol geblecht zu sein brauchte. Bei großen Maschinen werden die Pole häufig auf Scheiben- oder Speichenräder aufgesetzt, die gleichzeitig als Schwungräder ausgebildet sind, wenn die Maschine mit einer Kolbenkraftmaschine gekuppelt wird.

Der für die Erregung des Läufers benötigte Gleichstrom kann einem Gleichstromnetz entnommen werden. Meistens wird er aber von einer besonderen kleinen Gleichstrommaschine geliefert, die *Erregermaschine* genannt wird und die mit der Hauptmaschine zusammengebaut oder unmittelbar mit ihr gekuppelt ist.

Abb. 7a. Sechspoliger Läufer einer Synchronmaschine (Werkbild BBC).

Eine teilweise in ihre Einzelteile zerlegte Schenkelpolmaschine mit angebauter Erregermaschine zeigt Abb. 7. Die Erregermaschine hat keine eigenen Lager; sie ist „fliegend" angebaut. Da Abb. 7 Einzelheiten des Läufers nicht erkennen läßt, ist in Abb. 7a ein sechspoliger Schenkelpolläufer allein dargestellt. Die Pole sind durch Schwalbenschwänze an dem auf der Welle sitzenden Läuferkörper befestigt; sie tragen die Erregerspulen. Der Läufer hat außerdem eine Dämpferwicklung (s. S. 11).

Bei Synchronmaschinen für große Leistungen bei hoher Drehzahl (Turbomaschinen) erhält der Läufer keine ausgeprägten Pole; er hat hier die Gestalt eines Kreiszylinders (*Volltrommelinduktor*). Es gibt zwei Herstellungsarten für diese Läufer. Bei der einen besteht der ganze Läuferkörper aus einem Stück oder aus aufeinander geschichteten Scheiben, deren Außendurchmesser von vornherein etwa dem Durchmesser des fertigen Läufers entspricht. Zum Unterbringen der Wicklung werden in den Läuferkörpern Nuten eingefräst. Die zwischen den Nuten stehenbleibenden Zähne erhalten gewöhnlich in Achsrichtung ver-

laufende Löcher, durch die Kühlluft geleitet wird; die Löcher endigen
in Einschnitten, die in bestimmten Abständen ringförmig in die Läufer-
oberfläche eingedreht sind. Die Wicklung nimmt nur etwa $^2/_3$ des Umfanges ein; es werden auch nur auf diesem Teil des Umfanges Nuten
eingefräst. Die Nuten werden durch Messingkeile verschlossen, nur

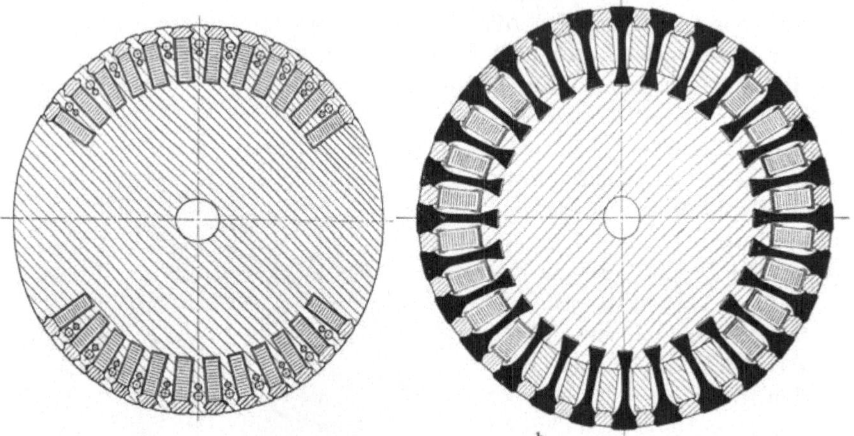

Abb. 8. Schnitte durch Volltrommelinduktoren, a massive Ausführung;
b Ausführung mit eingesetzten Zähnen.

einzelne Nuten erhalten zuweilen zur Erzielung besonderer magnetischer
Wirkungen Stahlkeile. Abb. 8a zeigt einen Querschnitt durch einen
solchen Läufer.

Bei der anderen Ausführungsform (Abb. 8b) hat
der massive Läuferkörper zunächst einen erheblich kleineren Durchmesser als der fertige Läufer.
In diesen Körper werden über den ganzen Umfang schwalbenschwanzförmige Nuten eingefräst,
welche dazu dienen, die Läuferzähne aufzunehmen,
deren Gestalt Abb. 9 zeigt und die gewöhnlich aus
Blechen zusammengesetzt sind. Die Zwischenräume
zwischen den Zahnreihen bilden die Nuten zum
Aufnehmen der Wicklung. Zwischen Wicklung und
Zahnflanken liegt noch ein freier Raum, durch den
Kühlluft strömt. Die Nuten, welche die Wicklung
enthalten, werden durch Messingkeile verschlossen.
Zur Aufnahme der Wicklung werden nur etwa $^2/_3$
der Nuten gebraucht, die übrigen werden mit

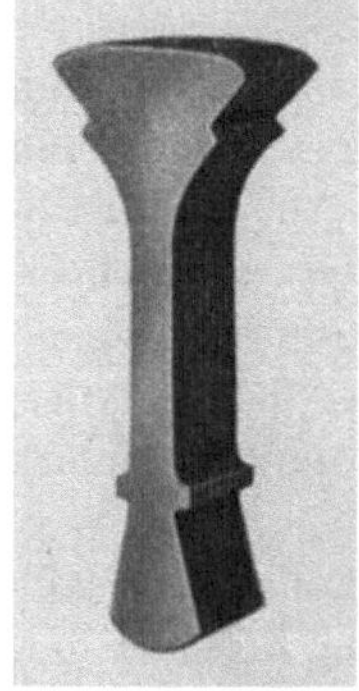

Abb. 9. Geblechter
Zahn eines Volltrom-
melinduktors nach
Abb. 8b
(Werkbild SIEMENS).

massiven Stahlstäben ausgefüllt und mit Stahlkeilen verschlossen.

Läufer von Synchronmaschinen, deren Polschuhe oder Pole geblecht
sind, werden häufig mit einer Käfigwicklung versehen, welche die

Aufgabe hat, Pendelschwingungen der Maschine zu dämpfen (*Dämpferwicklung*) oder bei Betrieb als Motor ein „asynchrones" Anfahren der Maschine zu ermöglichen, wobei die Wicklung in gleicher Weise wirkt wie die Käfigwicklung einer Induktionsmaschine (s. S. 210). Die Käfigwicklung ist eine in sich kurzgeschlossene Wicklung; ihre Ausführungsformen sind auf S. 124 beschrieben.

C. Die Asynchronmaschine (Induktionsmaschine).

Sowohl im Ständer als auch im Läufer ist der magnetisch wirksame Teil dieser Maschine aus genuteten Blechen zusammengesetzt (Abb. 3 c). Der Ständer trägt eine gleichartige Wicklung wie der Ständer der Synchronmaschine. Die am häufigsten vorkommenden Drehstrommaschinen enthalten also eine aus drei Wicklungssträngen bestehende dreiphasige Wicklung, die bei Betrieb der Maschine mit einem Drehstromnetz in Verbindung steht. Durch Zusammenwirken der drei Ströme des Drehstromsystems wird in der Maschine ein magnetisches Drehfeld erzeugt. Der Zusammenhang zwischen der Umlaufdrehzahl n_s des Drehfeldes, der Frequenz f und der Polpaarzahl p ist wieder durch Gl. (2 a) oder (2 b) bestimmt. Man nennt n_s auch die synchrone Drehzahl der Maschine.

Das umlaufende Drehfeld erzeugt durch Induktionswirkung in der Läuferwicklung Ströme, die zusammen mit dem Drehfeld ein Drehmoment bilden. Die wirkliche Drehzahl n des Läufers ist im Betrieb immer um einen geringen Betrag von der synchronen Drehzahl verschieden. Wenn die Maschine als Motor arbeitet, ist n kleiner als n_s, arbeitet sie hingegen als Generator, ist n größer als n_s. Man nennt das Verhältnis

$$s = \frac{n_s - n}{n_s} \tag{3}$$

den *Schlupf* oder die Schlüpfung der Maschine. Sie beträgt in normalen Betriebszuständen nur wenige Prozente.

Der Läufer trägt eine Wicklung, die im Betrieb gewöhnlich in sich kurzgeschlossen ist. Wird die Wicklung von vornherein als kurzgeschlossene Wicklung hergestellt, so spricht man von einem *Kurzschlußläufer*. Allgemein werden diese Wicklungen in Form eines aus Stäben und Ringen bestehenden Käfigs gebaut und heißen dann Käfigwicklungen (s. S. 124).

Eine andere Ausführungsart ist der *Schleifringläufer*, der meistens eine aus drei Wicklungssträngen bestehende Wicklung trägt, deren Enden zu Schleifringen geführt sind, auf denen Bürsten schleifen. Während des Anlaufvorganges wird in die Läuferstromkreise der Widerstand eines Anlassers eingeschaltet, der zur Begrenzung des Anlaufstromes und zur Vergrößerung des Drehmomentes im Anlauf dient.

Nach erfolgtem Anlauf wird auch diese Wicklung kurzgeschlossen. Das Kurzschließen wird häufig unmittelbar an den Schleifringen vorgenommen; die Einrichtung, die das Kurzschließen vornimmt, hebt gewöhnlich gleichzeitig die Bürsten von den Schleifringen ab, damit die Reibungsverluste der Bürsten fortfallen.

Eine auseinandergenommene Asynchronmaschine ist in Abb. 10 dargestellt. Im Vordergrund liegt der Läufer mit den Schleifringen, dahinter steht der Ständer mit den beiden Lagerschilden, von denen der

Abb. 10. In Einzelteile zerlegter Asynchronmotor mit Schleifringläufer (Werkbild SIEMENS).

eine den Bürstenapparat sowie die Einrichtung zum Kurzschließen der drei Schleifringe und zum Abheben der Bürsten trägt; die Einrichtung wird durch den im Bild sichtbaren Handgriff betätigt.

D. Die Gleichstrommaschine.

Die Gleichstrommaschine wird stets als Außenpolmaschine ausgeführt, ihr Aufbau entspricht also Abb. 3 a. Die Zahl der Pole wird so gewählt, daß die Ausnutzung der Maschine am günstigsten wird. Bei den kleinsten Maschinen ist die Polpaarzahl $p = 1$ und wächst bis etwa $p = 12$ bei den größten Maschinen.

Der Ständer, der auch Magnetgestell oder Polgestell genannt wird, besteht aus dem ringförmigen *Joch* und den an seinem inneren Umfang sitzenden Polen. Die Mittelebene zwischen zwei Polen wird als *neutrale Zone* bezeichnet.

Die Pole tragen die von Gleichstrom durchflossenen Spulen der Feldwicklung, die das Magnetfeld erzeugen, das in bezug auf den Ständer stillsteht. Hinsichtlich der Wirbelstrombildung gilt also das gleiche, was über die Pole der Synchronmaschine gesagt wurde. Eine Unterteilung des Eisens in Bleche ist nur für die Polschuhe oder deren Oberfläche notwendig. Da jedoch gewöhnlich Polkern und Polschuh aus einem Stück bestehen, stellt man den ganzen Pol aus Blechen (meistens 1 mm stark) her. Das Joch ist jedoch fast immer massiv.

Der *Anker* dreht sich im Magnetfeld und wird dauernd ummagnetisiert. Zur Unterdrückung von Wirbelströmen muß daher sein magnetisch wirksamer Eisenkörper aus Blechen (meistens 0,5 mm stark) zusammengesetzt sein.

Bei kleineren Ankern sitzen die Bleche unmittelbar auf der Welle, wobei häufig nierenförmige Aussparungen (Abb. 11) oder auch runde Löcher vorgesehen werden, die

Abb. 11. Ankerblech einer kleineren Gleichstrommaschine.

zum Durchleiten von Kühlluft dienen. Bei größeren Ankern sitzen die Bleche auf einem sternförmigen Körper, der Ankernabe.

Der in der Ankerwicklung der Gleichstrommaschine fließende Strom ist immer ein Wechselstrom, nur der äußere Strom ist ein Gleichstrom. Zur Umformung der einen Stromart in die andere dient der *Stromwender* oder Kommutator (Abb. 12).

Die Stromwendernabe *a* aus Grau- oder Stahlguß sitzt entweder auf der Welle oder ist bei größeren Ankern an die Ankernabe angeflanscht. Die *Stege b*, auch Lamellen oder Segmente

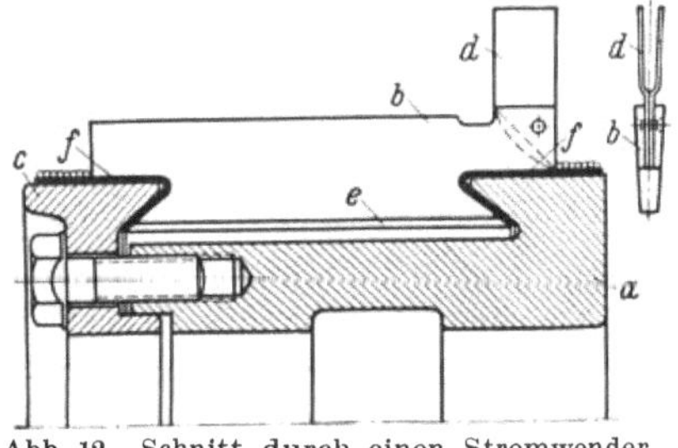

Abb. 12. Schnitt durch einen Stromwender.

genannt, werden aus gezogenem Profilkupfer hergestellt und durch Schwalbenschwänze der Nabe und des Druckringes *c* festgehalten. Die *Fahnen d*, die die Verbindung mit der Wicklung herstellen, sind mit den Stegen hart verlötet oder vernietet und weich gelötet. Die Stege sind untereinander durch Zwischenlagen *e* aus Kommutatormikanit und gegen Druckring und Nabe durch Kappen aus Braunmikanit isoliert.

Die Zahl der Stege ist allgemein gleich der Zahl der Ankerspulen; jeder Steg steht in Verbindung mit dem Anfang einer Ankerspule und dem Ende einer zweiten.

Auf dem Stromwender schleifen die *Bürsten*, die zur Zuführung bzw. Abführung des Stromes dienen. Sie sitzen in den *Bürstenhaltern* und werden durch Federn auf die Oberfläche des Stromwenders gedrückt. Die Bürstenhalter werden von den *Bürstenbolzen* getragen, und diese sind ihrerseits isoliert am *Bürstenträger* befestigt. Als *Bürstensatz* bezeichnet man alle auf dem gleichen Bolzen sitzenden Bürsten. Die Zahl der Bürstensätze ist meistens so groß wie die Polzahl (s. S. 132),

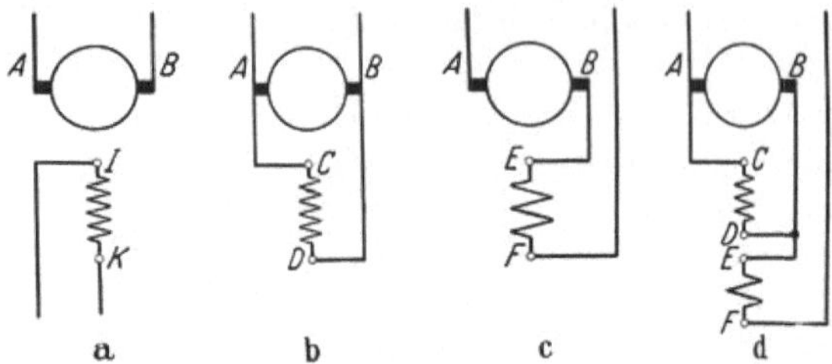

Abb. 13. Schaltungen der Gleichstrommaschine. a Maschine mit Fremderregung; b Nebenschlußmaschine; c Hauptschlußmaschine; d Doppelschlußmaschine.

positive und negative Bürstensätze wechseln ab. Alle Bürstensätze *gleicher Polarität* sind miteinander leitend verbunden.

Die Gleichstrommaschine hat mindestens zwei Wicklungen, die Feldwicklung und die Ankerwicklung. Nach der Schaltung der beiden Wicklungen unterscheidet man verschiedene Arten der Gleichstrommaschine, deren Schaltungen in Abb. 13 dargestellt sind. Bei der fremderregten Maschine liegt die Feldwicklung an einer fremden Stromquelle, bei der Nebenschlußmaschine liegt sie parallel zur Ankerwicklung, bei der Hauptschluß- oder Reihenschlußmaschine in Reihe mit der Ankerwicklung. Die Doppelschlußmaschine schließlich hat eine Nebenschluß- und eine Hauptschlußfeldwicklung.

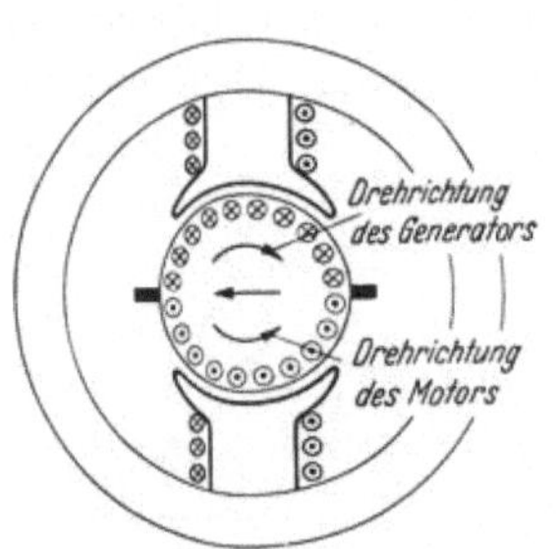

Abb. 14. Zusammenhang zwischen der Drehrichtung und den Stromrichtungen in Anker- und Erregerwicklung. (Der gerade Pfeil deutet die Richtung des Ankerfeldes an.)

Wenn die Ankerwicklung vom Strom durchflossen wird, erzeugt auch sie ein magnetisches Feld, das Ankerfeld. Die Stromrichtungen im Anker und in der Erregerwicklung stehen in bestimmter Beziehung zueinander, wobei die Drehrichtung und die Betriebsart (Motor oder Generator) maßgebend sind. In Abb. 14 sind die Verhältnisse schematisch dargestellt.

Die Wirkungen des Ankerfeldes sind insbesondere in der neutralen Zone unangenehm. Beim Durchgang der Ankerleiter durch diese Zone kehrt sich in ihnen die Richtung des Stromes um; man nennt diesen Vorgang *Stromwendung* (Kommutierung). Das Ankerfeld in der neutralen Zone bewirkt, daß die Stromwendung unter Funkenbildung am Stromwender vor sich geht. Um diese zu unterdrücken, ruft man in der neutralen Zone ein Magnetfeld hervor, das dem Ankerfeld entgegen wirkt. Hierzu dienen die *Wendepole* oder Hilfspole, die zwischen den die Feldwicklung tragenden Hauptpolen angeordnet werden. Die

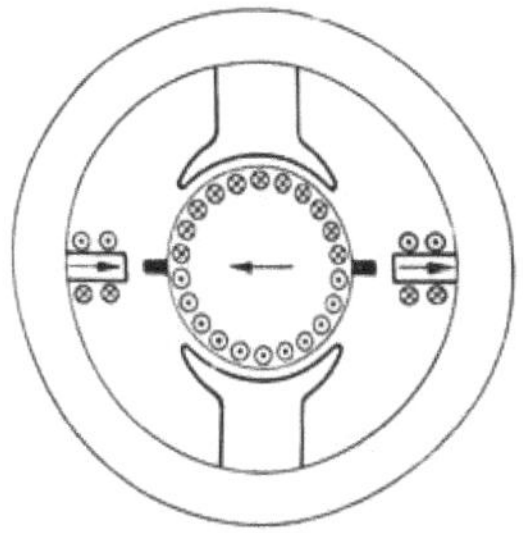
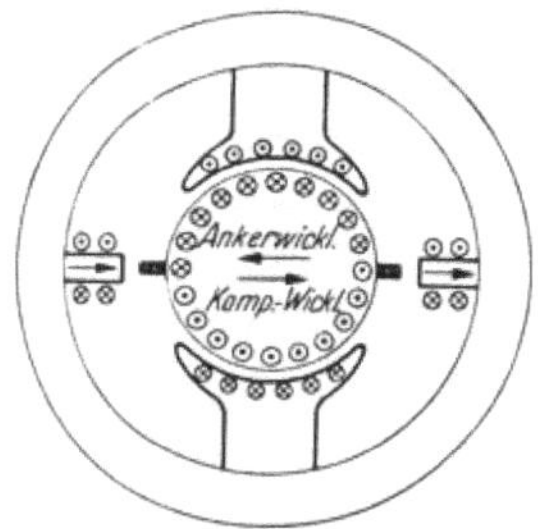

Abb. 15. Zusammenhang zwischen den Stromrichtungen in Anker- und Wendepolwicklung.

Abb. 16. Zusammenhang zwischen den Stromrichtungen in Anker-, Wendepol- und Kompensationswicklung.

Wendepole erhalten eine Wicklung, die in Reihe mit der Ankerwicklung geschaltet wird, also vom Ankerstrom durchflossen wird. Die Stromrichtung in den Wendepolspulen ergibt sich ohne weiteres aus dem

Abb. 17. In Einzelteile zerlegte Gleichstrommaschine (Werkbild SIEMENS).

Zweck (Abb. 15); die magnetisierende Wirkung der Wendepolwicklung muß die entgegengesetzte Richtung haben wie die der Ankerwicklung.

Bei großen Maschinen und beim Vorliegen besonders schwieriger Betriebsverhältnisse (stoßweiser Belastung) genügt es häufig nicht, dem Ankerfeld nur in der neutralen Zone entgegen zu wirken, vielmehr muß es am ganzen Ankerumfang „kompensiert" werden. Hierzu dient die *Kompensationswicklung*, die dann noch zur Wendepolwicklung hinzu kommt. Die Stromleiter der Kompensationswicklung liegen in Nuten, die in den Polschuhen der Hauptpole angeordnet werden. Sie werden ebenso wie die Wendepolspulen vom Ankerstrom durchflossen; die Stromrichtung ist an allen Stellen entgegengesetzt derjenigen in den unter ihnen liegenden Ankerleitern (Abb. 16). Die Enden der Wendepol- und Kompensationswicklung tragen die genormten Klemmenbezeichnungen G und H. Meistens sind diese Wicklungen unlösbar mit der Ankerwicklung in Reihe geschaltet, so daß nur der Anfang der Ankerwicklung (Klemme A) und das Ende der Wendepol- oder Kompensationswicklung (Klemme H) zugänglich sind.

In Abb. 17 ist eine auseinandergenommene Gleichstrommaschine dargestellt. Der im Hintergrund stehende Ständer hat vier Hauptpole und vier Wendepole. Im Vordergrund liegt der Anker mit dem Stromwender (rechts) und einem Lüfter (links). Rechts vom Anker befindet sich der Bürstenträger mit den Bürsten und Verbindungsleitungen.

E. Der Einankerumformer.

Der Einankerumformer dient meistens zur Umformung von Wechselstrom in Gleichstrom, kann aber auch Gleichstrom in Wechselstrom oder Gleichstrom in Gleichstrom anderer Spannung verwandeln. Er entspricht im Aufbau der Gleichstrommaschine, ist also eine Außenpolmaschine. Die Ankerwicklung ist jedoch nicht nur mit einem Stromwender verbunden, sondern auch mit Schleifringen, die zur Zu- oder Ableitung des Wechselstromes dienen. Am gebräuchlichsten sind Umformer mit drei Schleifringen für kleinere Leistungen und solche mit sechs Schleifringen für größere Leistungen. Gewöhnlich liegen Stromwender und Schleifringe auf verschiedenen Seiten des Ankers.

Bei kleinen Maschinen werden die Schleifringe auf eine Nabe isoliert aufgepreßt, bei größeren Maschinen werden sie möglichst freitragend angeordnet, damit der Bürstenstaub keine leitenden Brücken zwischen den einzelnen Ringen herstellen kann. Die Halter, welche die Schleifringbürsten tragen, sitzen gewöhnlich an sichelartigen Trägern.

Im Betrieb ist der Einankerumformer von der Wechselstromseite aus gesehen eine Synchronmaschine; er ist wie diese an bestimmte Drehzahlen gebunden. Im Ständer hat er abweichend von der Gleichstrommaschine oft noch eine Käfigwicklung, die das Pendeln des Ankers unterdrücken und außerdem das „asynchrone" Anfahren der Maschine von der Wechselstromseite aus ermöglichen soll (Abb. 232).

F. Die Wechselstrom-Stromwendermaschinen.

Die wichtigsten *einphasigen* Wechselstrom-Stromwendermaschinen sind der einphasige Reihenschlußmotor und der Repulsionsmotor. Die Schaltung des Reihenschlußmotors ist die gleiche wie die des Gleichstrom-

Reihenschlußmotors (Abb. 13c). Beim Repulsionsmotor sind die Bürsten des Ankers in sich kurzgeschlossen und nur die Ständerwicklung liegt am Netz (Abb. 18). Der Aufbau des Ankers ist bei beiden Maschinenarten im wesentlichen der gleiche wie bei der Gleichstrommaschine. Bei kleinen Maschinen entspricht auch der Aufbau des Ständers ziemlich genau demjenigen der Gleichstrommaschine, nur muß mit Rücksicht auf die Erregung mit Wechselstrom das magnetisch wirksame Eisen aus Blechen bestehen. Reihenschlußmaschinen für größere Leistungen erhalten stets Wendepol- und Kompensationswicklung. Der Blechschnitt des Ständers erhält dann meistens eine Form nach Abb. 19. Die großen Nuten bilden den Zwischenraum zwischen den breiten Hauptpolen und den schmalen Wendepolen, sie nehmen die Hauptpol- und die Wendepolspulen auf. Die kleinen Nuten

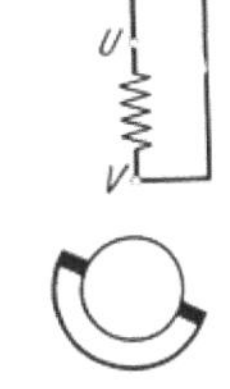

Abb. 18.
Schaltung des
Repulsionsmotors.

in den Polschuhen der Hauptpole dienen zur Aufnahme der Kompensationswicklung. Abb. 20 zeigt den fertig gewickelten Ständer eines Reihenschlußbahnmotors.

Bei den *dreiphasigen* Stromwendermaschinen unterscheidet man die dreiphasige Reihenschlußmaschine und die dreiphasige Nebenschlußmaschine. Der Ständer bei beiden Maschinenarten entspricht hinsichtlich der Nutung und der Wicklung im wesentlichen der dreiphasigen Synchronmaschine oder der Induktionsmaschine. Die grundsätzliche Schaltung der Reihenschlußmaschine zeigt Abb. 21. Die Wicklung des Läufers ist so ausgeführt wie die eines Gleichstromankers; da sie nicht für beliebig hohe Spannungen bemessen werden kann, wird zwischen Ständer- und Läuferwicklung häufig ein Transformator geschaltet.

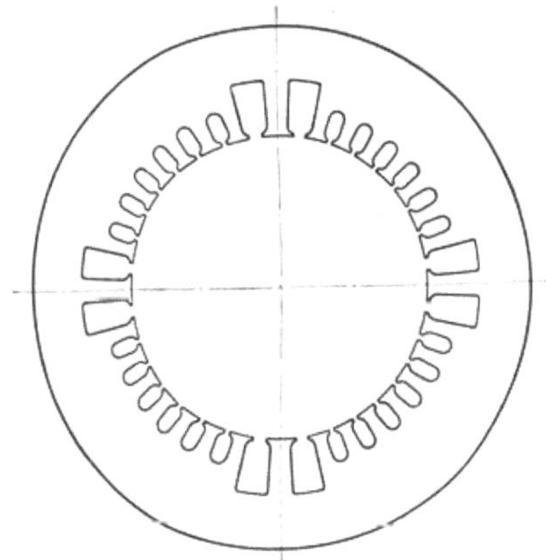

Abb. 19. Blechschnitt für den Ständer eines größeren einphasigen Wechselstrom-Reihenschlußmotors.

Die dreiphasige Nebenschlußmaschine ist entweder für Ständerspeisung oder für Läuferspeisung eingerichtet. Bei dem Motor für Ständerspeisung besitzt der Läufer eine Wicklung wie bei der Reihenschlußmaschine. Diese Wicklung wird an eine regelbare Spannung mit der Netzfrequenz gelegt, die entweder der Ständerwicklung über Anzapfungen oder einer Hilfswicklung im Ständer entnommen wird, welche ihre Spannung über die Hauptwicklung des Ständers durch Transformation erhält; zur Regelung der Läuferspannung kann bei der zweiten Ausführungsform ein an das Netz angeschlossener Drehtransformator dienen (Abb. 22a). Bei der Maschine mit Läuferspeisung hat der Läufer

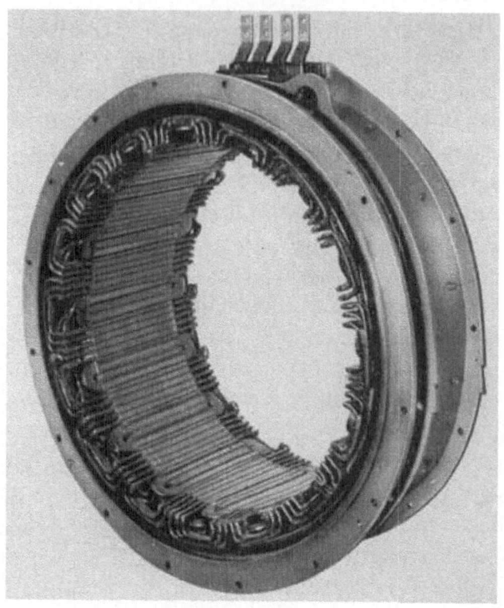

Abb. 20. Ständer eines Reihenschlußbahnmotors (Werkbild BBC).

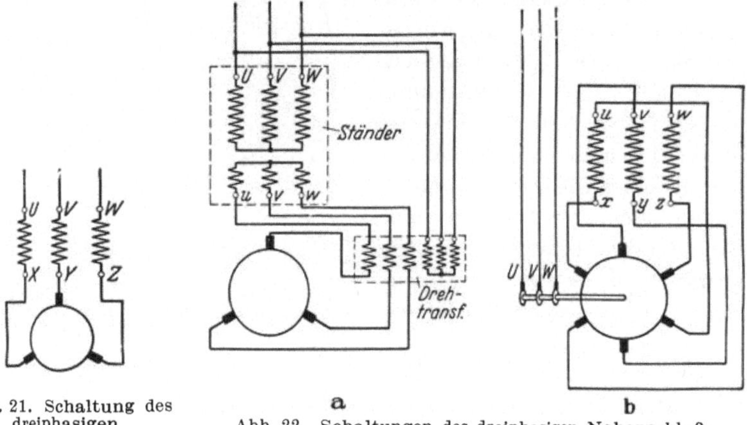

Abb. 21. Schaltung des dreiphasigen Reihenschlußmotors.

Abb. 22. Schaltungen des dreiphasigen Nebenschluß-motors. a mit Ständerspeisung; b mit Läuferspeisung.

zwei Wicklungen, eine an Schleifringe angeschlossene dreiphasige Wicklung, die mit dem Netz in Verbindung steht und eine Stromwenderwicklung. Auf dem Stromwender schleifen zwei verstellbare Bürstensätze; an die Bürsten sind die sechs Enden der unverketteten Ständerwicklung angeschlossen (Abb. 22b).

Erster Teil

Wechselstromwicklungen.

I. Grundsätzlicher Aufbau der Wicklungen.

A. Allgemeines.

Die Wicklungen der Wechselstrommaschinen sind als *verteilte* Wicklungen ausgebildet, die in Nuten eines Blechpakets liegen, und bestehen aus einer mehr oder weniger großen Zahl von *Spulen* (Abb. 23). Die Teile einer Spule, die innerhalb einer Nut liegen, heißen *Spulenseiten*; die andern Teile, die die Spulenseiten miteinander verbinden, nennt man *Stirnverbindungen*, Querverbindungen oder Wicklungsköpfe. Die Mittellinie einer Spule (parallel zu den Spulenseiten) bildet die *Spulenachse*.

Unabhängig von der wirklichen Strom- oder Spannungsrichtung, die zeitlich veränderlich ist, ordnen wir den Spulenseiten *Zählrichtungen* zu und bezeichnen die eine Spulenseite einer Spule als *positiv*, die andere als *negativ*. In Wicklungsplänen mit Darstellung der Spulenseiten im Schnitt wird eine positive Spulenseite mit $\otimes$, eine negative mit $\odot$ bezeichnet. Werden hingegen die Spulenseiten in der Papierebene liegend dargestellt, so werden die positiven Spulenseiten durch eine nach oben gerichtete, die negativen durch eine nach unten gerichtete Pfeilspitze gekennzeichnet. Beim Durchlaufen eines geschalteten Wicklungsteils, z. B. eines Wicklungsstranges (s. S. 7) darf die Zählrichtung nie wechseln.

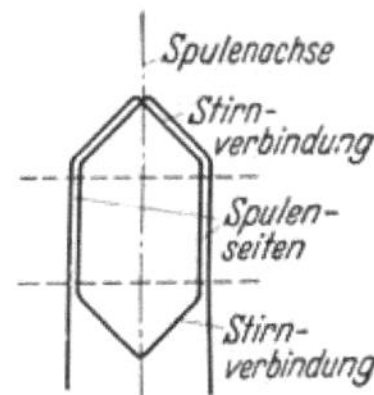

Abb. 23.
Schematische Darstellung einer aus zwei Windungen bestehenden Spule (mit Bezeichnungen).

Der gegenseitige Abstand der zu einer Spule gehörigen Spulenseiten heißt die *Spulenweite W*. Ist die Spulenweite gleich der Polteilung ($W = \tau$), bezeichnet man die Spule als *Durchmesserspule*, andernfalls ($W \lessgtr \tau$) als *Sehnenspule*.

Eine Spule kann eine oder mehrere *Windungen* haben, die Spulenseite demgemäß einen oder mehrere *Leiter*. Wicklungen mit *einem* Leiter je Spulenseite werden als *Stabwicklungen*, solche mit mehreren Leitern je Spulenseite als *Spulenwicklungen* bezeichnet. Aus Herstellungsgründen besteht häufig eine Windung oder ein Leiter aus mehreren *parallelen*

Drähten; für die Spannungserzeugung und für den Entwurf der Wicklung ist dies ohne Bedeutung.

Für die Wirkung der Wicklung ist im wesentlichen nur die Lage der Spulenseiten und ihre Zählrichtung von Bedeutung. Die Stirnverbindungen spielen hinsichtlich ihrer Lage und Ausführung eine untergeordnete Rolle; sie dienen nur dazu, den Strom aus einer positiven in eine negative Spulenseite überzuleiten und umgekehrt.

Im allgemeinen sind die Leiter der Spulenseiten mehrerer Nuten so miteinander verbunden, daß der in ihnen fließende Strom in jedem Augenblick in allen Leitern die gleiche Größe und Richtung hat. Die Gesamtzahl solcher Spulenseiten bildet eine *Wicklungszone*. (In Abb. 24 und 27 sind diese Zonen durch radiale Linien getrennt.) Jeder Wicklungsstrang hat im allgemeinen je Polpaarteilung zwei solcher Zonen, die sich hinsichtlich des Vorzeichens (Zählrichtung) unterscheiden. Eine Einphasenwicklung hat also zwei, eine Zweiphasenwicklung vier, eine Dreiphasenwicklung sechs Zonen je Polpaar. Grundsätzlich steht also für eine Wicklungszone $1/m$ der Polteilung zur Verfügung, wenn m die Zahl der Wicklungsstränge bedeutet. Bei den *mehrphasigen* Wicklungen wird dieser Raum voll ausgenutzt. Bei den *einphasigen* Wicklungen jedoch, bei denen für eine Zone die ganze Polteilung zur Verfügung stehen würde, bewickelt man nur etwa $^2/_3$ der in einer Polteilung liegenden Nuten, während der Rest unbewickelt bleibt.

Die Zahl der *bewickelten* Nuten je Pol und Strang bezeichnen wir allgemein mit q. Wenn nicht alle Nuten bewickelt sind, bezeichnen wir mit Q die Zahl der *gesamten* Nuten je Pol und Strang. Es ist immer

$$Q = \frac{N}{2\,p\,m}, \qquad (4\,\text{a})$$

wenn N die Nutenzahl bedeutet. Wenn alle Nuten bewickelt sind, ist auch

$$q = \frac{N}{2\,p\,m}. \qquad (4\,\text{b})$$

Die Zahl q kann entweder *ganz* oder *gebrochen* sein; in jenem Falle spricht man von *Ganzlochwicklung*, in diesem von *Bruchlochwicklung*. Bei der vorläufigen Übersicht wollen wir uns auf Ganzlochwicklungen beschränken.

Hinsichtlich der Zahl und Anordnung der Spulenseiten, die in einer Nut liegen, unterscheidet man zwei Hauptgruppen von Wicklungen, die *Einschichtwicklungen* und die *Zweischichtwicklungen*.

B. Einschichtwicklungen.

Bei der normalen Einschichtwicklung liegt in jeder Nut nur *eine* Spulenseite und zwar sowohl bei der Spulenwicklung als auch bei der Stabwicklung.

Die Verteilung der Spulenseiten am Ankerumfang machen wir uns zunächst für die Einschichtwicklung· an einigen Beispielen klar. Für eine *einphasige* zweipolige Wicklung ($q = 6$ angenommen) ist sie in Abb. 24a, für eine *einphasige* vierpolige Wicklung ($q = 4$ angenommen)

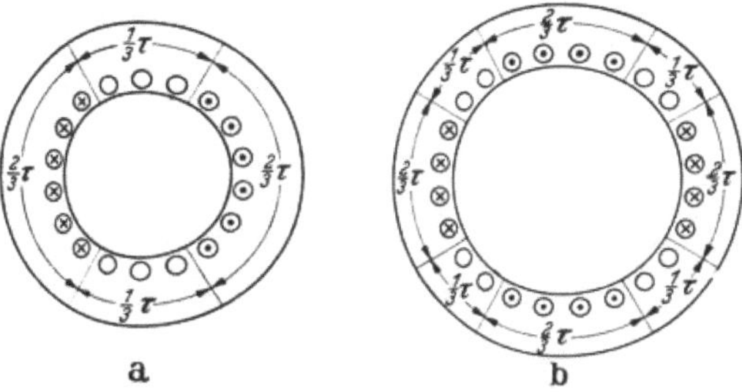

Abb. 24. Lage der Spulenseiten bei einphasigen Einschichtwicklungen.
a $p = 1$, $q = 6$; b $p = 2$, $q = 4$.

in Abb. 24b dargestellt. In entsprechender Weise läßt sie sich für beliebige Polzahlen und für beliebige Werte von q angeben.

Oft ist es ausreichend und für manche Zwecke sogar übersichtlicher, wenn man nicht die einzelnen Spulenseiten sondern die Zonen zusammenhängend darstellt. Für die Anordnung nach Abb. 24a ist dies in Abb. 25a, für die Anordnung nach Abb. 24b in Abb. 25b geschehen. Die Zonen sind abgewickelt dargestellt; die Zonen mit positiven Spulenseiten sind

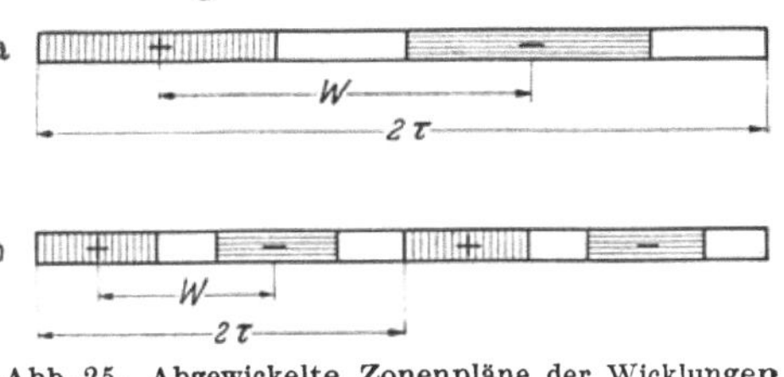

Abb. 25. Abgewickelte Zonenpläne der Wicklungen nach Abb. 24. a $p = 1$; b $p = 2$.

durch ein +-Zeichen und senkrechte Schraffur, die Zonen mit negativen Spulenseiten durch ein —-Zeichen und waagerechte Schraffur gekennzeichnet; die unbewickelten Zonen sind nicht schraffiert.

An die Stelle der abgewickelten Zonendarstellung kann auch eine solche in Kreisringform treten. Wenn bei mehrpoligen Wicklungen ($p > 1$) die Zonen der verschiedenen Polpaare übereinstimmen, kann man sich bei Betrachtung der elektrischen Verhältnisse auf ein Polpaar beschränken; für $p > 1$ ist dann das Zonenbild p-mal übereinander geschichtet zu denken. Auf diese Weise kann die Anord

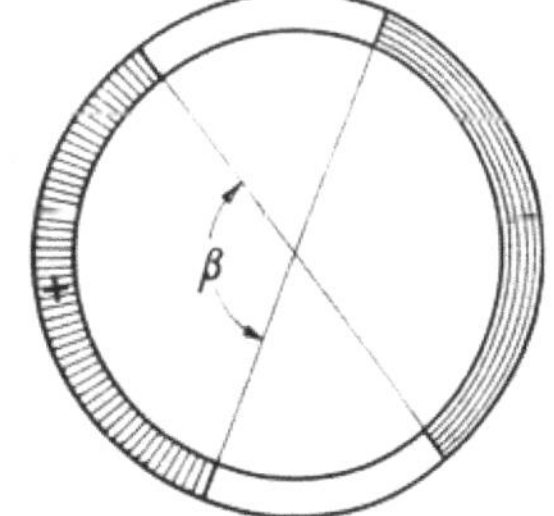

Abb. 26. Ringförmiger Zonenplan einer einphasigen Einschichtwicklung.

nung in Abb. 26 sowohl als Ersatz für Abb. 25a als auch für Abb. 25b gelten. Die Zonenbreite ist $^2/_3\,\tau$; sie entspricht dem Winkel β in Abb. 26.

Heiles, Wicklungen, 2. Aufl. 2 B

Als weiteres Beispiel ist die Verteilung der Spulenseiten für eine *dreiphasige* zweipolige Wicklung in Abb. 27a und für eine *dreiphasige* vierpolige Wicklung in Abb. 27b dargestellt. Jede Spulenseite des ersten Stranges ist durch einen *einfachen*, die des zweiten Stranges durch einen *doppelten* und die des dritten Stranges durch einen *dreifachen* Kreis gekennzeichnet. Da die drei Wicklungsstränge um je einen *elektrischen* Winkel von 120° ($^2/_3\,\tau$) gegeneinander versetzt sind, so folgen aus Symmetriegründen innerhalb einer Polpaarteilung die Spulenseiten in folgender Weise aufeinander: positive des ersten Stranges — negative des dritten Stranges — positive des zweiten Stranges — negative des ersten Stranges — positive des dritten Stranges — negative des zweiten Stranges.

Auch hier können wir eine Zonendarstellung anwenden (Abb. 28a und 28b). Innerhalb einer Polpaarteilung hat jeder Strang eine positive und eine negative Zone; die Zonen sind hinsichtlich des Vorzeichens und der Strangzugehörigkeit gekennzeichnet. Schließlich ist in Abb. 29 ein dreiphasiger Zonenplan in Ringform dargestellt, der wieder für beliebige

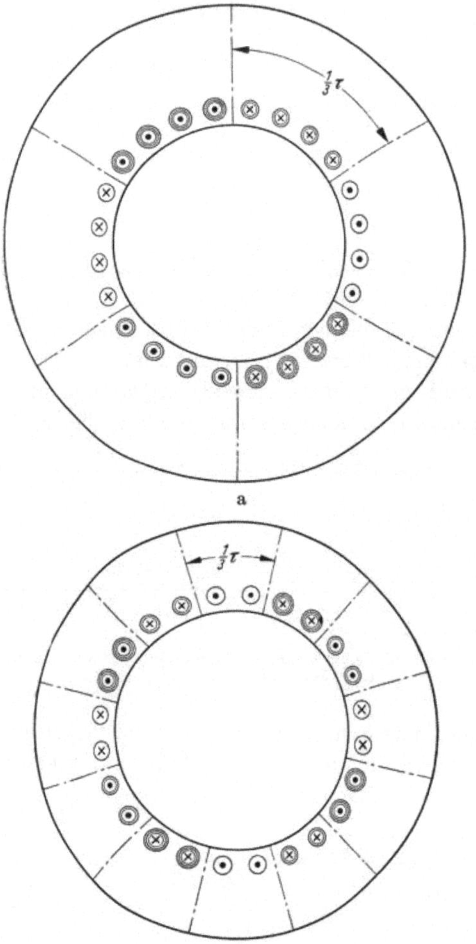

Abb. 27. Lage der Spulenseiten bei einer dreiphasigen Einschichtwicklung.
a $p = 1$, $q = 4$; b $p = 2$, $q = 2$.

Polpaarzahlen gelten soll. Die dem Winkel β entsprechende Zonenbreite ist hier $^1/_3\,\tau$.

Auf welche Weise die positiven und negativen Spulenseiten des gleichen Wicklungsstranges zu Spulen miteinander verbunden werden, ist zunächst unwesentlich. Diese Frage soll in späteren Abschnitten behandelt werden. Unabhängig davon entspricht die *mittlere* Spulenweite W dem Mittenabstand zweier Zonen des gleichen Wicklungsstranges mit verschiedenen Vorzeichen. Bei den bisherigen Beispielen ist $W = \tau$; die Wicklungen sind *Durchmesserwicklungen* auch dann, wenn die Weite der *einzelnen* Spulen von der Polteilung abweicht.

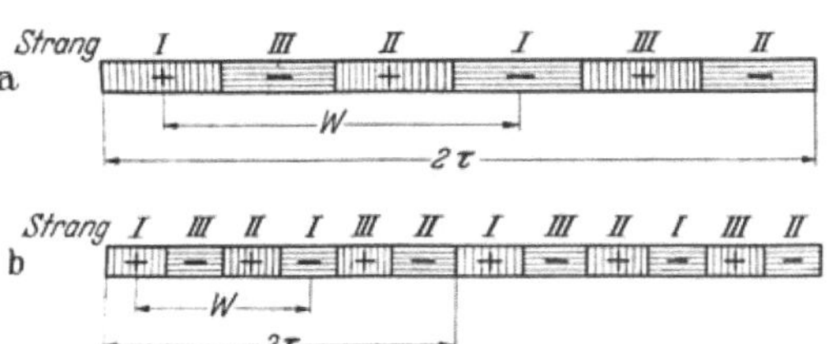

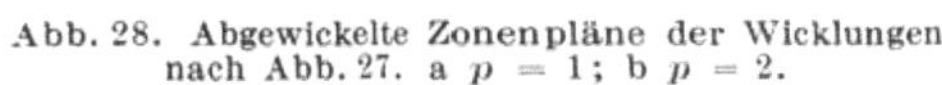

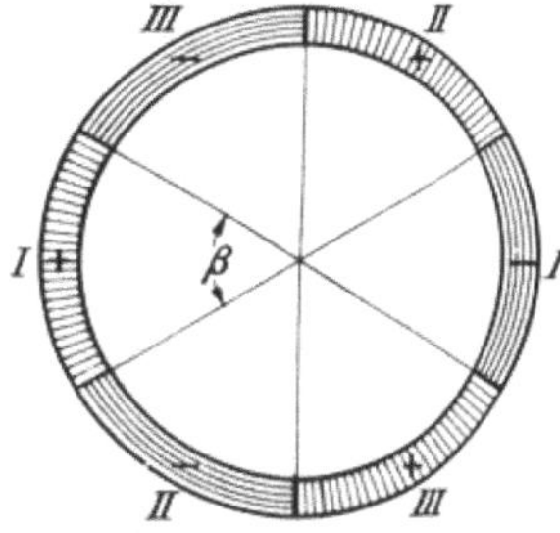

Abb. 28. Abgewickelte Zonenpläne der Wicklungen nach Abb. 27. a $p = 1$; b $p = 2$.

Abb. 29. Ringförmiger Zonenplan einer dreiphasigen Einschichtwicklung.

C. Zweischichtwicklungen.

Die Einschichtwicklung, die früher bei den Spulenwicklungen vorherrschte, ist mehr und mehr durch die Zweischichtwicklung verdrängt worden. Bei der zweischichtigen Spulenwicklung liegen in jeder Nut zwei Spulenseiten *übereinander*; jede Spulenseite nimmt nur die Hälfte des nutzbaren Nutenraumes ein. Die am Nutengrund liegenden Spulenseiten bilden die *Unterschicht*, die an der Nutöffnung liegenden Spulenseiten die *Oberschicht* der Wicklung. Jede Spule hat (von Ausnahmefällen abgesehen) eine oberschichtige und eine unterschichtige Spulenseite, deren Abstand (Spulenweite W) bei allen Spulen der gleiche ist; alle Spulen haben daher die gleiche Form. Bei der Zweischichtwicklung stimmt also die *mittlere* Spulenweite mit der Weite der einzelnen Spulen überein.

Bei zweischichtigen Stabwicklungen kommen auch Fälle vor, bei denen in jeder Schicht einer Nut zwei Stäbe nebeneinander (quer zur Nut) liegen (Vierstabwicklungen). Gelegentlich führt man sogar Stabwicklungen mit drei Stäben quer zur Nut (Sechsstabwicklungen) aus.

Die Zweischichtwicklung hat gegenüber der Einschichtwicklung wesentliche Vorteile. Die gleichmäßige Form aller Spulen erleichtert und verbilligt die Herstellung und ergibt wegen der luftigen Anordnung der Spulenköpfe günstigere Kühlverhältnisse im Stirnraum. Außerdem sind Zweischichtwicklungen mit beliebiger Sehnung und Zonenänderung ausführbar.

1. Durchmesserwicklungen

(ohne Sehnung und ohne Zonenänderung).

Jede Schicht der Wicklung hat grundsätzlich ihre eigenen Wicklungszonen. Wenn jede Zone der Oberschicht hinsichtlich Lage und Breite mit der entsprechenden der Unterschicht übereinstimmt, ist die Wicklung eine *Durchmesserwicklung* und alle Einzelspulen sind Durchmesserspulen. Die gleichartigen Zonen der Ober- und Unterschicht können zu je einer Zone vereinigt werden; die Wicklung verhält sich daher genau wie eine Einschichtwicklung mit der gleichen Nutenzahl. Die für Einschichtwicklungen gezeichneten Zonenpläne Abb. 26 und 29 gelten in solchen Fällen auch für die Zweischichtwicklung.

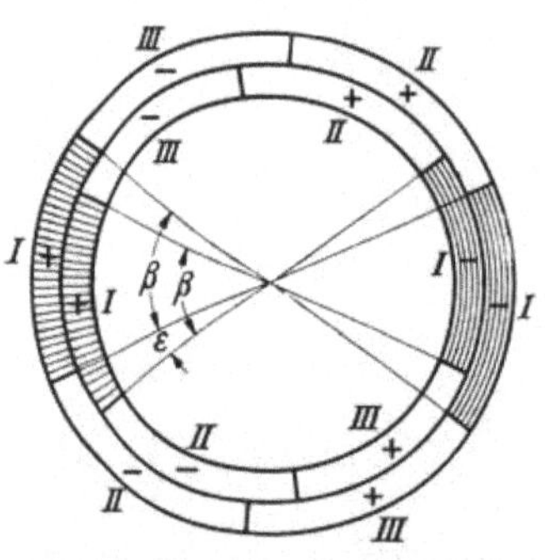

Abb. 30. Ringförmiger Zonenplan einer gesehnten dreiphasigen Zweischichtwicklung.

2. Gesehnte Wicklungen.

Bei der *gesehnten* Wicklung (Sehnenwicklung), die auch als Wicklung mit *Schrittänderung* (Schrittverkürzung) bezeichnet wird, haben die Zonen der Ober- und Unterschicht zwar die gleiche Breite, doch sind sie gegeneinander verschoben bzw. verdreht. In Abb. 30 ist der grundsätzliche Zonenplan einer dreiphasigen gesehnten Wicklung dargestellt. Um die Verdrehung deutlicher erscheinen zu lassen, sind nur die Zonen des ersten Wicklungsstranges schraffiert. Die Breite einer Zone entspricht wieder dem Winkel β. Der Winkel, der das Maß der Zonenverschiebung angibt, ist mit ε bezeichnet.

Da bei der Zweischichtwicklung die Spulenseiten der positiven Oberschicht mit Spulenseiten der negativen Unterschicht des gleichen Stranges und die Spulenseiten der positiven Unterschicht mit Spulenseiten der negativen Oberschicht des gleichen Stranges zu Spulen vereinigt werden, wird die mittlere Spulenweite W durch den Abstand von der Mitte einer positiven Oberschicht bis zur Mitte der nächsten negativen Unterschicht dargestellt. Die Spulenweite W entspricht, wie man leicht erkennt, dem Winkel $(180° - \varepsilon)$. Das Verhältnis der mittleren Spulenweite zur Polteilung ist also bei den gesehnten Wicklungen

$$W/\tau = 1 - \frac{\varepsilon}{\pi} = 1 - \frac{\varepsilon}{180°}. \tag{5}$$

Das Verhältnis W/τ spielt bei der Berechnung des Sehnungsfaktors eine wichtige Rolle (s. S. 32—34).

3. Wicklungen mit Zonenänderung.

Während bei den Einschichtwicklungen die Breite der einzelnen Zonen sich im allgemeinen zwangsläufig aus der Zahl der Wicklungsstränge ergibt und nicht willkürlich geändert werden kann, ist eine solche Änderung bei der Zweischichtwicklung ohne weiteres möglich.

In Abb. 31 ist der Zonenplan für eine dreiphasige Wicklung dargestellt, bei der die Zonen verschieden breit sind. Der Deutlichkeit halber sind wieder nur die Zonen des ersten Wicklungsstranges schraffiert. Die Breite der positiven Zone der Unterschicht und der negativen Zone der Oberschicht entspricht dem Winkel β_1, die Breite der negativen Zone der Unterschicht und der positiven Zone der Oberschicht dem Winkel β_2.

Da es für die Wirkung einer Spulenseite grundsätzlich gleichgültig ist, ob sie der Ober- oder Unterschicht angehört, kann man z. B. in Abb. 31 den positiven Zonenabschnitt, der dem Winkel ε' entspricht, von der Unterschicht in die Oberschicht und den dem Winkel ε gegenüberliegenden negativen Zonenabschnitt der Oberschicht in die Unterschicht verlegen. Der Zonenplan der Abb. 31 geht damit in denjenigen der Abb. 30 über. Man erkennt daraus, daß jede Zonenänderung auf eine gleichwertige Sehnung zurückgeführt werden kann.

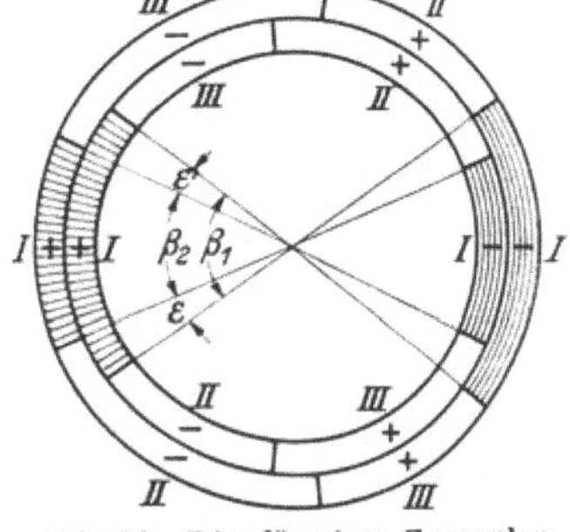

Abb. 31. Ringförmiger Zonenplan einer dreiphasigen Zweischichtwicklung mit Zonenänderung.

Der besseren Unterscheidung wegen bezeichnen wir einen Winkel ε, der durch Sehnung (Schrittänderung) verursacht ist, mit ε_S, einen solchen, der durch Zonenänderung hervorgerufen ist, mit ε_U. Es ist dar n

$$\varepsilon_S = (1 - W/\tau)\,\pi \tag{6}$$

$$\varepsilon_U = \tfrac{1}{2}\,(\beta_1 - \beta_2). \tag{7}$$

Sehnung und Zonenänderung sind also gleichwertig, wenn

$$W/\tau = 1 - \frac{\beta_1 - \beta_2}{2\pi} = 1 - \frac{\beta_1 - \beta_2}{360°} = 1 - \frac{\varepsilon_U}{180°}. \tag{8}$$

Auf die Bestimmung der Winkel β_1 und β_2 werden wir bei der Betrachtung der einzelnen Wicklungsarten eingehen.

Wenn bei einer Wicklung Schrittänderung und Zonenänderung *gleichzeitig* vorhanden sind, bezeichnet man sie auch als *doppelt* gesehnte Wicklung.

II. Wicklungen und Spannungserzeugung.

A. Allgemeines.

Nach dem Induktionsgesetz ist der Betrag der in einer *Windung* induzierten Spannung (EMK) gleich der zeitlichen Änderung des die Windung durchsetzenden magnetischen Flusses. Es ist aber auch die Vorstellung erlaubt, daß in einem *Leiter* eine Spannung entsteht, wenn zwischen ihm und dem Magnetfeld eine Bewegung stattfindet. Maßgebend für den zeitlichen Verlauf der Spannung ist u. a. der örtliche Verlauf der magnetischen Dichte oder Induktion B im Luftspalt der Maschine (Feldkurve). Diese hat einen zwischen positiven und negativen Werten wechselnden wellenförmigen Verlauf, der sich mit jeder Polpaarteilung (2τ) wiederholt. Die günstigste Form der Feldverteilung für Wechselstrommaschinen ist die *Sinusform* (Abb. 32). In Wirklichkeit weicht die Feldkurve fast stets von der Sinusform ab; sie enthält außer der *Grundwelle,* die der reinen Sinusform entspricht, noch *Oberwellen.* Dem-

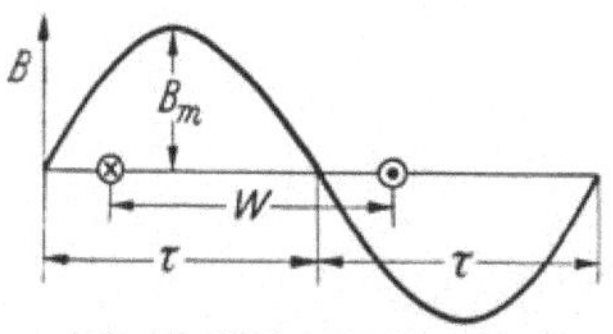

Abb. 32. Polpaarteilung mit sinusförmiger Feldkurve und Durchmesserspule im Schnitt.

gemäß enthalten auch die erzeugten Spannungen außer der Grundwelle in der Regel noch Oberwellen, die unerwünscht sind und durch besondere Maßnahmen klein gehalten werden. Bei vielen Wicklungen treten praktisch nur Oberwellen *ungerader* Ordnungszahlen in Erscheinung. Ihnen kommt auch dann noch die größere Bedeutung zu, wenn darüber hinaus noch Oberwellen *gerader* und *gebrochener* Ordnungszahlen auftreten, wie es bei Bruchlochwicklungen im allgemeinen der Fall ist. Wir beschränken uns daher auf die Betrachtung der Oberwellen *ungerader* Ordnungszahlen.

Bei sinusförmiger Feldkurve ist der magnetische Fluß eines Poles

$$\Phi = \frac{2}{\pi}\, B_m\, \tau\, l, \tag{9}$$

wenn B_m der Scheitelwert von B und l die wirksame Ankerlänge ist. Die in den einzelnen Leitern erzeugten Wechselspannungen haben unter sich die gleiche *Größe,* unterscheiden sich aber in ihrer *Phase,* d. h. sie erreichen zu verschiedenen Zeiten ihren Höchstwert. Der Phasenunterschied ist um so größer, je weiter die Nuten, in denen die Leiter liegen, innerhalb der Polteilung auseinander liegen. Die Spannungen von Leitern der gleichen Nut sind gleichphasig, ebenso diejenigen von solchen Leitern, deren Nuten genau eine Polpaarteilung voneinander entfernt sind.

Wechselspannungen lassen sich durch Strahlen (Vektoren) darstellen, deren Länge ein Maß für die Größe der Spannung und deren gegenseitige Lage (Winkelabweichung) ein Maß für den Phasenunterschied ist. Dabei faßt man die Spannungen aller Leiter der gleichen Spulenseite von vornherein zu einem einzigen Strahl zusammen, den man der Spulenseite zuordnet.

Der Phasenunterschied der Spannungen verschiedener Spulenseiten entspricht dem *elektrischen* Winkel oder dem p-fachen *räumlichen* Winkel, um den die zugehörigen Nuten auseinander liegen. Der Winkel zwischen

Strahlen von Spulenseiten *benachbarter* Nuten ist demnach

$$\alpha = p\,\frac{2\,\pi}{N} = p\,\frac{360°}{N}\,, \tag{10}$$

wenn N die Zahl der Nuten bedeutet.

B. Nutenstern und Spannungsstern.

Der Nutenstern wird gebildet von Strahlen gleicher Länge, deren Richtungen den Phasen der Spannungen entsprechen, die in den Spulenseiten der Nuten erzeugt werden. Nach den Darlegungen im vorigen Abschnitt haben Strahlen von Nuten, die genau eine Polpaarteilung (oder ein ganzes Vielfaches davon) auseinander liegen, die gleiche Richtung; für die Gesamtzahl solcher Nuten erscheint im Nutenstern nur *ein* Strahl. Der Winkel, den Strahlen *benachbarter* Nuten einschließen, ist durch Gl. (10) bestimmt. Wenn N durch p ohne Rest teilbar ist, enthält der Nutenstern N/p Strahlen. Strahlen benachbarter Nuten sind dann auch im Spannungsstern benachbart. Wenn N nicht durch p teilbar ist, sondern N und p den größten gemeinsamen Teiler t haben, hat der Nutenstern N/t Strahlen.

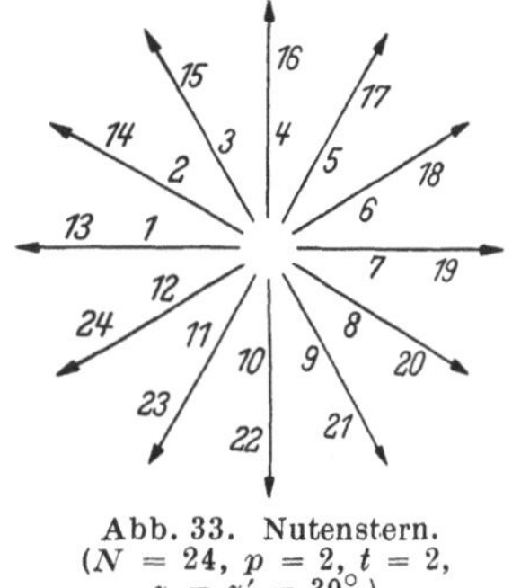
Abb. 33. Nutenstern.
($N = 24$, $p = 2$, $t = 2$, $\alpha = \alpha' = 30°$.)

Der Winkel zwischen benachbarten Strahlen, die dann *nicht* zu benachbarten Nuten gehören, ist

$$\alpha' = t\,\frac{2\,\pi}{N} = t\,\frac{360°}{N}\,. \tag{11}$$

Man numeriert die Nuten fortlaufend (an beliebiger Stelle beginnend) und schreibt diese Nummern an die zugehörigen Strahlen des Nutensterns. Wenn N durch p teilbar ist, erhält jeder Strahl p Nummern; wenn N und p den größten gemeinsamen Teiler t haben, sind an jeden Strahl t Nummern zu schreiben. Als Beispiel ist in Abb. 33 der Nutenstern für 24 Nuten und 2 Polpaare dargestellt.

Der Aufteilung der Spulenseiten auf die einzelnen Zonen entspricht eine Aufteilung der Strahlen des Nutensterns in einzelne Gruppen. Die Aufteilung wird so vorgenommen, daß jede Gruppe Strahlen mit möglichst geringem Phasenunterschied enthält. Bei einer dreiphasigen Wicklung müssen sechs gleiche Gruppen gebildet werden, die hinsichtlich der Strangzugehörigkeit und des Vorzeichens die gleiche Reihenfolge aufweisen wie die Zonen im Zonenplan (s. Abb. 28b). Für das vorliegende Beispiel gibt Zahlentafel 2 die Aufteilung an.

Aus dem Nutenstern läßt sich weiter der Spannungsstern (Abb. 34) bilden, der die Spannungen der einzelnen Spulenseiten enthält. Die Richtung eines Spannungsstrahls folgt aus der Richtung des zugehörigen

Nutenstrahls unter Berücksichtigung des Vorzeichens der Spulenseite, d. h. bei negativen Spulenseiten sind die Strahlen des Spannungssterns

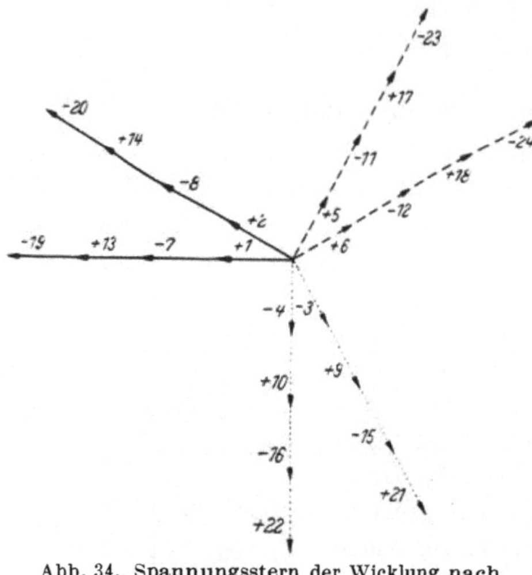

Abb. 34. Spannungsstern der Wicklung nach Abb. 33 und Zahlentafel 2 (mit aneinandergereihten Spulenseitenspannungen).

Zahlentafel 2. *Strangzugehörigkeit und Vorzeichen der Spulenseiten einer dreiphasigen Wicklung.* (Nutenstern nach Abb. 33.)

	Wicklungsstrang		
	I	II	III
+	1	5	9
	13	17	21
	2	6	10
	14	18	22
−	7	11	3
	19	23	15
	8	12	4
	20	24	16

den entsprechenden des Nutensterns entgegengerichtet (um 180° verdreht). Die Länge der Strahlen ist beliebig, doch müssen alle Strahlen die *gleiche* Länge haben, wenn alle Spulen hinsichtlich der Windungszahl übereinstimmen. Strahlen, die in die gleiche Richtung fallen, werden aneinander gereiht. Die Zugehörigkeit der Strahlen zu den Strängen wird durch verschiedene Stricharten angedeutet (I. Strang: ausgezogen; II. Strang: gestrichelt; III. Strang: punktiert). Das Vorzeichen der Spulenseiten ist vor die angeschriebenen Spulenseitennummern gesetzt.

Bei dem hier behandelten Beispiel enthält jeder Wicklungsstrang 8 Spulenseiten,

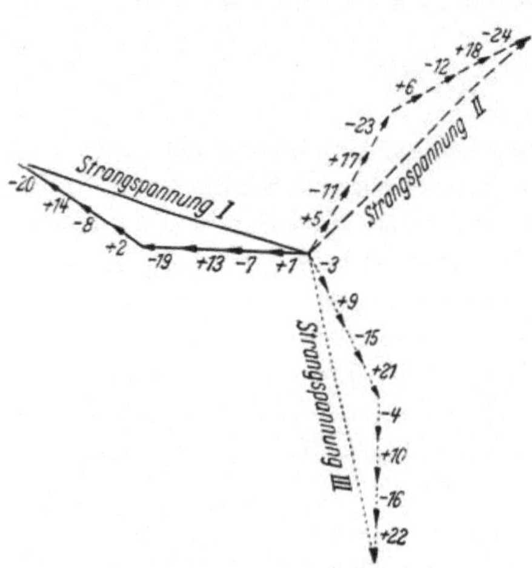

Abb. 35. Bildung der Strangspannungen aus dem Spannungsstern nach Abb. 34.

von denen die eine Hälfte positiv, die andere negativ ist; aus ihnen sind 4 Spulen zu bilden. Werden alle Spulen in Reihe geschaltet, so ergeben sich die Strangspannungen als geometrische Summe aller zum

Strang gehörigen Spulenseitenspannungen (Abb. 35). Man erkennt aus Abb. 35, daß man auf diese Weise drei gleichgroße Strangspannungen erhält, die in der Phase um je 120° gegeneinander verschoben sind.

C. Wicklungsfaktoren.

1. Wicklungsfaktor der Grundwelle.

In den Wicklungen elektrischer Maschinen ist stets eine mehr oder weniger große Zahl von Spulen in Reihe geschaltet, von denen jede — von Stabwicklungen abgesehen — wieder mehrere Windungen enthält. Für die in einem Wicklungsstrang erzeugte Spannung ist neben anderen Faktoren die in Reihe geschaltete Windungszahl w eines Stranges maßgebend. Da die Gesamtspannung sich jedoch aus Teilspannungen *verschiedener Phase* zusammensetzt, ist die in w Windungen bei Reihenschaltung erzeugte Spannung kleiner als das w-fache der Spannung *einer* Windung.

Man berechnet trotzdem den Betrag der erzeugten Spannung (EMK) eines Wicklungsstranges nach der Gleichung

$$E = \frac{2\,\pi}{\sqrt{2}}\,f w \,\Phi\, \xi_1, \tag{12}$$

in der die Windungszahl w als Faktor auftritt. Der dadurch begangene Fehler wird durch den Faktor ξ_1 wieder aufgehoben. Er heißt *Wicklungsfaktor* (der Grundwelle) und ist kleiner als 1. Er ist das Verhältnis der geometrischen zur algebraischen Summe der zu addierenden Teilspannungen (s. Abb. 35).

Der Wicklungsfaktor ist abhängig von der Verteilung der Spulenseiten am Umfang (*Spulenseitenbild*). Das Spulenseitenbild wird allgemein beeinflußt 1. von der normalen Zonenbreite und der Zahl der Spulenseiten je Zone, 2. dem Maß der Sehnung und 3. dem der Zonenänderung. Entsprechend dieser dreifachen Abhängigkeit kann man den Wicklungsfaktor ξ_1 in drei Teilfaktoren zerlegen, den *Zonenfaktor* ξ_{Z_1}, den *Sehnungsfaktor* ξ_{S_1} und den *Unterschiedsfaktor* ξ_{U_1}. Es ist also

$$\xi_1 = \xi_{Z_1}\,\xi_{S_1}\,\xi_{U_1}. \tag{13}$$

Demgemäß gibt es zwei Möglichkeiten, den Wicklungsfaktor zu bestimmen. Man kann entweder den Gesamtfaktor ξ_1 aus dem Spulenseitenbild ermitteln, oder jeden der drei Teilfaktoren ξ_{Z_1}, ξ_{S_1} und ξ_{U_1} bestimmen und dann ξ_1 nach Gl. (13) berechnen, Bei ungesehnten Wicklungen ist $\xi_{S_1} = 1$, bei Wicklungen ohne Zonenänderung $\xi_{U_1} = 1$.

Bei einer bestimmten Art von Wicklungen kann sogar ein vierter Teilfaktor auftreten; wir werden ihn später (s. S. 195) kennen lernen.

a) Berechnung des Wicklungsfaktors aus dem Spulenseitenbild. Nach der Begriffsbestimmung ist der Wicklungsfaktor das Verhältnis der geometrischen zur algebraischen Summe der zu addierenden Teilspannungen. Bei der Berechnung des Wicklungsfaktors aus dem Spulenseitenbild müßten grundsätzlich alle Teilspannungen (Spulenseitenspannungen) eines Wicklungsstranges berücksichtigt werden. Da wir uns jedoch zunächst auf die Ganzlochwicklungen beschränken wollen, bei denen sich

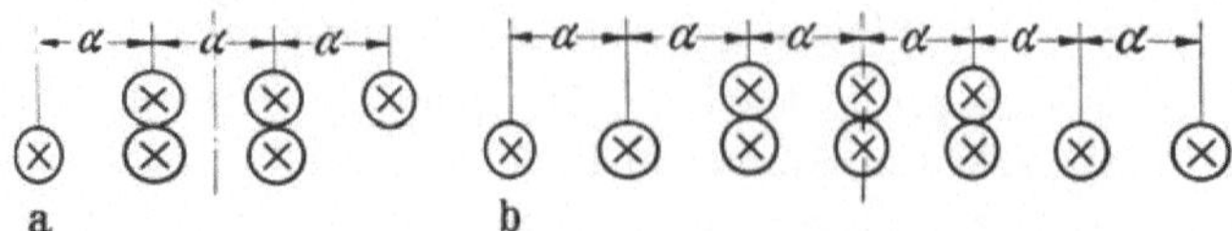

Abb. 36. Spulenseitenbilder von Wicklungszonen bei Ganzlochwicklungen.
a gesehnte Zweischichtwicklung ($N/p = 18$, $q = 3$, $\alpha = 20°$, $\beta = 3\alpha = 60°$, $W/\tau = 8/9$); b Zweischichtwicklung mit Zonenänderung ($N/p = 30$, $q = 5$, $\alpha = 12°$, $\beta_1 = 7\alpha = 84°$, $\beta_2 = 3\alpha = 36°$).

die Anordnung der Spulenseiten nach jeder Polpaarteilung, bei Vernachlässigung des Vorzeichens sogar nach jeder Polteilung wiederholt, brauchen wir nur eine Polteilung und in dieser nur die Spulenseiten eines Stranges ins Auge zu fassen. Aus der Zahl und der gegenseitigen Lage dieser Spulenseiten ergibt sich der Wicklungsfaktor.

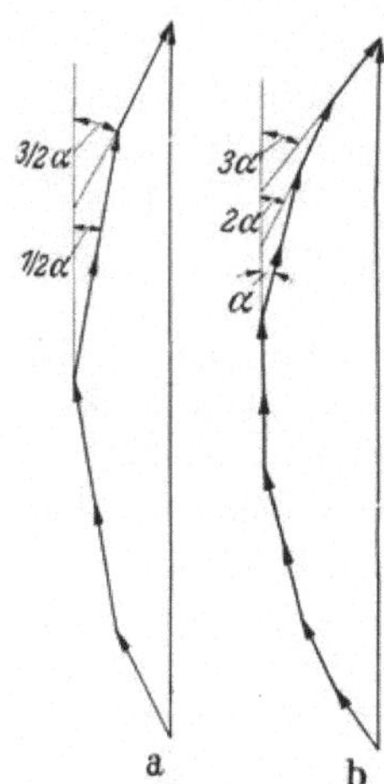

Abb. 37. Zur Erläuterung der Berechnung der Wicklungsfaktoren aus den Spulenseitenbildern in Abb. 36.

Besonders einfach wird die Berechnung dann, wenn die Spulenseiten symmetrisch zu einer Mittellinie angeordnet sind, wobei es bei Zweischichtwicklungen keine Rolle spielt, ob eine Spulenseite in der Ober- oder Unterschicht liegt. In Abb. 36 a (gesehnte Zweischichtwicklung) und Abb. 36 b (Zweischichtwicklung mit Zonenänderung) sind Beispiele solcher Spulenseitenbilder gezeichnet. In Abb. 36 a liegen die Spulenseiten so, daß die Mittellinie (Symmetrielinie) in die Mitte zwischen zwei Nuten fällt; in Abb. 36 b geht die Mittellinie durch eine Nut hindurch. Aus den angenommenen Werten für N und p läßt sich nach Gl. (10) der Winkel α berechnen, um den die Spannungen der Spulenseiten gegeneinander verdreht sind. Der Winkel α stimmt hier mit dem Winkel α' nach Gl. (11) überein. Aus dem Spulenseitenbild lassen sich nach den früheren Betrachtungen bei gesehnten Wicklungen das Verhältnis W/τ und bei Wicklungen mit Zonenänderung die Winkel β_1 und β_2 entnehmen. Diese Werte sind in der Abbildungsunterschrift zu Abb. 36 a und 36 b angegeben.

Für den Wicklungsfaktor der Grundwelle ergibt sich, wie die zu Abb. 36 a und b gehörenden Spannungsbilder in Abb. 37 a und b ohne weiteres erkennen lassen,

bei der Anordnung a: $\xi_1 = {}^1\!/_6 \,(4 \cos {}^1\!/_2\,\alpha + 2 \cos {}^3\!/_2\,\alpha) = 0{,}945$,

bei der Anordnung b: $\xi_1 = {}^1\!/_{10}\,(2 + 4 \cos \alpha + 2 \cos 2\alpha + 2 \cos 3\alpha)$
$$= 0{,}936\,.$$

Wenn die Spulenseiten *nicht* symmetrisch zu einer Mittellinie liegen, muß man die Rechnung in komplexer Form durchführen.

b) Zerlegung des Wicklungsfaktors in Teilfaktoren. Bei einer Wicklung ohne Sehnung und Zonenänderung liegen die beiden Zonen eines Stranges und Polpaares im Zonenplan (Abb. 26 und 29) diametral einander gegenüber. Unter Berücksichtigung des Vorzeichens der Zonen

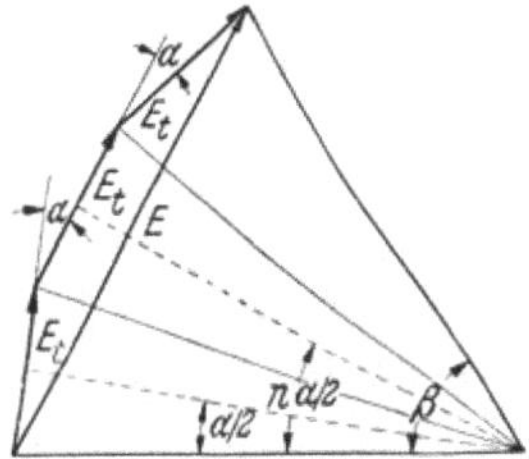

Abb. 38. Zur Erläuterung der Gl. (14a u. b).

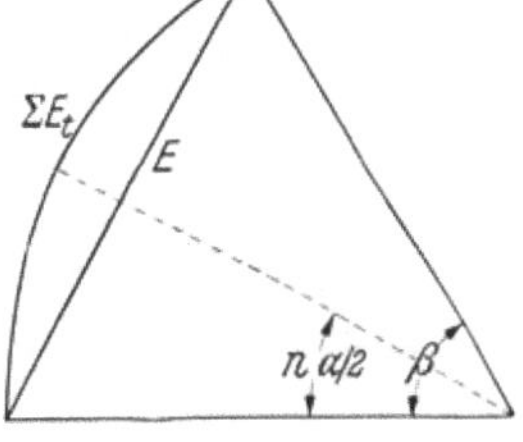

Abb. 39. Zur Erläuterung der Gl. (15).

sind daher die auf die Zonen entfallenden Teilspannungen eines Stranges gleichphasig und beeinflussen daher den Wicklungsfaktor nicht. Vielmehr ist dieser hier nur abhängig von der Zahl der Spulenseiten *einer Zone* und dem Winkel, um den die Spannungen gegeneinander verdreht sind. Die Abb. 38 stellt diesen Zusammenhang zeichnerisch dar; die Spannung (EMK) E setzt sich dort aus drei jeweils um $\alpha = 20°$ gegeneinander verdrehten Teilspannungen E_t zusammen. Das Verhältnis $E/n\,E_t$ stellt den Zonenfaktor ξ_{Z_1} (der Grundwelle) dar (s. S. 29). Wenn n Teilspannungen verschiedener Phase in einer Zone vorhanden sind, gilt nach Abb. 38 allgemein

$$\xi_{Z_1} = \frac{E}{n\,E_t} = \frac{\sin n\dfrac{\alpha}{2}}{n \sin \dfrac{\alpha}{2}} \tag{14a}$$

oder

$$\xi_{Z_1} = \frac{\sin \dfrac{\beta}{2}}{n \sin \dfrac{\beta}{2n}}\,. \tag{14b}$$

Mit zunehmender Größe von n nähern sich die aneinander gereihten Teilspannungen immer mehr dem Kreisbogen über dem Winkel β, dessen Sehne die geometrische Summe dieser Teilspannungen darstellt (Abb. 39). Es ist dann

$$\xi_{Z_1} = \frac{\text{Sehne über } \beta}{\text{Bogen über } \beta}\,. \tag{15}$$

Der Wert des Zonenfaktors nach Gl. (15) stellt den *unteren* Grenzwert für eine bestimmte Zonenbreite dar. Mit diesem Wert kann man im allgemeinen rechnen, wenn $n > 5$ ist.

Der Winkel β entspricht der Breite einer Zone; unter den gemachten Voraussetzungen ist

$$\beta = \frac{180°}{m}. \qquad (16)$$

Die Gl. (14 b) kann daher geschrieben werden

$$\xi_{Z_1} = \frac{\sin \dfrac{90°}{m}}{n \sin \dfrac{90°}{m\,n}}. \qquad (17)$$

Wird eine Sehnung der Wicklung vorgenommen, wie sie bei Zweischichtwicklungen üblich ist, so ist die mittlere Spulenweite nicht mehr gleich der Polteilung. Die Spulen umfassen im Mittel *nicht* mehr den *gesamten* Polfluß nach Gl. (9), sondern nur einen Teil von ihm. Die hierdurch verursachte Verringerung der Spannung wird durch den Sehnungsfaktor ξ_{S_1} (der Grundwelle) berücksichtigt (s. S. 29). Er ist abhängig vom Winkel ε_S oder vom Verhältnis W/τ und beträgt

$$\xi_{S_1} = \cos \frac{\varepsilon_S}{2} = \cos (1 - W/\tau)\, \frac{\pi}{2} = \cos (1 - W/\tau)\, 90°. \qquad (18)$$

Wenn bei einer Wicklung eine Zonenänderung vorgenommen wird, läßt sich diese, wie in Abschn. I C 2 gezeigt wurde, auf eine gleichwertige Sehnung zurückführen. Die Wirkung der Zonenänderung wird durch den dritten Teilfaktor, den Unterschiedsfaktor ξ_{U_1} (der Grundwelle) zum Ausdruck gebracht (s. S. 29). Er ist von dem Winkel ε_U oder von der Differenz $(\beta_1 - \beta_2)$ abhängig und beträgt

$$\xi_{U_1} = \cos \frac{\varepsilon_U}{2} \qquad (19)$$
$$= \cos \frac{1}{4}\, (\beta_1 - \beta_2).$$

Zahlentafel 3. *Berechnung der Wicklungsfaktoren aus den Teilfaktoren für die Spulenseitenanordnungen nach Abb. 36 a und b.*

Anordnung	a	b
$n = q$	3	5
ξ_{Z_1} nach Gl. (14 a) . . .	0,960	0,957
W/τ (Sehnung)	8/9	1
ξ_{S_1} nach Gl. (18)	0,985	1
$\beta_1 - \beta_2$ (Zonenänderung)	0	84°—36°
ξ_{U_1} nach Gl. (19)	1	0,978
ξ_1 nach Gl. (10)	0,945	0,936

Für die beiden Spulenseitenanordnungen nach Abbildung 36 a und b ist die Berechnung der Wicklungsfaktoren aus den Teilfaktoren in Zahlentafel 3 durchgeführt.

Zur Bestimmung der Zonenfaktoren müssen diese Anordnungen so abgeändert werden, daß keine Sehnung und keine Zonenänderung vorhanden ist. Die Zahl n der Spulenseitenspannungen *verschiedener* Phase ist dann gleich der Zahl q der Nuten je Pol und Strang (s. S. 20).

Die Ergebnisse sind die gleichen wie bei der Berechnung aus den Spulenseitenbildern.

Wenn in diesem Buche vom Wicklungsfaktor ohne weiteren Zusatz gesprochen wird, ist immer der Wicklungsfaktor der Grundwelle gemeint.

2. Wicklungsfaktoren der Oberwellen.

Während für die *Größe* der erzeugten Spannung im wesentlichen nur der Wicklungsfaktor der *Grundwelle* von Bedeutung ist, beeinflussen die Wicklungsfaktoren der *Oberwellen* die Kurvenform der erzeugten Spannung.

Die von den Oberfeldern erzeugten Spannungsoberwellen der einzelnen Spulen bzw. Spulenseiten setzen sich unter ν-fach größeren Winkeln zusammen als die Grundwellen-Spannungen, wenn ν die Ordnungszahl der Oberwelle ist. Die Gesamtwicklungsfaktoren der Oberwellen (wir berücksichtigen nur solche *ungerader* Ordnungszahlen) lassen sich ebenso wie der der Grundwelle aus dem Spulenseitenbild bestimmen; man erhält den Faktor ξ_ν der ν-ten Welle, wenn man $\nu\,\alpha$ an die Stelle von α setzt. Das negative Vorzeichen, das sich dann für manche Werte ergibt, hat nur für besondere Untersuchungen eine Bedeutung.

Wir können aber auch für die Oberwellen die Wicklungsfaktoren aus den Teilfaktoren bestimmen. Für den Zonenfaktor der ν-ten Welle gilt

$$\xi_{Z\nu} = \frac{\sin \nu \dfrac{\beta}{2}}{n \sin \nu \dfrac{\beta}{2n}}, \tag{20}$$

während die Sehnungs- und Unterschiedsfaktoren bestimmt sind durch die Gleichungen

$$\xi_{S\nu} = \cos \nu \frac{\varepsilon_S}{2} = \cos \nu \,(1 - W/\tau) \frac{\pi}{2} = \cos \nu \,(1 - W/\tau)\, 90° \tag{21}$$

$$\xi_{U\nu} = \cos \nu \frac{\varepsilon_U}{2} = \cos \nu \frac{1}{4} \,(\beta_1 - \beta_2). \tag{22}$$

Die Beträge der Sehnungsfaktoren sind abhängig vom Verhältnis W/τ in Tafel VII a (S. 258) für $\nu = 1, 3, 5$ und 7 dargestellt. Die für den Entwurf einer Wicklung besonders wichtigen Grundwellenfaktoren können genauer aus Tafel VII b abgelesen werden. Da jede Zonenänderung auf eine gleichwertige Sehnung zurückgeführt werden kann, sind die Tafeln VII a und VII b oben mit einer zweiten Abszisseneinteilung versehen, die es gestattet, auch die Unterschiedsfaktoren für gegebene Werte ($\varepsilon_U/2 = \varepsilon/2$) abzulesen.

Auch für die Oberwellen ist der Gesamtwicklungsfaktor

$$\xi_\nu = \xi_{Z\nu} \xi_{S\nu} \xi_{U\nu}. \tag{23}$$

Der vierte Teilfaktor, der nach den Ausführungen im vorigen Abschnitt bei einer bestimmten Art von Wicklungen für die Grundwelle auftreten kann, tritt dann auch für die Oberwellen auf.

Die Wicklungsfaktoren der Oberwellen sind im allgemeinen kleiner als die der Grundwelle. Daher kommt es, daß man auch dann der Sinusform nahe kommende Spannungskurven erhält, wenn die Feldkurve Oberwellen beträchtlicher Größe aufweist. Eine Verbesserung der Spannungskurve läßt sich durch passende Sehnung (Schrittänderung) der Wicklung erzielen. Man kann die Sehnung so wählen, daß die Wicklungsfaktoren der Oberwellen stark verringert werden, ohne daß der Wicklungsfaktor der Grundwelle wesentlich abnimmt. *Eine* Oberwelle kann man, wie Tafel VII a (S. 258) zeigt, dadurch verschwinden lassen, daß man die Sehnung so wählt, daß der Wicklungsfaktor für diese Oberwelle Null wird (z. B. $\xi_{S_5} = 0$ für $W/\tau = 0{,}8$). Da eine Zonenänderung sich auf eine gleichwertige Sehnung zurückführen läßt, kann man durch gleichzeitige Anwendung von Sehnung und Zonenänderung sogar *zwei* Oberwellen zum Verschwinden bringen.

Bei dreiphasigen Wicklungen in *Sternschaltung* tritt eine 3. Oberwelle in der *verketteten* Spannung nicht auf. Bei einfacher Sehnung wählt man dann zweckmäßig $W/\tau \approx 0{,}81$, weil dann auch die 5. und 7. Oberwelle weitgehend unterdrückt werden. Bei dieser Schrittverkürzung wird auch die Form des von der Wicklung erregten Magnetfeldes am günstigsten, und die Zusatzverluste werden am kleinsten. Bei *Dreieckschaltung* ist jedoch $W/\tau = 2/3$ zweckmäßig, da dann ein Ausgleichstrom dreifacher Frequenz in der Wicklung vermieden wird.

Besonders wichtig sind Maßnahmen zur Verbesserung der Spannungskurve, wenn die Zahl q der Nuten je Pol und Strang klein ist (kleine Polteilung). In diesem Fall sieht man zweckmäßig eine Bruchlochwicklung vor, deren günstige Eigenschaften wir noch kennen lernen werden. Bei Einschichtwicklungen ist die Anwendung einer Bruchlochwicklung das *einzige* Mittel, das man zur Verbesserung der Spannungskurve zur Verfügung hat, wenn man von der nur beschränkt anwendbaren Strangverschachtelung (s. S. 55) absieht.

D. Hilfsmittel beim Entwurf von Wechselstromwicklungen.

Die wesentliche Aufgabe beim Entwurf einer Wechselstromwicklung, die in den meisten Fällen mehrere Wicklungsstränge enthält, besteht darin, die Zugehörigkeit der Spulenseiten zu den einzelnen Zonen zu ermitteln, die sich bekanntlich hinsichtlich der Strangzugehörigkeit und des Vorzeichens unterscheiden. Bei allen Zweischichtwicklungen sowie bei den einschichtigen Ganzlochwicklungen kann man die Spulenseiten auf die Zonen aufteilen, ohne Überlegungen anzustellen, wie man später die Spulenseiten zu Spulen verbindet; bei jeder der praktisch vorkommenden Ausführungsarten sind diese Verbindungen technisch einwandfrei ausführbar. Schwierigkeiten können jedoch bei einschichtigen Bruchlochwicklungen auftreten, wenn bestimmte Ausführungsformen gefordert werden.

Die Aufteilung der Spulenseiten muß so erfolgen, daß die Wicklung symmetrisch wird, d. h. daß die einzelnen Strangspannungen unter sich gleich und in der Phase um gleiche Winkel gegeneinander verschoben sind. Dabei können verschiedene Verfahren zur Anwendung kommen, je nachdem die Symmetriebedingungen leichter oder schwerer zu erkennen sind. Bei der Aufteilung kennzeichnen wir die Strangzugehörigkeit und das Vorzeichen in geeigneter Weise.

1. Einschichtwicklungen.

Bei Einschichtwicklungen, bei denen jede Nut nur *eine* Spulenseite enthält, läuft die Aufteilung der Spulenseiten auf eine solche der Nuten hinaus. Bei *ganzer* Nutenzahl je Pol und Strang läßt sich nach den bisherigen Ausführungen die Aufteilung der Nuten auf die einzelnen Zonen ohne weiteres vornehmen. An welcher Stelle bei der Aufteilung begonnen wird, ist gleichgültig. Die Abb. 27a und b und auch die Zonenpläne in Abb. 28a und b lassen das Aufteilungsverfahren erkennen.

Um den Schaltplan einer Wicklung vorzubereiten, zeichnet man nach dem Zonenplan den *Spulenseitenplan*, in welchem die Spulenseiten in der Papierebene liegend dargestellt werden. Die Strangzugehörigkeit wird durch verschiedene Stricharten für die einzelnen Stränge gekennzeichnet, das Vorzeichen durch nach oben oder unten gerichtete Pfeilspitzen. Durch Einzeichnen der Stirnverbindungen entsteht aus dem Spulenseitenplan der *Schaltplan* der Wicklung. Die zweckmäßige Anordnung der Stirnverbindungen wird bei den einzelnen Wicklungsarten besprochen werden.

Wenn die Symmetrie schwieriger zu übersehen ist, wie es besonders bei *gebrochener* Nutenzahl je Pol und Strang (Bruchlochwicklungen) der Fall ist, kann man sich beim Wicklungsentwurf des Nuten- und Spannungssterns bedienen. Wie dabei zu verfahren ist, haben wir schon besprochen (s. S. 27). Nuten- und Spannungsstern sind auch dann von Nutzen, wenn festgestellt werden soll, ob beim Zusammenschalten der Spulen eines Stranges *parallele* Zweige gebildet werden können und in welcher Anzahl.

Das Aufzeichnen des Nuten- und Spannungssterns ist zeitraubend und bei großer Nutenzahl oft praktisch undurchführbar. Man verwendet daher meistens einfachere Hilfsmittel, wobei jedoch Nuten- und Spannungsstern gedanklich zugrunde gelegt sind. Diese Hilfsmittel bestehen aus einfachen Zahlentafeln, die in bestimmter Gestalt und Größe vor-

bereitet werden und in die die Nummern der Spulenseiten nach einem
bestimmten Schema eingetragen werden. In den nächsten Abschnitten
werden wir derartige Hilfsmittel kennen lernen.

2. Zweischichtwicklungen.

Die Zweischichtwicklung läßt sich aus der Einschichtwicklung leicht
ableiten. Man teilt z. B. die Spulenseiten der Oberschicht genau so
auf wie die Spulenseiten einer Einschichtwicklung. Bei ungesehnten
Wicklungen ohne Zonenänderung liegen dann die Zonen der Unterschicht genau so wie diejenigen der Oberschicht.

Eine Sehnung wird dadurch bewirkt, daß man den ganzen Zonenplan der Unterschicht gegenüber demjenigen der Oberschicht um eine
bestimmte *ganze* Zahl von Nutteilungen nach einer Seite verdreht bzw.
verschiebt (Abb. 30). Wenn man eine Zonenänderung vornehmen will,
kann man zunächst von der gleichmäßigen Verteilung der Spulenseiten
ausgehen, wie wir sie bisher vorgenommen haben. Man vergrößert und
verkleinert dann *abwechselnd* diese Zonen zunächst in der Oberschicht
um eine bestimmte *ganze* Zahl von Spulenseiten. Eine gleiche Zonenänderung nimmt man nun in der Unterschicht vor, jedoch so, daß zu
jeder *breiten* Zone in der Oberschicht eine hinsichtlich Strangzugehörigkeit und Vorzeichen übereinstimmende *schmale* Zone in der Unterschicht
gehört und umgekehrt (Abb. 31). Man kann aber auch, wie wir an späteren
Beispielen sehen werden, von vornherein eine Aufteilung der Spulenseiten
auf breite und schmale Zonen vornehmen. In manchen Fällen *muß* dies
sogar geschehen, weil eine *gleichmäßige* Aufteilung nicht möglich ist.
Solche Wicklungen sind also ohne Zonenänderung nicht ausführbar.

III. Wechselstrom-Ständerwicklungen.

Man unterscheidet zwei Hauptgruppen von Wicklungen, die Stabwicklungen mit einem Leiter je Spulenseite und die Spulenwicklungen
mit mehreren Leitern je Spulenseite. Während bei den Spulenwicklungen die Schaltverbindungen zwischen den einzelnen Spulen hinsichtlich ihres Platzbedarfs und ihrer räumlichen Anordnung im allgemeinen
keine große Rolle spielen, kommt ihnen bei den Stabwicklungen die
gleiche Bedeutung zu wie den Stirnverbindungen der Spulen selbst.
Die Stirnverbindungen verbinden je eine positive und eine negative
Spulenseite. Sie dürfen nicht über die Öffnungen der Bohrung hinweg
verlaufen, da diese für den Ein- und Ausbau des Läufers frei gehalten
werden müssen; sie werden vielmehr radial auswärts abgebogen.

Außerdem unterscheidet man die Wicklungen hinsichtlich ihrer
Strangzahl (Phasenzahl). Praktisch die größte Bedeutung haben die
dreiphasigen Wicklungen, seltener kommen ein- und zweiphasige Wicklungen vor.

A. Dreiphasige Ständerwicklungen mit ganzer Nutenzahl je Pol und Strang (Ganzlochwicklungen).

Die dreiphasige Wicklung (Drehstromwicklung) enthält drei Wicklungsstränge; für jeden Strang steht $^1/_3$ des Umfangs zur Verfügung. Um eine symmetrische Verteilung der drei Stränge zu erzielen, müssen je Polpaarteilung 6 Zonen von Spulenseiten in der auf S. 22 angegebenen Reihenfolge gebildet werden.

1. Einschichtige Spulenwicklungen.

Bei den Einschichtwicklungen enthält jede Nut *eine* Spulenseite. Da zu einer Spule zwei Spulenseiten gehören, sind bei N Nuten insgesamt $N/2$ Spulen vorhanden, von denen je ein Drittel auf einen Wicklungsstrang entfällt. Die Zahl der Spulen je Strang ist daher $\gamma = N/6$. Die Zahl der Nuten je Pol und Strang ist $q = N/6\, p = \gamma/p$. Wenn q eine *ganze* Zahl ist, bezeichnet man die Wicklung als *Ganzlochwicklung*.

Die Aufteilung der Nuten oder Spulenseiten auf die einzelnen Zonen macht nach den Ausführungen in Abschn. II D bei den Ganzlochwicklungen keine Schwierigkeiten. Für das Beispiel, dem der Nutenstern in Abb. 33 zugrunde liegt, nehmen wir sie an Hand der Zahlentafel 4 vor. In Spalte 1 sind die ganzzahligen Vielfachen des Winkels α' [nach Gl. (11)] von Null beginnend bis $(360° - \alpha')$ eingetragen, die den Strahlen des Nutensterns entsprechen. Da nach den Gl. (10) und (11) im vorliegenden Fall $\alpha = \alpha'$ ist, gehören benachbarte Strahlen im Nutenstern zu benachbarten Nuten. Wir tragen daher in Spalte 2 die Ordnungszahlen der Nuten von 1 beginnend fortlaufend von oben nach unten ein, wobei wir zwei gleichwertige Reihen (1 bis 12 und 13 bis 24) erhalten. Die Aufteilung der Nuten auf die sechs Zonen einer dreiphasigen Wicklung ist dann in Spalte 3 durchgeführt.

Die Zahlentafel 4 bildet die Grundlage für das Zeichnen des Schaltplanes. Bei ihm wird der Ankerumfang abgewickelt dargestellt; die Spulenseiten werden unter Kennzeichnung ihrer Strangzugehörigkeit (Strichart) und ihres Vorzeichens (Pfeilrichtung) aufgezeichnet und numeriert. Alsdann wird je eine positive und eine negative Spulenseite zu einer Spule vereinigt; in welcher Weise dies geschieht, ist zwar

Zahlentafel 4.

Aufteilung der Spulenseiten für eine dreiphasige Einschichtwicklung ($N = 24$; $p = 2$; $t = 2$; $\alpha = \alpha' = 30°$).

1	2	3
Winkel	Nuten (Spulenseiten)	Strang u. Vorzeichen
0° 30°	1 13 2 14	+ I
60° 90°	3 15 4 16	− III
120° 150°	5 17 6 18	+ II
180° 210°	7 19 8 20	− I
240° 270°	9 21 10 22	+ III
300° 330°	11 23 12 24	− II

grundsätzlich gleichgültig, wird aber in Wirklichkeit durch praktische
Rücksichten (Herstellungsverfahren, Länge der Stirnverbindungen,
Befestigung usw.) bestimmt.

In Abb. 40 ist der Schaltplan einer Wicklung nach Zahlentafel 4
gezeichnet. Die Spulen, die durchweg eine größere Anzahl von Windungen enthalten, sind durch starke Linien dargestellt (je nach Strangzugehörigkeit ausgezogen, gestrichelt oder punktiert), die Verbindungen
der Spulen (Schaltverbindungen) durch dünne Linien. Die Anfänge der
Wicklungsstränge sind mit U, V, W, die Enden mit X, Y, Z bezeichnet.

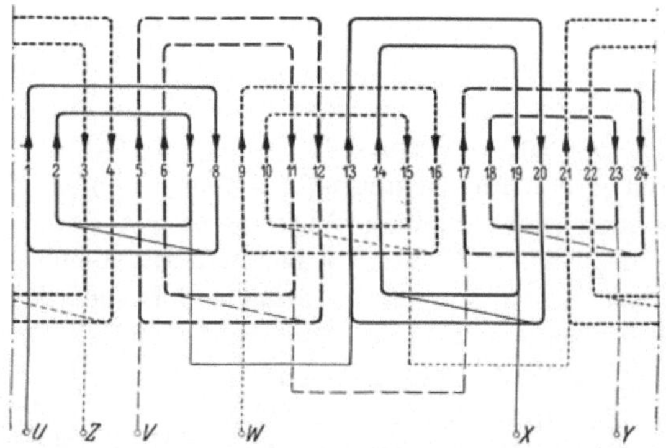

Abb. 40. Schaltplan einer dreiphasigen Zwei-Ebenen-Wicklung nach Zahlentafel 4.

In Abb. 40 und in den folgenden Schaltplänen sind alle Spulen eines
Stranges in Reihe geschaltet. Auf die Möglichkeiten, parallele Wicklungszweige herzustellen, gehen wir später genauer ein, doch zeigt uns
die Zahlentafel 4 schon hier, daß im vorliegenden Fall zwei *gleichwertige* Wicklungszweige vorhanden sind, von denen der eine die Spulenseiten der Nuten 1 bis 12, der andere diejenigen der Nuten 13 bis 24
enthält. Diese beiden Zweige können parallel geschaltet werden.

a) Wicklungen mit Spulen verschiedener Weite. In Abb. 40 sind die
Stirnverbindungen so gelegt, daß Spulen *verschiedener* Weite entstehen.
Die Gesamtheit von Spulen desselben Wicklungsstranges, deren Stirn-
verbindungen gleichsinnig nebeneinander verlaufen, bezeichnet man als
Spulengruppe. Alle Spulen einer Gruppe sind gleichachsig. Eine der
Abb. 40 entsprechende Wicklung hat stets p Spulengruppen je
Strang.

Die Stirnverbindungen der Spulengruppen sind in Abb. 40 in zwei
Ebenen untergebracht, um sie aneinander vorbeiführen zu können. Man
bezeichnet eine solche Wicklung als *Zwei-Ebenen-Wicklung* (Zwei-
Etagen-Wicklung). Eine Hälfte der Spulengruppen enthält „lange"
Spulen, die andere Hälfte „kurze" Spulen. In Abb. 41 ist das *Stirn-
bild* der Wicklung dargestellt.

Eine derartige Wicklung läßt sich immer dann herstellen, wenn p eine *gerade* Zahl ist. Ist p *ungerade*, erhält man *eine* Spulengruppe,

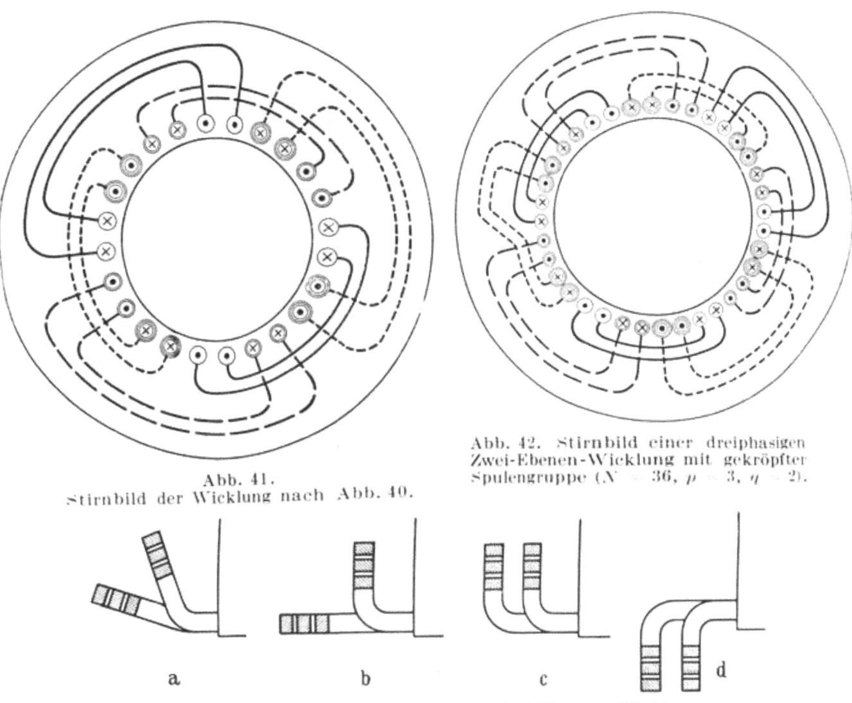

Abb. 41.
Stirnbild der Wicklung nach Abb. 40.

Abb. 42. Stirnbild einer dreiphasigen Zwei-Ebenen-Wicklung mit gekröpfter Spulengruppe ($N = 36$, $p = 3$, $q = 2$).

Abb. 43. Formen der Spulenköpfe bei Zwei-Ebenen-Wicklungen.

deren Stirnverbindung aus einer Ebene (Etage) in die andere übergeht; man nennt sie eine *gekröpfte* Spulengruppe. Das Stirnbild einer solchen Wicklung zeigt Abb. 42. Im Schaltplan haben ihre Spulen mit Ausnahme der gekröpften Spulengruppe eine Form nach Abb. 40; die gekröpfte Gruppe entspricht in ihrer Form den Spulengruppen in Abb. 45.

Abb. 44. Dreiphasige Zwei-Ebenen-Wicklung ($p = 3$) während der Herstellung (Werkbild SIEMENS).

Die gebräuchlichen Anordnungen der Wicklungsköpfe der Zwei-Ebenen-Wicklungen im Stirnraum sind in Abb. 43 dargestellt. Im allgemeinen ist die Form der Köpfe auf beiden Stirnseiten der Maschine die gleiche, wobei dann die Formen a bis c zur Anwendung gelangen. Seltener kommen Wicklungen vor, bei denen auf der einen Stirnseite die Form c, auf der anderen Seite die Form d aus Abb. 43 angewandt wird (s. Abb. 119). Der Läufer ist bei einer solchen Maschine nur von der

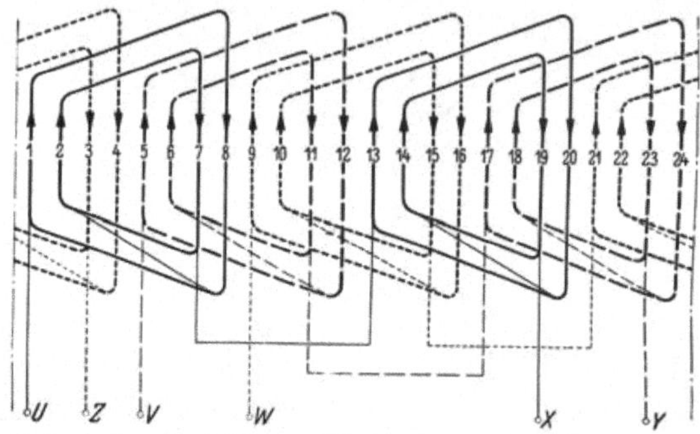

Abb. 45. Schaltplan einer dreiphasigen Wicklung mit gleichgeformten Spulengruppen
($N = 24$, $p = 2$, $q = 2$).

einen Seite ein- und auszubauen. Eine Zwei-Ebenen-Wicklung für einen sechspoligen Ständer während der Herstellung zeigt Abb. 44.

Hinsichtlich des Gleichwiderstandes und des Streublindwiderstandes sind bei der Zwei-Ebenen-Wicklung die einzelnen Stränge einander gleichwertig, wenn die Polpaarzahl p gerade ist (Abb. 40), denn jeder Strang enthält ebensoviel „lange" wie „kurze" Spulengruppen. Bei den ungeraden Polpaarzahlen, bei denen eine gekröpfte Spulengruppe vorliegt (Abb. 42), ist diese Gleichheit nicht ganz vorhanden.

Eine Wicklung, die auch bei ungeraden Polpaarzahlen zu genau gleichwertigen Wicklungssträngen führt, ist die Wicklung mit gleichgeformten Spulengruppen. Den Schaltplan einer solchen Wicklung zeigt Abb. 45; eine ausgeführte Wicklung ist

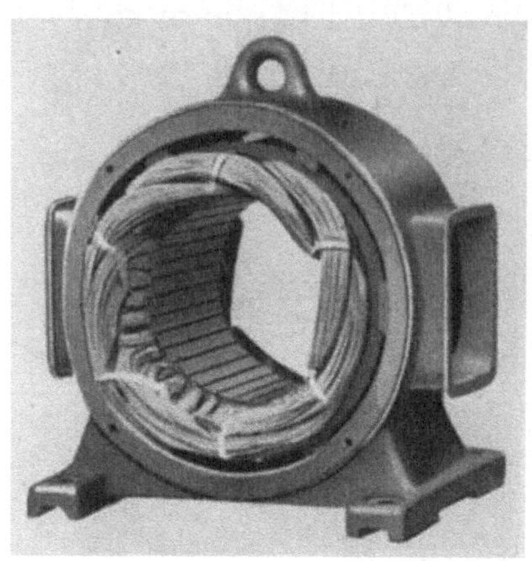

Abb. 46. Dreiphasige Wicklung mit gleichgeformten Spulengruppen (Werkbild BBC).

in Abb. 46 dargestellt. *Alle* Spulengruppen haben hier die Form der gekröpften Spulengruppe in Abb. 42. Eine andere Art von gleichgeformten Spulengruppen ist in Abb. 97a für eine zweiphasige Wicklung dargestellt. Die Anordnung läßt sich ohne weiteres auf die dreiphasige Zwei-Ebenen-Wicklung übertragen. Die Stirnverbindungen einer Spulengruppe auf beiden Stirnseiten gehören hier *verschiedenen* Ebenen an, während sie bisher in *derselben* Ebene lagen; diese Anordnung ist aber praktisch nur ausführbar, wenn die Wicklung aus Halbformspulen (s. S. 115) aufgebaut wird.

Bei der Zwei-Ebenen-Wicklung bestand jeder Wicklungsstrang aus p Spulengruppen. Eine Drehstromwicklung läßt sich aber auch so ausführen, daß je Strang $2p$ Spulengruppen entstehen. Den Schaltplan einer solchen Wicklung zeigt Abb. 47. Man muß hier die Stirnverbindungen in drei Ebenen anordnen, um sie aneinander vorbeiführen zu

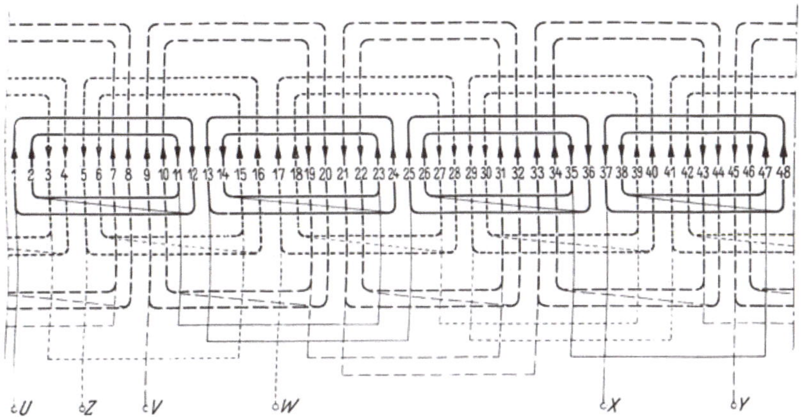

Abb. 47. Schaltplan einer dreiphasigen Drei-Ebenen-Wicklung ($N = 48$, $p = 2$, $q = 4$).

können; man nennt daher die Wicklung *Drei-Ebenen-Wicklung* (Drei-Etagen-Wicklung). In Abb. 48a und b sind Stirnbilder von Drei-Ebenen-Wicklungen dargestellt.

Die Stirnverbindungen der nebeneinander liegenden Spulenseiten eines Stranges sind bei der Drei-Ebenen-Wicklung gleichmäßig nach zwei Seiten abgebogen. Wenn die Zahl q der Nuten je Pol und Strang gerade ist, macht die *gleichmäßige* Aufteilung auf die beiden Spulengruppen keine Schwierigkeiten. Wenn q ungerade ist, kann man die Windungen der mittleren Spule in zwei Hälften aufteilen, um auch hier zwei gleichmäßige Gruppen zu erhalten. Dies geschieht im allgemeinen nur bei ganz kleinen Maschinen. Im übrigen zieht man es vor, zwei *ungleichmäßige* Gruppen zu bilden, von denen die eine einen Spulenkopf mehr enthält als die andere.

Die räumliche Anordnung der Wicklungsköpfe der Drei-Ebenen-Wicklung kann nach Abb. 49a oder 49b erfolgen. Bei der Ausführung nach 49a werden die Verbindungen durchschnittlich kürzer, die Verlegung der Köpfe nach Abb. 49b ermöglicht aber eine bessere mechanische Befestigung der Wicklung, was besonders bei großen Generatoren von Bedeutung ist. Eine ausgeführte Wicklung mit Wicklungsköpfen nach Abb. 49a trägt der Ständer in Abb. 50; die Wicklung entspricht dem Schaltplan in Abbildung 47.

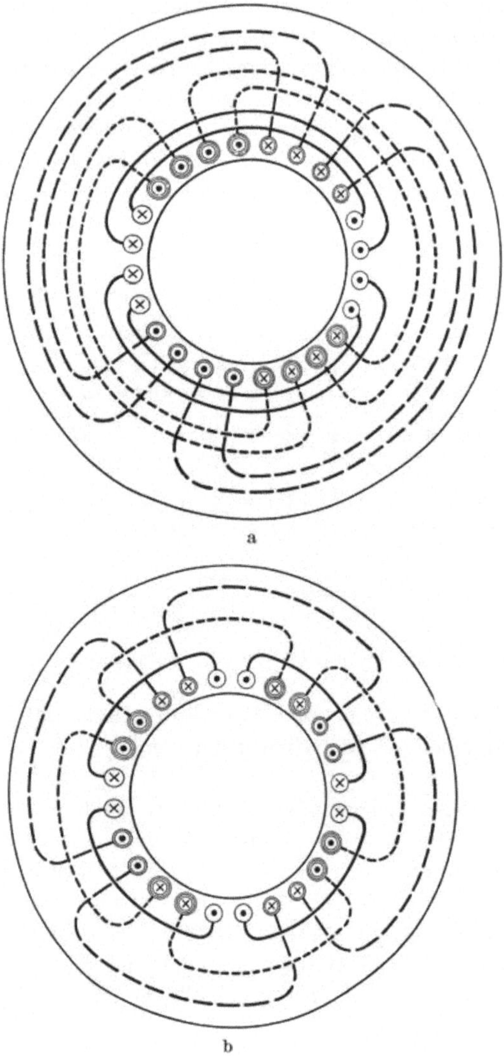

Die mittlere Windungslänge sowie die Lage der Wicklungsköpfe im Stirnraum ist bei den einzelnen Strängen verschieden. Die daraus folgende Verschiedenheit der Widerstände läßt sich wie bei den Zwei-Ebenen-Wicklungen vermeiden, wenn die Wicklung mit *gleichgeformten* Spulengruppen ausgeführt wird.

In besonderen Fällen ist es wegen Transportschwierigkeiten (Überschreitung des Bahnprofils, Aufstellung in Bergwerken usw.) erwünscht, die Wicklungsköpfe so anzuordnen, daß der Ständer in zwei Hälften zerlegt werden kann, ohne daß Spulen aufgeschnitten oder ausgebaut werden müssen. Von den verschiedenen Möglichkeiten, die Stirnverbindungen so zu legen, daß eine Teilung des Ständers möglich ist, ist eine in Abb. 51 dargestellt. Derartige

Abb. 48. Stirnbilder von Drei-Ebenen-Wicklungen.
a $p = 1$, $q = 4$; b $p = 2$, $q = 2$.

Wicklungen sind nur möglich, wenn mehr als zwei Pole vorhanden sind ($p > 1$).

b) Wicklungen mit Spulen gleicher Weite. Die Spulenseiten einer Wicklung (etwa nach Zahlentafel 4) lassen sich auch so miteinander verbinden, daß Spulen *gleicher* Weite entstehen, deren Achsen nicht zusammenfallen. Schaltpläne für derartige Wicklungen sind in Abb. 52a und 52b dargestellt. Die Wicklung nach Abb. 52a hat je Strang p Spulengruppen (wie die Zwei-Ebenen-Wicklung), die Wicklung nach Abb. 52b hat je Strang $2p$ Spulengruppen (wie die Drei-Ebenen-Wicklung). Die Stirnbilder der bbeiden Wicklungen zeigen die Ab. 53a und 53b.

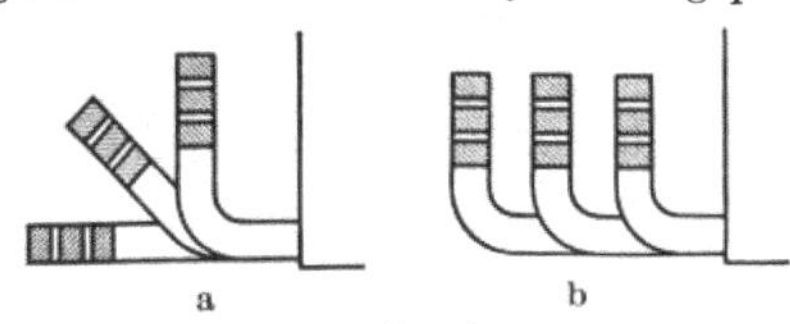

Abb. 49. Formen der Spulenköpfe von dreiphasigen Drei-Ebenen-Wicklungen.

Die Wicklungsköpfe dieser Wicklungen haben eine der in Abb. 54 dargestellten Formen. Den Ständer einer kleinen Maschine mit teilweise eingelegter Wicklung nach Abb. 52a und 53a stellt Abb. 55 dar.

2. Zweischichtige Spulenwicklungen.

Die Aufteilung der Spulenseiten auf die Zonen der Ober- und Unterschicht bei den Zweischichtwicklungen haben wir schon in Abschnitt II D 2 besprochen. Als Beispiel ist in Abb. 56 der Zonenplan für eine vierpolige Wicklung mit 24 Nuten dargestellt; in ihm entspricht die Lage der einzelnen Zonen der Unterschicht genau derjenigen der Oberschicht. Es ist also keine Sehnung und keine Zonenänderung vorhanden.

Abb. 50. Ständer mit dreiphasiger Drei-Ebenen-Wicklung (Werkbild BBC).

Die positiven Spulenseiten der Oberschicht verbindet man nun mit den eine Polteilung entfernt liegenden negativen Spulenseiten des gleichen Wicklungsstranges der Unterschicht so, daß Spulen gleicher Weite entstehen.

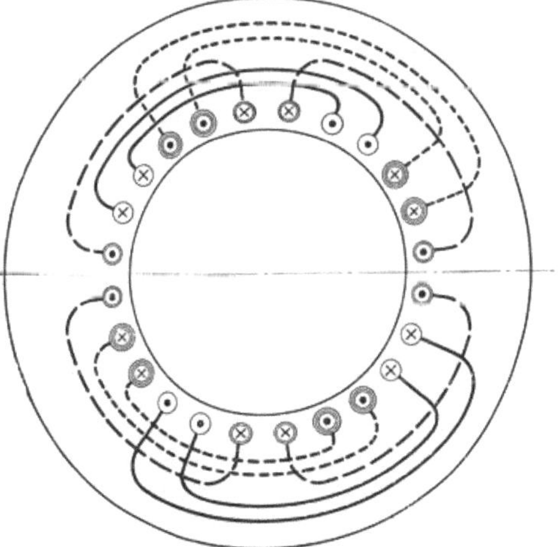

Abb. 51. Dreiphasige Wicklung für geteilten Ständer ($p = 2$, $q = 2$).

In gleicher Weise wird jeder oberschichtigen negativen Spulenseite eine unterschichtige positive Spulenseite zugeordnet und mit ihr zu einer

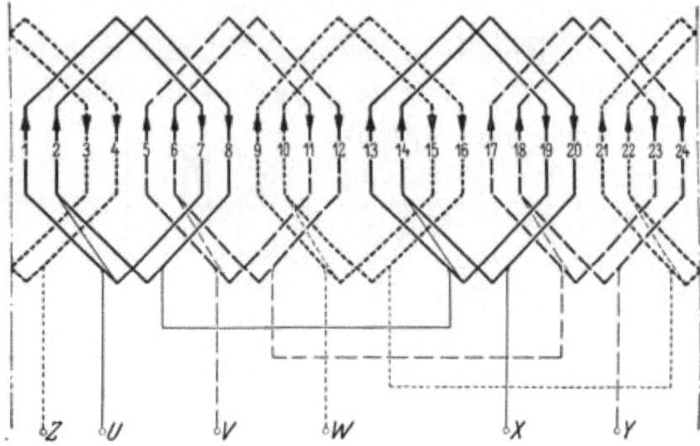

Abb. 52a. Schaltplan einer dreiphasigen Wicklung mit Spulen gleicher Weite
$(N = 24, p = 2, q = 2)$.

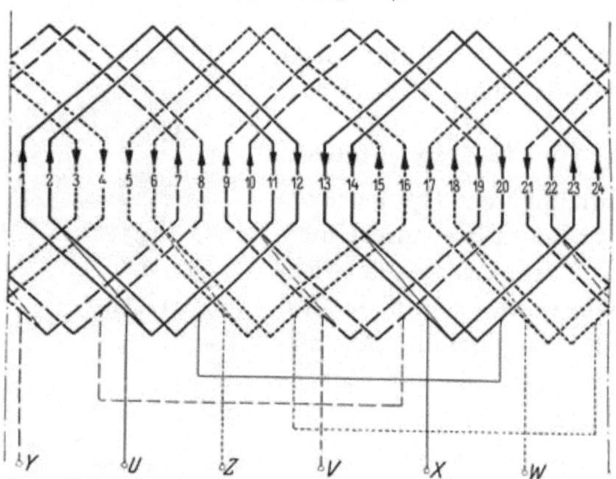

Abb. 52b. Schaltplan einer dreiphasigen Wicklung mit Spulen gleicher Weite
$(N = 24, p = 1, q = 4)$.

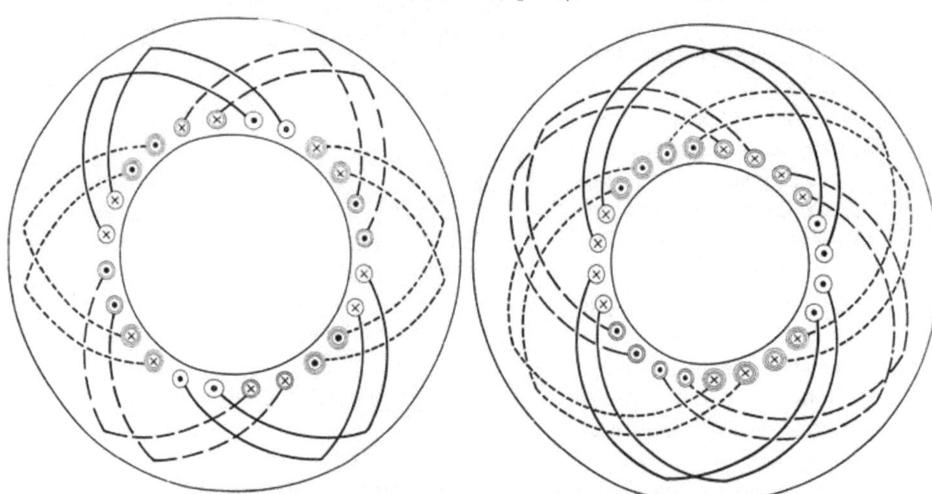

Abb. 53a. Stirnbild der Wicklung nach Abb. 52a.   Abb. 53b. Stirnbild der Wicklung nach Abb. 52b.

Spule verbunden. Die Spulenweite W stimmt hier genau mit der Polteilung τ überein; die Spulen sind Durchmesserspulen. Von dem Zonenplan nach Abb. 56 gelangt man auf diese Weise zu dem Schaltplan in Abb. 57; die Spulenseiten der Oberschicht sind in ihm mit größerer Strichstärke gezeichnet als die der Unterschicht. Die Wicklung enthält ebenso viele Spulen gleicher Weite wie Nuten vorhanden sind; die Zahl der Spulen ist also bei der

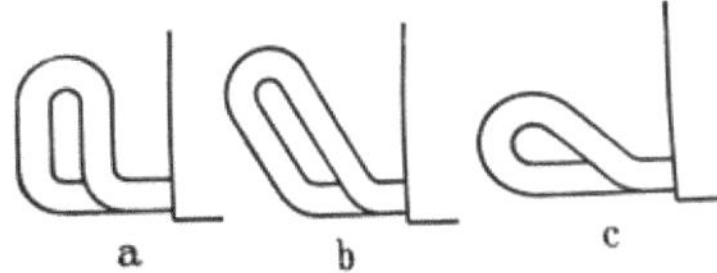

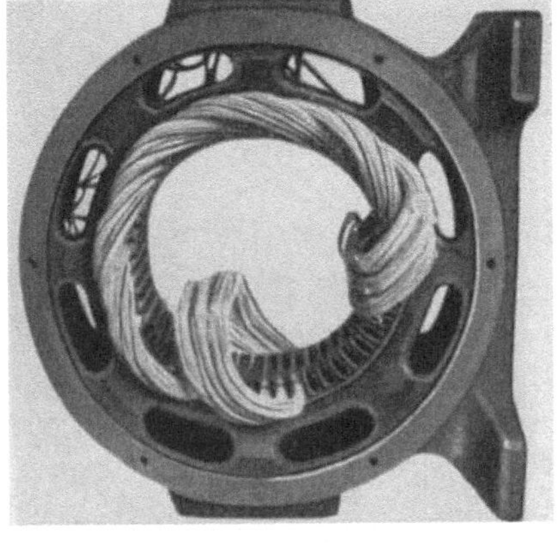

Abb. 54. Formen der Spulenköpfe bei Spulen gleicher Weite.

Abb. 55. Dreiphasige Ständerwicklung mit Spulen gleicher Weite während des Einlegens (Werkbild SCHÜMANN).

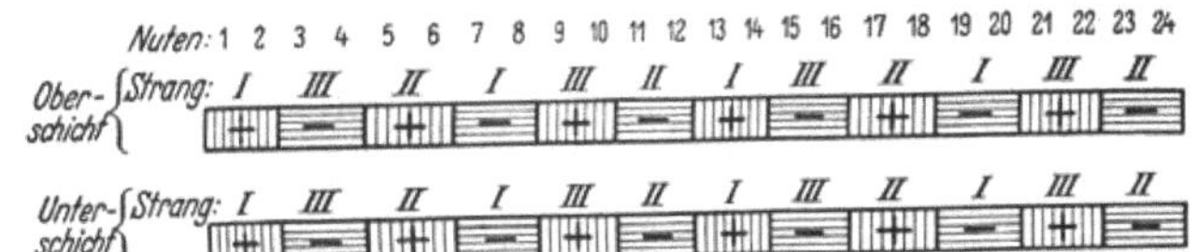

Abb. 56. Zonenplan einer dreiphasigen Zweischichtwicklung (Durchmesserwicklung, $p = 2$, $q = 2$).

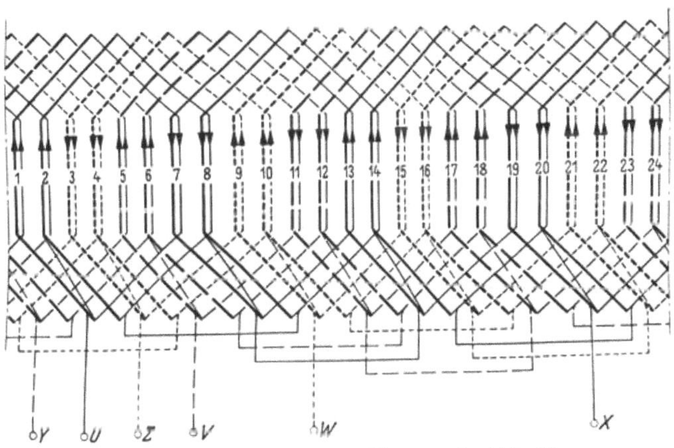

Abb. 57. Schaltplan einer Wicklung nach Abb. 56.

Zweischichtwicklung doppelt so groß wie bei der Einschichtwicklung. Das Stirnbild einer Wicklung nach Abb. 57 ist in Abb. 58 dargestellt.

Die Stirnverbindungen sind gleichmäßig am Umfang verteilt und nach einer der in Abb. 59 dargestellten Formen gebogen. In Abb. 59a liegen die Stirnverbindungen in zwei radialen Ebenen (s. auch Abb. 69 mit vier radialen Ebenen). Diese Anordnung kommt hauptsächlich bei großen Maschinen mit kleiner Polzahl vor und zwar vorwiegend in Evolventenform (s. S. 55). Wicklungen mit Stirnverbindungen nach Abb. 59b und c werden als *Faß-* oder *Korbwicklungen* bezeichnet. Sie erfordern im allgemeinen einen größeren Stirnraum in axialer Richtung, ergeben aber geringere zusätzliche Verluste in massiven Konstruktionsteilen der Maschine.

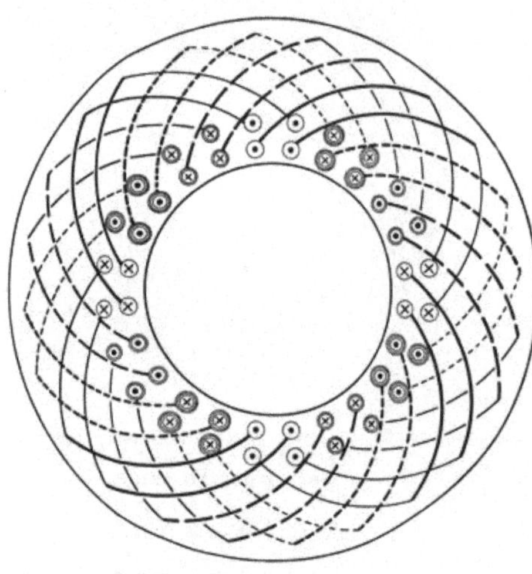

Abb. 58.
Stirnbild der Wicklung nach Abb. 56 u. 57.

Wie der Schaltplan in Abb. 57 erkennen läßt, hat jeder Wicklungsstrang je Polpaar zwei Spulengruppen, von denen die eine im Uhrzeigersinn, die andere gegen den Uhrzeigersinn zu durchlaufen ist. Die Verbindung zweier solcher Gruppen wird *Umleitung, Umkehrverbindung* oder *Rücklaufverbindung* genannt. Grundsätzlich bestehen (bei $p > 1$) zwei Möglichkeiten, die Spulengruppen eines Stranges zu schalten. Man könnte die im Uhrzeigersinn zu durchlaufenden Spulengruppen *aller* Polpaare und ebenso die gegen den Uhrzeigersinn zu durchlaufenden Gruppen *aller* Polpaare je für sich in Reihe schalten und die beiden so entstandenen Zweige durch *eine* Umkehrverbindung zusammenschalten.

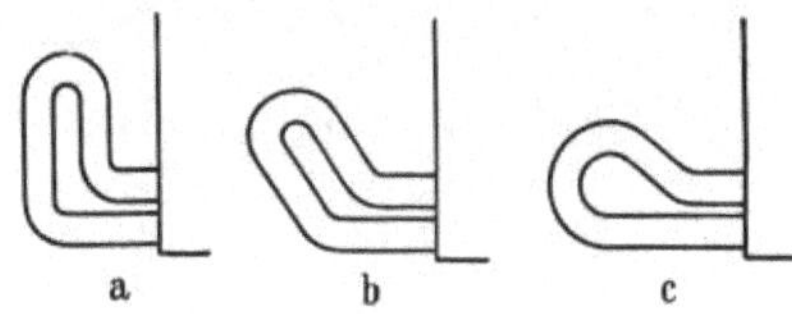

Abb. 59. Formen der Spulenköpfe bei Zweischichtwicklungen.

Hinsichtlich der Länge der Verbindungen und der höchsten zwischen benachbarten Spulen auftretenden Spannung ist es jedoch vorteilhafter, in jedem Polpaar die beiden Spulengruppen eines Stranges durch eine Umleitung miteinander zu verbinden und die so gebildeten Spulengruppenpaare der einzelnen Polpaare hintereinander zu schalten. Diese Art der Schaltung ist in Abb. 57 dargestellt. Jeder Wicklungsstrang enthält dabei p Umkehrverbindungen. Einschließlich dieser Umkehrverbindungen sind je Strang $(2p - 1)$ Schaltverbindungen herzustellen.

Beim Entwurf einer *Sehnenwicklung* kann man, wie schon früher erwähnt, den Zonenplan zunächst so aufstellen wie bei einer Durchmesserwicklung (Abb. 56); alsdann verschiebt man die Unterschicht um eine *ganze* Zahl von Nutteilungen nach links oder rechts (zweckmäßig so, daß die Spulenweite *geringer* wird als die Polteilung). Die Vereinigung entsprechender Spulenseiten von Ober- und Unterschicht zu Spulen gleicher Weite führt dann ohne weiteres zum Schaltplan einer Sehnenwicklung. Die Sehnung ist um so größer, um je mehr Nutteilungen Ober- und Unterschicht gegeneinander verschoben sind.

Der Verschiebung der Unterschicht gegenüber der Oberschicht im abgewikkelten Zonenbild entspricht eine Verdrehung im Stirnbild. Das Stirnbild einer

Zahlentafel 5. *Aufteilung der Spulenseiten der Oberschicht für eine dreiphasige Zweischichtwicklung mit Zonenänderung.*
($N = 54$; $p = 3$; $t = 3$; $q = 3$; $\alpha = \alpha' = 20°$.)

1	2		3
Winkel	Nuten (Spulenseiten)		Strang und Vorzeichen
0°	1	19 37	
20°	2	20 38	+ I
40°	3	21 39	
60°	4	22 40	
80°	5	23 41	− III
100°	6	24 42	
120°	7	25 43	
140°	8	26 44	+ II
160°	9	27 45	
180°	10	28 46	
200°	11	29 47	− I
220°	12	30 48	
240°	13	31 49	
260°	14	32 50	+ III
280°	15	33 51	
300°	16	34 52	
320°	17	35 53	− II
340°	18	36 54	

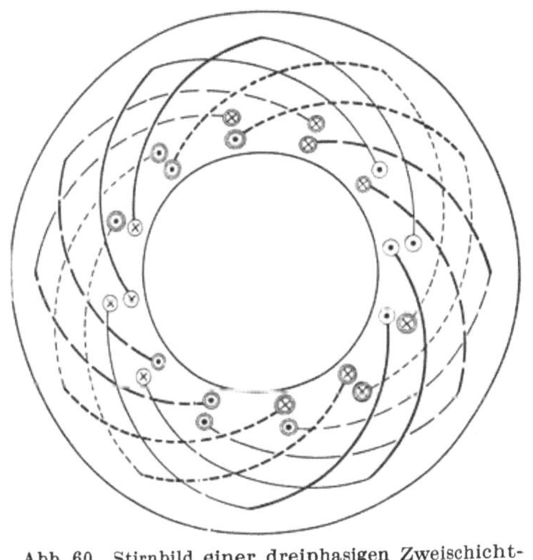

Abb. 60. Stirnbild einer dreiphasigen Zweischichtwicklung mit Sehnung
($N = 12$, $p = 1$, $q = 2$, $W/\tau = 5/6$).

zweischichtigen Sehnenwicklung für zwei Pole ist in Abb. 60 dargestellt; das Verhältnis W/τ ist hier 5/6 oder im Winkelmaß 150° (Polteilungsgrade).

Wir entwerfen nun noch eine Wicklung mit *Zonenänderung*; wir verzichten dabei auf das Zeichnen des Schaltplanes und stellen die Wicklung in Form einer Zahlentafel dar, die wir *Entwurfsplan* nennen. Wir wählen eine dreiphasige Wicklung mit $N = 54$ für $p = 3$. Für die im Nutenstern auftretenden Winkel erhalten wir $\alpha = \alpha' = 20°$. Die Aufteilung der Spulenseiten der Oberschicht wird durch die Spalten 1 und 2 der Zahlentafel 5 zunächst vorbereitet, die genau der Zahlentafel 4 entspricht. Bei einer Wicklung *ohne* Zonenänderung müßte jede Zone 3 Spulenseiten enthalten. Wir ordnen jedoch den Zonen abwechselnd 4 und 2 Spulenseiten zu und erhalten die Aufteilung nach Spalte 3 der Zahlentafel 5.

Bei Ausführung einer Wicklung mit Durchmesserspulen hätten wir nun jede Spulenseite der Oberschicht mit der eine Polteilung (9 Nut-

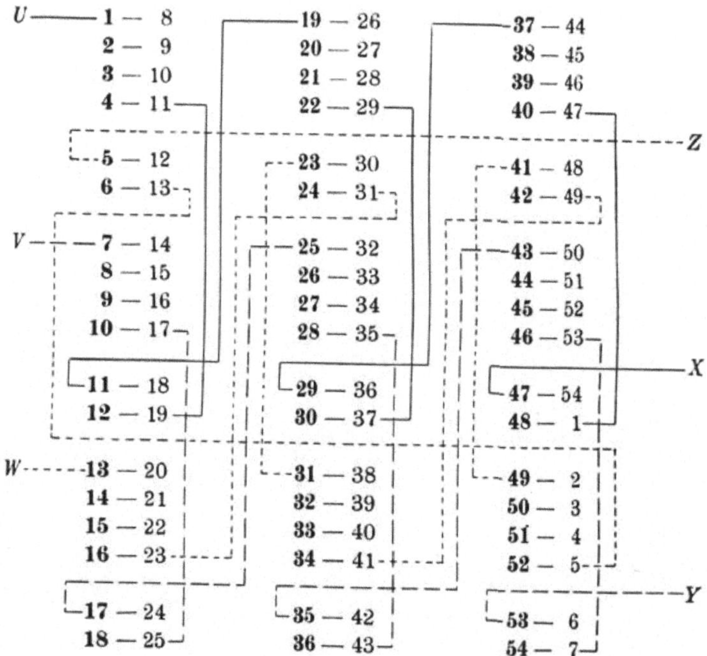

Abb. 61. Entwurfsplan für die Wicklung nach Zahlentafel 5.

teilungen) entfernt liegenden Spulenseite der Unterschicht zu verbinden. Wir wollen jedoch gleichzeitig mit der Zonenänderung eine Sehnung vornehmen und wählen eine Spulenweite $W = 7$ Nutteilungen, verbinden also z. B. die Spulenseite 1 der Oberschicht mit der Spulenseite 8 der Unterschicht. Es ergibt sich dann sofort der Entwurfsplan der Wicklung nach Abb. 61. Die Zahlen stellen die Spulenseiten dar; die Spulenseiten der Oberschicht sind durch Fettdruck gekennzeichnet. Zwei Spulenseiten mit dem dazwischen liegenden Bindestrich bilden eine Spule. Die Schaltverbindungen der Spulen *innerhalb einer Zone* sind *nicht* eingetragen; die Spulen sind in natürlicher Reihenfolge (von oben nach unten aufeinander folgend) hintereinander zu schalten. Die Schaltverbindungen von Zone zu Zone (einschl. Umleitungen) sind durch Verbindungslinien verschiedener Stricharten angedeutet, ebenso die Zuleitungen zu den Wicklungsenden. Sollen aus besonderen Gründen die Wicklungsenden an anderen Stellen liegen, so kann die Reihenfolge der Zonen innerhalb eines Wicklungsstranges beliebig geändert werden, nur muß der Sinn, in dem die Zonen durchlaufen werden, der gleiche bleiben.

Eine ausgeführte Zweischichtwicklung zeigt Abb. 62. Es läßt sich hier erkennen, wie die Spulen in die offenen Nuten des Ständers eingelegt werden.

Während bei zweischichtigen Durchmesserwicklungen ohne Zonenänderung stets nur Spulenseiten *desselben* Stranges in einer Nut zu-

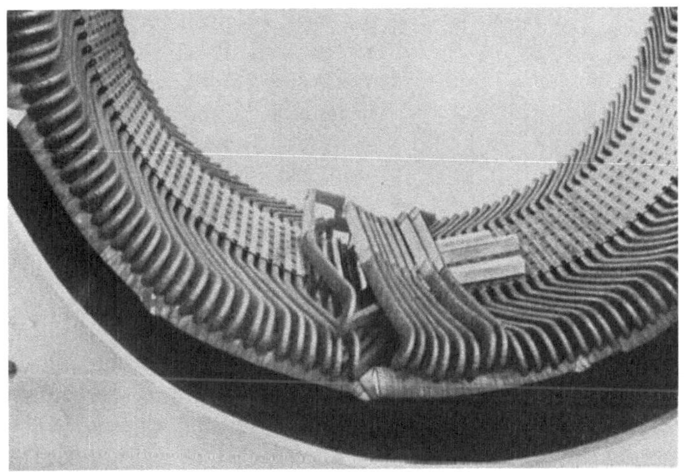

Abb. 62. Ausgeführte dreiphasige Zweischichtwicklung (Werkbild AEG)

sammen liegen, gibt es bei Wicklungen mit Sehnung oder Zonenänderung Nuten, in denen die Spulenseiten der Ober- und Unterschicht *verschiedenen* Strängen angehören. Zwischen diesen beiden Spulenseiten treten dann höhere Spannungen auf, als zwischen Spulenseiten einer Nut, die dem gleichen Wicklungsstrang angehören. Gegenüber den Vorteilen, welche Sehnung und Zonenänderung mit sich bringen, wird dieser Nachteil in Kauf genommen.

Entsprechend dem Schaltplan in Abb. 57 werden die Zweischichtwicklungen auch praktisch im allgemeinen so ausgeführt, daß von jeder Spule eine Spulenseite in der Unterschicht, die andere in der Oberschicht liegt. Bei den Ständern von kleinen Asynchronmotoren mit Träufelwicklung weicht man aus Herstellungsgründen zuweilen von dieser Regel ab. Die *erste* Spule, die in die Nuten eingelegt wird, kommt mit *beiden* Spulenseiten in die Unterschicht, dann werden die weiteren Spulen in

Heiles, Wicklungen, 2. Aufl.   4a

der üblichen Weise (eine Spulenseite Unterschicht, die andere Oberschicht) eingeträufelt mit Ausnahme der letzten; die letzte kommt mit
beiden Spulenseiten in die Oberschicht.

3. Stabwicklungen.

Stabwicklungen sind dadurch gekennzeichnet, daß jede Spulenseite
nur *einen* Leiter enthält. Im Schaltplan erscheinen daher keine *geschlossenen* Spulen sondern von Spulenseite zu Spulenseite fortlaufende
Linienzüge. Trotzdem bestehen keine grundsätzlichen Unterschiede
zwischen Stab- und Spulenwicklungen;
man spricht auch bei den Stabwicklungen von „Spulen“ und meint damit
je zwei aufeinander folgende Spulenseiten mit ihren Stirnverbindungen.
Während jedoch bei den Spulenwicklungen je Strang stets eine *gerade* Anzahl von Spulenseiten vorhanden sein
muß, sind Stabwicklungen auch mit
ungerader Anzahl von Spulenseiten je
Strang möglich. Anfang und Ende eines
Stranges liegen dann auf verschiedenen
Stirnseiten der Maschine.

Die Aufteilung der Spulenseiten
auf die Wicklungszonen erfolgt bei den
Stabwicklungen in gleicher Weise wie
bei den Spulenwicklungen. Die Spulenseiten (Stäbe) werden dann so miteinander verbunden, daß die Wicklung
von Stab zu Stab „fortschreitet“; die
Größe der „Schritte“ wird ausgedrückt
durch die Zahl der Nutteilungen, um
welche die im Schaltplan aufeinander

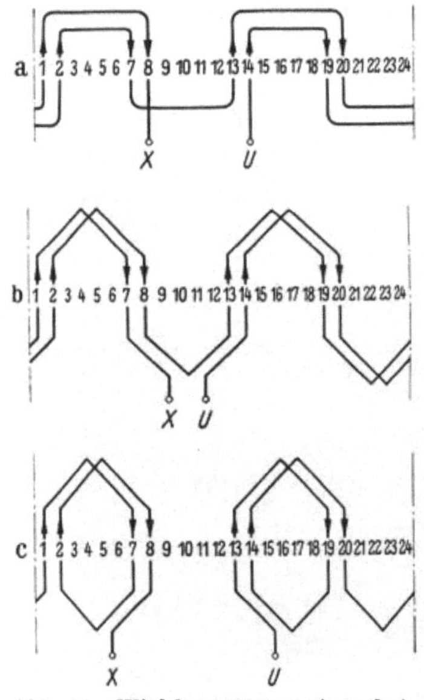

Abb. 63. Wicklungsstrang einer dreiphasigen Stabwicklung. a Wellenwicklung mit Spulen verschiedener
Weite; b Wellenwicklung mit Spulen
gleicher Weite; c Schleifenwicklung
mit Spulen gleicher Weite.

folgenden Spulenseiten (Stäbe) auseinander liegen. Je nach der Art,
in der die Wicklung fortschreitet, unterscheidet man *Wellen-* und
*Schleifen*wicklungen. Beide Arten kommen sowohl als *einschichtige* als
auch als *zweischichtige* Wicklungen vor. Bei der Einschichtwicklung
können die Spulen entweder *verschiedene* oder *gleiche Weite* haben;
pei der Zweischichtwicklung kommen praktisch nur Spulen *gleicher
Weite* vor.

a) Einschichtwicklungen. Um die Besonderheiten der einzelnen Ausführungsformen der *Einschicht*wicklung deutlich hervortreten zu lassen,
sind in Abb. 63a bis c Schaltpläne dargestellt, die je nur *einen* Wicklungsstrang enthalten. In Abb. 63a und b zeigt sich deutlich der *Wellen-*

charakter, in Abb. 63c der *Schleifen*charakter. In Abb. 63a sind Spulen *verschiedener*, in Abb. 63b und c Spulen *gleicher* Weite vorhanden. Die beiden nicht gezeichneten Stränge haben den gleichen Verlauf, sind

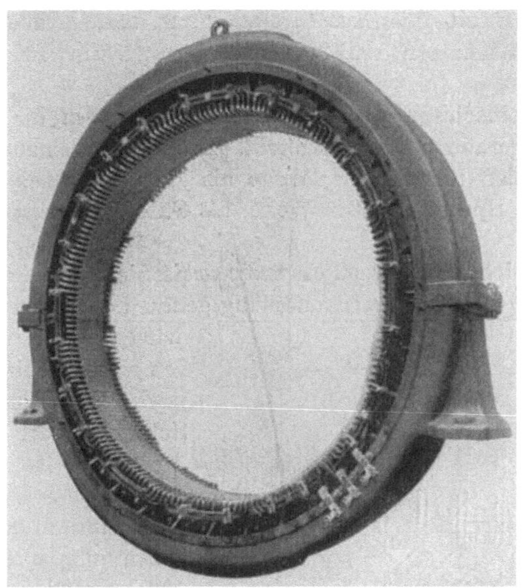

Abb. 64. Dreiphasige Zwei-Ebenen-Wicklung als Stabwicklung (Werkbild BBC).

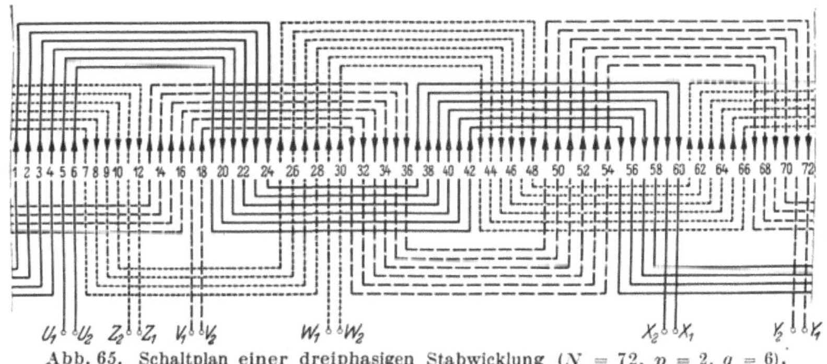

Abb. 65. Schaltplan einer dreiphasigen Stabwicklung ($N = 72$, $p = 2$, $q = 6$).

jedoch um die elektrischen Winkel 120° und 240° gegenüber dem ersten Strang verschoben.

Eine nach Abb. 63a ausgeführte Wicklung zeigt Abb. 64; ein ihr entsprechender Schaltplan für zwei Polpaare ist in Abb. 65 dargestellt. Jeder Wicklungsstrang besteht aus zwei Zweigen, die in Reihe oder auch — wegen der bestehenden Gleichwertigkeit (s. S. 61) — parallel geschaltet werden können.

4*

Die Schaltpläne nach Abb. 63a — c sind nur Ausführungs*beispiele*; neben ihnen gibt es noch weitere Möglichkeiten, die Spulenseiten (Stäbe) miteinander zu verbinden.

Während in Abb. 63a bis c je Strang p Stirnverbindungsgruppen (auf jeder Stirnseite) vorhanden sind, kann man in allen Fällen die Stäbe auch so schalten, daß $2p$ Gruppen von Stirnverbindungen entstehen.

Bei den einschichtigen Stabwicklungen werden die Nutenleiter meistens als gerade Stäbe hergestellt. Die Stirnverbindungen werden dann bei Spulen *verschiedener* Weite als *Bügelverbindungen* (Abb. 64 und 105), bei Spulen *gleicher* Weite als *Gabelverbindungen* (Abb. 72) ausgeführt.

b) Zweischichtwicklungen. Auch die *zweischichtige* Stabwicklung entspricht hinsichtlich der Zonenaufteilung genau der Spulenwicklung; sie wird praktisch nur mit Spulen *gleicher* Weite ausgeführt und kann entweder als Schleifen- oder Wellenwicklung geschaltet sein.

Die als *Schleifenwicklung* ausgeführte Stabwicklung kann aufgefaßt werden als Spulenwicklung mit nur *einer* Windung je Spule und daher auch genau wie eine Spulenwicklung entworfen werden. Eine „Spule" wird einfach von einem Stab der Oberschicht und dem mit ihm

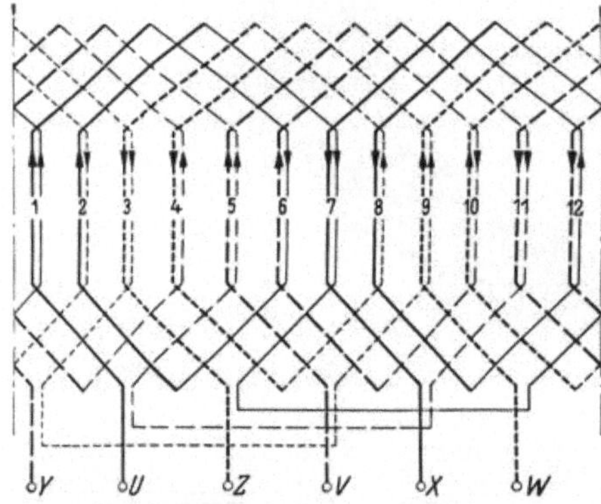
Abb. 66. Schaltplan einer dreiphasigen Zweischicht-Stabentwicklung ($N = 12$, $p = 1$, $q = 2$, $y_1 = 5$, $y_2 = 4$, $y = 1$).

verbundenen der Unterschicht gebildet. Innerhalb einer Spulengruppe, die von den Stäben der Oberschicht einer Zone und den zugehörigen Stäben der Unterschicht gebildet wird, muß man zwei „Schritte" machen, um beim Durchlaufen der Wicklung vom Anfang einer Spule bis zum Anfang der nächsten Spule zu gelangen. Jeder Schritt wird durch eine einfache Zahl bezeichnet, die angibt, wieviel Nutteilungen der Schritt enthält. Den ersten Schritt, der die Spulenweite W bestimmt, bezeichnet man als *ersten Teilschritt* y_1, den folgenden Schritt, der in entgegengesetzter Richtung auszuführen ist, als *zweiten Teilschritt* y_2. Der *Gesamtschritt* y ist dann $y = y_1 - y_2$; bei der normalen Schleifenwicklung dieser Art ist $y = 1$.

In Abb. 66 ist als Beispiel der Schaltplan einer solchen Wicklung dargestellt; es ist $y_1 = 5$, $y_2 = 4$ und $y = 1$. Da in diesem Beispiel die Polteilung 6 Nutteilungen umfaßt, haben wir es mit einer Sehnenwicklung ($W/\tau = 5/6$) zu tun. Das Stirnbild der Wicklung entspricht der Abb. 60.

Hinsichtlich der Form der Stirnverbindungen können die Wicklungen als *Zylinderwicklungen* ausgebildet werden (Abb. 131). Bei großen Maschinen mit kleiner Polzahl (z. B. Turbogeneratoren) würde bei dieser Ausführung die Ausladung in axialer Richtung zu groß werden. Man zieht dann Kopfformen nach Abb. 59a oder b vor und führt die Stirnverbindungen als Gabelverbindungen aus. Eine solche Wicklung trägt der zweipolige Ständer in Abb. 67. Einzelheiten der Ausführung und die Befestigung der Wicklungsköpfe läßt Abb. 68 erkennen. Von den Stäben sieht man nur diejenigen der Oberschicht; ihre Enden gehen in die *äußere* Ebene der Stirnverbindungen über. Die Stäbe der Unterschicht, die von denen der Oberschicht verdeckt werden, sind kürzer und gehen an ihren Enden in die *innere* Ebene der Stirnverbindungen über.

Wenn bei Anordnung der Wicklungsköpfe in *zwei* Ebenen der Abstand zwischen benachbarten Stirnverbindungen zu klein wird (bei hohen Spannungen), so sieht man

Abb. 67. Dreiphasige zweischichtige Stabwicklung (Evolventenwicklung) eines Turbogenerators (Werkbild SIEMENS).

Abb. 68. Ausschnitt aus einer dreiphasigen zweischichtigen Stabwicklung (Evolventenwicklung) eines Turbogenerators (Werkbild SIEMENS).

vier Ebenen vor, von denen je zwei paarweise zusammengehören. Die Stirnverbindungen der einzelnen Stäbe werden dann abwechselnd in dem einen oder anderen Ebenenpaar untergebracht. Die Wicklungsköpfe können dabei die in Abb. 69 dargestellte Form haben.

Die Zweischichtwicklungen der hier beschriebenen Art werden fast immer als Sehnenwicklungen ausgeführt. Besonders bei Maschinen mit kleiner Polzahl bringt die Sehnung neben den schon bekannten Vorteilen noch eine Ersparnis an Wicklungswerkstoffen mit sich.

Zuweilen werden Einschichtwicklungen hergestellt, die in ihrer Ausführung den hier betrachteten Zweischichtwicklungen ähnlich sind und sich aus ihnen leicht herleiten lassen. Wir denken uns z. B. in Abb. 60 alle Spulenseiten der Oberschicht festgehalten und die ganze Unterschicht um $^1/_2$ Nutteilung nach rechts oder links um die Ständerachse gedreht. Die Spulenseiten der Unterschicht liegen nun mitten zwischen

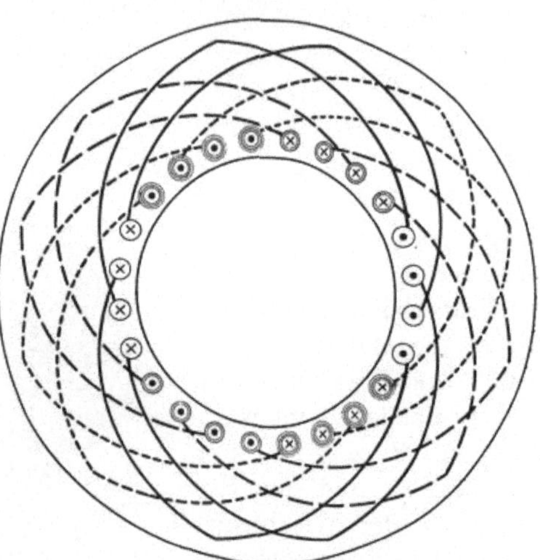

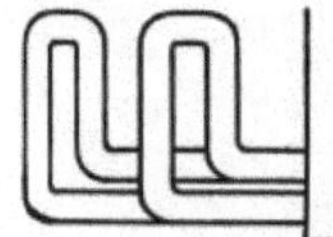

Abb. 69. Form der Spulenköpfe bei Unterbringung in vier Ebenen.

Abb. 70. Stirnbild einer dreiphasigen Einschicht-Stabwicklung als Evolventenwicklung ($N = 24$, $p = 1$).

denen der Oberschicht und können radial so weit einwärts geschoben werden, daß sie ebenfalls in die Oberschicht gelangen. Hierbei muß natürlich (bei gleichbleibender Spulenzahl) die Zahl der Nuten verdoppelt

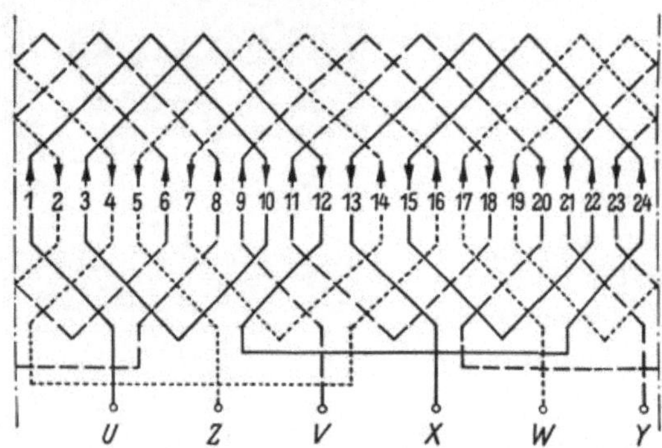

Abb. 71. Schaltplan einer dreiphasigen Einschichtwicklung mit Strangverschachtelung ($N = 24$, $p = 1$).

werden. Die Stirnverbindungen verbinden nach der Drehung die gleichen Spulenseiten wie vorher. Aus Abb. 60 geht z. B. bei einer Verdrehung der Unterschicht um $^1/_2$ Nutteilung nach *rechts* die Anordnung in Abb. 70 hervor.

Allgemein kann bei größerer Zahl der Nuten je Pol und Strang die Unterschicht auch um $1^1/_2$, $2^1/_2$ ... Nutteilungen verdreht werden. Je nach Umfang und Richtung der Verdrehung entsteht dabei eine mehr oder minder starke *Verschachtelung* der drei Wicklungsstränge, die wie eine Sehnung wirkt und sich auf ein bestimmtes Verhältnis W/τ zurückführen läßt. Den Schaltplan einer solchen Wicklung mit Strangverschachtelung zeigt Abb. 71.

Welchem Verhältnis W/τ die Strangverschachtelung bei ihr entspricht, stellt man am leichtesten fest, wenn man durch Verlegen jeder Spulenseite mit gerader Nummer in eine andere Ebene aus der Einschichtwicklung eine Zweischichtwicklung macht, für diese den Zonenplan der Ober- und Unterschicht zeichnet und den Winkel ε_S ermittelt, um den gleichartige Zonen gegeneinander verschoben sind. Für den vorliegenden Fall ergibt sich $\varepsilon_S = 45°$; dies entspricht nach Gl. (6) einem Verhältnis $W/\tau = 3/4$ (s. S. 59). Eine Teilansicht einer ausgeführten Wicklung der beschriebenen Art ist in Abb. 72 dargestellt.

Abb. 72. Einschichtige Stabwicklung als Evolventenwicklung (Werkbild BBC).

Die zuletzt beschriebenen Wicklungsarten (Abb. 66 bis 72) werden oft für hohe Spannungen ausgeführt. Die Stirnverbindungen werden dann zweckmäßig so verlegt, daß der gegenseitige Abstand benachbarter Gabeln auf der ganzen Länge konstant ist. Diese Forderung ist erfüllt, wenn die Stirnverbindungen die Form von Evolventen haben; man nennt daher derartige Wicklungen auch *Evolventenwicklungen*.

Eine Evolvente wird von dem Ende eines gespannten Fadens beschrieben, der von einem Rollkreis abgerollt wird. Der Durchmesser des Rollkreises ist

$$d_r = \frac{Z\,\delta}{\pi}\,, \tag{24}$$

wenn Z die Zahl der in einem Ebenenpaar unterzubringenden Spulenköpfe und δ den Abstand der Mittellinien benachbarter Gabeln bedeutet.

Bei Zweischichtwicklungen mit Stirnverbindungen in zwei Ebenen (Abb. 68) ist $Z = N$ (Zahl der Nuten), bei Zweischichtwicklungen mit Stirnverbindungen in vier Ebenen (Abb. 69) und Einschichtwicklungen mit Stirnverbindungen in zwei Ebenen ist $Z = N/2$. Die Konstruktion der Evolventen ist in Abb. 73 angedeutet. Die Stirnverbindungen folgen den Evolventen vom äußeren Grenzkreis, der durch den notwendigen Abstand der Wicklungsköpfe vom Gehäuse gegeben ist, bis in die Nähe des inneren Grenzkreises, der durch den Nutengrund bestimmt ist.

An den Stellen, wo Stirnverbindungen *verschiedener* Stränge benachbart sind, wird häufig der höheren Spannung wegen ein Abstand δ_2 gewählt, der größer ist als der normale Abstand δ_1 zwischen Stirnverbindungen des *gleichen* Stranges (s. Abb. 68). Bei der Berechnung von d_r nach Gl. (24) ist dann zu setzen

$$\delta = \frac{(q-1)\,\delta_1 + \delta_2}{q}, \qquad (25)$$

wobei q die Zahl der Nuten je Pol und Strang ist.

Bei Zweischicht-Stabwicklungen für Maschinen mit großer Polzahl wird die Wellenform bevorzugt;

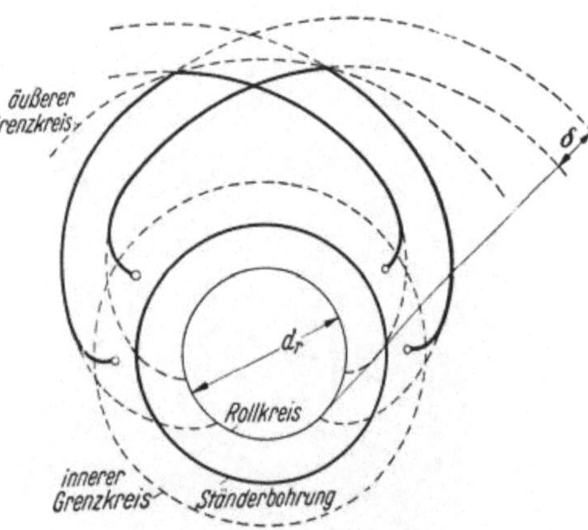

Abb. 73. Andeutung der Konstruktion von Evolventenverbindungen.

der Ausführungsform nach sind sie fast immer Zylinderwicklungen. Auch bei der *Wellenwicklung* gibt es die beiden *Teilschritte* y_1 und y_2, die jedoch hier beide in der *gleichen* Richtung zu machen sind. Der *Gesamtschritt* ist hier $y = y_1 + y_2$; er entspricht genau oder angenähert der doppelten Polteilung.

Ungesehnte Wicklungen werden so geschaltet, daß im allgemeinen sowohl y_1 als auch y_2 gleich der Polteilung ist. Nur *einmal* nach jedem Umlauf um den Ankerumfang wird der Teilschritt y_2 um *eine* Nutteilung verkürzt oder verlängert. In dieser Weise läßt sich die Hälfte aller Stäbe eines Stranges zu einem *Wellenzug* miteinander verbinden. Die zweite Hälfte der Stäbe wird zu einem zweiten Wellenzug geschaltet. Der zweite Wellenzug muß in umgekehrter Richtung durchlaufen werden wie der erste. Bei Reihenschaltung werden demgemäß die beiden Züge durch eine Umleitung miteinander verbunden. Bei Parallelschaltung führen z. B. der Anfang des ersten und das Ende des zweiten Wellenzuges des ersten Wicklungsstranges zur Klemme U, das Ende der ersten und der Anfang der zweiten Welle zur Klemme X.

Der Entwurf einer solchen Wicklung sei an einem Beispiel gezeigt. Wir wählen $N = 72$ für $p = 3$. Je Pol und Strang sind dann 4 Nuten vorhanden. Jeder Strang hat 48 Spulenseiten, von denen je die Hälfte zu den beiden Teilzweigen gehört. Die Polteilung ist gleich 12 Nutteilungen.

Wir stellen in Abb. 74 einen Entwurfsplan auf, der aus einer einfachen Skizze und einer Zahlentafel besteht, aus denen die Schritte und die Schaltung der Spulenseiten zu ersehen sind. Die Spulenseiten tragen die gleichen Nummern wie die Nuten; Stäbe der Oberschicht sind wieder durch fette Ziffern gekennzeichnet. Die Schritte y_1 und y_2 sind im allgemeinen gleich der Polteilung, also 12 Nutteilungen; nur einmal bei jedem Umlauf und zwar an letzter Stelle ist der Schritt y_2 um 1 *vergrößert*, also 13 an die Stelle von 12 gesetzt.

Die Spulenseiten teilen wir in der bekannten Reihenfolge auf die sechs Zonen auf und erhalten sechs Wellenzüge, von denen je zwei zu einem Strang gehören. Die Strangzugehörigkeit und der Umlaufsinn der Züge gehen aus den Bezeichnungen ihrer Anfänge und Enden in Abbildung 74 hervor.

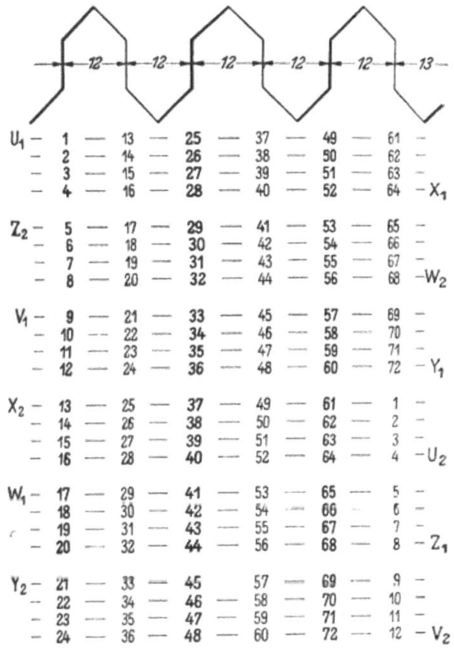

Abb. 74. Entwurfsplan für eine dreiphasige Zweischicht-Wellenwicklung ($N = 72$, $p = 3$, $q = 4$).

Bei Reihenschaltung der zu einem Strang gehörenden Wellenzüge sind durch Umkehrverbindungen zusammenzuschalten: X_1 mit U_2, Y_1 mit V_2 und Z_1 mit W_2. Wenn die beiden Züge eines Stranges gleichwertig sind (wie es in Abb. 74 der Fall ist), können sie auch parallel geschaltet werden.

Da es gleichgültig ist, in welcher Reihenfolge die Spulen eines Wellenzuges durchlaufen werden, können Anfänge und Enden der Züge beliebig verlegt werden; dies ist zuweilen zweckmäßig, um die Anschlußpunkte für die Klemmen an eine bestimmte Stelle zu bringen. Wenn z. B. der Wellenzug $V_1 \ldots Y_1$ in Abb. 74 mit dem Oberstab der Nut 33 beginnen soll, stellt man die Zahlenfolge für diesen Zug in folgender Weise um:

$$V_1 - \mathbf{33} - 45 - \mathbf{57} - 69 - \ \ 9 - 21 -$$
$$\mathbf{34} - 46 - \mathbf{58} - 70 - 10 - 22 -$$
$$\mathbf{35} - 47 - \mathbf{59} - 71 - 11 - 23 -$$
$$\mathbf{36} - 48 - \mathbf{60} - 72 - 12 - 24 - Y_1 .$$

Die Wicklung kann auch in der Weise entworfen und ausgeführt werden, daß nach jedem Umlauf der Schritt einmal um eins *verringert* wird. Man schreitet dann beim Durchlaufen eines Wellenzuges in positiver Zählrichtung von rechts nach links fort, während man bei dem Entwurf nach Abb. 74 von links nach rechts weiterschreitet. In Abb. 74 haben wir die Aufteilung der Spulenseiten auf die Zonen in der bekannten Reihenfolge $(+\,I) - (-\,III) - (+\,II) - (-\,I) - (+\,III) - (-\,II)$ vor-

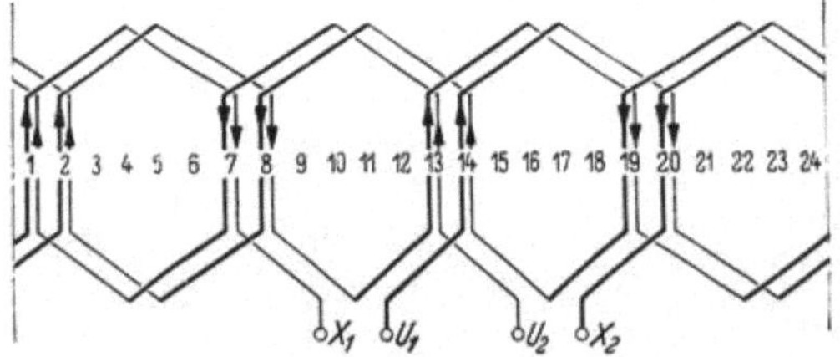

Abb. 75. Strang einer dreiphasigen Zweischicht-Wellenwicklung.

genommen. Bei einer von rechts nach links fortschreitenden Wicklung müssen wir die Reihenfolge der Zonen umkehren, wenn hinsichtlich der Drehfeldrichtung die gleichen Verhältnisse bestehen sollen wie bei der von links nach rechts fortschreitenden Wicklung.

In Abb. 75 sind die beiden Wellenzüge des ersten Stranges einer nach links fortschreitenden Wicklung mit $N = 24$ für $p = 2$ dargestellt. Im allgemeinen ist $y_1 = y_2 = 6$, nur einmal bei jedem Umlauf ist y_2 auf 5 verringert. Die beiden Wellenzüge können in Reihe oder parallel geschaltet werden.

Im Entwurfsplan der Abb. 74 enthalten alle Wellenzüge die gleiche Anzahl von Spulen bzw. Stäben; alle Zonen sind dann gleich breit. Man kann aber auch eine *Zonenänderung* vornehmen, indem man im Entwurfsplan den Zonen nicht gleichmäßig je 4 Zahlenreihen zuordnet sondern etwa abwechselnd 3 und 5 Zahlenreihen. Ferner läßt sich der Entwurfsplan leicht so abändern, daß eine *gesehnte* Wicklung entsteht. Man verringert zu diesem Zweck an *allen* Stellen den Schritt y_1 um eine oder mehrere Nutteilungen und erhöht den Schritt y_2 um die *gleiche* Anzahl von Nutteilungen; der Gesamtschritt y bleibt dabei unverändert.

4. Wicklungsfaktoren der dreiphasigen Ganzlochwicklungen.

Die Wicklungsfaktoren kann man beliebig nach einem der auf den S. 29–34 besprochenen Verfahren bestimmen. Bei dem übersichtlichen Aufbau der Ganzlochwicklungen ist die Bestimmung der Teilfaktoren gewöhnlich sehr einfach. Von der Möglichkeit, den Gesamtwicklungsfaktor aus dem Spulenseitenbild zu bestimmen, wird daher selten Gebrauch gemacht.

Die Zahl der verschiedenphasigen Teilspannungen in einer Wicklungszone ist bei den Ganzlochwicklungen gleich der Zahl der Nuten je Pol und Strang, also $n = q$. Für dreiphasige Wicklungen ($m = 3$) erhält man daher nach Gl. (17) für die Zonenfaktoren

$$\xi_{Z\nu} = \frac{\sin \nu\, 30°}{q \sin \nu\, \dfrac{30°}{q}}, \tag{26 a}$$

für $q = \infty$ geht die Gleichung über in

$$\xi_{Z\nu} = \frac{\sin \nu\, 30°}{\nu\, \dfrac{\pi}{6}}. \tag{26 b}$$

Die Beträge der Zonenfaktoren für verschiedene Werte von $n = q$ sind in Tafel I (S. 256) enthalten. Die gebrochenen Werte von n in dieser Tafel sind für die hier betrachteten Wicklungen ohne Bedeutung.

Für *gesehnte* Zweischichtwicklungen sind die Sehnungsfaktoren entweder nach Gl. (21) zu berechnen oder aus Tafel VII (S. 258) zu entnehmen. Liegt eine Zonenänderung vor, so müssen zunächst die Winkel β_1 und β_2 bestimmt werden. Bei den dreiphasigen Wicklungen entsprechen zwei benachbarte Zonen zusammen einem Winkel von 120°. Enthält die breite Zone z_1, die schmale z_2 Spulen, so ist

$$\beta_1 = \frac{z_1}{z_1 + z_2}\, 120°; \qquad \beta_2 = \frac{z_2}{z_1 + z_2}\, 120°. \tag{27a u. b}$$

Die Unterschiedsfaktoren können nunmehr nach Gl. (22) berechnet oder unter Berücksichtigung der Gl. (7) der Tafel VII entnommen werden.

Bei der Wicklung nach Zahlentafel 5 und Abb. 61 ist z. B. $z_1 = 4$ und $z_2 = 2$; man erhält daher $\beta_1 = 80°$, $\beta_2 = 40°$, $\varepsilon_U = 20°$ und $\xi_{U_1} = 0{,}985$.

Besondere Beachtung müssen wir den aus Zweischichtwicklungen abgeleiteten Einschichtwicklungen schenken (Abb. 70 u. 71). Die Wicklung nach Abb. 70 kann man entweder als ungesehnte Einschichtwicklung mit $q = 4$ auffassen oder, wenn man an ihre Entstehung denkt, als gesehnte Zweischichtwicklung mit $q = 2$ und $W/\tau = 11/12$. Auf Grund dieser beiden Auffassungen kann man auch die Wicklungsfaktoren auf zweifache Weise berechnen. Die Ergebnisse der Rechnung sind in beiden Fällen die gleichen. Bei der Wicklung mit *Strangverschachtelung* (Abb. 71) ist nur die zweite Auffassungsart möglich. Die Zonenfaktoren sind demgemäß für $q = 2$ und die Sehnungsfaktoren für $W/\tau = 3/4$ zu bestimmen.

5. Schaltung der Spulen und Stränge.

Wir haben bis jetzt die einzelnen Spulen eines Stranges fast stets in Reihe geschaltet. Man erhält durch diese Schaltung bei gegebener Spulenzahl und gegebener Windungszahl der Spulen den größten erreichbaren Wert der Strangspannung. Zuweilen ist es aber notwendig oder zweckmäßig, nicht alle Spulen in Reihe zu schalten, sondern *parallele* Wicklungszweige vorzusehen, z. B. dann, wenn bei gegebenen Maschinenabmessungen selbst bei nur *einem* Leiter je Nut die Reihenschaltung auf eine höhere Spannung führen würde, als sie gewünscht wird, oder wenn die Reihenschaltung (bei der jeder Leiter den *gesamten* Strangstrom führt) unvorteilhafte Leiterquerschnitte bedingt, oder schließlich, wenn eine Wicklung für eine geringere Spannung umgeschaltet werden soll.

Wenn zwei oder mehrere Spulengruppen parallel geschaltet werden sollen, müssen die Spannungen der parallel zu schaltenden Zweige sowohl dem Betrage als auch der Phase nach übereinstimmen. Bei den

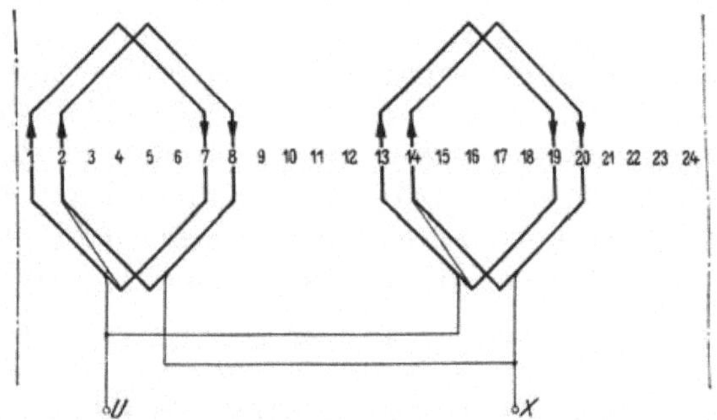

Abb. 76. Parallelschaltung von zwei Spulengruppen eines Stranges der Wicklung nach Abb. 52a).

Wicklungsarten, die wir betrachtet haben, ist es im allgemeinen nicht schwierig, festzustellen, wieviel parallele Zweige möglich sind und wie die Spulen auf die parallelen Zweige aufzuteilen sind. Da bei diesen Wicklungen, sofern die Polpaarzahl größer ist als 1, nach jeder Polpaarteilung die Anordnung der Spulenseiten sich wiederholt, so sind auch mindestens p gleichwertige Wicklungszweige vorhanden, die parallel geschaltet werden können.

Als Beispiel greifen wir die Wicklung nach Abb. 52a ($N = 24$, $p = 2$, $q = 2$) heraus. Da die Lage der Spulenseiten in der zweiten Polpaarteilung (Nuten 13 bis 24) genau derjenigen der ersten Polpaarteilung (Nuten 1 bis 12) entspricht, so sind, wie der Schaltplan zeigt, die in jedem Strang vorhandenen Spulengruppen unter sich gleichwertig, können also parallel geschaltet werden. Für die Spulen des ersten Stranges ($U - X$) ist die Schaltung in Abb. 76 aufgezeichnet.

Bei den meisten Wicklungen ist es sogar möglich, $2p$ parallele Zweige zu bilden. Bei den Wicklungen, die $2p$ *gleichwertige* Spulengruppen je Strang haben (s. z. B. Abb. 47), ist dies ohne weiteres einzusehen. Das Vorhandensein von $2p$ gleichwertigen Spulengruppen ist bei Einschichtwicklungen meistens an die Bedingung geknüpft, daß die Zahl q der Nuten je Pol und Strang *gerade* ist. Auch bei den Wicklungen mit nur p Spulengruppen sind oft $2p$ parallele Zweige möglich, sofern q eine *gerade* Zahl ist, nämlich dann, wenn man jede Spulengruppe noch in zwei gleichwertige Zweige zerlegen kann. Zwei Spulen verschiedener Weite sind z. B. gleichwertig, wenn ihre Spulenachsen zusammenfallen und wenn die Weite der einen Spule um ebensoviel größer ist als die Polteilung, wie die Weite der anderen kleiner ist als die Polteilung. Wenn nämlich für die Spule mit der kleineren Weite $W/\tau = x$ ist, so ist für die Spule mit der größeren Weite $W/\tau = 2 - x$. Die Sehnungsfaktoren sind nach Gl. (21) für die erste Spule $\xi_{S\nu} = \cos \nu\,(1 - x)\,90°$ und für die zweite Spule $\xi_{S\nu} = \cos \nu\,(-1 + x)\,90°$. Beide Gleichungen ergeben dieselben Werte für $\xi_{S\nu}$.

Auf Grund dieser Tatsache ergibt sich z. B., daß die beiden Spulen der Wicklung in Abb. 40, die in den Nuten $1 \rightarrow 8$ und $2 \rightarrow 7$ liegen, gleichwertig sind; denn ihre Mitten liegen zusammen, die Polteilung beträgt 6 Nutteilungen, die Weite der einen Spule 7, die der anderen 5 Nutteilungen. Die beiden Spulen dürfen also parallel geschaltet werden. Insgesamt können also bei dieser Wicklung bis vier parallele Zweige je Strang vorgesehen werden.

Zweischichtwicklungen haben allgemein $2p$ gleichwertige Wicklungszweige, wenn keine Zonenänderung vorgenommen ist. Bei Wicklungen

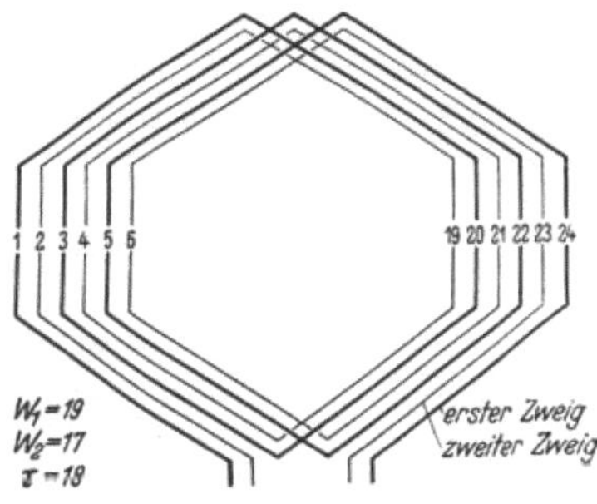

Abb. 77. Zur Untersuchung der Gleichwertigkeit der beiden Wicklungszweige in Abb. 65.

mit Zonenänderung dagegen sind nur p gleichwertige Wicklungszweige vorhanden.

Auch bei Stabwicklungen lassen sich parallele Wicklungszweige herstellen. Bei der zweischichtigen Wicklung z. B. in Abb. 66 mit $2p$ Spulengruppen ist ohne weiteres zu erkennen, daß jeder Strang in zwei gleichwertige Zweige zerlegt werden kann, die parallel geschaltet werden können. Bei einschichtigen Wicklungen läßt sich die Gleichwertigkeit von Spulengruppen meistens leicht erkennen, wenn die Wicklung Schleifenform hat. Sind dagegen die Stäbe in Wellenform geschaltet, ist diese Feststellung oft schwieriger. Man bildet dann zweckmäßig für einen Strang unter Benutzung der Spulenseiten einer positiven und einer negativen Zone eine neue Spulengruppe in Schleifenform; an dieser läßt sich dann feststellen, ob die beiden Zweige gleichwertig sind. Als Beispiel sind aus der Wicklung in Abb. 65 zwei Zonen des ersten Stranges benutzt, um in Abb. 77 für die beiden Zweige je eine Spulengruppe in Schleifenform aufzuzeichnen; die Zugehörigkeit der Spulenseiten zu den beiden Zweigen muß natürlich in Abb. 77 die gleiche sein wie in Abb. 65. Man sieht in Abb. 77, daß immer je zwei den verschiedenen Zweigen angehörige Spulen mit ihren Spulenachsen zusammenfallen, und daß die Weite der einen um so viel größer ist als die Polteilung, wie die der andern kleiner ist als die Polteilung. Daraus folgt, daß auch in Abb. 65 immer je zwei Spulen der beiden Zweige gleichwertig sind, daß diese also parallel geschaltet werden dürfen.

In allen Fällen, in denen die Möglichkeiten der Parallelschaltung nicht ohne weiteres erkennbar sind, gibt der aus dem Nutenstern abgeleitete Spannungsstern der Wicklung (s. Abb. 34) darüber Auskunft. Parallelschaltung ist zulässig, wenn die geometrischen Summen der Spannungsstrahlen für die parallel zu schaltenden Zweige gleiche Größe und Richtung haben. Auch die Zahlentafeln mit der Spulenseitenverteilung (z. B. Zahlentafel 4) lassen meistens ohne Schwierigkeit erkennen, wieviel gleichwertige Wicklungszweige vorhanden sind.

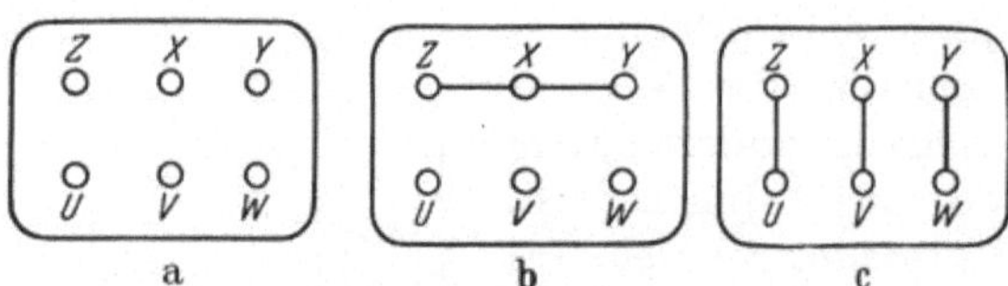

Abb. 78. Zweckmäßige Klemmenanordnung zur Herstellung einer Stern- oder Dreieckschaltung mit den gleichen Verbindungsschienen. a unverkettete Stränge; b Sternschaltung; c Dreieckschaltung.

In den meisten Schaltplänen, die wir zur Darstellung gebracht haben, war der Anfang jedes Wicklungsstranges willkürlich dorthin verlegt, wo die erste positive Spulenseite des betr. Stranges lag, das Ende dorthin, wo sich die letzte negative Spulenseite befand. Dies ist natürlich nicht notwendig. In welcher Reihenfolge hintereinander geschaltete Spulen aufeinander folgen, ist gleichgültig; daher kann der Anfang eines Stranges an jeder beliebigen positiven Spulenseite und das Ende an jeder beliebigen negativen Spulenseite liegen. Die zweckmäßigste Stelle für die Herausführung von Anfängen und Enden wird bei Ständerwicklungen meistens durch die Lage der Klemmen bestimmt. Bei Läuferwicklungen spielen Rücksichten auf mechanischen Massenausgleich eine Rolle.

Die Wicklungsstränge waren bei den Schaltplänen *unverkettet* dargestellt: dementsprechend waren jeweils sechs Anschlußpunkte (Klemmen) vorhanden. Diese Ausführungsform wird bei kleineren Maschinen häufig angewandt, weil es dann leicht möglich ist, außerhalb des Maschinengehäuses die Stränge in Sternschaltung oder in Dreieckschaltung zu verketten. Die für die Herstellung der Sternschaltung und Dreieckschaltung auszuführenden Verbindungen sind aus Abb. 6

zu erkennen. Werden die Wicklungsenden zu einem Klemmbrett geführt, so ordnet man die Klemmen meistens so an, daß die Verkettung der Stränge zur Stern- oder Dreieckschaltung durch beigegebene Schienen in einfacher Weise möglich ist. In Abb. 78 ist diese Anordnung gezeigt. Die waagerechten und senkrechten Abstände benachbarter Klemmen sind dabei einander gleich, so daß die Herstellung der beiden Schaltungsarten mit den gleichen Schaltschienen erfolgen kann.

Zuweilen wird auch die Wicklung innerhalb des Maschinengehäuses fertiggeschaltet (in Stern- oder Dreieckschaltung); herausgeführt werden dann nur die Anfänge U, V und W der drei Stränge. Bei Sternschaltung von Generatorenwicklungen wird häufig noch der Sternpunkt herausgeführt, damit man an ihn einen etwa vorhandenen Nulleiter des Netzes und Schutzeinrichtungen für die Maschine anschließen kann.

B. Dreiphasige Ständerwicklungen mit gebrochener Nutenzahl je Pol und Strang (Bruchlochwicklungen).

Da die einzelne Nut eine gewisse Mindestbreite haben muß, kann man bei geringer Größe der Polteilung nur eine beschränkte Zahl q der Nuten je Pol und Strang anordnen. Bei Anwendung einer Ganzlochwicklung haben dann die Wicklungsfaktoren der Oberwellen noch beträchtliche Werte und man erhält bei Generatoren im allgemeinen eine schlechte Spannungskurve.

Man vermeidet diesen Nachteil durch Anwendung einer *Bruchlochwicklung*, bei der q eine *gebrochene* Zahl ist. Bei den Bruchlochwicklungen erhält man eine größere Anzahl von *verschiedenphasigen* Spulenspannungen als bei den Ganzlochwicklungen; der Wicklungsfaktor der Grundwelle wird dadurch nur wenig, die Wicklungsfaktoren der Oberwellen aber werden stärker verringert. Auch die Notwendigkeit, Spannung, Leiterzahl je Nut und magnetische Verhältnisse in der Maschine in ein günstiges Verhältnis zueinander zu bringen und gleichzeitig eine praktisch brauchbare Nutteilung zu erhalten, zwingt oft zur Anwendung einer Bruchlochwicklung.

Eine Bruchlochwicklung kann als einschichtige oder zweischichtige Wicklung, als Spulenwicklung oder Stabwicklung ausgeführt werden. Darüber hinaus unterscheidet man zwischen Wicklungen, bei denen alle Nuten bewickelt sind, und solchen mit unbewickelten Nuten. Bei allen symmetrischen dreiphasigen Bruchlochwicklungen müssen wie bei den Ganzlochwicklungen die drei Strangspannungen gleich groß und in der Phase um je 120° verschoben sein. Der Entwurf der Wicklung besteht im wesentlichen in der Aufteilung der Nuten oder Spulenseiten auf die einzelnen Stränge und Zonen.

Den Zonenbegriff haben wir bisher nur in Verbindung mit Wicklungen kennengelernt, bei denen $p = t$ und $\alpha = \alpha'$ ist, bei denen daher benachbarte Strahlen im Spannungsstern zu benachbarten Nuten gehören. In solchen Fällen ist (s. S. 21) der ringförmige Zonenplan (Abb. 29) p-mal vorhanden; jede seiner Zonen enthält q Spulenseiten, die auch in der Maschine selbst eine Zone eines Polpaares bilden. Bei den Bruchlochwicklungen ist oft $p \neq t$ und $\alpha \neq \alpha'$, d. h. benachbarte Strahlen im Spannungsstern gehören dann *nicht* zu benachbarten Nuten. Eine Zone im ringförmigen Zonenplan, die wir als *elektrische* Zone bezeichnen können, ist dann nicht identisch mit einer *räumlichen* Zone eines Polpaares der Maschine. Der ringförmige Zonenplan (Abb. 29) ist hier nicht p-mal, sondern t-mal vorhanden. Beim Entwurf solcher Wicklungen müssen immer die *elektrischen* Zonen ins Auge gefaßt werden.

1. Einschichtwicklungen (alle Nuten bewickelt).

a) Spulenwicklungen. Die Zahl der Spulen je Strang ist bei der dreiphasigen Einschichtwicklung allgemein $\gamma = N/6$; diese Zahl muß *ganz* sein, wenn eine gleichmäßige Aufteilung der Spulen auf die drei Stränge möglich sein soll. Der Nutenstern enthält N/t Strahlen verschiedener Richtung, wenn t der größte gemeinsame Teiler von Nutenzahl N und Polpaarzahl p ist; ein symmetrischer Spannungsstern (Strangspannungen um 120° gegeneinander verschoben) kann nur dann gebildet werden, wenn N/t durch die Strangzahl 3 teilbar ist, d. h. wenn $\dfrac{N}{3\,t} = \dfrac{2\,\gamma}{t}$ eine *ganze* Zahl ist. Eine symmetrische Wicklung ist also nur ausführbar, wenn die Bedingungen

$$\frac{N}{6} = \text{ganz} \quad \text{und} \quad \frac{N}{3\,t} = \text{ganz} \qquad (28\,\text{a u. b})$$

erfüllt sind.

Untersucht man für verschiedene Nuten- und Polpaarzahlen die Ausführbarkeit symmetrischer dreiphasiger Einschicht-Bruchlochwicklungen nach Gl. (28), so findet man folgende Gesetzmäßigkeiten:

a) Bei allen Polpaarzahlen, die *nicht* durch 3 teilbar sind, ist eine Wicklung ausführbar, wenn der Nenner des echten Bruches, den die Zahl q enthält, den Zahlenwert von p hat.

b) Bei Polpaarzahlen, die durch 3 teilbar sind, ist eine Wicklung ausführbar, wenn der Nenner des echten Bruches, den die Zahl q enthält, den Zahlenwert von $1/_3\,p$ hat; wird der Bruch so weit wie möglich gekürzt, darf jedoch der Nenner nach der Kürzung nicht die Zahl 3 oder deren Vielfache enthalten.

Beispiele (g bedeutet eine beliebige *ganze* Zahl einschl. Null):

$p = 1$: Keine Wicklung ausführbar.

$p = 3$: Keine Wicklung ausführbar.

$p = 4$: $g + {}^{1}/_{4}$, $g + {}^{2}/_{4}$, $g + {}^{3}/_{4}$ ausführbar.

$p = 18$: $g + {}^{3}/_{6} = g + {}^{1}/_{2}$ ausführbar; $g + {}^{1}/_{6}$, $g + {}^{2}/_{6} = g + {}^{1}/_{3}$, $g + {}^{4}/_{6} = g + {}^{2}/_{3}$, $g + {}^{5}/_{6}$ *nicht* ausführbar.

Alle symmetrischen Einschicht-Bruchlochwicklungen lassen sich auf zwei Arten zurückführen, die man als *Einschicht-Urwicklungen* bezeichnen kann. Die Urwicklungen und ihr Entwurf seien an je einem Beispiel erläutert.

Die Einschicht-Urwicklung *erster Art* ist dadurch gekennzeichnet, daß der *größte* gemeinsame Teiler von Nuten- und Polpaarzahl $t = 1$ ist. Der Nutenstern hat dann N Strahlen verschiedener Richtung. Als Beispiel wählen wir eine Wicklung mit $N = 36$ für $p = 5$; es ist dann $q = 1^1/_5$. Der elektrische Winkel, um den benachbarte Nuten gegeneinander versetzt sind, ist $\alpha = p\,\dfrac{360°}{N} = 50°$; benachbarte Strahlen im Spannungsstern schließen den Winkel $\alpha' = 1\,\dfrac{360°}{N} = 10°$ ein.

Ohne Aufzeichnen des Nutensterns könnte man die Aufteilung der Nuten oder Spulenseiten nach dem in den Zahlentafeln 4 und 5 angewandten Verfahren durchführen. Wir wollen aber hier ein noch einfacheres Verfahren kennen lernen.

Der ringförmige Zonenplan tritt für die ganze Wicklung nur *einmal* auf und die Zahl der Nuten oder Spulenseiten, die auf eine elektrische Zone entfällt, stimmt bei der Einschichtwicklung mit der Zahl γ der Spulen je Strang überein; im Beispiel ist $\gamma = 6$. Wir bereiten daher eine Zahlentafel vor, die für jede der in bekannter Reihenfolge angeordneten Zonen $\gamma = 6$ Zahlenplätze vorsieht (Zahlentafel 6, in die wir zunächst nur die Nummern und Vorzeichen der Zonen eingetragen denken). Aus den Werten der Winkel α und α' folgt nun, daß man im Nutenstern 5 Strahlen weiterschreiten müßte, um von dem Strahl einer Nut mit beliebiger Ordnungszahl zu demjenigen der Nut mit der nächsthöheren Ordnungszahl zu gelangen. Dementsprechend sind in die

Zahlentafel 6. *Entwurf einer dreiphasigen Bruchlochwicklung.*
($N = 36$; $p = 5$; $t = 1$; $q = 1^1/_5$
$\alpha = 50°$; $\alpha' = 10°$.)

+ I	− III	+ II	− I	+ III	− II
1	31	25	19	13	7
30	24	18	12	6	36
23	17	11	5	35	29
16	10	4	34	28	22
9	3	33	27	21	15
2	32	26	20	14	8

vorbereiteten Plätze der Zahlentafel 6 die Nummern der Nuten so einzutragen, daß man beim Durchlaufen der Plätze in senkrechter Richtung und zyklischer Folge immer 5 Zahlenplätze weiterschreiten muß, um von einer beliebigen Nutennummer zur nächsthöheren Nutennummer zu gelangen. Setzt man dabei die Nummer 1 willkürlich an die erste Stelle, so erhält man die in Zahlentafel 6 eingetragene Verteilung; jede senkrechte Zahlenreihe bildet dort eine elektrische Zone. Die Aufteilung der Spulenseiten nach Zahlentafel 6 ergibt die günstigste Ausnutzung der

Wicklung, da die zu einem Strang gehörigen Spulenseitenspannungen die kleinstmöglichen Phasenunterschiede aufweisen.

Nachdem die Verteilung vorgenommen ist, vereinigt man die Spulenseiten so zu Spulen, daß die Stirnverbindungen möglichst kurz oder gleichmäßig werden. Zwar sind dabei grundsätzlich alle bei den Ganzlochwicklungen behandelten Spulenarten möglich, doch ergeben sich nicht immer befriedigende Lösungen. Bei Ausführung der Wicklung mit Spulen gleicher Weite erhält man den in Abb. 79 dargestellten Schaltplan. In ähnlicher Form wäre auch eine Ausführung als Drei-Ebenen-Wicklung möglich; eine Zwei-Ebenen-Wicklung würde jedoch

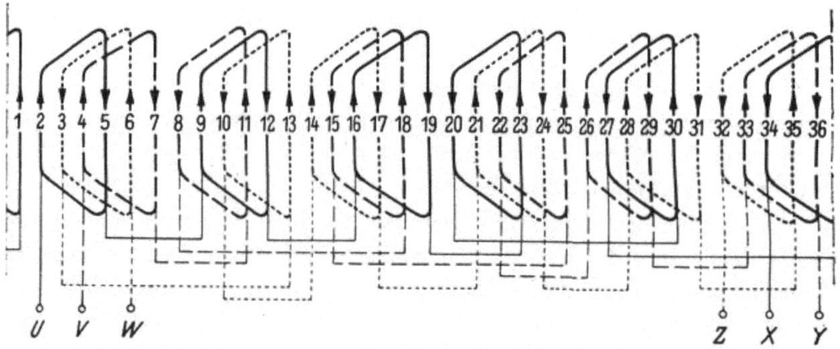

Abb. 79. Schaltplan einer dreiphasigen Einschicht-Bruchlochwicklung nach Zahlentafel 6 mit Spulen gleicher Weite.

einige Spulen mit sehr langen Stirnverbindungen enthalten und ist daher praktisch nicht brauchbar. Wenn die Ausführung als Zwei-Ebenen-Wicklung gefordert wird, leitet man die Bruchlochwicklung zweckmäßig von einer Ganzlochwicklung ab (s. S. 79).

Wir wollen nun noch zeigen, wie man ohne Aufzeichnen des Spannungssterns eine Symmetrieuntersuchung für die entworfene Wicklung durchführen kann. In Spalte 1 der Zahlentafel 7 sind die Zonen, in Spalte 2 die zu ihnen gehörigen Spulenseiten (Nuten) eingetragen. Spalte 3 enthält die Winkel der Nuten, die sich nach Gl. (11) ergeben, wobei der Winkel der Nut 1 willkürlich gleich Null gesetzt ist. In Spalte 4 folgen die Winkel, die die Spulenseiten im Spannungsstern haben würden; für die positiven Spulenseiten stimmt der Winkel in Spalte 4 mit demjenigen in Spalte 3 überein, bei den negativen Spulenseiten unterscheiden sich beide um 180°. Schließlich folgen in Spalte 5 die Winkel, die als Strang-Phasenwinkel (der Spulenseiten) bezeichnet sind. Diese Winkel stimmen beim Strang I mit den Winkeln der Spalte 4 überein, beim Strang II ergeben sie sich aus diesen durch Subtraktion von 120°, beim Strang III durch Subtraktion von 240°. Wenn die Wicklung symmetrisch ist, müssen die 3 Stränge bezüglich der in Spalte 5 auftretenden Winkel gleichwertig sein. Dies ist, wie man sieht, der Fall.

Da der (nicht gezeichnete) Nutenstern aus 36 Strahlen *verschiedener* Richtung besteht, von denen je 6 auf jede Zone entfallen, verhält sich die Wicklung wie eine symmetrische dreiphasige Ganzlochwicklung mit $N = 36$ für $p = 1$, also $q = 6$. Allgemein entspricht jede Einschicht-Urwicklung erster Art mit $\gamma = n$ Spulen je Strang einer Ganzlochwicklung mit $q = n$ Nuten je Pol und Strang.

Zu den *Einschicht-Urwicklungen zweiter Art* gehört eine Bruchlochwicklung, wenn N und p den größten gemeinsamen Teiler $t = 2$ haben und die Zahl γ der Spulen je Strang *ungerade* ist. Für ein Entwurfsbeispiel wählen wir $N = 30$ für $p = 2$ und erhalten $t = 2$, $q = 2^1/_2$ und $\gamma = 5$. Die Verteilung der Nuten (Spulenseiten) auf die Zonen bereiten wir in bekannter Weise in Zahlentafel 8 vor. Die Aufteilung auf die drei Zonenpaare $(+\,\mathrm{I})$ und $(-\,\mathrm{III})$, $(+\,\mathrm{II})$ und $(-\,\mathrm{I})$ sowie $(+\,\mathrm{III})$ und $(-\,\mathrm{II})$ ist eindeutig und wird durch die waagerechten geraden Trennungslinien in Zahlentafel 8 angedeutet. Schwieriger ist die Aufteilung auf die Einzelzonen dieser Zonenpaare. Da jeder Zone die *gleiche* Zahl von Spulenseiten zuzuordnen ist, muß jede Trennungslinie die Form einer einstufigen Treppe haben. Die Symmetrie der Wicklung ist gewährleistet unabhängig davon, ob die drei Treppen von links nach rechts steigen oder fallen oder schließlich zum Teil steigen und zum Teil fallen. Die Ausführbarkeit der Stirnverbindungen wird aber durch die Art der Treppenanordnung beeinflußt. Die in Zahlentafel 8 gewählte Anordnung ermöglicht die Ausführung der Wicklung

Zahlentafel 7. *Symmetrieuntersuchung der Wicklung nach Abb. 79.*

1 Strangzugehörigkeit und Vorzeichen	2 Spulenseiten	3 Winkel im Nutenstern	4 Winkel im Spannungsstern	5 Strang-Phasenwinkel
+I	1	0°	0°	0°
	30	10°	10°	10°
	23	20°	20°	20°
	16	30°	30°	30°
	9	40°	40°	40°
	2	50°	50°	50°
−I	19	180°	0°	0°
	12	190°	10°	10°
	5	200°	20°	20°
	34	210°	30°	30°
	27	220°	40°	40°
	20	230°	50°	50°
+II	25	120°	120°	0°
	18	130°	130°	10°
	11	140°	140°	20°
	4	150°	150°	30°
	33	160°	160°	40°
	26	170°	170°	50°
−II	7	300°	120°	0°
	36	310°	130°	10°
	29	320°	140°	20°
	22	330°	150°	30°
	15	340°	160°	40°
	8	350°	170°	50°
+III	13	240°	240°	0°
	6	250°	250°	10°
	35	260°	260°	20°
	28	270°	270°	30°
	21	280°	280°	40°
	14	290°	290°	50°
−III	31	60°	240°	0°
	24	70°	250°	10°
	17	80°	260°	20°
	10	90°	270°	30°
	3	100°	280°	40°
	32	110°	290°	50°

tafel 8 gewählte Anordnung ermöglicht die Ausführung der Wicklung als Zwei-Ebenen-Wicklung, wie der Schaltplan in Abb. 80 erkennen läßt.

Die elektrischen Zonen der Einschicht-Urwicklung zweiter Art sind nicht gleich breit, d. h. wir haben eine sich zwangsläufig ergebende

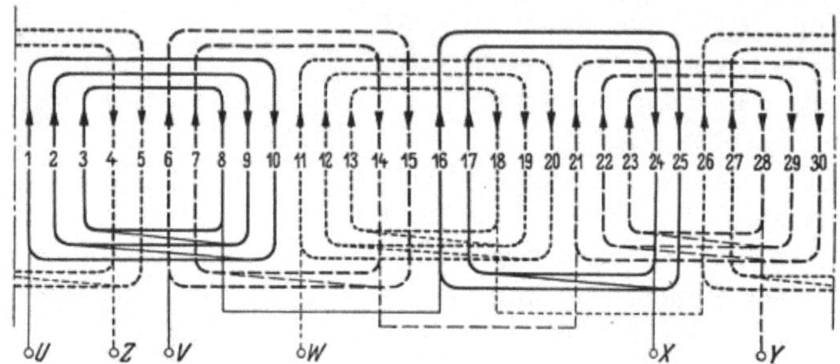

Abb. 80. Schaltplan einer dreiphasigen Einschicht-Bruchlochwicklung nach
Zahlentafel 8 als Zwei-Ebenen-Wicklung.

Zonenänderung vor uns. Eine solche wollen wir *natürliche* Zonenänderung nennen im Gegensatz zu der willkürlich zu wählenden künstlichen Zonenänderung, wie wir sie bisher kennen gelernt haben. Für die Wicklung nach

Zahlentafel 8. *Aufteilung der Spulenseiten für eine dreiphasige Bruchlochwicklung.*

$(N = 30; \; p = 2; \; t = 2; \; q = 2^1/_2; \; \alpha = \alpha' = 24°.)$

Winkel	Nuten (Spulenseiten)		Strang und Vorzeichen
0°	1	16	$+\mathrm{I}$
24°	2	17	
48°	3	18	
72°	4	19	$-\mathrm{III}$
96°	5	20	
120°	6	21	
144°	7	22	$+\mathrm{II}$
168°	8	23	
192°	9	24	
216°	10	25	$-\mathrm{I}$
240°	11	26	
264°	12	27	$+\mathrm{III}$
288°	13	28	
312°	14	29	$-\mathrm{II}$
336°	15	30	

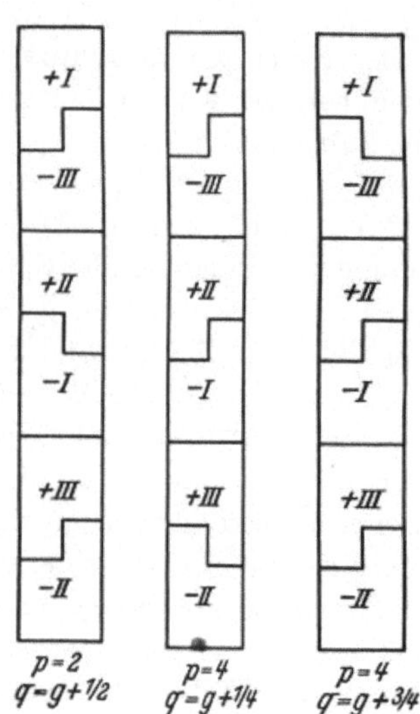

Abb. 81. Grundsätzliche Aufteilungspläne für
Einschicht-Urwicklungen zweiter Art, welche die
Ausführung als Zwei-Ebenen-Wicklungen
ermöglichen.

Zahlentafel 8 ergeben sich, wie man leicht erkennt, die Zonenbreitenwinkel $\beta_1 = {}^3/_5 \cdot 120° = 72°$ und $\beta_2 = {}^2/_5 \cdot 120° = 48°$.

Die wichtigsten Einschicht-Urwicklungen zweiter Art sind diejenigen mit $q = g + {}^1/_2$ für $p = 2$ sowie mit $q = g + {}^1/_4$ und $q = g + {}^3/_4$ für $p = 4$ ($g = ganze$ Zahl). Sie lassen sich alle so entwerfen, daß sie als Zwei-Ebenen-Wicklungen ausgeführt werden können, wenn die Aufteilung der Spulenseiten nach Abb. 81 vorgenommen wird.

Wie schon erwähnt, lassen sich die übrigen einschichtigen Bruchlochwicklungen auf die beiden Urwicklungen zurückführen. Allgemein ergibt sich eine beliebige Bruchlochwicklung durch t'-malige Wiederholung einer Urwicklung. Den Faktor t' findet man in der Weise, daß man zunächst den echten Bruch, der in der Zahl q enthalten ist, so schreibt, daß der Nenner den Zahlenwert der Polpaarzahl p hat und ihn dann so weit wie möglich kürzt; der Kürzungsquotient ist dann der gesuchte Faktor t'. Wir zeigen das Verfahren an zwei Beispielen.

Eine Wicklung mit $N = 72$ für $p = 8$ ($t = 8$; $\gamma = 12$) führt auf $q = 1{}^4/_8 = 1{}^1/_2$. Der Kürzungsfaktor des echten Bruches ist $t' = 4$. Die Wicklung ergibt sich aus der viermaligen Wiederholung einer Wicklung mit $N = 18$ für $p = 2$ ($t = 2$; $\gamma = 3 =$ ungerade). Diese Wicklung ist eine Urwicklung zweiter Art.

Wir wählen weiter eine Wicklung mit $N = 96$ für $p = 10$ ($t = 2$; $\gamma = 16$). Die Zahl der Nuten je Pol und Strang ist $q = 1{}^6/_{10} = 1{}^3/_5$. Der Kürzungsfaktor des echten Bruches ist $t' = 2$. Die Wicklung geht also durch zweimalige Wiederholung aus einer Wicklung mit $N = 48$ für $p = 5$ ($t = 1$; $\gamma = 8$) hervor, die eine Urwicklung erster Art ist.

Zahlentafel 9. *Aufteilung der Stäbe für eine dreiphasige Einschicht - Bruchloch - Stabwicklung mit ungerader Stabzahl je Strang.*

($N = 15$; $p = 2$; $t = 1$; $q = 1{}^1/_4$; $\alpha = 48°$; $\alpha' = 24°$).

Winkel	Nuten (Stäbe)	Strang und Vorzeichen
0°	1	
24°	9	+ I
48°	2	
72°	10	
96°	3	− III
120°	11	
144°	4	+ II
168°	12	
192°	5	
216°	13	− I
240°	6	
264°	14	+ III
288°	7	
312°	15	
336°	8	− II

b) Stabwicklungen. Stabwicklungen mit *gerader* Stabzahl je Strang können als Spulenwicklungen mit *einer* Windung je Spule aufgefaßt werden. Ihre Ausführbarkeit setzt daher die Bedingungen nach Gl. (28 a u. b) voraus; der Entwurf kann in der gleichen Weise vorgenommen werden wie bei den Einschicht-Spulenwicklungen.

Es sind aber auch Einschicht-Stabwicklungen mit *ungerader* Stabzahl je Strang möglich; Anfang und Ende eines Wicklungsstranges liegen dann auf verschiedenen Stirnseiten. Bei solchen Wicklungen muß $\gamma/2 = N/3$ eine *ganze* Zahl sein. Dies führt zu den gleichen Ausführungsbedingungen, wie sie bei den im folgenden Abschnitt behandelten zwei-schichtigen Spulenwicklungen [Gl. (29)] vorliegen.

Der Entwurf sei an einem Beispiel mit $N = 15$ für $p = 2$ gezeigt; man erhält $t = 1$ und $q = 1^1/_4$. Die Aufteilung der Stäbe ist in bekannter Weise in Zahlentafel 9 vorgenommen. Es besteht hier keine Möglich-keit, die Stäbe *gleichmäßig* auf die Zonen zu verteilen; man muß von vornherein abwechselnd breite und schmale Zonen vorsehen. Es liegt also auch hier eine *natürliche* Zonenänderung vor. Das Schaltbild für eine Ausführung als Drei-Ebenen-Wick-lung ist in Abb. 82 gezeichnet.

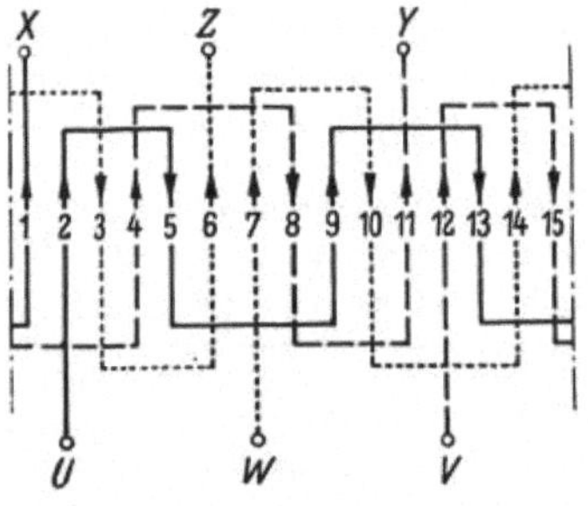

Die dargestellte Wicklung ist eine Urwicklung mit $t = 1$. Wenn eine der-artige Wicklung aus einer t-maligen Wiederholung der Urwicklung besteht, erhält man t gleichwertige Wicklungs-zweige, wenn man die Aufteilung der Spulenseiten in allen Zweigen in der *gleichen* Weise vornimmt. Eine Par-allelschaltung dieser Zweige macht dann technisch keine Schwierigkeiten,

Abb. 82. Schaltplan der Wicklung nach Zahlentafel 9 als Drei-Ebenen-Wicklung.

wohl aber eine Reihenschaltung. Bei dieser müßte man das Ende eines Zweiges außen über den Ständerrücken zur anderen Stirnseite führen, um zum Anfang des nächsten Zweiges zu gelangen. Dies läßt sich vermeiden, wenn man die Aufteilung der Spulenseiten in den aufeinander folgenden Zweigen *verschieden* vornimmt und zwar so, daß bei der natürlichen Zonenänderung abwechselnd die positiven Zonen breit und schmal, die negativen schmal und breit werden.

2. Zweischichtwicklungen (alle Nuten bewickelt).

a) Spulenwicklungen. Bei dreiphasigen Zweischichtwicklungen ist die Zahl der Spulen je Strang $\gamma = N/3$. Die Ausführbarkeit einer sym-metrischen Wicklung ist entsprechend Gl. (28 a u. b) daher an die Bedin-gungen geknüpft, daß $N/3$ und $N/3t$ *ganze* Zahlen sind. Da die zweite Bedingung die erste einschließt, bleibt als einzige Bedingung

$$\frac{N}{3\,t} = \text{ganz}. \tag{29}$$

Zweischichtige Bruchlochwicklungen sind also in größerer Zahl aus-führbar als einschichtige. Man findet:

a) Bei allen Polpaarzahlen, die *nicht* durch 3 teilbar sind, ist eine Wicklung ausführbar, wenn der Nenner des echten Bruches, den die Zahl q enthält, den Zahlenwert von $2\,p$ hat.

b) Bei Polpaarzahlen, die durch 3 teilbar sind, ist eine Wicklung ausführbar, wenn der Nenner des echten Bruches, den die Zahl q enthält, den Zahlenwert von $^2/_3\, p$ hat; wird dieser Bruch so weit wie möglich gekürzt, darf jedoch der Nenner nach der Kürzung *nicht* die Zahl 3 oder deren Vielfache enthalten.

Beispiele (*g* bedeutet eine beliebige *ganze* Zahl einschl. Null):

$p = 1$: $g + {}^1/_2$ ausführbar.

$p = 3$: $g + {}^1/_2$ ausführbar.

$p = 5$: $g + {}^1/_{10}$, $g + {}^2/_{10} \cdots g + {}^8/_{10}$, $g + {}^9/_{10}$ ausführbar.

$p = 18$: $g + {}^1/_4$, $g + {}^1/_2$, $g + {}^3/_4$ ausführbar; $g + {}^1/_{12}$, $g + {}^1/_6$, $g + {}^1/_3$, $g + {}^5/_{12}$, $g + {}^7/_{12}$, $g + {}^2/_3$, $g + {}^5/_6$, $g + {}^{11}/_{12}$ *nicht* ausführbar.

Auch bei den zweischichtigen Bruchlochwicklungen können wir mehrere Arten unterscheiden. An erster Stelle betrachten wir solche Wicklungen, die mit denselben Werten von N und p Einschicht-Urwicklungen *erster Art* ($t = 1$) ergeben würden. Bei ihnen können die

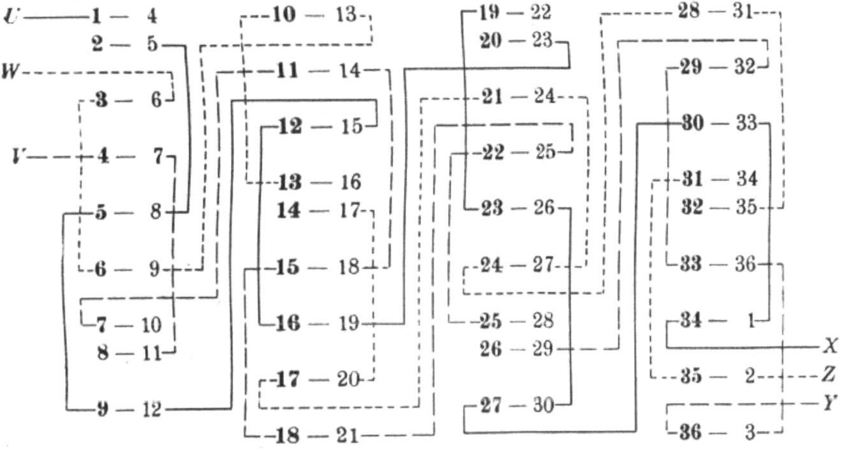

Abb. 83. Entwurfsplan für eine Zweischicht-Bruchlochwicklung nach Zahlentafel 9. (Die Anordnung in vier Reihen ist willkürlich und nur aus Raumrücksichten vorgenommen.)

Spulenseiten *einer* Schicht in der gleichen Weise aufgeteilt werden wie die Spulenseiten der Einschichtwicklung. Nach Festlegung der Spulenweite ergibt sich dann ohne weiteres der Entwurfsplan. Als Beispiel wählen wir $N = 36$ für $p = 5$; für diese Werte haben wir schon eine Einschichtwicklung entworfen (Zahlentafel 6, Abb. 79). Für die Zweischichtwicklung denken wir uns die Spulenseiten der Oberschicht nach Zahlentafel 6 aufgeteilt; wählen wir noch $W = 3$ Nutteilungen ($W/\tau = 0,833$), so erhalten wir den Entwurfsplan in Abb. 83.

Wir bezeichnen eine derartige Wicklung als *Zweischicht Urwicklung erster Art*. Bei den unter diesen Begriff fallenden Wicklungen ist immer $t = 1$ und die Zahl γ der Spulen je Strang *gerade*; eine natürliche Zonenänderung tritt bei ihnen *nicht* auf.

Wenn Nuten- und Polpaarzahl nur der Gl. (29), nicht aber den Gl. (28a u. b) genügen (Einschicht-Spulenwicklung *nicht* ausführbar), ist die Nutenzahl immer *ungerade* und es ergibt sich eine Zweischichtwicklung mit *ungerader* Spulenzahl je Strang. Von den Wicklungen dieser Art greifen wir diejenigen heraus, bei denen $t = 1$ ist und nennen sie *Zweischicht-Urwicklungen zweiter Art*. Als Beispiel wählen wir eine Wicklung mit $N = 15$ für $p = 2$; für die gleichen Werte von N und p haben wir im vorigen Abschnitt eine Einschicht-Stabwicklung mit ungerader Stabzahl je Strang entworfen. Die Spulenseitenaufteilung nach Zahlentafel 9 können wir auch für die Zweischicht-Spulenwicklung verwenden, wenn wir sie auf die Spulenseiten der Oberschicht beziehen. Es ergibt sich auch hier wie allgemein bei der Zweischicht-Urwicklung zweiter Art eine natürliche Zonenänderung. Den Entwurfsplan der Wicklung (Abbildung 84) erhält man ohne weiteres, wenn man die Spulenweite $W = 3$ Nutteilungen ($W/\tau = 0{,}8$) wählt. Über die natürliche Zonenänderung hinaus kann man natürlich noch eine künstliche vornehmen, indem man z. B. in Zahlentafel 9 den Zonen abwechselnd 4 und 1 (statt 3 und 2) Spulenseiten zuordnet.

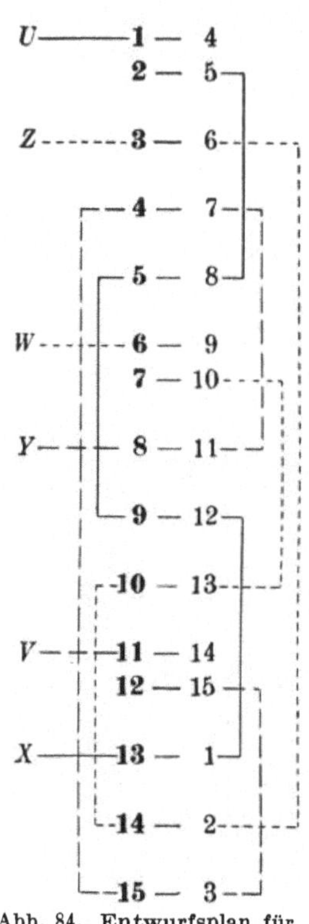

Abb. 84. Entwurfsplan für eine Zweischicht-Spulenwicklung nach Zahlentafel 9.

Schließlich haben wir noch solche Werte für N und p zu betrachten, mit denen sich eine Einschicht-Urwicklung zweiter Art ($t = 2$, $\gamma =$ ungerade) ergeben würde. Man erhält mit ihnen eine zweimalige Wiederholung einer Zweischicht-Urwicklung zweiter Art. Mit $N = 30$ für $p = 2$ haben wir früher (Zahlentafel 8, Abb. 80) eine Einschicht-Urwicklung zweiter Art entworfen. Die dort bestehende Notwendigkeit, den positiven und negativen Zonen eine *gleiche* Anzahl von Spulenseiten zuzuordnen, entfällt bei der Zweischichtwicklung, wenn man eine Schicht zugrunde legt. Die Aufteilung nach Zahlentafel 8 ersetzen wir daher durch eine solche nach Zahlentafel 10. Aus dieser Zahlentafel ist ohne weiteres zu erkennen, daß die Wicklung eine zweimalige Wiederholung einer Zweischicht-Urwicklung zweiter Art mit $N = 15$ für $p = 1$ darstellt. Das Schaltbild der Wicklung zeigt Abb. 85. Die Spulenweite ist $W = 6$ Nutteilungen ($W/\tau = 0{,}8$).

Zusammenfassend stellen wir fest, daß bei *allen* Zweischicht-Urwicklungen der größte gemeinsame Teiler von Nuten- und Polpaarzahl

$t = 1$ ist. Die Zweischicht-Urwicklungen *erster* Art haben eine *gerade* Zahl von Spulen je Strang; eine natürliche Zonenänderung tritt *nicht* auf.

Bei den Zweischicht-Urwicklungen *zweiter* Art dagegen ist eine *ungerade* Zahl von Spulen je Strang vorhanden; es ergibt sich stets eine natürliche Zonenänderung.

Alle übrigen zweischichtigen Bruchlochwicklungen lassen sich auf eine der beiden betrachteten Zweischicht-Urwicklungen zurückführen. Eine beliebige Wicklung stellt eine t-malige Wiederholung einer Zweischicht-Urwicklung dar; ob diese Urwicklung eine solche erster oder zweiter Art ist, hängt davon ab, ob ihre Spulenzahl γ je Strang gerade oder ungerade ist.

Ist z. B. $N = 162$ und $p = 15$, so ist $t = 3$ und $q = 1^4/_5$; es ergibt sich eine Zweischichtwicklung, die eine dreimalige Wiederholung der Zweischicht-Urwicklung erster Art mit $N = 54$, $p = 5$ und $\gamma = 18$ ist. Wenn dagegen $N = 75$ und $p = 5$ ist, so ist $t = 5$ und $q = 2^1/_2$; man erhält die fünfmalige Wiederholung einer Zweischicht-Urwicklung zweiter Art für $N = 15$ und $p = 1$ mit $\gamma = 5$.

Da bei allen Bruchlochwicklungen die Polteilung τ kein ganzzahliges Vielfaches der Nutteilung ist, sind zweischichtige Bruchlochwicklungen bei der üblichen Ausführung mit

Zahlentafel 10. *Aufteilung der Spulenseiten der Oberschicht für dreiphasige Zweischicht-Bruchlochwicklung.*
($N = 30$; $p = 2$; $t = 2$; $q = 2^1/_2$; $\alpha = \alpha' = 24°$.)

Winkel	Nuten (Spulenseiten)		Strang und Vorzeichen
0°	1	16	+ I
24°	2	17	
48°	3	18	− III
72°	4	19	
96°	5	20	
120°	6	21	+ II
144°	7	22	
168°	8	23	− I
192°	9	24	
216°	10	25	
240°	11	26	+ III
264°	12	27	
288°	13	28	− II
312°	14	29	
336°	15	30	

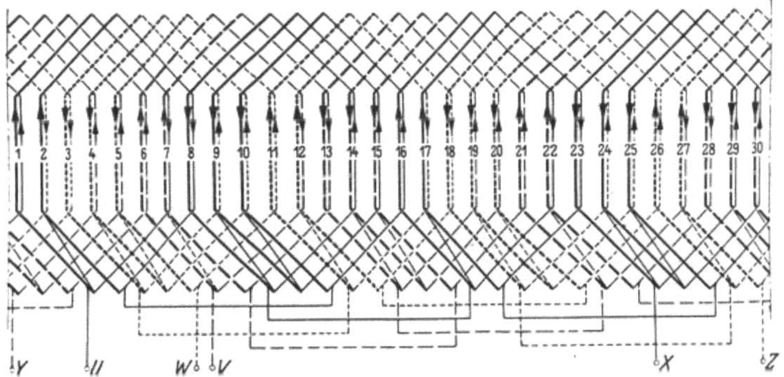

Abb. 85. Schaltplan einer gesehnten Zweischichtwicklung nach Zahlentafel 10 ($W/\tau = 0,8$).

Spulen gleicher Weite *ohne* Sehnung nicht ausführbar. Die Spulenweite wird allgemein kleiner als die Polteilung gemacht.

b) Stabwicklungen. Wenn bei zweischichtigen Bruchloch-Stabwicklungen der Nutenraum überall voll ausgenutzt wird, ergibt sich immer eine *gerade* Zahl von Stäben je Strang; zwischen Stab- und Spulenwicklung besteht dann kein grundsätzlicher Unterschied. Die praktische Ausführung kann wie bei den Ganzlochwicklungen in Schleifen- oder Wellenform erfolgen.

Bei der Ausführung als Schleifenwicklung geht der Entwurf genau so vor sich wie bei einer Spulenwicklung. Eine Wellenwicklung kann in ähnlicher Weise entworfen werden wie eine Ganzloch-Wellenwicklung. Als Beispiel wählen wir wieder $N = 30$ für $p = 2$. Diese Wicklung haben wir schon als einschichtige (Abb. 80) und zweischichtige (Abb. 85) Spulenwicklung ausgeführt. Wir legen die gleiche Verteilung der Spulenseiten zugrunde wie bei der zweischichtigen Spulenwicklung (Zahlentafel 10). Als normale Teilschritte wählen wir $y_1 = 8$ und $y_2 = 7$; den Schritt y_2 erhöhen wir einmal bei jedem Umlauf auf 8. Der Entwurfsplan der Wicklung ist in Abb. 86 aufgestellt. Es sei noch die besondere Forderung gestellt, daß sowohl die Anschlußpunkte U_1, V_1 und W_1 als auch die Umkehrverbindungen symmetrisch verteilt liegen. Bei Läuferwicklungen ist dies oft zweckmäßig, um einen Massenausgleich herbeizuführen (siehe Abschn. IV B). Die symmetrische Verteilung erreichen wir durch einen geeigneten Spulentausch innerhalb einzelner Wellenzüge, wie er schon auf S. 57 erwähnt wurde. Abweichend von dem dort angegebenen Verfahren können wir einen solchen Tausch auch in der Weise andeuten, wie es in Abb. 86 geschehen ist. Die Darstellung ist so aufzufassen, daß z. B. der Wellenzug $V_1 \ldots Y_1$ in folgender Reihenfolge durchlaufen wird:

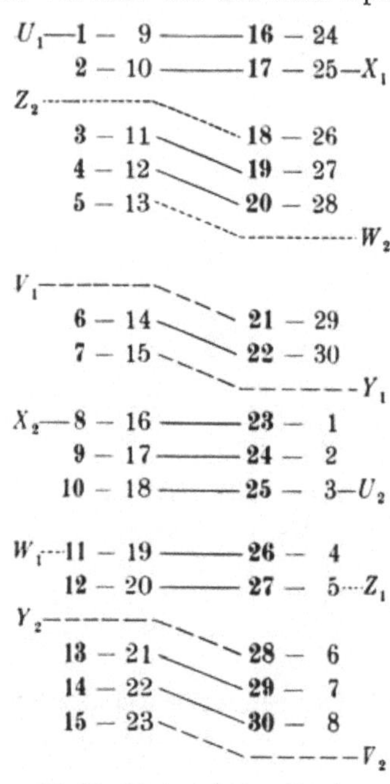

Abb. 86. Entwurfsplan für eine Zweischicht-Stabwicklung als Wellenwicklung ($N = 30$, $p = 2$, $y_1 = 8$, $y_2 = 7$, $y = 1$).

$$V_1 - 21 - 29 - 6 - 14 - 22 - 30 - 7 - 15 - Y_1.$$

Nach dem Entwurfsplan ist der Schaltplan in Abb. 87 gezeichnet. Die beiden Wellenzüge eines Stranges sind in Reihe geschaltet; da sie nicht gleichwertig sind, wäre eine Parallelschaltung unzulässig.

Wicklungen mit *ungerader* Stabzahl entstehen, wenn man bei der normalen Wicklung mit gerader Stabzahl eine *ungerade* Zahl von Stäben je Strang fortläßt, also den Nutenraum nicht in allen Nuten voll ausnutzt. Man kann diese Wicklungen wie diejenigen mit gerader Stabzahl entwerfen und die fortzulassenden Stäbe (meistens nur *einen* je Strang) nachträglich beseitigen. Für die drei Wicklungsstränge müssen die fortfallenden Stäbe um je 120° (elektrisch) gegeneinander versetzt sein.

In vielen Fällen ist es vorteilhaft, zweischichtige Bruchloch-Stabwicklungen als aufgeschnittene Gleichstromankerwicklungen zu entwerfen. Auf dieses Verfahren gehen wir später (s. S. 191) näher ein.

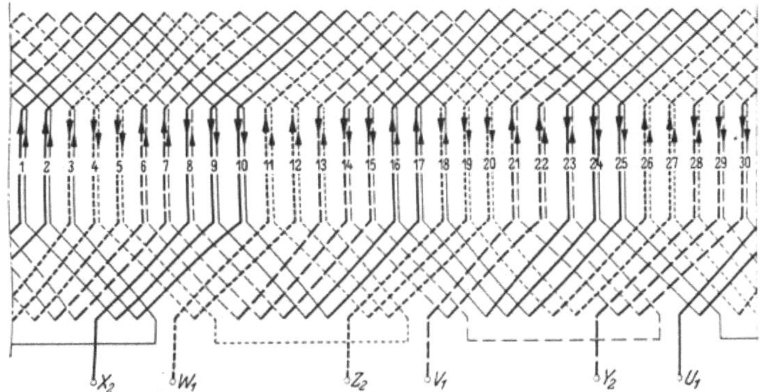

Abb. 87. Schaltplan der Wicklung nach dem Entwurfsplan in Abb. 86.

3. Wicklungsfaktoren der Bruchlochwicklungen (alle Nuten bewickelt).

Die Wicklungsfaktoren jeder Bruchlochwicklung stimmen überein mit denjenigen der Urwicklung, auf die sie zurückgeführt werden kann. Wir brauchen also nur die Urwicklungen zu betrachten. Dabei ist in vielen Fällen die Bestimmung der Teilfaktoren nicht so einfach wie bei den Ganzlochwicklungen. Es kann daher u. U. vorteilhaft sein, sofort den Gesamtwicklungsfaktor aus dem Spulenseitenbild zu bestimmen.

a) Bestimmung der Wicklungsfaktoren aus dem Spulenseitenbild. Bei den Bruchloch-Urwicklungen können wir uns nicht auf die Betrachtung des Spulenseitenbildes einer räumlichen Zone beschränken, sondern müssen eine elektrische Zone ins Auge fassen. Das Spulenseitenbild brauchen wir nicht unbedingt aufzuzeichnen, sondern können es in Form einer Zahlentafel darstellen. Wir bestimmen auf diese Weise die Wicklungsfaktoren ξ_ν für die Wicklung nach dem Entwurfsplan in Abb. 84 und legen den Strang I zugrunde. Auf der linken Seite des oberen Teils der Zahlentafel 11 sind die Spulenseiten unter Berücksichtigung des Vorzeichens mit den ihnen zugehörigen Winkeln (im Nutenstern) aufgeführt. In der „auf positive Richtung bezogenen" Aufstellung auf der rechten Seite der Zahlentafel ist bei negativen Spulenseiten der Winkel 180° subtrahiert; die neuen Winkel entsprechen dann denjenigen im Spannungsstern.

Zahlentafel 11. *Übersicht über die Spulenseiten des Wicklungsstranges I und ihre Winkel für die Wicklung nach Zahlentafel.10 und Abb. 84 zur unmittelbaren Berechnung des Gesamtwicklungsfaktors ξ_1 der Grundwelle.*

Schicht	Spulenseiten			auf positive Richtung bezogen	
	Nummern	Vorzeichen	Winkel	Anzahl	Winkel
Oberschicht	1	+	0°	1	0°
	9	+	24°	1	+ 24°
	2	+	48°	1	+ 48°
	5	—	192°	1	+ 12°
	13	—	216°	1	+ 36°
Unterschicht	4	—	144°	1	− 36°
	12	—	168°	1	− 12°
	5	—	192°	1	+ 12°
	8	+	336°	1	− 24°
	1	+	0°	1	0°
Geordnete Zusammenstellung mit auf die Mitte (+ 6°) bezogenen Winkeln				1	− 42°
				1	− 30°
				1	− 18°
				2	− 6°
				2	+ 6°
				1	+ 18°
				1	+ 30°
				1	+ 42°

Wenn man diese Winkel in geordneter Reihenfolge zusammenstellt, erkennt man, daß sie symmetrisch zu einem Winkel von + 6° liegen. Demgemäß sind im unteren Teil der Zahlentafel 11 die Spulenseiten geordnet zusammengestellt und auf den Winkel + 6° als Nullwert bezogen. Diese Zusammenstellung zeigt, daß für die Wicklungsfaktoren geschrieben werden kann

$$\xi_\nu = {}^1\!/_5 \, (2 \cos \nu\, 6° + \cos \nu\, 18° + \cos \nu\, 30° + \cos \nu\, 42°).$$

Für den Grundwellenfaktor erhält man bei der Ausrechnung $\xi_1 = 0{,}9099$.

b) Bestimmung der Teilfaktoren. Eine Einschicht-Urwicklung erster Art ($t = 1$) mit γ Spulen je Strang verhält sich, wie bereits gesagt, ebenso wie eine Ganzlochwicklung mit $q = \gamma$ Nuten je Pol und Strang. Die Gleichung für die Zonenfaktoren ergibt sich daher, wenn man in Gl. (26a) q durch γ ersetzt; man erhält

$$\xi_{z_\nu} = \pm \frac{\sin \nu\, 30°}{\gamma \sin \nu\, \dfrac{30°}{\gamma}}. \tag{30}$$

Die Zonenfaktoren können auch der Tafel I (S. 256) entnommen werden, wenn man $n = \gamma$ setzt. Für eine sehr große Nutenzahl besteht gegenüber den Ganzlochwicklungen kein Unterschied; es gilt also die Gl. (26b).

Bei den Einschicht-Urwicklungen zweiter Art ($t = 2$; γ = ungerade) liegen die Verhältnisse weniger durchsichtig. Es läßt sich jedoch zeigen, daß auch für sie die Zonenfaktoren nach Gl. (26) berechnet oder der Tafel I mit $n = \gamma$ entnommen werden können, wobei die Wicklung ohne natürliche Zonenänderung ausgeführt zu denken ist (praktisch nicht zu verwirklichen). Um die Gesamtwicklungsfaktoren zu erhalten, müssen noch die Unterschiedsfaktoren berücksichtigt werden, die sich aus der natürlichen Zonenänderung ergeben (s. S. 68). Da diese ebenfalls eindeutig von γ abhängig ist, ergibt sich auch eine eindeutige Abhängigkeit des Gesamtwicklungsfaktors von γ. Für einige Werte von γ sind die Beträge der Wicklungsfaktoren in Tafel II (S. 256) angegeben.

Die hier gemachten Angaben gelten sowohl für die Spulenwicklungen als auch für die Stabwicklungen mit *gerader* Stabzahl je Strang. Auf die Zonenfaktoren der Einschicht-Stabwicklungen mit *ungerader* Stabzahl je Strang gehen wir bei Betrachtung der Zonenfaktoren der Zweischichtwicklungen ein.

Eine Zweischicht-Urwicklung erster Art ohne Sehnung und Zonenänderung ist gleichwertig einer Einschicht-Bruchlochwicklung mit *gleicher* Nutenzahl und *halber* Spulenzahl. Man erhält daher die Zonenfaktoren, wenn man in Gl. (26 a) q durch $\gamma/2$ ersetzt; es ist hier

$$\xi_{z_\nu} = \frac{\sin \nu\, 30°}{\dfrac{\gamma}{2} \sin 2\nu\, \dfrac{30°}{\gamma}} \cdot \tag{31}$$

Beim Entnehmen der Zonenfaktoren aus Tafel I (S. 256) ist $n = \gamma/2$ zu setzen.

Auch für die Zweischicht-Urwicklungen zweiter Art können die Zonenfaktoren, wie sich zeigen läßt, nach Gl. (31) berechnet oder mit $n = \gamma/2$ der Tafel I entnommen werden. Da γ ungerade ist, wird $\gamma/2$ eine gebrochene Zahl mit dem echten Bruch $^1/_2$. Aus diesem Grunde sind in die Tafel I auch Werte für n von der Form $g + {}^1/_2$ aufgenommen. Die so gewonnenen Zonenfaktoren gelten wie bei der Einschicht-Bruchlochwicklung zweiter Art für eine gedachte, praktisch nicht ausführbare Wicklung *ohne* Zonenänderung.

Im Zusammenhang mit der Zweischicht-Urwicklung zweiter Art haben wir noch die Einschicht-Stabwicklung mit *ungerader* Stabzahl je Strang zu betrachten. Nachdem eine solche Wicklung auf die Urwicklung zurückgeführt ist, stellt sie gewissermaßen *eine* Schicht einer Zweischicht-Urwicklung zweiter Art dar, deren Spulenzahl gleich der Stabzahl der Einschichtwicklung ist. Es gilt demnach für die Zonenfaktoren die Gl. (31), wenn man an Stelle von $\gamma/2$ die halbe Stabzahl je Strang setzt; dementsprechend können die Zonenfaktoren auch der Tafel I (S. 256) entnommen werden, wenn man für n die halbe Stabzahl je Strang setzt.

Bekanntlich sind die zweischichtigen Bruchlochwicklungen immer gesehnt. Das Verhältnis W/τ ist leicht zu bestimmen; wir haben seinen

Wert schon bei einigen Beispielen angegeben. Die Sehnungsfaktoren können nach Gl. (21) berechnet oder der Tafel VII entnommen werden.

Bei den Zweischicht-Urwicklungen zweiter Art ist immer eine Zonenänderung vorhanden, die sich auf die natürliche beschränken, aber auch darüber hinaus gehen kann. Die Zweischicht-Urwicklung erster Art kann mit oder ohne Zonenänderung ausgeführt werden. Die Zahl γ der Spulen je Strang entspricht stets dem Winkel von 120°. Werden sie auf die beiden Zonen des Stranges so aufgeteilt, daß die breite Zone z_1, die schmale Zone z_2 Spulen enthält, so ist

$$\beta_1 = \frac{z_1}{\gamma} \cdot 120°; \qquad \beta_2 = \frac{z_2}{\gamma} \cdot 120°. \tag{32}$$

Mit diesen Werten von β_1 und β_2 können die Unterschiedsfaktoren nach Gl. (22) berechnet oder unter Berücksichtigung der Gl. (7) der Tafel VII (S. 258) entnommen werden.

4. Schaltung der Spulen (Möglichkeiten der Parallelschaltung).

Die Möglichkeiten einer Parallelschaltung von Wicklungszweigen untersuchen wir zunächst bei den Einschicht-Urwicklungen. Wenn bei diesen die Zahl γ der Spulen je Strang *ungerade* ist, ist eine Parallelschaltung von Wicklungszweigen von vornherein unmöglich. Damit scheiden die Einschicht-Urwicklungen *zweiter* Art für eine Parallelschaltung aus. Bei denjenigen Einschicht-Urwicklungen *erster* Art, die eine *gerade* Zahl γ von Spulen je Strang haben, lassen sich die Spulenseiten so zu Spulen vereinigen. daß zwei parallele Zweige möglich sind.

Bei der Wicklung nach Abb. 79 z. B. können je Strang zwei parallele Zweige gebildet werden. Für den Strang I enthält dabei

der erste Zweig die Spulen   **1** — 34,   **9** — 12 und   **2** —   5,

der zweite Zweig die Spulen **16** — 19, **30** — 27 und **23** — 20.

Die Spulenachsen der untereinander stehenden Spulen sind 18 Nutteilungen (180°) voneinander entfernt. Da der Umlaufsinn jedoch entgegengesetzt ist, sind die Spulenspannungen gleichphasig.

Einschichtwicklungen, die durch t'-malige Wiederholung aus Einschicht-Urwicklungen hervorgegangen sind, können höchstens die t'-fache Zahl von parallelen Zweigen enthalten wie die entsprechenden Urwicklungen.

Bei der Zweischicht-Urwicklung *erster* Art sind immer zwei parallele Zweige möglich, falls keine Zonenänderung vorliegt, bei der Zweischicht-Urwicklung *zweiter* Art dagegen keine. Eine Zweischichtwicklung, die eine t-malige Wiederholung einer Urwicklung darstellt, läßt die t-fache Zahl von parallelen Zweigen zu wie die entsprechende Urwicklung.

Die vorliegenden Überlegungen gelten zunächst nur für Spulenwicklungen und normale Stabwicklungen, die als Schleifenwicklungen ausgeführt sind. Für Stab-Wellenwicklungen lassen sich schwer allgemein gültige Regeln angeben. Die Möglichkeiten einer Parallelschaltung, falls eine solche notwendig ist, werden zweckmäßig in jedem Einzelfall nachgeprüft. Die Besonderheit der Einschicht-Stabwicklung mit *ungerader* Stabzahl ist schon bei der Darstellung des Entwurfs erwähnt worden.

5. Aus Ganzlochwicklungen abgeleitete Bruchlochwicklungen.

Bei den einschichtigen Bruchlochwicklungen ist, wie bereits erwähnt (s. S. 66), eine Ausführung als Zwei-Ebenen-Wicklung nicht immer möglich, wenn man die Spulenseiten auf die Zonen so verteilt, daß die zu einem Strang gehörigen Spulenseitenspannungen kleinstmögliche Phasenunterschiede haben. Zu einer Zwei-Ebenen-Bruchlochwicklung kommt man jedoch immer, wenn man die Bruchlochwicklung nach einem von DE PISTOYE [24] angegebenen Verfahren aus einer Zwei-Ebenen-Ganzlochwicklung ableitet; dabei muß man allerdings oft eine Verschlechterung der Ausnutzung (größere Phasenunterschiede der Spulenseitenspannungen eines Stranges) in Kauf nehmen.

Es sei zunächst eine Wicklung vorausgesetzt, deren Polpaarzahl *nicht* durch 3 teilbar ist. Durch den Schaltplan einer solchen Wicklung legen wir drei um je 120° voneinander entfernte Schnittlinien so, daß sie die Spulenköpfe nur je *einer* Spulengruppe schneiden. In dem Schaltplan der Abb. 40 z. B. können wir die erste Schnittlinie zwischen die Nuten 4 und 5, die zweite zwischen die Nuten 12 und 13, die dritte zwischen die Nuten 20 und 21 legen; je Wicklungsstrang wird dann *eine* Spulengruppe geschnitten. Fügen wir nun in den geschnittenen Spulengruppen zu den vorhandenen Spulen je eine hinzu, wobei wir die Nutenzahl um 6 vergrößern und die Nuten neu numerieren, so geht aus der Ganzlochwicklung mit $q = 2$ nach Abb. 40 die Bruchloch-Urwicklung zweiter Art mit $q = 2^1/_2$ nach Abb. 79 hervor. In diesem Fall kommen wir also zu dem *gleichen* Ergebnis wie bei dem früheren Entwurfsverfahren. Zu demselben Ergebnis wären wir auch gelangt, wenn wir von einer Wicklung mit $q = 3$ ausgegangen wären und in den geschnittenen Spulengruppen je eine der vorhandenen Spulen beseitigt hätten.

Nach diesem Verfahren kann man offenbar aus jeder Wicklung für p Polpaare mit $q = g$ (*ganze* Zahl) sowohl eine Wicklung mit $q = g + 1/p$ als auch eine solche mit $q = g - 1/p$ ableiten. Vergrößert oder verkleinert man bei diesen Wicklungen eine weitere Spulengruppe je Strang um eine Spule (zweckmäßig der früher geänderten in einer bestimmten Umlaufsrichtung benachbart), so erhält man Wicklungen mit $q = g + 2/p$ oder $q = g - 2/p$. Dieses Verfahren läßt sich so lange fortsetzen, bis alle ausführbaren Bruchlochwicklungen zwischen $(g + 1)$ und $(g - 1)$ gefunden sind.

Wenn wir als weiteres Beispiel nach dem Verfahren von DE PISTOYE eine Zwei-Ebenen-Wicklung mit $N = 36$ für $p = 5$, also mit $q = 1^1/_5$ aus einer Zwei-Ebenen-Wicklung mit $q = 1$ ableiten, so erhalten wir eine andere Verteilung der Spulenseiten als bei dem früheren Entwurf dieser Wicklung (Zahlentafel 6). Gegenüber der früheren Verteilung ist bei der neuen je eine Spulenseite in zyklischer Folge aus einer elektrischen Zone in die Nachbarzone übergegangen. Ein ringförmiger Zonenplan würde eine „Verschachtelung" der elektrischen Zonen zeigen. Dabei bleibt zwar die Wicklung streng symmetrisch, doch wird der Wicklungsfaktor der Grundwelle verringert, und die Wicklungsfaktoren der Oberwellen werden ebenfalls geändert. Für derartige Wicklungen gelten daher nicht ohne weiteres die Betrachtungen des Abschn. III B 3 über die Wicklungsfaktoren der Bruchlochwicklungen. Allgemein bestimmt man für die hier beschriebene Art von Wicklungen die Wicklungsfaktoren zweckmäßig aus dem Spulenseitenbild.

In Übereinstimmung mit der Tatsache, daß für $p = 3$ eine symmetrische Einschicht-Bruchlochwicklung *nicht* ausführbar ist, führt das Entwurfsverfahren in diesem Fall zu keinem brauchbaren Ergebnis; die erwähnten Schnittlinien würden drei Spulengruppen des *gleichen* Wicklungsstranges schneiden. Wenn jedoch p ein ganzes Vielfaches von 3 ist, kann man die ganze Wicklung in 3 Teilwicklungen zerlegen und das Verfahren auf jede Teilwicklung anwenden vorausgesetzt, daß die Teilwicklung nicht ihrerseits wieder 3 Polpaare hat.

6. Wicklungen mit freien Nuten.

Für bestimmte Polpaarzahlen sind einschichtige Bruchlochwicklungen, bei denen alle Nuten bewickelt sind, nur in beschränkter Zahl, für einige sogar überhaupt nicht ausführbar. Um diesem Mangel zu begegnen, verwendet man zuweilen Wicklungen mit *freien* (unbewickelten) Nuten. Aus Symmetriegründen müssen für jeden Wicklungsstrang gleichviel freie Nuten vorhanden sein; bei dreiphasigen Wicklungen läßt man meistens die kleinstmögliche Zahl, nämlich 3 Nuten unbewickelt. Die unbewickelten Nuten müssen dann um je einen elektrischen Winkel von 120° gegeneinander versetzt sein; wenn der größte gemeinsame Teiler von Nuten- und Polpaarzahl $t > 1$ ist, gibt es dabei mehrere Möglichkeiten, die freien Nuten zu wählen.

Nach ähnlichen Überlegungen, wie wir sie am Anfang des Abschn. III B 1 angestellt haben, ergeben sich für dreiphasige Einschichtwicklungen mit 3 unbewickelten Nuten die Symmetriebedingungen

$$\frac{N - 3}{6} = \text{ganz} \quad \text{und} \quad \frac{N}{3t} = \text{ganz}. \qquad \text{(33 a u. b)}$$

Die erste dieser Bedingungen ist nur zu erfüllen, wenn N ein *ungerades* Vielfaches der Zahl 3 ist (ausgenommen die Zahl 3 selbst). Ein *gerader* Zahlenwert von t würde aber nach der zweiten Bedingung für N ein *gerades* Vielfaches von 3 notwendig machen. Es können daher nur *ungerade* Werte von t vorkommen. Da alle Werte von p, die eine Potenz von 2 sind ($p = 2, 4, 8, \ldots$), bei einer Zerlegung in Primfaktoren nur die Zahlen 1 und 2 ergeben, sind bei ihnen nur Wicklungen mit $t = 1$ möglich. Wenn p ein Vielfaches von 3 ist, kommen nur Nutenzahlen in Betracht, die ein Vielfaches von 9 sind. Legen wir die Zahl Q der *gesamten* Nuten je Pol und Strang zugrunde, so lassen sich folgende Gesetzmäßigkeiten angeben:

a) Bei allen Polpaarzahlen, die *nicht* durch 3 teilbar sind, ist eine Wicklung ausführbar, wenn die Zahl Q einen echten Bruch enthält, dessen Nenner den Zahlenwert von $2p$ hat und dessen Zähler eine ungerade Zahl ist; ausgenommen ist immer der Wert $^1/_{2p}$ (*ohne* ganze Zahl).

b) Bei Polpaarzahlen, die durch 3 teilbar sind, ist eine Wicklung ausführbar, wenn die Zahl Q einen echten Bruch enthält, dessen Nenner den Zahlenwert von $^2/_3 p$ hat und dessen Zähler eine ungerade Zahl ist; wird dieser Bruch so weit wie möglich gekürzt, darf der Nenner nach der Kürzung nicht die Zahl 3 oder deren Vielfache enthalten.

Beispiele (g bedeutet eine beliebige ganze Zahl einschl. Null):
$p = 1$: $g + ^1/_2$ ausführbar; Ausnahme: $^1/_2$ *nicht* ausführbar.
$p = 3$: $g + ^1/_2$ ausführbar.
$p = 5$: $g + ^1/_{10}$, $g + ^3/_{10}$, $g + ^7/_{10}$, $g + ^9/_{10}$ ausführbar; Ausnahme: $^1/_{10}$ *nicht* ausführbar.
$p = 9$: $g + ^1/_2$ ausführbar; $g + ^1/_6$, $g + ^5/_6$ *nicht* ausführbar.

Der Entwurf einer dreiphasigen Wicklung mit 3 freien Nuten sei an einem Beispiel gezeigt. Wir wählen $N = 135$ (132 bewickelt) für $p = 9$; dann ist $t = 9$, $\gamma = 22$ und $Q = 2^1/_2$. Die beiden die Wicklung kennzeichnenden Winkel sind $\alpha = \alpha' = ^9/_{135} \cdot 360° = 24°$. Die Verteilung der Nuten (Spulenseiten) auf die Zonen bereiten wir in bekannter Weise in Zahlentafel 12 vor. Die Aufteilung auf die drei Zonenpaare $(+\,\text{I})$ und $(-\,\text{III})$, $(+\,\text{II})$ und $(-\,\text{I})$ sowie $(+\,\text{III})$ und $(-\,\text{II})$ ist eindeutig und wird durch die waagerechten geraden Trennungslinien in Zahlentafel 12 angedeutet. Schwieriger ist die Aufteilung auf die Einzelzonen dieser Zonenpaare; man wird sie so vornehmen, daß eine hinsichtlich der Stirnverbindungen möglichst vorteilhafte und leicht herstellbare Wicklung entsteht. Oft ist es dabei zweckmäßig, das Spulenseitenbild der Wicklung *schrittweise* aufzubauen und dabei nach Möglichkeit zu einer bestimmten Zahl *positiver* Spulenseiten eines Stranges in einer Polteilung die *gleiche* Zahl *negativer* Spulenseiten in einer benachbarten Polteilung vorzusehen. Wenn, wie in unserem Beispiel Q die Form

Zahlentafel 12. *Aufteilung der Spulenseiten für eine dreiphasige Bruchlochwicklung mit 3 unbewickelten Nuten.*

($N = 135$; $p = 9$; $t = 9$; $Q = 2^1/_2$; $\alpha = \alpha' = 24°$.)

Winkel	Nuten (Spulenseiten)									Strang und Vorzeichen
0°	1	16	31	46	61	76	91	106	121	+ I
24°	2	17	32	47	62	77	92	107	122	
48°	3	18	33	48	63	78	93	108	123	− III
72°	4	19	34	49	64	79	94	109	124	
96°	5	20	35	50	65	80	95	110	125	
120°	6	21	36	51	66	81	96	111	126	+ II
144°	7	22	37	52	67	82	97	112	127	
168°	8	23	38	53	68	83	98	113	128	− I
192°	9	24	39	54	69	84	99	114	129	
216°	10	25	40	55	70	85	100	115	130	
240°	11	26	41	56	71	86	101	116	131	+ III
264°	12	27	42	57	72	87	102	117	132	
288°	13	28	43	58	73	88	103	118	133	− II
312°	14	29	44	59	74	89	104	119	134	
336°	15	30	45	60	75	90	105	120	135	

$g + {}^1/_2$ hat, ergibt sich die günstigste Anordnung, wenn die Trennungslinien zwischen den Zonen eines Zonenpaares zickzackförmig verlaufen, wobei jedoch *eine* Trennungslinie „gegenphasig" zu den beiden andern liegt[1]. In dieser Weise ist die Aufteilung in Zahlentafel 12 vorgenommen; Unregelmäßigkeiten treten nur an den rechten Enden in Verbindung mit den freien Nuten auf, die in Zahlentafel 12 eingerahmt sind. Ihre zweckmäßige Lage ist bei dem schrittweisen Aufbau des Spulenseitenbildes verhältnismäßig einfach festzustellen.

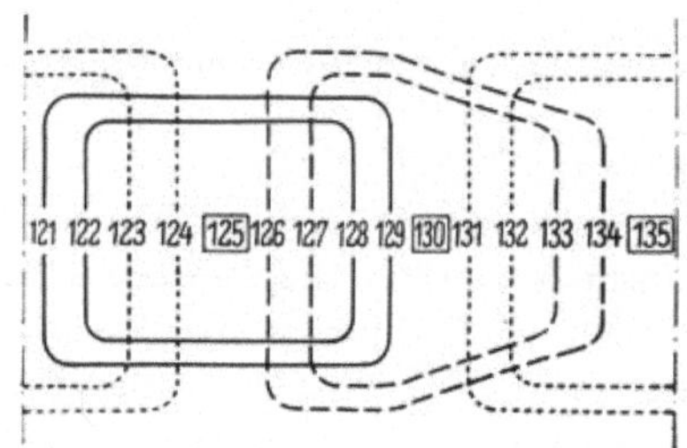

Abb. 88. Teilschaltplan (ohne Schaltverbindungen) der dreiphasigen Einschicht-Bruchlochwicklung mit 3 freien Nuten nach Zahlentafel 12.

Der Schaltplan der Wicklung für das gewählte Beispiel ist nach Zahlentafel 12 leicht aufzustellen. Für eine Zwei-Ebenen-Wicklung besteht er aus einer viermaligen Wiederholung des Schaltplanes in Abb. 80, womit die Nuten 1—120 erfaßt werden, und der Ergänzung nach Abb. 88, die für die Nuten 121—135 gilt. Die Ergänzung enthält auch die freien Nuten, deren Ordnungszahlen auch hier wieder eingerahmt sind.

[1] Die entsprechenden Trennungslinien in Zahlentafel 8 können als verkümmerte Zickzacklinien dieser Art auf efaßt werden.

Die Zonenfaktoren der dreiphasigen Einschichtwicklungen mit 3 freien Nuten sind nicht nur von der Spulenzahl γ je Strang sondern auch von dem Teiler t abhängig. Die Tafel III (S. 256) enthält eine Zusammenstellung dieser Faktoren (3 freie Nuten).

Alle Spulen eines Stranges müssen bei diesen Wicklungen in Reihe geschaltet werden; die Anordnung paralleler Zweige ist *nicht* möglich.

Aus der dreiphasigen Einschichtwicklung mit 3 freien Nuten ließe sich auch eine Zweischichtwicklung herleiten, bei der in 6 Nuten nur je *eine* Spulenseite vorhanden wäre. Es besteht jedoch kaum ein Bedürfnis, derartige Wicklungen auszuführen.

C. Wicklungen für Polumschaltung.

1. Allgemeines.

Um Asynchronmotoren bei konstanter Netzfrequenz mit verschiedenen Drehzahlen betreiben zu können, kann man den Ständer mit mehreren Wicklungen verschiedener Polzahl versehen, die in den gleichen Nuten untergebracht werden. Es gibt aber auch *polumschaltbare* Wicklungen, die für zwei verschiedene Polzahlen geschaltet werden können. Mit einer gewöhnlichen und einer polumschaltbaren Wicklung kann man drei, mit zwei *polumschaltbaren* Wicklungen vier verschiedene Drehzahlen erreichen.

Beim Entwurf von polumschaltbaren Wicklungen muß man darauf achten, daß die Ausnutzung der Wicklung bei beiden Polzahlen ausreichend, d. h. der Wicklungsfaktor der Grundwelle hinreichend groß ist. Gleich gute Verhältnisse für beide Polzahlen lassen sich im allgemeinen nicht erreichen.

Wir beschränken uns hier auf die Betrachtung der einfachsten und gebräuchlichsten Art der Umschaltung, der DAHLANDER-Schaltung.

2. Dahlander-Schaltung.

Die DAHLANDER-Schaltung ermöglicht eine Umschaltung der Polzahl im Verhältnis 1:2 und zwar durch Änderung der Stromrichtung in der halben Wicklung. Die Schaltung kann sowohl bei der dreiphasigen Einschichtwicklung als auch bei der Zweischichtwicklung Verwendung finden. Zur einfachen Unterscheidung kennzeichnen wir alle Größen, die sich auf die kleine Polzahl beziehen, mit ′, diejenigen, die sich auf die große Polzahl beziehen, mit ″.

Bei der Einschichtwicklung, die gewöhnlich als Zwei-Ebenen-Wicklung ausgeführt wird, werden die Spulen genau so angeordnet, wie bei einer normalen Wicklung für die *große* Polzahl .Die p'' Spulengruppen je Strang, die man sich am Ankerumfang fortlaufend numeriert denkt, werden zu zwei Wicklungsteilen so zusammengefaßt, daß der eine Teil die *ungeraden*, der andere die *geraden* Spulengruppen enthält. Während bei der großen Polzahl die beiden Wicklungsteile eines Stranges in der *gleichen* Zählrichtung durchlaufen werden, erfolgt beim Übergang auf die kleine Polzahl ein Umschalten derart, daß die beiden Wicklungsteile in *entgegengesetztem* Sinne durchlaufen werden. Es ist also z. B. in dem eisten Wicklungsteil, der die Spulengruppen mit ungerader Ordnungszahl enthält, die Zählrichtung beizubehalten, in dem zweiten Teil, der die Gruppen mit gerader Ordnungszahl enthält, zu ändern oder umgekehrt.

Mit der Numerierung der Spulengruppen des Wicklungsstranges I kann man an beliebiger Stelle beginnen. Beim zweiten und dritten Wicklungsstrang muß jedoch der Anfang um $^2/_3\,\tau'$ und $^4/_3\,\tau'$ ($\tau' =$ Polteilung für die kleine Polzahl) gegenüber dem Anfang des Stranges I versetzt sein. Bei richtiger Anordnung wechseln beim Fortschreiten am Ankerumfang ohne Berücksichtigung der Strangzugehörigkeit Spulengruppen mit ungerader und gerader Ordnungszahl ab.

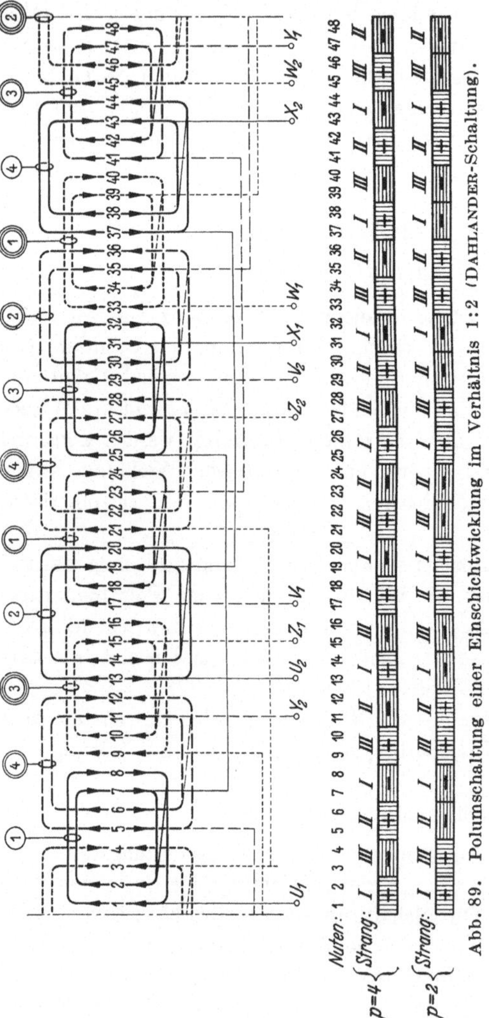

Abb. 89. Polumschaltung einer Einschichtwicklung im Verhältnis 1:2 (DAHLANDER-Schaltung).

Als Beispiel diene die in Abb. 89 dargestellte Wicklung mit $N = 48$ für $p' = 2$ und $p'' = 4$. Hinsichtlich der Gestalt der Spulen erscheint die Wicklung als normale Zwei-Ebenen-Wicklung für $p'' = 4$. Jeder Strang hat 4 Spulengruppen, die in der oben angegebenen Weise numeriert sind. Die am oberen Rand des Schaltplanes stehenden Nummern sind mit ein-, zwei- oder dreifachen Kreisen umgeben, die die Zugehörigkeit zu den Strängen andeuten.

Jeder Wicklungsstrang hat zwei Wicklungsteile, die die Spulengruppen 1 und 3 bzw. 2 und 4 enthalten. Die Spulen jedes Wicklungsteils sind in Reihe geschaltet; Anfänge und Enden sind bezeichnet: beim Strang I mit U_1, X_1 und U_2, X_2, beim Strang II mit V_1, Y_1 und V_2, Y_2, beim Strang III mit W_1, Z_1 und W_2, Z_2.

In den die ungeraden Spulengruppen enthaltenden Wicklungsteilen soll beim Umschalten die Zählrichtung erhalten bleiben, in den die geraden Spulengruppen enthaltenden dagegen wechseln. Die sich dann ergebenden Zählrichtungen für die einzelnen Spulenseiten sind in dem Schaltplan (Abb. 89) durch Pfeile angedeutet, und zwar für $p'' = 4$ oberhalb der Nutennummern, für $p' = 2$ unterhalb der Nutennummern.

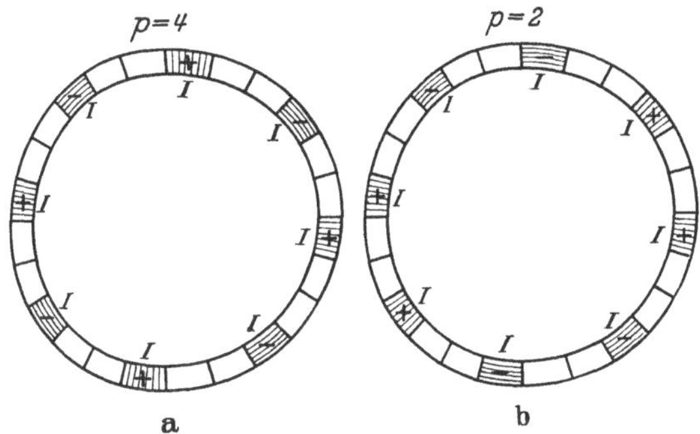

Abb. 90. Zur Bestimmung der Polzahl bei einer polumschaltbaren Wicklung.

Die Verteilung der Spulenseiten am Ankerumfang ist der Deutlichkeit halber unter dem Schaltplan noch einmal als Zonenplan dargestellt. Für $p'' = 4$ haben wir die normale uns bekannte Reihenfolge (s. z. B. Abb. 28b), für $p' = 2$ jedoch nicht. Es läßt sich indessen zeigen, daß auch die für $p' = 2$ sich ergebende Zonenverteilung ein Drehfeld liefert; dieses enthält aber stark ausgeprägte Oberfelder, insbesondere solche der 5. und 7. Ordnung.

Welche Polzahl die Wicklung bei den beiden Schaltungen hat, erkennt man am einfachsten, wenn man die Spulenseiten *eines Stranges* ins Auge faßt. Bei der oberen Verteilung ($p'' = 4$) wechseln die Spulenseiten beim Durchlaufen des Ankerumfanges achtmal das Vorzeichen, bei der unteren Verteilung ($p' = 2$) jedoch nur viermal (Abb. 90).

Um den Umlaufsinn des Drehfeldes in beiden Fällen zu erkennen, faßt man nur die *positiven* Spulenseiten der drei Stränge ins Auge (Abb. 89). Die Reihenfolge I—II—III und daher auch der Umlaufsinn des Drehfeldes ist bei den beiden Pohlzahlen verschieden, falls der Anschluß an das Drehstromnetz in gleicher Weise erfolgt. Um für beide

Schaltungen die gleiche Drehrichtung des Motors zu erhalten, muß man daher beim Umschalten zwei Netzzuleitungen tauschen.

Wegen der stark ausgeprägten Oberfelder bei der kleinen Pohlzahl ist die DAHLANDER-Schaltung mit der beschriebenen Einschichtwicklung schlecht. Besser ist die DAHLANDER-Schaltung mit einer Zweischichtwicklung. Um *geradzahlige* Oberwellen in der Feldkurve zu vermeiden, macht man die Spulenweite möglichst genau gleich $^1/_2\,\tau'$. Die Breite einer Wicklungszone ist doppelt so groß wie bei den normalen dreiphasigen Wicklungen, der Wicklungsfaktor der Grundwelle (Ausnutzung der Wicklung) daher geringer.

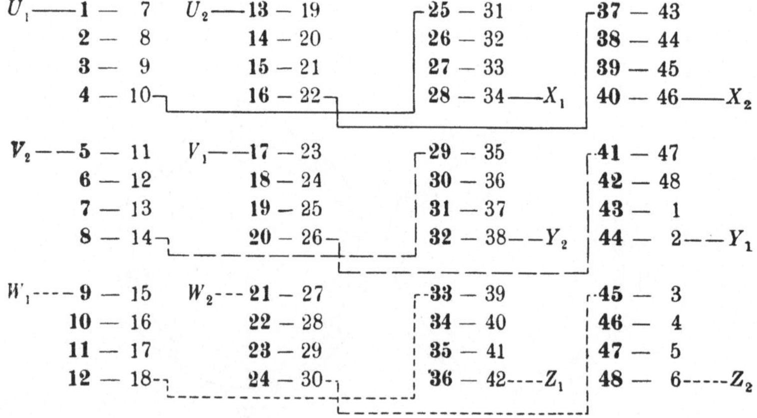

Abb. 91. Entwurfsplan für eine polumschaltbare Zweischichtwicklung
($N = 48$, $p' = 2$, $p'' = 4$).

Als Beispiel wählen wir wieder $N = 48$ für $p' = 2$ und $p'' = 4$; die Spulenweite legen wir fest zu $W = {}^1/_2\,\tau' = 6$ Nutteilungen. Der Entwurfsplan der Wicklung ist in Abb. 91 aufgestellt. Wie bei einer normalen Wicklung für $p = 4$ sind die Spulen in 4 Reihen angeordnet (s. Abb. 61 für $p = 3$). Da jedoch gegenüber der normalen Wicklung die Zonenbreite doppelt so groß ist, sind je Polpaar nur 3 Zonen vorhanden, die nacheinander den Strängen I, II und III zuzuordnen sind. Die Spulen jedes Stranges sind auf zwei Wicklungsteile aufgeteilt, deren Anfänge und Enden durch die Fußzeichen 1 und 2 gekennzeichnet sind. Innerhalb eines Stranges wechselt die Zugehörigkeit der Spulen zu den beiden Wicklungsteilen dieses Stranges mit jedem Polpaar. Verfolgt man die Zonen in natürlicher Reihenfolge am Ankerumfang ohne Berücksichtigung der Strangzugehörigkeit, so muß bei jedem Zonenwechsel ebenfalls die Zugehörigkeit zu einem Wicklungsteil mit dem Fußzeichen 1 und 2 wechseln.

Nach dem Entwurfsplan ist der Schaltplan der Wicklung leicht aufzuzeichnen. Um die Schaltung besonders deutlich erkennen zu lassen,

ist er in Abb. 92 unter Beschränkung auf den ersten Wicklungsstrang
dargestellt. In Anlehnung an die Abb. 91 lassen sich auch für
andere Nuten- und Polzahlen derartige Wicklungen entwerfen.

Die ursprüngliche DAHLANDER-Schaltung läßt sich in bezug auf Feldkurve und Ausnutzung der Wicklung verbessern, wenn man bei einer
Zweischichtwicklung nicht die Stromrichtung in einzelnen Wicklungsteilen bei der Umschaltung ändert, sondern die Strangzugehörigkeit

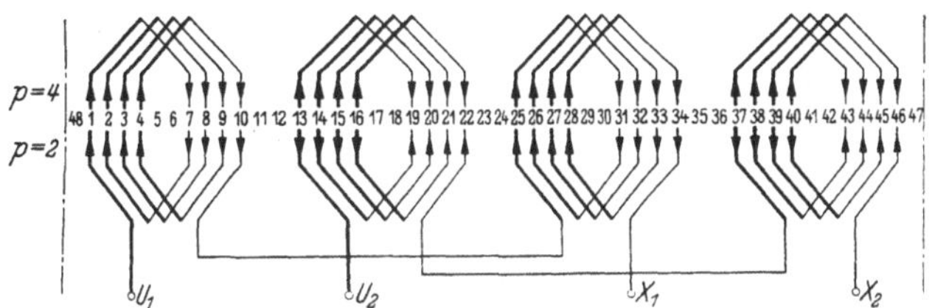

Abb. 92. Wicklungsstrang einer polumschaltbaren Zweischichtwicklung
$(N = 48,\ p' = 2,\ p'' = 4)$.

[44]. Man muß dann allerdings *vier* getrennte Wicklungsteile je
Strang vorsehen, während bei der ursprünglichen Schaltung zwei
genügen.

Die Wicklungsfaktoren für die polumschaltbaren Wicklungen lassen
sich nach den bei den normalen Wicklungen angestellten Überlegungen
bestimmen. Für die beschriebene Art der Einschichtwicklung sowie für
Zweischichtwicklungen mit der Spulenweite $1/_2\,\tau'$ sind die Wicklungsfaktoren der Grundwelle in Tafel IV (S. 257) angegeben, wobei unendlich (sehr) viele Nuten angenommen sind.

3. Schaltung der Wicklungsteile und Stränge.

Die beiden Wicklungsteile eines Stranges können in Reihe oder
parallel geschaltet werden, die Stränge entweder in Stern oder Dreieck.
Daraus ergeben sich vier Schaltungsmöglichkeiten für jede Polzahl.
Beim Übergang von einer Polzahl auf die andere wird fast stets eine
Änderung der Schaltung vorgenommen; dies ist zweckmäßig, um bei
beiden Polzahlen auf brauchbare und für das gewünschte Betriebsver-
halten der Maschine günstige Werte der magnetischen Dichte im Luftspalt zu kommen. Bei der Wahl der Schaltungen ist man auch darauf
bedacht, daß möglichst wenig Wicklungsenden aus der Maschine herauszuführen sind und daß der Umschalter möglichst einfach wird. Unter
diesen Umständen kommen praktisch nur die in Zahlentafel 13 aufgeführten Schaltungen vor.

Für das Verhältnis der magnetischen Dichten im Luftspalt ergibt
sich nach Gl. (9) und (12)

$$\frac{B''_m}{B'_m} = \frac{E''}{E'}\,\frac{\xi'_1}{\xi''_1}\,\frac{w'}{w''}\,\frac{p''}{p'}.\tag{34}$$

Der Wert des Produktes $\dfrac{E''}{E'}\dfrac{w'}{w''}\dfrac{p''}{p'}$ ist nur von der Schaltung der Wicklungsteile und Stränge abhängig; er ist in Zahlentafel 13 für die dort
aufgeführten Schaltungen angegeben. Zu diesem Faktor tritt noch das
Verhältnis ξ_1'/ξ_1'', das von der Art der Wicklung und der Spulenweite
abhängig ist.

In Zahlentafel 14 ist für die Schaltungen nach Zahlentafel 13 das Verhältnis B_m''/B_m' für Einschichtwicklungen und Zweischichtwicklungen
mit $W = {}^1/_2\,\tau'$ eingetragen. Man erkennt, daß man dieses Verhältnis
durch Wahl der Wicklungsart und Schaltung weitgehend ändern kann.
Wenn bei beiden Polzahlen das gleiche Drehmoment gefordert wird,

Zahlentafel 13.   *Übersicht über die gebräuchlichsten Schaltungen bei der* DAHLANDER-
Schaltung.

Schal-tung Nr.	Große Polzahl		Kleine Polzahl		$\dfrac{E''}{E'}\dfrac{W'}{W''}\dfrac{p''}{p'}$
	Schaltung der Wicklungsteile	Schaltung der Stränge	Schaltung der Wicklungsteile	Schaltung der Stränge	
1	Reihe	Stern oder Dreieck	parallel	wie bei großer Polzahl	$1 \cdot {}^1/_2 \cdot 2 = 1$
2	Reihe	Dreieck	parallel	Stern	$\sqrt{3} \cdot {}^1/_2 \cdot 2 = \sqrt{3}$
3	Reihe oder parallel	Stern oder Dreieck	wie bei großer Polzahl	wie bei großer Polzahl	$1 \cdot 1 \cdot 2 = 2$

soll das Verhältnis B_m''/B_m' möglichst nahe bei eins liegen. Wenn jedoch
bei der größeren Polzahl ein höheres Drehmoment verlangt wird als
bei der kleineren Polzahl, wählt man ein größeres Verhältnis B_m''/B_m'.

Zahlentafel 14. *Übersicht über das Verhältnis der magnetischen Dichten im Luftspalt bei Polumschaltung nach Zahlentafel 13.*

Schal-tung Nr.	Einschicht-wicklung	Zweischicht-wicklung $(W = {}^1/_2\,\tau')$
	B_m''/B_m'	B_m''/B_m'
1	0,732	0,817
2	1,268	1,414
3	1,464	1,634

Die gebräuchlichste der in Zahlentafel 13 aufgeführten Schaltungen ist
die Schaltung 2; die Art der Umschaltung für sie ist in Abb. 93 angedeutet.

Den Läufer eines polumschaltbaren
Motors versieht man nach Möglichkeit
mit einer Käfigwicklung, weil diese
unter den praktisch vorkommenden
Verhältnissen für alle Polpaarzahlen
paßt. Möglich ist aber auch die Verwendung eines Schleifringläufers. Dieser
erhält dann ebenfalls eine polumschaltbare Wicklung nach Art der
Ständerwicklungen; bei der Umschaltung des Ständers ändert sich in
der halben Läuferwicklung die Stromrichtung. Jeder Wicklungsstrang
besteht auch hier aus zwei Wicklungsteilen, deren Anfänge getrennt
herauszuführen sind; dafür sind sechs Schleifringe notwendig. Ein

Schleifring läßt sich sparen, wenn man je einen Punkt der beiden Wicklungsteile miteinander verbindet (z. B. u_1 mit u_2); die Strombelastung der Schleifringe ist dann aber nicht mehr gleichmäßig. Das Anlassen kann entweder mit zwei gekuppelten dreiphasigen Anlassern oder mit einem sechsphasigen Anlasser erfolgen (Abb. 94).

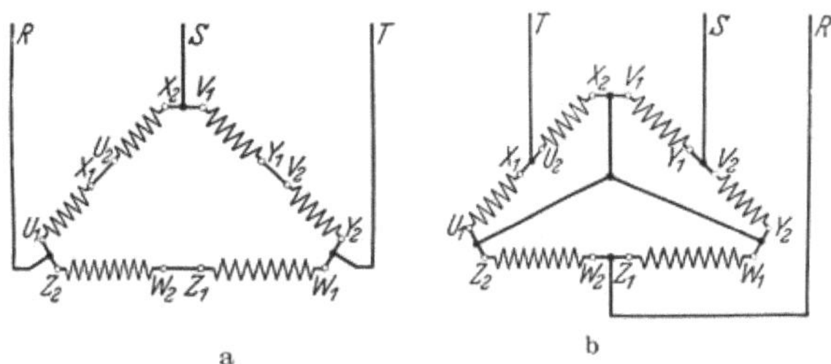

Abb. 93. Einfachste Umschaltung einer polumschaltbaren Wicklung (DAHLANDER-Schaltung), a große Polzahl, b kleine Polzahl.

Die magnetische Dichte im *Rücken* von Ständer und Läufer ist bei der kleinen Polzahl am größten (s. Abb. 5); dieser größte Wert ist für die Bemessung der Rückenhöhe maßgebend.

D. Zweiphasige Ständerwicklungen.

Die zweiphasige Wicklung enthält, wie der Name andeutet, zwei Wicklungsstränge. Wenn, wie es meistens der Fall ist, keine

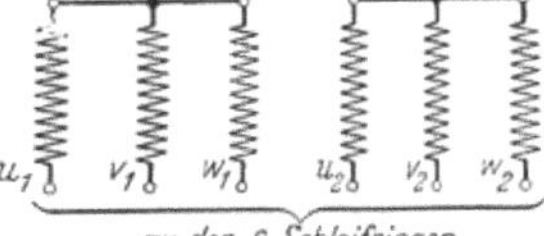

Abb. 94. Läuferwicklung für Polumschaltung im Verhältnis 1 : 2.

Nuten unbewickelt bleiben und wenn die beiden Stränge unter sich gleich sind, steht für jeden Strang die Hälfte der Nuten zur Verfügung. Die Zahl der Nuten je Pol und Strang ist $q = N/4\,p$.

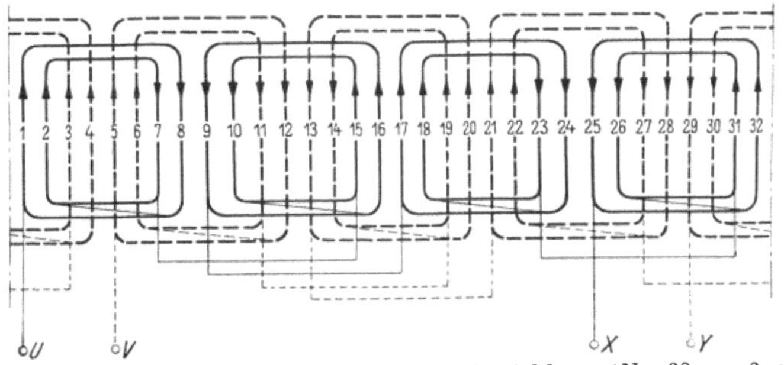

Abb. 95. Schaltplan einer zweiphasigen Einschichtwicklung ($N = 32$, $p = 2$, $q = 4$).

Die Wicklungszonen haben die Reihenfolge: positive des ersten Stranges — positive des zweiten Stranges — negative des ersten Stranges — negative des zweiten Stranges. Einschichtige Ganzlochwicklungen sind auf Grund dieser Zonenverteilung einfach zu entwerfen. Für eine vierpolige Wicklung mit Spulen verschiedener Weite zeigt Abb. 95 den Schaltplan, Abb. 96 das Stirnbild.

Die Verbindung der positiven und negativen Spulenseiten erfolgt nach den gleichen Grundsätzen wie bei der dreiphasigen Wicklung.

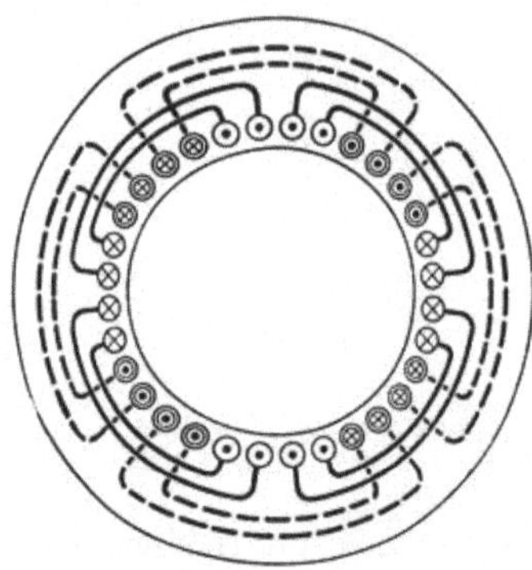

Abb. 96. Stirnbild der Wicklung nach Abb. 95.

Man bevorzugt eine Anordnung mit $2\,p$ Spulengruppen je Wicklungsstrang, da sie im Durchschnitt kürzere Stirnverbindungen ergibt als eine Wicklung mit p Spulengruppen. Bei einer Ausführung mit Spulen verschiedener Weite sind in jedem Fall für die Unterbringung der Stirnverbindungen nur zwei Ebenen notwendig (Zwei-Ebenen-Wicklung). Die Wicklungsköpfe sind dabei nach Abb. 43 a, b oder c geformt.

Bei der Wicklung nach Abb. 95 und 96 sind die Wicklungsköpfe der beiden Stränge der Form und Lage nach häufig auch noch der mittleren Länge nach verschieden; infolgedessen weichen meistens die Streu-Blindwiderstände und häufig auch die Gleichwiderstände (OHMschen Widerstände) der beiden Stränge voneinander ab. Eine größere Sym

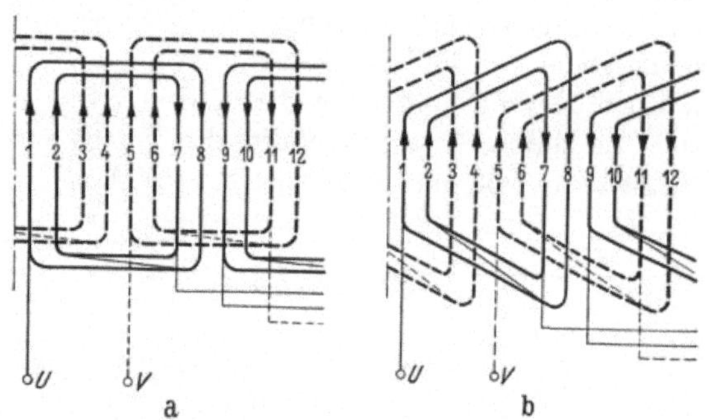

Abb. 97 a und b. Ausführung der Wicklung nach Abb. 95 mit gleichgeformten Spulengruppen.

metrie haben Wicklungen mit gleichgeformten Spulengruppen (Abb. 97 a und b). Spulen der in Abb. 97 a dargestellten Form sind, wie schon auf S. 41 erwähnt wurde, nur als Halbformspulen ausführbar.

Die beiden Wicklungsstränge können unverkettet, also ohne gegenseitige Verbindung sein (vier Anschlußklemmen), sie können aber auch in der Weise verkettet sein, daß das Ende X mit dem Ende Y verbunden ist (drei Anschlußklemmen). Welche Möglichkeiten bestehen, Spulen *parallel* zu schalten, kann grundsätzlich in derselben Weise untersucht werden wie bei den dreiphasigen Wicklungen. Zweiphasige *Stabwicklungen* sind aus den dreiphasigen Stabwicklungen ebenfalls leicht herzuleiten. Ebenso einfach ist der Entwurf von zweiphasigen *Zweischichtwicklungen*.

Für die Zonenfaktoren der symmetrischen zweiphasigen Ganzlochwicklungen folgt aus Gl. (14b) mit $n = q$ und $\beta = 90°$ für endliche Werte von q

$$\xi_{Z_\nu} = \frac{\sin \nu\, 45°}{q \sin \nu \dfrac{45°}{q}} \,. \tag{35 a}$$

Für $q = \infty$ (sehr große Nutenzahl) gilt,

$$\xi_{Z_\nu} = \frac{\sin \nu\, 45°}{\nu \dfrac{\pi}{4}} \,. \tag{35 b}$$

Für einige Werte von q sind die Zonenfaktoren der zweiphasigen Ganzlochwicklungen in Tafel V (S. 257) angegeben.

Auch als *Bruchlochwicklungen* können zweiphasige Wicklungen ausgeführt werden. Da es zweiphasige Wechselstromnetze kaum gibt, kommen solche Wicklungen nur selten vor; sie seien daher hier nicht besonders betrachtet.

Eine gewisse Bedeutung haben zweiphasige Ganzlochwicklungen als Läuferwicklungen für Asynchronmaschinen ganz geringer Leistung mit Schleifringläufer, da bei ihnen die Raumverhältnisse den Einbau einer dreiphasigen Wicklung erschweren. Darüber hinaus spielen zweiphasige Wicklungen eine gewisse Rolle als einphasige Wicklungen mit Anlaufwicklung.

Einphasige Asynchronmotoren entwickeln ohne besondere Hilfseinrichtungen im Stillstand kein Drehmoment, so daß sie nicht anlaufen. Um ein Drehmoment zu erzielen, muß beim Einschalten

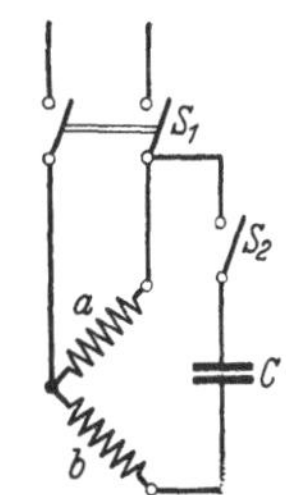

Abb. 98. Schaltung eines Einphasenmotors mit Anlaufwicklung. a = Hauptwicklung, b = Anlaufwicklung, C = Kondensator, S_1 = Hauptschalter, S_2 = Anlaufschalter.

außer dem Strom in der Hauptwicklung noch ein Ström in einer zweiten Wicklung, der sog. Anlaufwicklung fließen. Dabei müssen Haupt- und Anlaufwicklung *räumlich* gegeneinander versetzt sein (z. B. um einen elektrischen Winkel von 90°), und es muß der Strom der Anlaufwicklung eine *zeitliche* Phasenverschiebung gegenüber demjenigen der Hauptwicklung haben. Diese Phasenverschiebung wird künstlich hervorgerufen durch Vorschalten eines Kondensators, einer Drosselspule oder eines Wirkwiderstandes vor die Anlaufwicklung (s. Abb. 98). Nach erfolgtem Anlauf wird die Anlaufwicklung abgeschaltet.

Die einphasige Wicklung mit Anlaufwicklung ist zwar grundsätzlich ebenso ausgeführt wie die zweiphasige Wicklung, doch sind Hauptwicklung und Anlaufwicklung meistens nicht gleichwertig, ja nicht einmal angenähert gleichwertig. Windungszahl und Drahtquerschnitt sind verschieden und oft auch noch die Zonenbreiten der beiden Wicklungen, und zwar derart, daß die Hauptwicklung eine größere Breite einnimmt als die Anlaufwicklung (Abb. 99). Es kommen auch Ausführungen vor, bei denen Haupt- und Anlaufwicklung sich teilweise überlappen in der

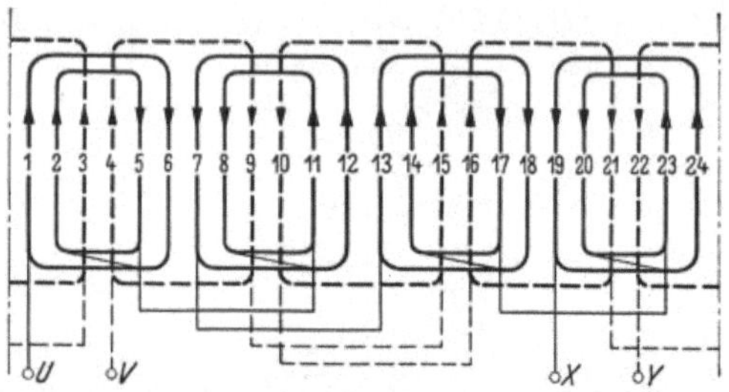

Abb. 99. Schaltplan einer einphasigen Wicklung ($q = 4$) mit Anlaufwicklung ($q = 2$).

Weise, daß Nuten vorhanden sind, in denen Spulenseiten sowohl der Hauptwicklung als auch der Anlaufwicklung liegen, wobei die Windungszahlen dieser Spulenseiten aus Raumgründen geringer sein müssen als die der Spulenseiten der übrigen Nuten.

E. Einphasige Ständerwicklungen.

Da die einphasige Wicklung nur *einen* Wicklungsstrang hat, steht für diesen die Gesamtzahl der Nuten zur Verfügung. Bei der Ganzlochwicklung sind je Polpaar zwei Zonen vorhanden, eine positive und eine

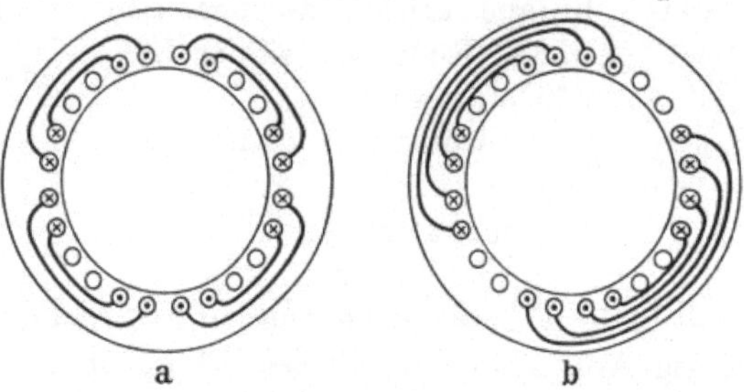

Abb. 100. Stirnbild einer Einphasenwicklung mit Spulen verschiedener Weite
($p = 2$, $q = 4$), a mit $2\,p$ Spulengruppen, b mit p Spulengruppen.

negative; für jede könnte die ganze Breite einer Polteilung in Anspruch genommen werden. Würde man dies tun, so würde man einen kleinen Zonenfaktor für die Grundwelle ($\xi_{Z_1} = 2/\pi = 0{,}637$ für $N = \infty$) erhalten, d. h. die Wicklungswerkstoffe wären schlecht ausgenutzt. Um diesen Nachteil zu vermeiden, bewickelt man nur etwa $2/3$ der vorhandenen Nuten und läßt den Rest unbewickelt. Es ergeben sich dann günstigere Werte für die Zonenfaktoren der Grundwelle.

Die Verteilung der Spulenseiten bei einphasigen *Einschichtwicklungen* kennen wir schon aus den Abb. 24a und b, zu denen die Zonenpläne in Abb. 25a und b gehören. Die Stirnverbindungen werden fast immer so angeordnet, daß $2p$ Spulengruppen (Abb. 100a) entstehen; eine Ausführung mit p Spulengruppen (Abb. 100b) kommt selten vor. Die Ver-

bindung der Spulenseiten kann entweder so erfolgen, daß Spulen *verschiedener* Weite, oder auch so, daß Spulen *gleicher* Weite entstehen. Die Schaltpläne in Abb. 101 und Abb. 102 lassen die beiden Ausführungsarten erkennen. Die Form der Spulenköpfe bei Spulen verschiedener Weite ist in Abb. 103 angedeutet. Im allgemeinen lassen sich die Stirnverbindungen in *einer* Ebene (Abb. 103a und b) unterbringen; nur wenn die Zahl q der be-

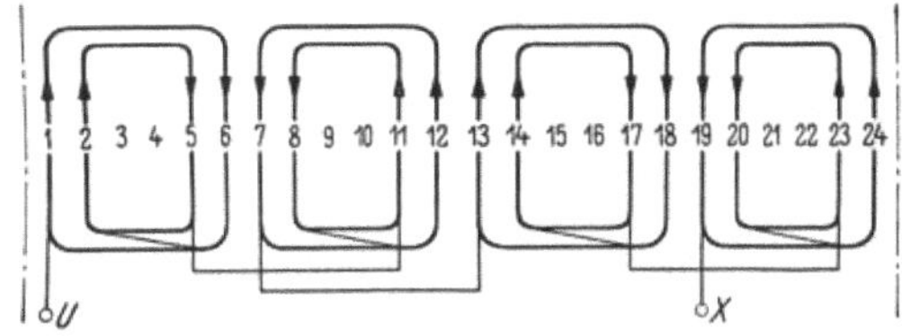

Abb. 101. Schaltplan einer Einphasenwicklung mit Spulen verschiedener Weite und $2p$ Spulengruppen $(p = 2,\ Q = 6,\ q = 4)$.

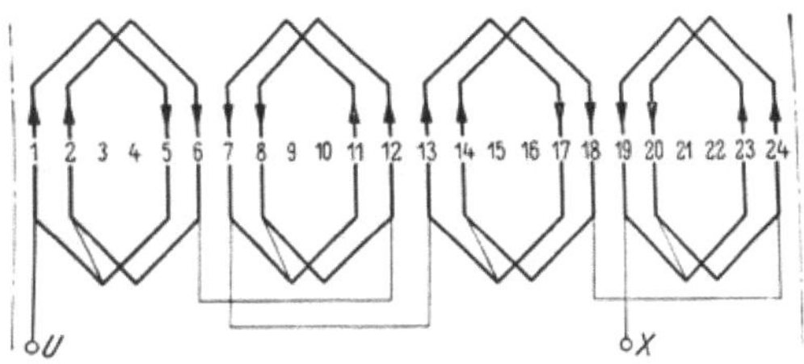

Abb 102. Schaltplan der Wicklung nach Abb. 101, jedoch mit Spulen gleicher Weite.

wickelten Nuten je Pol sehr groß ist, kann es zweckmäßig sein, sie in *zwei* Ebenen (Abb. 103c) anzuordnen. Spulen gleicher Weite werden in den Köpfen nach Abb. 54a, b oder c geformt.

Einschichtige *Stabwicklungen* werden grundsätzlich in derselben Weise hergestellt wie die entsprechenden dreiphasigen Wicklungen; es kommen die gleichen Ausführungsformen vor. Einige Schaltpläne sind in Abb. 104 dargestellt; sie entsprechen den Schaltplänen in

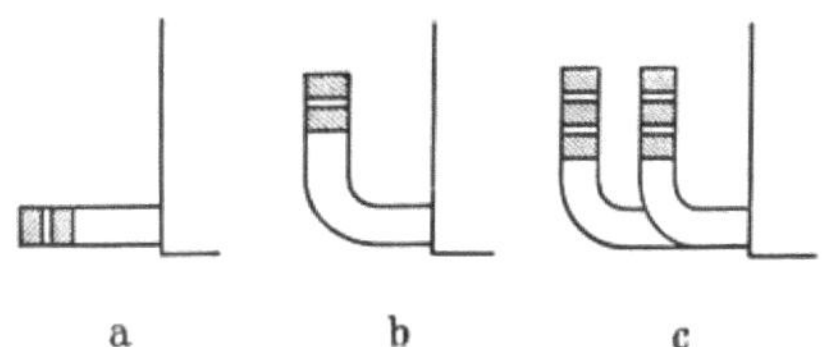

Abb. 103. Formen der Spulenköpfe von Einphasenwicklungen mit Spulen verschiedener Weite.

Abb. 63, welche je einen Wicklungsstrang einer dreiphasigen Stabwicklung darstellen. Die Breite einer Wicklungszone ist, wie man durch Vergleich der Abb. 104 mit der Abb. 63 erkennt, bei der einphasigen Wicklung $(q/Q = {}^2/_3)$ doppelt so groß wie bei der dreiphasigen Wicklung.

Abb. 105 zeigt eine einphasige Ständer-Stabwicklung mit Spulen *verschiedener* Weite und $2p$ Spulengruppen. Die Stirnverbindungen sind als *Bügelverbindungen* ausgeführt. Bei Spulen *gleicher* Weite werden auch hier *Gabelverbindungen* angewandt.

Auch als *Zweischichtwicklung* kann die einphasige Wicklung ausgeführt werden. Bei Durchmesserwicklungen ohne Zonenänderung enthält dabei jede bewickelte Nut *zwei* Spulenseiten. Bei Sehnenwicklungen oder Wicklungen mit Zonenänderung gibt es Nuten, die nur je *eine* Spulenseite enthalten; damit diese in den Nuten fest liegen muß der freibleibende Nutenraum mit Holz oder einem andern Stoff ausgefüllt werden. Das Stirnbild einer gesehnten Zweischichtwicklung ist in Abb. 106 dargestellt; eine ausgeführte einphasige Zweischicht-Sehnenwicklung trägt der Ständer in Abb. 107.

Für die *Zonenfaktoren* der einphasigen Ganzlochwicklungen gilt die Gleichung

$$(36\,\mathrm{a})$$

$$\xi_{Z_\nu} = \frac{\sin \nu \dfrac{q}{Q}\, 90^\circ}{q \sin \nu \dfrac{90^\circ}{Q}}.$$

Für $q = \infty$ (sehr große Nutenzahl) und $q/Q = {}^2/_3$ wird

$$(36\,\mathrm{b})$$

$$\xi_{Z_\nu} = \frac{\sin \nu \dfrac{q}{Q}\, 90^\circ}{\nu \dfrac{q}{Q} \dfrac{\pi}{2}}.$$

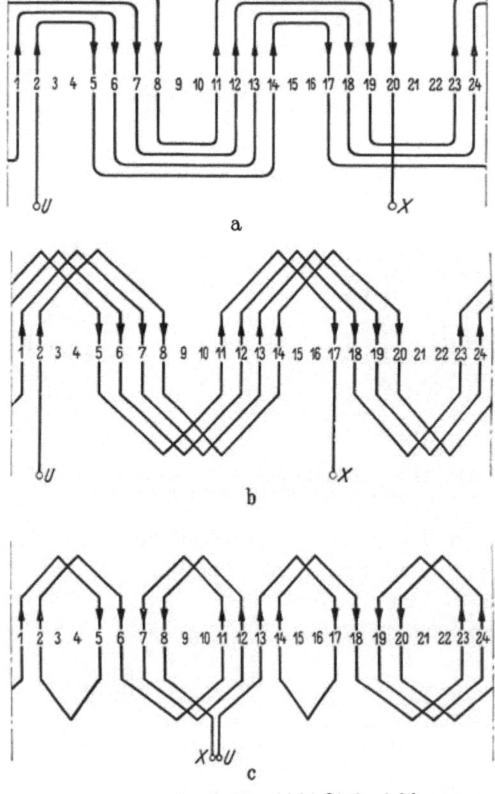

Abb. 104 Einphasige Einschicht-Stabwicklungen ($p = 2$, $Q = 6$, $q = 4$), a und b Wellenwicklungen, c Schleifenwicklung.

In Tafel **VI** (S. 257) sind für einige gebräuchliche Nutenzahlen die Beträge der Zonenfaktoren angegeben.

Wenn eine Wicklung gesehnt ist, werden mit dem Verhältnis W/τ die Sehnungsfaktoren ebenso bestimmt wie bei den dreiphasigen Wicklungen. Beim Vorliegen einer Zonenänderung sind auch die Verschiedenheitsfaktoren in der gleichen Weise wie früher zu ermitteln; dabei ist zu beachten, daß einer *ungeänderten* Zonenbreite hier der Winkel $\beta = q/Q \cdot 180^\circ$ zukommt.

Einphasige *Bruchlochwicklungen* entsprechen hinsichtlich ihrer Ausführung den dreiphasigen. Ihr Entwurf ist insofern einfach, als auf besondere Symmetriebedingungen bei der einphasigen Bruchlochwicklung nicht geachtet zu werden braucht.

Für die Berechnung der Zonenfaktoren einphasiger *Bruchlochwicklungen* lassen sich schwer allgemein gültige Regeln angeben. Meistens

Abb. 105. Einphasige Ständer-Stabwicklung (Werkbild BBC).

wird es zweckmäßig sein, den Gesamtwicklungsfaktor aus dem Spulenseitenbild zu bestimmen.

Hinsichtlich der Möglichkeit, bei der Schaltung der Spulen parallele Zweige zu bilden, gelten die gleichen Überlegungen, wie sie bei den dreiphasigen Wicklungen angestellt wurden.

Als einphasige Wicklung (mit $q/Q = {}^2/_3$) kann man ohne weiteres zwei Wicklungsstränge einer dreiphasigen Wicklung verwenden.

Die beiden Stränge (z. B. $U-X$ und $V-Y$) werden ebenso miteinander verkettet wie bei der Sternschaltung von drei Strängen, d. h. die Enden X und Y werden miteinander verbunden. Ob das Ende Z des dritten Stranges ebenfalls noch angeschlossen ist, ist gleichgültig.

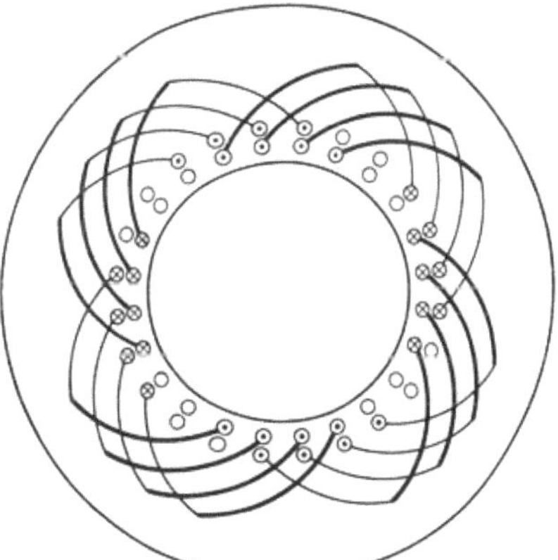

Abb. 106. Stirnbild einer gesehnten einphasigen Zweischichtwicklung ($p = 2$, $Q = 6$, $q = 4$).

Die Anfänge U und V der Stränge führen zu den Anschlußklemmen. Die Zählrichtung der Spulenseiten ergibt sich, wenn man die Wicklung von U nach V durchläuft. Es wird also der zweite Strang $V-Y$ in umgekehrter Richtung durchlaufen wie bei der Drehstromwicklung; die Spulenseiten dieses Stranges kehren also ihre Zählrichtung um.

Wir betrachten z. B. in diesem Sinne die Wicklung in Abb. 40. Wir lassen den dritten Strang außer acht, verbinden X und Y miteinander und kehren die Zählrichtungen des zweiten Stranges um. Hinsichtlich der Verteilung der Spulenseiten am Ankerumfang erhalten wir

Abb. 107. Teilansicht einer einphasigen Zweischichtwicklung (Werkbild AEG).

dann das gleiche Bild wie bei der einphasigen Wicklung in Abb. 101. Die Klemme V in Abb. 40 entspricht dabei der Klemme X in Abb. 101. Die Reihenfolge der Spulen in den beiden Schaltplänen ist verschieden, doch ist dieses ohne Bedeutung.

F. Zusätzliche Stromwärmeverluste.

1. Zusätzliche Verluste in Wechselstromwicklungen.

Wenn die Nutenleiter vom Strom durchflossen werden, erzeugen sie ein magnetisches Feld, das von einer zur andern Nutflanke quer durch den Nutenraum hindurchtritt und daher als *Nutenquerfeld* bezeichnet wird. Die Dichte dieses Feldes beginnt mit Null an der unteren Grenze der Stromleiter und steigt bei Vernachlässigung der Leiterisolation nach der Nutöffnung zu linear an bis zur oberen Grenze der Nutenleiter. Bei zeitlicher Änderung des Stromes, also insbesondere bei Wechselstrom ruft dieses Feld in den Nutenleitern zusätzliche Ströme hervor, die sich dem ursprünglichen gleichmäßig verteilten Strom überlagern. Dieser Vorgang wirkt so, als ob der ursprüngliche Strom in die oberen

Schichten des Leiters verdrängt würde (*Stromverdrängung*). Der Leiter hat infolgedessen für Wechselstrom einen höheren Wirkwiderstand als für Gleichstrom; dieser höhere Widerstand bestimmt die gesamten im Leiter auftretenden Stromwärmeverluste. Das Verhältnis des Wechselstromwiderstandes zum Gleichstromwiderstand bezeichnet man als *Widerstandsverhältnis*. Den Unterschied zwischen den Wechsel-strom- und den Gleichstrom-verlusten nennt man *zusätzliche* Stromwärmeverluste.

Auch in den Stirnverbin-dungen treten unter dem Ein-fluß des Stirnstreufeldes zusätz-liche Verluste auf. Sie sind aber wesentlich geringer als die Zusatzverluste in den Nuten-leitern und sollen hier nicht be-trachtet werden. Nur bei großen Maschinen, insbesondere sol-chen mit hohen Stromstärken, können die zusätzlichen Ver-luste in den Stirnverbindungen unzulässig hohe Werte an-nehmen, wenn diese aus breiten massiven Bügeln bestehen.

Das Verhältnis der zusätz-lichen Verluste zu den Gleich-stromverlusten wollen wir als *Verlustverhältnis v* bezeichnen.

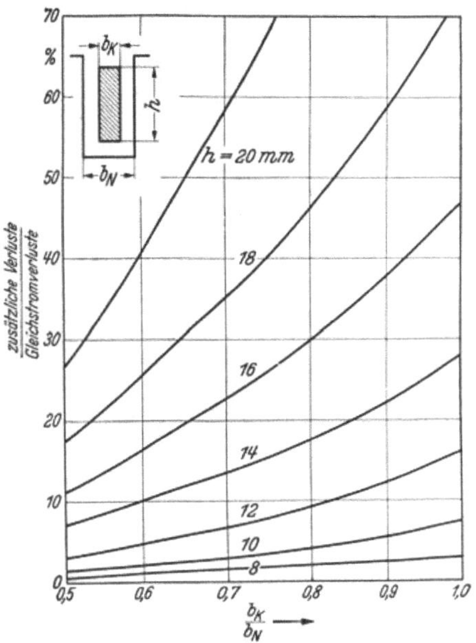

Abb. 108. Zusätzliche Stromwärmeverluste in einschichtigen Nutenleitern aus Kupfer bei 50 Hz.

Da die zusätzlichen Verluste im wesentlichen nur in den Nutenleitern auftreten und bei mehrlagigen Wicklungen außerdem in den einzelnen Lagen verschieden groß sind, kann man drei verschiedene Verlust-verhältnisse festlegen:

a) das Verhältnis der zusätzlichen Verluste in den Nutenleitern einer Lage zu den Gleichstromverlusten der gleichen Lage,

b) das Verhältnis der gesamten zusätzlichen Verluste in den Nutenleitern zu den Gleichstromverlusten in diesen Nutenleitern,

c) das Verhältnis der gesamten zusätzlichen Verluste in den Nutenleitern zu den Gleichstromverlusten der ganzen Wicklung (einschl. Stirnverbindungen).

Wenn nur *ein* Leiter in der Nut vorhanden ist, sind die Verlust-verhältnisse nach a) und b) identisch. Dieses Verlustverhältnis ist in Abb. 108 für *Kupfer*leiter und für die Frequenz $f = 50$ Hz in Kurven-form für verschiedene Leiterhöhen h in Abhängigkeit vom Verhältnis der Kupferbreite b_K zur Nutbreite b_N angegeben. Im weiteren Verlauf unserer Betrachtungen soll jedoch unter v immer das nach c) definierte

Verlustverhältnis verstanden werden, da ihm bei der Beurteilung einer Wicklung die größte Bedeutung zukommt.

Wie man aus Abb. 108 erkennt, hat die Leiterhöhe h auf das Verlustverhältnis einen besonders großen Einfluß. Unter gegebenen Bedingungen gibt es sogar eine *kritische* Leiterhöhe h_{krit}, deren Überschreiten sinnlos wäre, weil bei gegebenem Strom die *gesamten* Stromwärmeverluste dann mit zunehmender Leiterhöhe (zunehmendem Querschnitt) nicht mehr abnehmen sondern zunehmen würden. Die kritische Leiterhöhe h_{krit} ist noch von der Zahl m der in der Nut *übereinander* liegenden Leiterlagen abhängig. Wenn $m > 1$, ist die Leiterhöhe h von der gesamten *Kupfer*höhe h_K in der Nut verschieden; unter Vernachlässigung der Leiterisolation (bzw. Lagenisolation) ist dann $h_K = m\,h$. Für Kupfer und $f = 50$ Hz kann h_{krit} nach folgenden Gleichungen angenähert bestimmt werden

$$h_{krit} \approx \frac{1{,}5}{\alpha} \text{ für } m = 1; \quad h_{krit} \approx \frac{1{,}32}{\alpha\,\sqrt{m}} \text{ für } m > 1, \qquad (37\,\text{a u. b})$$

wobei der Faktor α nach Gl. (38) oder Gl. (39) zu berechnen ist (s. S. 102) und h_{krit} sich in cm ergibt. Es läßt sich nachweisen, daß das Verlustverhältnis v etwa 0,33 (33 %) beträgt, wenn die wirkliche Leiterhöhe gleich der kritischen Leiterhöhe ist.

2. Maßnahmen zur Herabsetzung der zusätzlichen Stromwärmeverluste.

Wenn die Einzelleiter einer Wicklung massiv sind, fließen die durch das Nutenquerfeld hervorgerufenen Ströme in den oberen Schichten des Nutenleiters parallel und gleichgerichtet, in den unteren Schichten parallel und gegengerichtet dem ursprünglichen Leiterstrom; hin- und rückfließende Ströme schließen sich jeweils an den Enden des Blechpaketes. Die Stirnverbindungen sind dann praktisch frei von zusätzlichen Strömen.

Es liegt nun nahe, den Einzelleiter in mehrere übereinander liegende, voneinander isolierte *Teilleiter* geringer Höhe zu zerlegen und die Teilleiterisolation bei Stabwicklungen mindestens bis zur Mitte jeder Stirnverbindung, bei Spulenwicklungen bis zu den Enden der Spule durchgehen zu lassen, d. h. bis zu den Stellen, an denen Lötverbindungen herzustellen sind. Die zusätzlichen Ströme können sich dann erst an diesen Lötstellen schließen. Infolge des längeren Weges wird der Widerstand größer, die Ströme werden schwächer, und zwar um so mehr, je kleiner das Verhältnis λ der Eisenlänge l zur mittleren Leiterlänge l_m der Maschine ist. Die Schwächung tritt jedoch im allgemeinen nicht in dem Maße ein, wie man erwarten sollte. Die Ursache liegt darin, daß die zusätzlichen Ströme ihrerseits wieder das Nutenquerfeld abdämpfen (Rückwirkung) und sich dadurch selbst schwächen. Durch die Unterteilung des Leiters wird diese Rückwirkung schwächer, so daß Vor- und Nachteile sich mehr oder weniger aufheben. Bei $f = 50$ Hz und den praktisch vorkommenden Verhältnissen λ wird die bloße Zerlegung des Einzelleiters in Teilleiter wirkungslos, wenn der Einzelleiter eine Höhe von etwa 3 cm erreicht.

Wesentlich günstiger wirkt sich die Zerlegung der Einzelleiter in Teilleiter aus, wenn die Teilleiter nach bestimmter Gesetzmäßigkeit ihre Höhenlage in der Nut zwischen den Lötstellen einmal oder mehrmals wechseln. Ein solcher Wechsel tritt bei den zweischichtigen Spulen-wicklungen schon dadurch ein, daß die beiden Spulenseiten verschie-dene Höhenlagen in der Nut ein-nehmen. Bei der Formspule (Ab-bildung 124) haben darüber hinaus (durch das Herstellungsverfahren bedingt) die Einzelleiter in der einen Spulenseite die umgekehrte Reihenfolge wie in der andern Spulenseite (*gekreuzte* Leiterfolge). In gleicher Weise kehrt sich die Reihenfolge der Teilleiter im Einzel-leiter um. Die dadurch hervor-

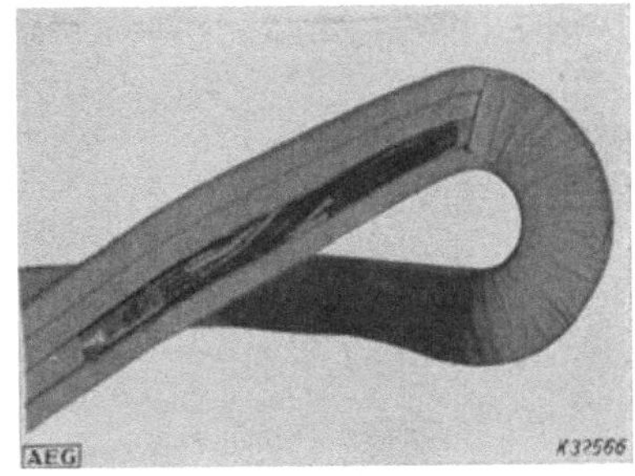

Abb. 109. Verdrillung im Spulenkopf
(Werkbild AEG).

gerufene *Umschichtung* in Verbindung mit der verschiedenen Höhenlage der beiden zu einer Spule gehörigen Spulenseiten in der Nut ergibt eine Leiteranordnung, bei der die zusätzlichen Verluste weitgehend unterdrückt werden.

Die Umschichtung innerhalb der Spulenseite läßt sich für die Unter-drückung der Zusatzverluste dadurch noch günstiger gestalten, daß beim Wickeln der Spule an einer oder mehreren Stellen der Einzelleiter *ver-drillt* (d. h. um 180° um seine Achse gedreht) wird. Eine solche Ver-drillung kann, wie Abb. 109 zeigt, im Spulenkopf durchgeführt werden. Bei *einschichtigen* Spulenwicklungen, die nach den üblichen Verfahren hergestellt werden (s. Abb. 122), tritt von vornherein eine Umschichtung *nicht* auf; wenn sie vorgesehen werden soll, muß sie künstlich herbei-geführt werden.

Um die Umschichtung der Teilleiter möglichst günstig zu gestalten, kann man sogar die Teilleiterisolation durch mehrere Spulen oder den ganzen Wicklungszweig hindurchführen und beim Übergang von einer zur andern Spule Kreuzungen in verschiedener Weise vornehmen. Man muß dann dort die Teilleiter *einzeln* miteinander verlöten. Im Hinblick auf die Schwierigkeiten bei der Herstellung und insbesondere auch bei der Instandsetzung wird von dieser Möglichkeit wenig Gebrauch gemacht.

7*

Eine Zerlegung in Teilleiter bedeutet auch die Verwendung von Preßseil (in Rechteckform gepreßte Litze mit Lackisolation der Adern). Wenn die Litze so ausgeführt ist, daß die einzelnen Adern ihre Höhenlage in der Nut stetig ändern, werden die zusätzlichen Stromwärmeverluste fast vollkommen unterdrückt. Die Wicklung in Abb 128 ist aus solchem Preßseil hergestellt.

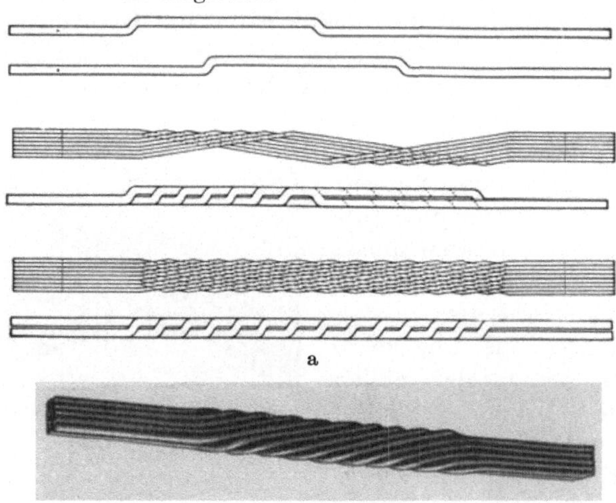

Abb. 110. Roebelstab (Werkbild BBC), a schematische Darstellung des Aufbaus; b fertiger Stab.

Wie bei Stabwicklungen Umschichtungen zu erzielen sind, wird bei der Besprechung der Herstellung (s. S. 199) erläutert, Wir sprechen hier von einer Verdrillung. wenn die Folge der Teilleiter in den beiden zu einer Spule gehörigen Stäben einander entgegengesetzt ist. Dies ist z. B. bei den zweischichtigen Stabwicklungen mit Lötstellen auf *einer* Stirnseite der Fall, wenn der andere Spulenkopf wie bei einer Formspule (Abb. 124 b bis d) gestaltet ist.

Die Nutenleiter für Maschinen sehr großer Leistung (Turbogeneratoren) werden häufig als *Kunststäbe* ausgeführt. Jeder Nutenleiter besteht aus einer Anzahl flacher Teilleiter von geringer Höhe. Die Teilleiter werden so geformt und unter Zwischenlage von Isolierstoff zusammengelegt, daß jeder Teilleiter nach und nach alle Höhenschichten des Stabes durchläuft. Ein Beispiel eines derartigen Kunststabes ist der ROEBEL-Stab (Abb. 110). Bei ihm liegen zwei Teilleiterschichten nebeneinander; die Teilleiter wechseln an der höchsten und tiefsten Stelle von einer Schicht in die andere. Jeder Teilleiter durchläuft innerhalb der Nut etwa einen Schraubengang.

Die zusätzlichen Stromwärmeverluste können auch bei Zerlegung der Einzelleiter in Teilleiter und günstigster Umschichtung nur dann vollkommen unterdrückt werden, wenn man die Teilleiter so dünn macht, daß sie als *unendlich* dünn angesehen werden können. Bei *endlicher* Höhe der Teilleiter treten in diesen selbst zusätzliche Verluste (zweiter Ordnung) auf. Aus wirtschaftlichen Gründen wird man jedoch die Zerlegung nicht feiner machen, als notwendig ist. Im folgenden Abschnitt wird auf diese Frage noch eingegangen werden.

Unter Berücksichtigung der zusätzlichen Verluste zweiter Ordnung müssen wir mit zwei Verlustverhältnissen rechnen, mit v' für die Verluste erster Ordnung, mit v'' für die Verluste zweiter Ordnung. Das Gesamtverlustverhältnis ist dann $v = v' + v''$.

3. Berechnung des Verlustverhältnisses.

Die zusätzlichen Stromwärmeverluste in Nutenleitern lassen sich mit großer Genauigkeit berechnen [*1* u. *4*, Bd. I]. Beim Entwurf von Wicklungen genügt es, ihre ungefähre Höhe zu ermitteln um festzustellen, mit welchen der oben besprochenen Maßnahmen man sie hinreichend klein halten kann. Für die wichtigsten Ausführungsformen sei ein Berechnungsverfahren in einfacher Form angegeben.

Bei *Spulen*wicklungen machen wir mit Rücksicht auf die Ausführung und Instandsetzung von vornherein folgende Einschränkungen:

1. Jede Spule ist ein in sich abgeschlossenes Ganzes; es werden keine Teilleiter von einer zur andern Spule *isoliert* weitergeführt,

2. In jeder Spule wird höchstens *eine* Verdrillungsstelle zugelassen, die natürlich im Spulenkopf vorgesehen wird.

Bei *Stab*wicklungen, soweit sie nicht unter Verwendung von Kunststäben aufgebaut sind, kommen ohnehin nur folgende Ausführungsformen in Frage:

1. Die Teilleiter sind in *jeder* Stirnverbindung miteinander verbunden;

2. Die Teilleiter werden in einer Stirnverbindung isoliert gehalten (meistens unter Verdrillung des Leiters) und nur in der andern Stirnverbindung miteinander verbunden.

Zusammengefaßt seien zunächst die Größen aufgeführt, die die Verlustverhältnisse v' und v'' beeinflussen. Es bedeuten

h die Höhe des Einzelleiters in cm (s. Abb. 108),
h_K die gesamte Kupferhöhe in der Nut in cm,
h_t die Höhe der Teilleiter in cm,
b_K die gesamte Kupferbreite quer zur Nut in cm (s. Abb. 108),
b_N die Nutbreite in cm (s. Abb. 108),
m die Zahl der in der Nut übereinander liegenden Einzelleiter (Lagenzahl),
n die Zahl der Teilleiter je Einzelleiter,
λ das Verhältnis der Eisenlänge zur mittleren Leiterlänge,
$\varkappa$ die elektrische Leitfähigkeit des Leiters in $\dfrac{1}{\Omega}\dfrac{\mathrm{m}}{\mathrm{mm^2}}$,
f die Frequenz in Hz.

Aus diesen Größen berechnet man zunächst zwei Faktoren, die bei der weiteren Rechnung Verwendung finden

$$\alpha = \sqrt{\frac{f}{50}\,\frac{\varkappa}{50}\,\frac{b_K}{b_N}}\;; \qquad \alpha' = \alpha\sqrt{\widetilde{\lambda}}\,. \qquad\qquad \text{(38a u. b)}$$

Da für betriebswarmes Kupfer $\varkappa \approx 50\,\dfrac{1}{\Omega}\,\dfrac{\mathrm{m}}{\mathrm{mm^2}}$ ist, gilt für $f = 50$ Hz

$$\alpha \approx \sqrt{\frac{b_K}{b_N}}\;; \qquad \alpha' \approx \sqrt{\lambda\,\frac{b_K}{b_N}}\,. \qquad\qquad \text{(39a u. b)}$$

Das Produkt aus h und α bzw. α' liefert die „reduzierten Leiterhöhen" (dimensionslose Zahlen)

$$\xi = \alpha\,h\;; \qquad \xi' = \alpha'\,h\,. \qquad\qquad \text{(40a u. b)}$$

Wenn die zusätzlichen Ströme sich unmittelbar an den Rändern des Blechpakets schließen (massive Einzelleiter), ist mit der reduzierten Leiterhöhe ξ, sonst immer mit ξ' zu rechnen.

Für das Verlustverhältnis kann nun allgemein geschrieben werden

$$v = \beta\,(A + \gamma\,B)\,. \qquad\qquad \text{(41)}$$

Die Größen A und B sind von ξ bzw. ξ' abhängig und können der Zahlentafel 15 entnommen werden; der Faktor γ ist abhängig von der Zahl m der in der Nut übereinander liegenden Schichten von Einzelleitern sowie von der Art der Umschichtungen. Für den Faktor β kommen nur die beiden Werte 1 (wenn mit ξ' zu rechnen ist) und λ (wenn mit ξ zu rechnen ist) vor.

In der Zahlentafel 16 sind für die gebräuchlichsten Wicklungsausführungen die Werte von β und γ aufgeführt, die zur Berechnung des Verlustverhältnisses v' (Zusatzverluste *erster* Ordnung) dienen. Außerdem ist angegeben, ob die Größen A und B für ξ oder ξ' (in zwei Fällen für $\frac{1}{2}\xi'$) aus Zahlentafel 15 zu entnehmen sind. Die in Zahlentafel 16 aufgeführten Ausführungsarten mit Verdrillungen beziehen sich auf eine Verdrillung an der *günstigsten* Stelle.

Zahlentafel 15. *Größen A und B abhängig von ξ. (gegebenenfalls ist ξ' an die Stelle von ξ zu setzen).*

ξ	A	B
0,15	0,000045	0,000169
0,20	0,000142	0,000533
0,25	0,000347	0,001302
0,30	0,000719	0,002699
0,35	0,001343	0,004999
0,40	0,002273	0,008525
0,45	0,003639	0,01365
0,50	0,005542	0,02078
0,55	0,008103	0,03039
0,60	0,01146	0,04282
0,65	0,01576	0,05921
0,70	0,02115	0,07926
0,80	0,03585	0,1343
0,90	0,05690	0,2130
1,00	0,08431	0,3204
1,10	0,1233	0,4608
1,20	0,1709	0,6377
1,30	0,2291	0,8535
1,40	0,2983	1,109
1,50	0,3781	1,401
1,60	0,4678	1,728
1,70	0,5663	2,083
1,80	0,6719	2,460
1,90	0,7830	2,851
2,00	0,8978	3,249
>2,00	$\approx \xi - 1$	$\approx 2\,\xi$

Zwischenbereich: $A \approx \frac{4}{45}\,\xi^4$; $B \approx \frac{1}{3}\,\xi^4$.

Zahlentafel 16.

Werte zur Berechnung der zusätzlichen Stromwärmeverluste in Nutenleitern der gebräuchlichsten Wicklungsausführungen.

Nr.	Art der Wicklung	Lagen-zahl m	Art der Einzel-leiter	Folge der Einzelleiter in d. Spulenseiten	Verdrillungs-stelle nach Windungen *	A und B entnehmen für	β	γ
1	beliebige Ausführung (Spulen- und Stabwicklung) .	m	massiv	—	—	ξ	λ	$1/_3\,(m^2 - 1)$
2	Ein- oder Zweischichtwicklung	m	unterteilt	ungekreuzt	keine	ξ'	1	$1/_4\,(m^2 - 1)$
3		m	,,	gekreuzt	,,	$1/_2\xi'$	1	0
4		2	,,	ungekreuzt	$1^1/_2$ Wind.	ξ'	1	$-{}^3/_{16}$
5		3	,,	,,	2 Wind.	ξ'	1	$-{}^2/_9$
6	Einschichtwicklung	4	,,	,,	3 Wind.	ξ'	1	$-{}^3/_{16}$
7		5	,,	,,	$3^1/_2$ Wind.	ξ'	1	$-{}^1/_4$
8		6	,,	,,	$4^1/_2$ Wind.	ξ'	1	$-{}^{11}/_{144}$
9		7	,,	,,	5 Wind.	ξ'	1	$-{}^{12}/_{49}$
10		8	,,	,,	$5^1/_2$ Wind.	ξ'	1	$-{}^{55}/_{256}$
11	Zweischichtwicklung Ausführung a oder b ** . .	m	,,	gekreuzt	keine	ξ'	1	$1/_{16}\,(m^2 - 4)$
12		4	,,	,,	$1^1/_2$ Wind.	ξ'	1	$-{}^3/_{16}$
13	Zweischichtwicklung Ausführung a **	6	,,	,,	$1^1/_2$ Wind.	ξ'	1	$-{}^5/_{16}$
14		8	,,	,,	$2^1/_2$ Wind.	ξ'	1	$-{}^7/_{64}$
15		4	,,	,,	1 Wind.	ξ'	1	0
16	Zweischichtwicklung Ausführung b **	6	,,	,,	2 Wind.	ξ'	1	$-{}^2/_9$
17		8	,,	,,	3 Wind.	ξ'	1	$-{}^3/_{16}$
18	Einschichtwicklung Lötstellen auf beiden Seiten	1	,,	—	—	ξ'	1	0
19	Einschichtwicklung Lötstellen auf einer Seite .	1	,,	—	$1/_2$ Wind.	$1/_2\xi'$	1	0
20	Zweischichtwicklung Lötstellen auf beiden Seiten	2	,,	—	—	ξ'	1	$+1$
21	Zweischichtwicklung Lötstellen auf einer Seite	2	,,	—	keine	ξ'	1	$+{}^3/_4$
22		2	,,	—	$1/_2$ Wind.	ξ'	1	0

Spulenwicklungen: Nr. 1–17. Stabwicklungen: Nr. 18–22.

* Es ist immer die *günstigste* Verdrillungsstelle angegeben. Gezählt sind die Windungen bei Einschichtwicklungen vom Spulenende in der untersten Lage, bei Zweischichtwicklungen vom Spulenende in der Unterschicht.

** Bei der Ausführung a liegen die Spulenenden in der *untersten* Lage der Unter- und Oberschicht, bei der Ausführung b liegen sie in der *obersten* Lage der Unter- und Oberschicht.

Bei den zweischichtigen Spulenwicklungen gibt es zwei Ausführungsformen, die hinsichtlich der günstigsten Lage der Verdrillungsstelle verschieden sind. Bei der Ausführung a liegen die Spulenenden in der *untersten* Lage der Unter- und Oberschicht (s. Abb. 120), bei der Ausführung b liegen sie in der *obersten* Lage der Unter- und Oberschicht.

Das Verlustverhältnis v'' für die zusätzlichen Verluste *zweiter Ordnung* ist nach Nr. 1 in Zahlentafel 16 zu berechnen, wobei jedoch an Stelle von m das Produkt $m\,n$ zu setzen ist, das die Gesamtzahl aller in der Nut übereinander liegenden Teilleiter angibt. Ferner ist an Stelle der Höhe h des Einzelleiters die Höhe h_t des Teilleiters einzusetzen.

Ein Beispiel soll die Anwendung des Verfahrens erläutern. Eine Zweischicht-Spulenwicklung (für $f = 50\,\text{Hz}$) bestehe aus Spulen zu je 2 Windungen ($m = 4$). Der erforderliche Querschnitt für die Einzelleiter betrage $120\,\text{mm}^2$. Die Nutbreite sei $b_N = 15\,\text{mm}$. Unter Berücksichtigung der Leiter- und Nutisolation (mit Spiel) soll sich eine Kupferbreite $b_K = 10\,\text{mm}$ ergeben; dann wird die Leiterhöhe $h = 12\,\text{mm} = 1,2\,\text{cm}$. Für das Verhältnis Kupferbreite zu Nutbreite finden wir $b_K/b_N = 0{,}667$. Das Verhältnis der Eisenlänge zur mittleren Leiterlänge betrage $\lambda = 0{,}4$. Aus den Gl. (39) und (40) ergeben sich dann $\alpha = 0{,}815$; $\alpha' = 0{,}516$; $\xi = 0{,}978$; $\xi' = 0{,}619$. Nach Zahlentafel 15 schätzen wir

$$\text{für } \xi:\ A = 0{,}081;\ B = 0{,}30$$
$$\text{für } \xi':\ A = 0{,}013;\ B = 0{,}05$$

Für *massive* Einzelleiter ist dann nach Nr. 1 der Zahlentafel 16

$$v' = 0{,}4\,(0{,}081 + 5 \cdot 0{,}30) \approx 0{,}63\ (63\,\%).$$

Da dieser Wert unzulässig hoch ist, sehen wir eine Zerlegung in Teilleiter vor. Für die praktisch kaum vorkommende Ausführung ohne Kreuzung würden wir nach Nr. 2 der Zahlentafel 16 erhalten

$$v' = 0{,}013 + {}^{15}/_4 \cdot 0{,}05 \approx 0{,}20\ (20\,\%).$$

Werden jedoch, wie üblich, die Einzelleiter gekreuzt, so ergibt sich nach Nr. 11 der Zahlentafel 16

$$v' = 0{,}013 + {}^{15}/_{16} \cdot 0{,}05 \approx 0{,}06\ (6\,\%).$$

Dieses Verlustverhältnis ist im allgemeinen tragbar. Wollen wir es weiter verringern, so verdrillen wir den Einzelleiter an der günstigsten Stelle (bei Ausführung a nach $1^1/_2$ Windungen, bei Ausführung b nach 1 Windung). Es ergibt sich dann für die Ausführung a nach Nr. 12 der Zahlentafel 16

$$v' = 0{,}013 - {}^3/_{16} \cdot 0{,}05 \approx 0{,}004\ (0{,}4\,\%)$$

und für Ausführung b nach Nr. 15 der Zahlentafel 16

$$v' = 0{,}013\ (1{,}3\,\%).$$

Man erkennt, daß durch Verdrillung an der günstigsten Stelle die zusätzlichen Verluste erheblich verringert werden können.

Die Berechnung des Verlustverhältnisses v'' für die Zusatzverluste zweiter Ordnung nehmen wir für 3 Möglichkeiten vor, von denen dann unter Berücksichtigung der Herstellungskosten eine ausgewählt werden kann. Wir erhalten folgende Zusammenstellung:

Nr.	n	$m \cdot n$	$\dfrac{h_t}{cm}$	ξ'	A	B	γ	β	v''
1	2	8	0,6	0,486	0,005	0,019	21	0,4	0,16 (16%)
2	3	12	0,4	0,324	0,001	0,0035	47,7	0,4	0,067 (6,7%)
3	4	16	0,3	0,243	0,0002	0,0015	85	0,4	0,048 (4,8%)

Unter den angenommenen Verhältnissen wird man die Höhe der Teilleiter zu etwa 3—4 mm wählen können. Bei besonders tiefen Nuten empfiehlt es sich jedoch, die Höhe der Teilleiter nicht größer als 2—3 mm zu machen.

4. Zusätzliche Verluste in Gleichstrom-Ankerwicklungen.

In Gleichstrom-Ankerwicklungen ändert sich der Leiterstrom nur während des Vorganges der Stromwendung und ruft dann in den Leitern zusätzliche Verluste hervor. Auch hier läßt sich eine kritische Leiterhöhe angeben, die nicht überschritten werden sollte. Unter der Annahme einer unendlich kurzen Stromwendezeit (Rechteckform der Stromkurve) ergibt sich

$$h_{\mathrm{krit}} = \frac{1}{2 m \alpha} \sqrt{\frac{3\pi}{\lambda}}, \tag{42}$$

d. h. für die fast ausschließlich ausgeführte Zweischichtwicklung

$$h_{\mathrm{krit}} = \frac{1}{4 \alpha} \sqrt{\frac{3\pi}{\lambda}}. \tag{43}$$

Der Faktor α ist nach Gl. (38 a) zu berechnen mit einer Frequenz f, die sich nach Gl. (2 a) oder Gl. (2 b) ergibt (s. S. 7), wenn man an Stelle von n_s die Drehzahl n der Gleichstrommaschine einsetzt. Bei Berücksichtigung der wirklichen (endlichen) Stromwendezeit ergibt sich für h_{krit} ein etwas größerer Wert.

Im allgemeinen kommen nur bei *Stab*wicklungen Leiterhöhen vor, bei denen die zusätzlichen Verluste eine nicht tragbare Höhe erreichen. Wenn die Stabhöhe nur wenig unter der kritischen Höhe liegt, gibt man dem Stab in der Oberschicht vielfach eine um etwa 25% geringere Höhe als dem Stab in der Unterschicht; man erhält dabei günstigere Verhältnisse als bei *gleicher* Stabhöhe in Unter- und Oberschicht. Bei noch größeren Stabhöhen muß man Kunststäbe verwenden.

5. Zusätzliche Verluste in Nutenleitern durch das Hauptfeld.

Bei *offenen* Nuten dringt das magnetische Hauptfeld der Maschine in die oberen Schichten des Nutenraumes ein und ruft in den dort liegenden Nutenleitern ebenfalls zusätzliche Verluste hervor. Bei Wechselstrom-Ständerwicklungen für offene Nuten ist es daher manchmal notwendig, die Einzelleiter auch in der *Breite* zu unterteilen. Offene Nuten kommen im wesentlichen nur in Verbindung mit Formspulen vor. Wenn bei diesen die Leiter eine gewisse Breite überschreiten, müssen sie meistens schon deswegen in schmalere nebeneinander liegende Teilleiter unterteilt werden, damit die Verformung der Spulen bei der Herstellung (Abb. 124) keine Schwierigkeiten macht. Beim ROEBEL-Stab (Abb. 110) ist eine Unterteilung in der Breite von vornherein vorhanden, da zwei Schichten von Teilleitern nebeneinander liegen. Die Ankerleiter von Gleichstrommaschinen haben meistens quer zur Nut so geringe Abmessungen, daß die zusätzlichen Verluste durch das Hauptfeld in erträglichen Grenzen bleiben.

G. Herstellung der Wechselstrom-Ständerwicklungen.

1. Drahtwicklungen.

Für Drahtwicklungen gibt es mehrere Verfahren der Herstellung; die Spulen werden entweder unmittelbar in die Nuten der Maschinen eingewickelt oder außerhalb der Maschine vorbereitet und dann in halbfertigem Zustande in die Nuten eingelegt oder schließlich außerhalb der Maschine ganz fertiggestellt und dann eingebaut.

a) Träufelwicklungen. Die eingeträufelte Wicklung oder Träufelwicklung findet insbesondere bei den Ständern kleiner und mittlerer, selten größerer Maschinen Anwendung, bei denen, sofern sie für die üblichen Spannungen bemessen sind, die Windungszahl einer Spule verhältnismäßig groß, der Drahtquerschnitt verhältnismäßig klein ist. Die Spulen werden bei dieser Wicklungsart außerhalb der Maschine in ebener Form gewickelt, aber nicht isoliert; um ein Auseinanderfallen der Spulen während des Transportes innerhalb der Werkstatt zu verhindern, werden sie lediglich an einzelnen Stellen zusammengebunden. Die Drähte der Spulenseiten werden dann durch den Nutenschlitz der hier ausschließlich angewandten halboffenen Nuten *eingeträufelt*. Die Nuten sind vorher mit vorgefalzten Streifen aus Isolierstoff ausgekleidet worden. Damit die Isolation der Drähte beim Einträufeln an den scharfen Kanten des Nutenschlitzes nicht beschädigt wird, werden im allgemeinen zusätzliche Streifen aus Isolierstoff („Flügel" genannt) eingelegt, die in radialer Richtung über den Rand der Nut vorstehen. Um eine möglichst günstige Raumausnutzung zu erzielen und ein kreuzweises Übereinanderlegen der einzelnen Drähte zu verhindern, wird während des Einträufelns ab und zu ein flacher Dorn in die Nut eingeführt, mit dem die Drähte in eine zueinander parallele Lage gedrückt werden. Wenn die Drahtisolation nicht sehr widerstandsfähig ist (z. B. bei Lackdraht), wird sie hierdurch leicht beschädigt. Man schiebt dann besser ab und zu einen passenden Streifen aus Preßspan oder ähnlichem Stoff in die Nut, setzt darauf einen durch den Nutenschlitz durchtretenden „Treiber" und gibt auf diesen leichte Hammerschläge. In welcher Weise das Einträufeln in die Nut erfolgt, zeigt Abb. 111 an einer Zweischichtwicklung; bei der Einschichtwicklung ist der Vorgang der gleiche. Auf Abb. 111 sind im Vordergrund noch einige zum Einträufeln vorbereitete Spulen zu sehen.

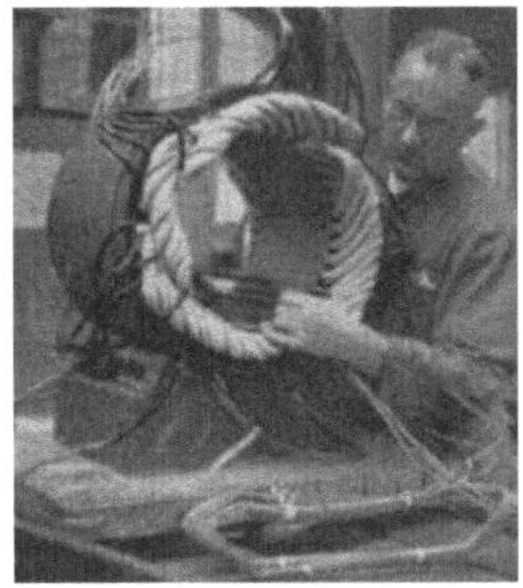

Abb. 111. Einträufeln von Spulen einer Zweischichtwicklung (Werkbild SIEMENS).

Nach dem Einlegen aller Leiter werden mittels des Dornes auch die (entsprechend abgeschnittenen) Ränder der Flügel übereinander gelegt (s. Abb. 183 b) und dann die Nut durch einen Keil verschlossen. Als Keil genügt bei kleinen Maschinen ein Streifen aus Preßspan oder Fiber, bei größeren werden Keile aus getränktem Hartholz oder Hartpapier verwendet.

Nach dem Einbau einer Spule müssen im allgemeinen die Spulenköpfe in radialer Richtung nach außen abgebogen werden; dies geschieht durch Schläge mit einem weichen Holz- oder Gummihammer. Wenn die Spule die richtige Lage und Form hat, werden die Spulenköpfe bei Zwei- und Drei-Ebenen-Wicklungen sowie bei Wicklungen mit gleichgeformten Spulengruppen im allgemeinen *weitläufig* oder *stellenweise*, bei Spulen gleicher Weite *dicht* mit mehreren Bandlagen bewickelt; zum Durchziehen des Bandes durch die schmalen Zwischenräume zwischen den einzelnen Spulen und auch zwischen Spulen und Eisenkörper dienen besondere Ha-

'Abb. 112. Wickelgestell für kleinere Ständer (Werkbild GARBE-LAHMEYER).

ken. Bei den weitläufig oder stellenweise bewickelten Köpfen dient das Band nur zur mechanischen Verfestigung. Die Isolation der verschiedenen Ebenen oder Spulengruppen gegeneinander wird durch Zwischenlagen aus Preßspan oder ähnlichem Isolierstoff bewirkt.

Um den Ständer in jede beliebige Lage drehen zu können, setzt
man ihn während des Wickelvorganges zweckmäßig in ein Gestell nach
Abb. 112. Dieses liegt unten auf Rollen, die eine leichte Beweglichkeit
um die waagerechte Achse gewährleisten. Die Rollen sitzen wieder auf
einem drehbaren Tisch, der eine Bewegung um die senkrechte Achse
gestattet. Eine ungewollte Drehung des Tisches wird durch eine Sperre
verhindert; durch einen Fußhebel erfolgt die Freigabe.

Die Spulen für die Träufelwicklung werden auf Wickelformen vor-
gewickelt. Um Lötverbindungen zu
sparen, wickelt man meistens die
Spulen einer Spulengruppe zusammenhängend. Dies ist sowohl bei

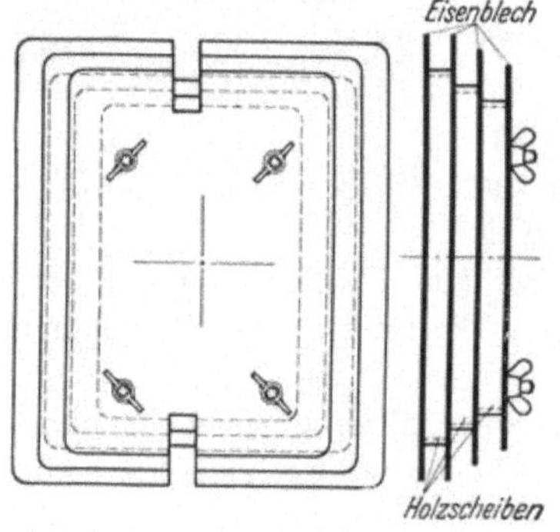

Abb. 113. Wickelform für eine aus
3 Spulen verschiedener Weite bestehenden
Spulengruppe.

Abb. 114. Wickelmaschine für Spulen
verschiedener Art (Werkbild Micafil).

Spulen gleicher Weite als auch bei Spulen verschiedener Weiten möglich.
Eine Wickelform für eine aus drei Spulen verschiedener Weite bestehende
Spulengruppe zeigt z. B. Abb. 113. Sie besteht aus Holzscheiben mit
Blechwänden; die Einschnitte in den Rändern der Blechwände dienen
zum Überleiten des Drahtes von einer Spule zur andern; außerdem
ermöglichen sie das Zusammenbinden der gewickelten Spulen, so daß
ein Auseinanderfallen während des Transportes verhindert wird. Die
Wickelformen werden auf Wickelmaschinen aufgespannt, von denen ein
Ausführungsbeispiel in Abb. 114 dargestellt ist.

Zur Herstellung von Spulen gleicher Weite kann man Einrichtungen
benutzen, die sich auf die jeweils erforderlichen Spulenabmessungen einstellen lassen. Eine solche Einrichtung und ihre Anwendung zeigt
Abb. 115 a—c; auf ihr läßt sich eine ganze Reihe von Spulen gleichzeitig wickeln. Auch für die Herstellung von Träufelspulen für kleine
Stromwenderanker ist die Einrichtung geeignet.

Die Träufelwicklung kann auch für größere Maschinen verwendet
werden. Bei Runddraht muß dessen Durchmesser natürlich geringer
sein als die Breite des Nutenschlitzes. Um diese Forderung zu erfüllen,
ist es oft notwendig, den gesamten durch die Stromstärke bedingten
Leiterquerschnitt auf mehrere parallele Einzeldrähte aufzuteilen. Die
Anordnung paralleler Wicklungs-
zweige führt ebenfalls zu kleineren Drahtquerschnitten.

An die Verwendung von
Runddraht ist man nicht unbedingt gebunden; man kann
auch Flachdraht einträufeln, der
etwa so breit ist wie die nutzbare
Nutenbreite. In diesem Falle hat
die Nut zweckmäßig die in Abbildung 4f dargestellte Form.
Der Flachdraht wird dann schräg
durch die Nutöffnung hindurch-
gebracht.

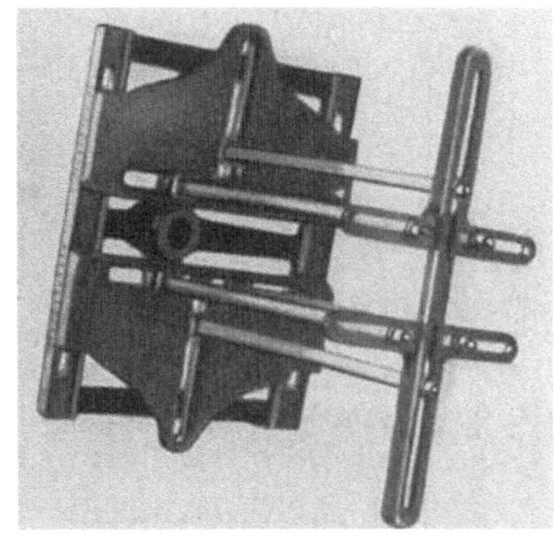

a

b

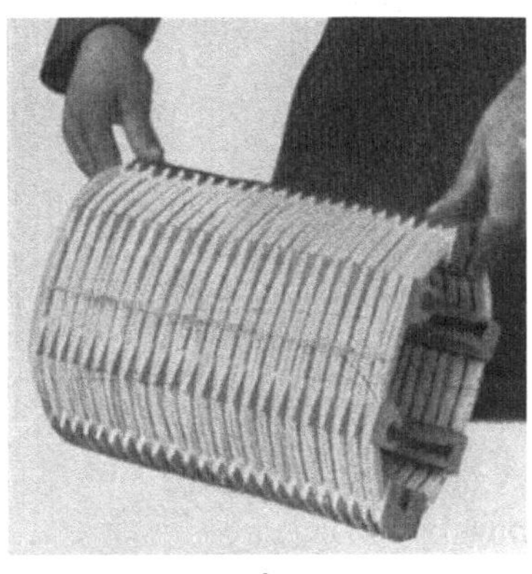

c

Abb. 115. Wickelform für Spulen gleicher Weite (Werkbild Schümann).
a Gestell; b Gestell mit fertigen auf Führungsstücke gewickelten Spulen; c abgenommener
Spulensatz mit Führungsstücken.

Als eine Abart der Träufelwicklung kann das Wicklungsverfahren
angesehen werden, bei dem die Windungen einzeln von Hand unmittelbar in die Nuten gewickelt werden. Dieses Verfahren wird gelegentlich
bei Instandsetzungsarbeiten sowie bei Drahtwicklungen für Läufer angewendet.

Um die Raumausnutzung der Nut bei Träufelwicklungen zahlen-
mäßig zu kennzeichnen, bedient man sich des *Nutenfüllfaktors*. Er ist

das Verhältnis des Produkts aus dem Raumbedarf eines Drahtes mit der Leiterzahl je Nut zu der aus den Stanzmaßen der Nut errechneten Fläche. Der Raumbedarf eines Runddrahtes ist die Fläche des Quadrats, dessen Seitenlänge gleich dem Durchmesser des isolierten Drahtes ist (Abb. 116). Bei Lackdraht muß man sich mit einem etwas kleineren Füllfaktor begnügen als bei Draht mit Papier- oder Baumwollisolation,

Abb. 116.
Erläuterung
des Raum-
bedarfs eines
Runddrahtes.

weil bei zu starker Pressung die Lackschicht beschädigt werden kann. Erreichbare Werte des Nutenfüllfaktors für kleine und mittlere Maschinen enthält die Zahlentafel 17. Bei größeren Maschinen erreicht man Füllfaktoren von 60 bis 65%.

b) Eingeschobene Wicklungen. Das Einträufeln der Spulen in die Ständernuten stößt auf Schwierigkeiten, wenn es sich um lange Ständer mit kleiner Bohrung handelt. Diese Schwierigkeiten sollen bei einem neuen Verfahren [L. 66] vermieden werden; nach ihm werden mittels einer besonderen Vorrichtung die in ähnlicher Weise wie bei der Träufelwicklung vorgewickelten Spulen von der Stirnseite her in die Nuten eingeschoben.

Zahlentafel 17.
Erreichbare Nutenfüllfaktoren bei Träufelwicklungen
für kleine und mittlere Maschinen.

Drahtisolation	Wicklungsart	kleine Maschinen	mittlere Maschinen
Lack . . . . {	Einschicht	48%	—
	Zweischicht	45%	—
Papier oder {	Einschicht	54%	58 bis 60%
Baumwolle {	Zweischicht	51%	55 bis 57%

c) Eingefädelte Wicklungen. Bei größeren Maschinen wird die Träufelwicklung selten angewandt. Für hohe Spannungen läßt sie sich nur schwer betriebssicher herstellen. Bei größeren Stromstärken muß man, wie schon erwähnt, den Leiter in mehrere parallele Drähte unterteilen, um ihn durch den Nutenschlitz zu bringen; dadurch wird die Ausnutzung des Nutenraumes verschlechtert.

Diese Nachteile werden vermieden oder wesentlich gemildert bei der eingefädelten oder Durchzieh-Wicklung. Zum Isolieren der Spulenseiten gegen das Blechpaket werden bei ihr zunächst der Nutform angepaßte, geschlossene Nutenhülsen in die Nuten eingeschoben, die aus Hartpapier oder Mikanit hergestellt sind. Der Draht wird durch diese Hülsen durchgezogen. Um den Spulenköpfen von vornherein die gewünschte Form zu geben, werden beim Wickeln an den Stirnseiten der Maschine Holzformen angebracht, die so zerlegbar sind, daß sie nach Fertigstellung einer Spule leicht beseitigt werden können (ähnlich wie in Abb. 125). Eine geordnete Lage der Drähte in der Nut wird durch besondere Hilfseinrichtungen erzielt; man füllt z. B. die Nutenhülsen vor dem Bewickeln mit Stahlnadeln aus, die nach Zahl und Stärke den Drähten einer Spulenseite entsprechen. Vor dem Einziehen einer Windung wird dann jeweils die Nadel herausgezogen, deren Platz die Windung einnehmen soll.

Der Draht wird möglichst in solcher Länge abgeschnitten, daß eine ganze Spule mit dem abgeschnittenen Stück gewickelt werden kann. Bei großer Windungszahl je Spule ist dies jedoch nicht empfehlenswert, da beim Einfädeln der ersten Windungen große Drahtlängen durch die Nuten zu ziehen wären. Der Zeitaufwand für das Wickeln würde dabei groß werden, außerdem würde das häufige Durchziehen des Drahtes durch die Nuten die Drahtisolation gefährden. Es ist daher in solchen Fällen besser, die Spule in mehreren Teilabschnitten zu wickeln und Lötstellen innerhalb der Spule (im Spulenkopf) vorzusehen; diese Lötstellen müssen sorgfältig isoliert werden.

Abb. 117. Einfädeln einer Ständerwicklung (Werkbild SIEMENS).

Eingefädelte Wicklungen werden nur mit Runddraht hergestellt. Der größte Drahtdurchmesser, der sich noch einwandfrei verarbeiten läßt, beträgt etwa 4 mm. Bei Baumwollisolation wird zweckmäßig Draht verwendet, dessen äußere Isolierschicht umflochten und außerdem imprägniert ist; bei Glasseidenisolation ist auch umsponnener und imprägnierter Draht hinreichend widerstandsfähig. Damit der Draht besser gleitet, wird er meistens mit einem glättenden Mittel (Talkum) eingerieben.

Der beim Durchziehen aus der Nut herauskommende Draht wird meistens auf eine Trommel von großem Durchmesser mittels einer Handkurbel aufgewickelt. Auf jeder Stirnseite des zu bewickelnden Ständers wird eine solche Trommel aufgestellt. Der aufgewickelte Draht wird dann von der Trommel seitwärts abgezogen und in Form eines losen Drahtringes in einen Holzbehälter entsprechender Größe flach eingelegt. Beim Durchziehen der nächsten Windung wickelt sich der Draht von diesem Drahtring ab und wird auf der andern Stirnseite auf die dort stehende Trommel aufgespult. Den Vorgang des Einfädelns läßt Abb. 117

erkennen; wegen der Kürze der zu verarbeitenden Drahtlängen ist die Verwendung der erwähnten Trommeln dort nicht notwendig.

Die eingefädelte Wicklung wird als Einschichtwicklung hauptsächlich bei Maschinen mittlerer Leistung mit Spannungen bis etwa 2000 — 3000 Volt verwendet. Für höhere Spannungen ist sie nur dann brauchbar, wenn die Zwischenräume zwischen den einzelnen Drähten sowohl in den Nuthülsen als auch in den Wicklungsköpfen vollständig mit Füllmasse (Kompoundmasse) ausgefüllt werden können, so daß keine Lufträume mehr vorhanden sind (s. S. 232). Dies gelingt nur, wenn der ganze Ständer in eine Tränkanlage eingesetzt werden kann.

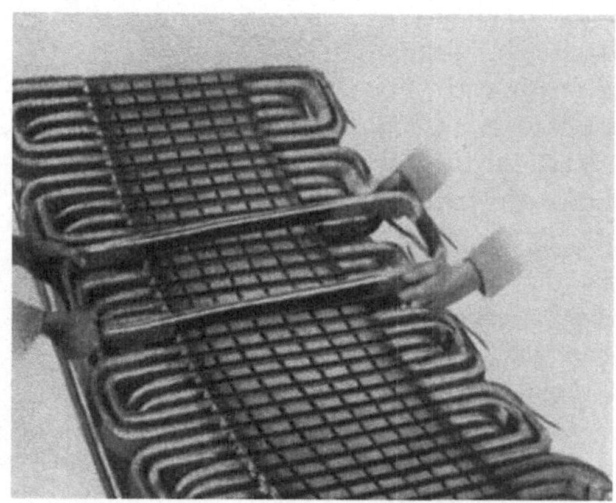

Abb. 118. Einlegen von Formspulen in offene Nuten (Werkbild BBC).

d) Wicklungen mit Formspulen. Formspulen werden außerhalb der Maschine gewickelt, in die endgültige Form gebracht, fertig isoliert und dann in die Nuten eingelegt; ihre Anwendung setzt im allgemeinen offene Nuten voraus, die meistens eine Form nach Abb. 4b haben. Das Einlegen einer Spule einer dreiphasigen Einschichtwicklung in offene Nuten zeigt Abb. 118. Nach dem Einlegen der Spulen werden die Nuten durch Keile aus getränktem Hartholz, Hartpapier oder dergleichen geschlossen.

Formspulen zum Einlegen in offene Nuten stellen vom isolationstechnischen Standpunkt aus die höchstwertige Wicklungsart dar. Bei den höchsten vorkommenden Maschinenspannungen finden sie fast ausschließlich Anwendung.

In besonderen Fällen werden Formspulen auch zum Einschieben in die Nut hergestellt (Abb. 119). Die Nuten brauchen dabei nicht ganz offen zu sein, jedoch muß der Schlitz immerhin so weit sein, daß der radiale Teil der Stirnverbindung durch ihn hindurchgeht.

Bei der Zweischichtwicklung, die für Maschinen mittlerer bis großer Leistung und hoher Spannung in Verbindung mit offenen Nuten große Vorteile bietet, werden, sofern es sich um Drahtwicklung handelt, aus-schließlich Formspulen an-

gewendet. Eine Gruppe von Formspulen für eine solche Wicklung zeigt Abb. 120: die Spulen liegen in Holz-rahmen, die eine Nutung haben, die der Nutung der Maschine genau entspricht und die zum Einpassen der Spulen dienen. Das Einlegen dieser Spulen in die Maschine läßt Abb. 62 erkennen.

Die Anwendung offener Nuten hat nicht nur den großen Vorteil, daß die Spu-len hochwertig isoliert wer-den können, auch das Aus-wechseln schadhafter Spulen ist leicht möglich, ohne daß bei dieser Arbeit die noch brauchbaren Spulen ge-

Abb. 119. Einschieben von Formspulen in halb-geschlossene Nuten (Werkbild BBC).

fährdet werden. Dies gilt sowohl für die Einschicht- als auch für die Zweischichtwicklung. Das Auswechseln einer Spule einer Zweischicht-wicklung zeigt Abb. 121 a und b. Die in der Oberschicht liegenden

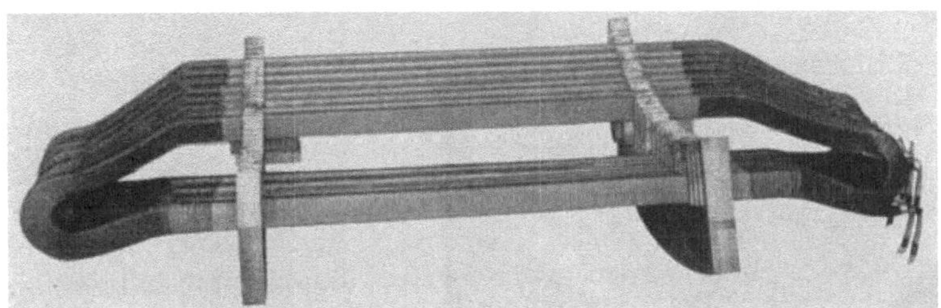

Abb. 120. Gruppe von Formspulen einer Zweischichtwicklung (Werkbild AEG)

Spulenseiten derjenigen Spulen, die die schadhafte Spule überdecken, werden nach Entfernen des Nutenkeils mit besonderen Werkzeugen hochgehoben und dann festgebunden; die schadhafte Spule läßt sich nun durch eine neue ersetzen.

Bei der Herstellung einer Spule wird der Draht zunächst auf eine Wickelform aufgewickelt; die gewickelte Spule wird sodann in die richtige Form gebracht. Bei der Einschichtwicklung sind lediglich die Wicklungsköpfe abzubiegen (Abbildung 122). Bei der Zweischichtwicklung werden zunächst die Spulen in langgestreckter ebener Form gewickelt; die Leiter der Spulenseiten werden behelfsmäßig zusammengebunden. Nach dem Abziehen von der Form werden die Spulen weitläufig (an den später zu biegenden Stellen etwas enger) mit Band umwickelt und dann in die richtige Form gezogen (gespreizt). Die Einrichtungen für das Spreizen der Spulen werden entweder von Hand oder mittels Preßluft (Abb. 123) betätigt. Die so vorbereiteten Spulen werden mit Füllmasse behandelt (kompoundiert). Nach dem Kompoundieren (s. S. 232) wird die Spule geglättet und zweckmäßig auf der ganzen Länge mit einer Lage Band halbüberlappt bewickelt. Anschließend werden die Spulenseiten umbügelt; bei der damit verbundenen Erwärmung der Spulenseiten verhindert die voraufgegangene Bandbewicklung das Abfließen von Füll-

a

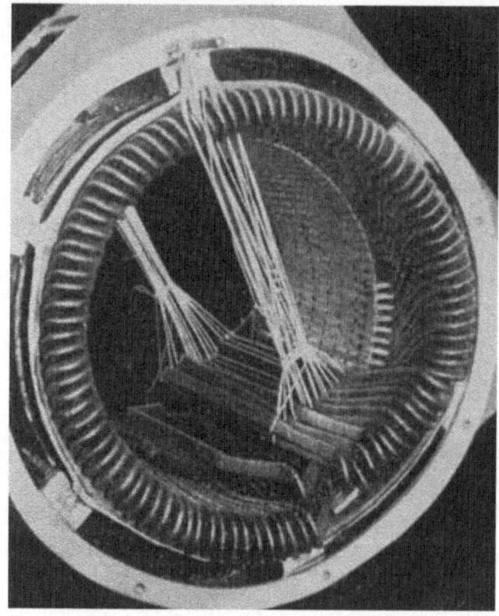

b

Abb. 121. Auswechseln einer schadhaften Ständerspule einer Zweischichtwicklung (Werkbild AEG).

masse aus dem Innern und das Entstehen von Hohlräumen. Schließlich werden die Spulenköpfe mit weiteren Bandlagen bewickelt (s. Abschnitt IX D bis G). Eine auf diese Weise hergestellte Formspule in verschiedenen Zuständen während der Herstellung zeigt Abb. 124.

e) Wicklungen mit Halbformspulen. Die Halbformspule findet dort Anwendung, wo man die Vorteile der Ganzformspule nach Möglichkeit

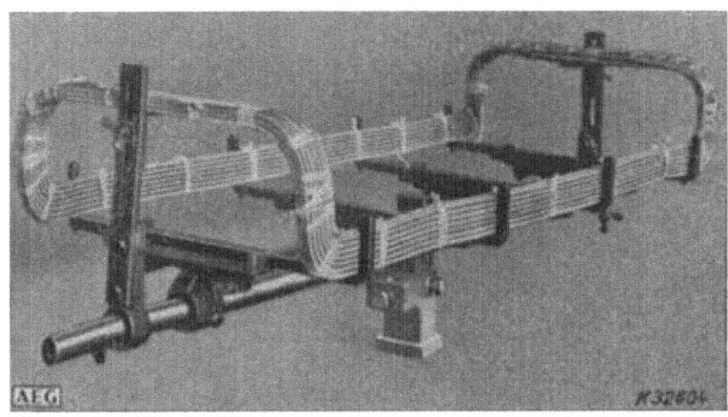

Abb. 122. Formspule einer Einschichtwicklung in einer Richtvorrichtung (Werkbild AEG).

auch bei halbgeschlossenen Nuten anwenden will. Die beiden in den Nuten liegenden Spulenseiten und *ein* Spulenkopf werden auch bei einer Halbformspule außerhalb der Maschine fertig isoliert. Der zweite Spulenkopf ist jedoch aufgeschnitten; die freien Enden sind nicht abgebogen, sondern haben die Richtung der Spulenseiten. In dieser Form

Abb. 123. Spreizeinrichtung mit Preßluftantrieb für Spulen von Zweischichtwicklungen (Werkbild SIEMENS).

kann die Spule von einer Stirnseite her in die Nuten eingeschoben werden. Nach dem Einschieben werden die einzelnen Leiter im offenen Spulenkopf abgebogen, wobei Holzformen benutzt werden, welche die richtige Form des Spulenkopfes sichern (Abb. 125). Die zusammengehörigen

8*

Enden werden miteinander verlötet, nachdem vorher dünnwandige
Blechhülsen übergeschoben worden sind.

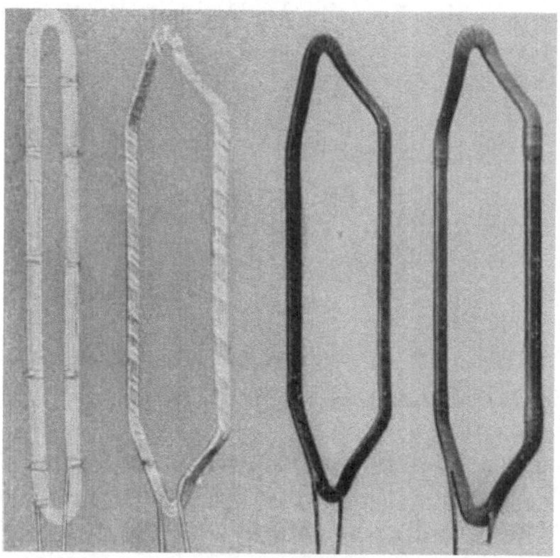

Abb. 124. Formspule einer Zweischichtwicklung in verschiedenen Zuständen
der Herstellung (Werkbild SIEMENS).

Zur Herstellung der Spulen werden die einzelnen Leiter zunächst
auf die richtige Länge abgeschnitten und in der Weise zusammengelegt,

Abb. 125. Ständer mit Halbformspulen und Holzformen für die Verlegung
der Stirnverbindungen (Werkbild BBC).

wie sie später in der Nut liegen sollen. Das Zusammenlegen ist einfach,
wenn es sich um Flachdrähte handelt, die die ganze nutzbare Nuten-

breite einnehmen; liegen hingegen mehrere Leiter nebeneinander, so sind besondere Formen und Klammern notwendig, um die Leiter zusammenzuhalten (Abb. 126).

Das Leiterbündel wird sodann auf Biegeeinrichtungen in die richtige Form gebracht. Die Spulenseiten und der eine Spulenkopf werden fertig isoliert. Abb. 127 zeigt eine Spule während der Herstellung.

Abb. 126. Herrichten von Drahtenden für Halbformspulen (Werkbild GARBE-LAHMEYER).

Da an den Lötstellen die einzelnen Leiter nachträglich neu isoliert werden müssen, tritt an diesen Stellen ein stärkerer Isolationsauftrag auf. Es ist daher notwendig, die Verbindungsstellen gegeneinander versetzt anzuordnen. Zu diesem Zweck müssen schon beim Zusammensetzen der Spule die einzelnen Leiter so gelegt werden, daß ihre Enden gegeneinander versetzt sind (s. Abb. 127).

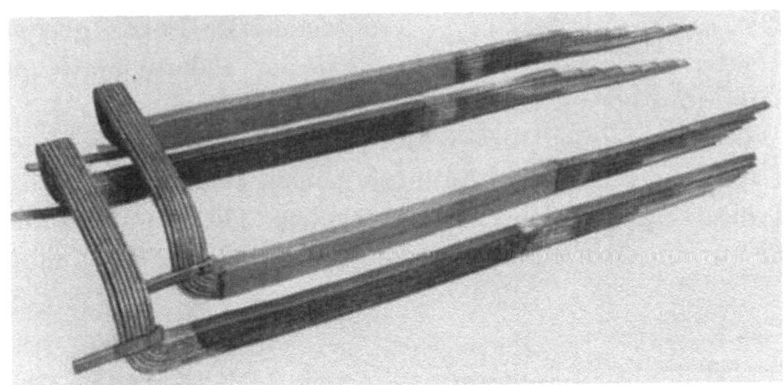

Abb. 127. Halbformspulen während der Herstellung (Werkbild AEG).

Zu den Halbformspulen können auch *Bündelspulen* (SSW) gerechnet werden. Bei ihnen wird jede Spule aus zwei Teilen zusammengesetzt; jeder Teil enthält *eine* Spulenseite und *eine* Stirnverbindung (Abb. 128). Die zu einer Nut gehörigen Leiter, die aus gepreßter Litze bestehen, werden zunächst isoliert (meistens durch Umwickeln mit Glimmer-Faserstoff-Band) und zu Bündeln vereinigt; die Bündel werden mit Füllmasse durchtränkt. Der in der Nut liegende Teil wird sodann durch Umpressen isoliert. Die Verbindung der einzelnen Leiter in der Maschine erfolgt durch Hartlöten der stumpf aneinandergelegten Leiterenden. In den Wicklungsköpfen werden die Bündel durch Umwickeln mit Band isoliert.

2. Stabwicklungen.

Auch die Stabwicklungen können nach verschiedenen Verfahren hergestellt werden. Bei dem für Zweischichtwicklungen gebräuchlichsten Verfahren wird die Wicklung aus Stabelementen zusammengesetzt, von denen jedes *einen* Nutenleiter mit je einer halben Stirnverbindung auf jeder Seite umfaßt. Je zwei Stabelemente bilden eine Spule. Die Stabelemente werden, sofern es sich um massive Stäbe handelt, der Werkstatt im allgemeinen unisoliert angeliefert. Sie werden in der auf S. 230 beschriebenen Weise isoliert.

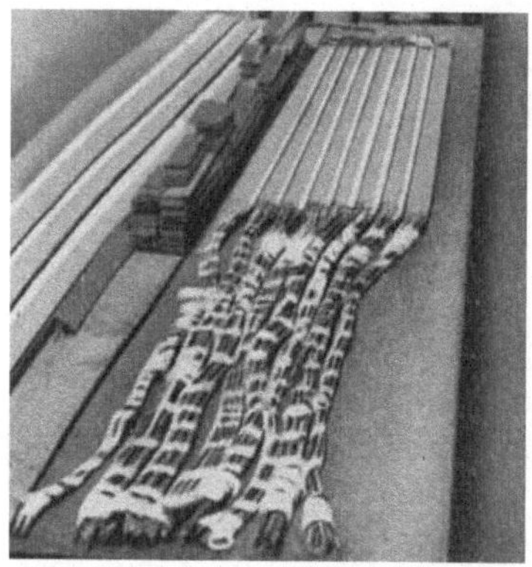

Abb. 128.
Bündelspulen (Werkbild SIEMENS).

Da in Verbindung mit Stabwicklungen vorzugsweise *halbgeschlossene* Nuten Verwendung finden, müssen die Stäbe von einer Seite her in die Nuten eingeschoben werden. Deshalb kann *vor* dem Einbau nur auf *einer* Stirnseite der aus der Nut herausragende Teil des Stabes in die endgültige Form gebracht und durch Umbandeln isoliert werden. Auf der andern Seite muß das Abbiegen und Isolieren *nach* dem Einbau erfolgen.

Die zu verbindenden Enden der Stäbe werden so abgebogen, daß sie axial gerichtet sind; sie bleiben zunächst unisoliert. Meistens wird über sie eine *Zwinge* (Abb. 129a) geschoben. Da Unterstab und Oberstab nicht unmittelbar aufeinander liegen, wird der dadurch entstehende

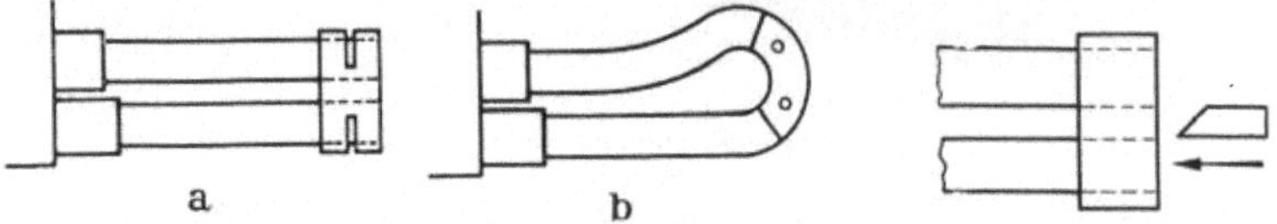

Abb. 129. Stabverbindungen a mit Zwingen,
b mit Nasen.

Abb. 130. Stabverbindung mit
Zwinge und Zwischenkeil.

Hohlraum in der Zwinge durch ein Füllstück aus Kupfer ausgefüllt. Dieses Füllstück wird zweckmäßig in Form eines Keiles eingetrieben (Abb. 130). Nachdem auf diese Weise die Stäbe mechanisch fest miteinander verbunden sind, wird die Verbindungstelle zur Sicherstellung eines guten Stromübergangs verlötet. Um ein Abgleiten der Zwingen vor dem Verlöten zu verhindern, werden diese meistens an die Stabenden mit besonderen Zangen angepreßt, deren Backen nach innen gerichtete Dorne tragen. Um ein gutes Eindringen des Lotes in die

Zwischenräume zu gewährleisten, werden in die Zwingen oft einige Einschnitte eingesägt (in Abb. 129a angedeutet).

Abb. 131 zeigt eine Wicklung während der Herstellung. Die Stäbe sind eingeschoben, die geraden Enden erst teilweise abgebogen. Man sieht, wie gerade ein Stabende mittels eines übergeschobenen Rohres abgebogen wird. Vor dem Abbiegen der Enden sind bereits die Verbindungen der beiden Wellenzüge (s. S. 56) hergestellt. Sie sind mit weißem Band isoliert und daher im Bilde besonders deutlich erkennbar. Sie entsprechen der Verbindung U_2 mit X_1 in Abb. 75.

Je Nut sind bei den zweischichtigen Stabwicklungen meistens nur zwei Stäbe vorhanden, von denen der eine in der Oberschicht, der andere in der Unterschicht liegt. Doch kommen auch Wicklungen mit vier Stäben je Nut (zwei in jeder Schicht) vor. Ausführungen mit sechs Stäben je Nut sind sehr selten.

Abb. 131. Zweischichtige Ständer-Stabwicklung während der Herstellung (Werkbild SIEMENS).

Bei Stabwicklungen für hohe Spannungen (etwa ab 4000 Volt) wird die Zwingenverbindung häufig durch eine Verbindung mit *Nasen* (Abb. 129b) ersetzt, weil diese scharfe Kanten und Ecken vermeidet und daher günstigere elektrische Feldverhältnisse mit sich bringt.

Wenn die Stäbe zur Unterdrückung von Zusatzverlusten durch Stromverdrängung unterteilt werden, müssen entweder alle Teilleiter isoliert sein oder es müssen unisolierte und isolierte Teilleiter so aufeinander folgen, daß benachbarte Teilleiter sich nicht berühren. Soll auf einer Stirnseite eine Verdrillung der Teilleiter vorgenommen werden, müssen bei dem oben beschriebenen Herstellungsverfahren mit Lötstellen auf *jeder* Stirnseite an der Verdrillungsstelle die Teilleiter nach einer bestimmten, durch die gewünschte Umschichtung vorgeschriebenen Ordnung *einzeln* miteinander verlötet und isoliert werden. Eine derartige Verbindung ist nicht nur teuer in der Herstellung, sondern erfordert auch viel Raum, der nicht immer vorhanden ist. Man stellt daher in solchen Fällen auch Stabwicklungen mit Lötstellen auf *einer* Stirnseite her. Bei ihnen enthält ein Stabelement *zwei* Nutenleiter mit den zugehörigen Stirnverbindungen. Der eine Spulenkopf wird dann vor dem Einbau der Wicklung in ähnlicher Weise geformt wie bei einer Formspule (Abb. 124); die Enden, die später den andern Spulenkopf bilden, bleiben zunächst gerade gerichtet, damit das Stabelement in die Nuten eingeschoben werden kann.

Das Einschieben ist bei dieser Wicklungsart nicht ganz einfach, weil die aus oberschichtigen und unterschichtigen Stäben bestehenden Stabelemente ineinander greifen. Zunächst müssen alle Stabelemente mit den freien Enden ein kurzes Stück in die Nuten eingesetzt werden. Dann werden die Stabelemente in fortlaufender Folge im Kreise herum nach und nach immer ein wenig weitergeschoben, bis die ganze Wicklung ihre richtige Lage hat. Die freien Enden der Stabelemente werden dann in die richtige Lage abgebogen und in der gleichen Weise verbunden, wie bei den Stabwicklungen mit Lötstellen auf beiden Stirnseiten.

Bei Maschinen sehr großer Leistung (besonders Turbogeneratoren) wird die Wicklung meistens in anderer Weise gefertigt. Nutenstäbe und Stirnverbindungen werden für sich getrennt hergestellt; jede Spule wird also aus vier Teilen zusammengesetzt. Die Nutenleiter sind gerade Stäbe, die nur an den Enden zuweilen um 90° abgebogen sind (Abb. 132);

Abb. 132.
Enden von Nutenstäben.
Abb. 133.
Kröpfungsstelle von Gabelverbindern.

sie werden in die Nuten eingeschoben oder eingelegt. Vor dem Einbau werden sie auf ihrer ganzen Länge mit Mikafolium umbügelt; nur ein kurzes Stück an jedem Ende bleibt für das Anbringen der Stirnverbindungen frei. Zur Verbindung der Stäbe miteinander dienen Bügel oder Gabeln aus Kupfer. Die Gabeln werden meistens in Evolventenform angeordnet; sie erhalten, wenn sie aus einem Stück hergestellt sind, in der Mitte, wo sie aus einer Ebene der Stirnverbindungen in die andere übertreten, eine Kröpfung (Abb. 133). Zuweilen wird jede Gabel aber auch aus zwei Teilen hergestellt, die an der Kröpfungsstelle miteinander verlötet und verschraubt werden (Abb. 72). Die Bügel werden bis auf die Enden vor dem Einbau durch Umwickeln mit Band isoliert.

Wenn die Nutenstäbe eine bestimmte Höhe überschreiten, müssen sie, wie schon erwähnt, zur Verringerung der zusätzlichen Stromwärmeverluste aus verdrillten Teilleitern zusammengesetzt werden (vgl. Abb. 110). Die Teilleiter werden auf die richtige Länge abgeschnitten, in die richtige Form gebogen und sodann mit Zwischenlagen aus Isolierstoff (meist Glimmerpapier von etwa 0,2 mm Stärke) zum Stab zusammengesetzt. Die Zwischenlagen werden zuweilen auch nach dem Zusammensetzen der Teilleiter zwischengeschoben. An den Umleitungsstellen wird die Isolation verstärkt. Wenn zwei Schichten von

Teilleitern vorhanden sind, wie beim Roebelstab, wird zwischen diese Schichten gewöhnlich Glimmerseide gelegt. Die Stäbe werden dann mit einem Bindemittel (Kunstharzmischung) bestrichen und unter Hitze zusammengepreßt; dadurch erzielt man einen mechanisch festen Zusammenhalt des Stabes. Bevor der Stab als Ganzes isoliert wird, findet oft noch eine Prüfung daraufhin statt, ob keine Teilleiter sich unmittelbar berühren. Dies kann mittels einer Prüflampe geschehen. An den Stabenden werden sodann die Teilleiter durch Hartlöten miteinander verbunden; die Enden werden oft durch Fräsen so hergerichtet, daß sie in zuverlässiger Weise mit den Bügeln verbunden werden können.

Die Verbindung der Stäbe mit den Bügeln oder Gabeln kann in verschiedener Weise erfolgen; sie muß hinreichende mechanische Festigkeit und geringen elektrischen Übergangswiderstand besitzen. In Abb. 72 sind z. B. die Enden der Gabeln mit Laschen versehen, die mit den Stabenden verschraubt und verlötet werden. Eine ähnliche Verbindungsart zeigt Abb. 134. Hier sind an den Enden der Gabeln Schnallen durch Hartlöten befestigt; diese werden über die Stabenden geschoben und mit diesen vernietet, verkeilt und verlötet.

Abb. 134. Verbindung zwischen Nutenstab und Gabelverbinder (Werkbild SIEMENS).

Die Verbindungsstellen bleiben zuweilen unisoliert (Abb. 72), meistens werden sie aber ebenso wie die anderen Teile der Stirnverbindungen durch Umwickeln mit Band sorgfältig isoliert. Derartige isolierte Verbindungsstellen zeigt Abb. 68.

IV. Mehrphasige Läuferwicklungen.

Mehrphasige Wicklungen im Läufer haben die Asynchronmaschinen. Die Draht- und Stabwicklungen sind fast stets dreiphasige Wicklungen, deren grundsätzliche Anordnung mit derjenigen der dreiphasigen Ständerwicklungen übereinstimmt. Nur selten kommen bei Maschinen kleiner Leistung zweiphasige verkettete Wicklungen vor, die dann ebenfalls grundsätzlich mit den entsprechenden Ständerwicklungen übereinstimmen.

A. Drahtwicklungen.

Drahtwicklungen kommen nur bei Maschinen für kleine Leistungen vor. Da die Spannung der Wicklung beim Läufer keinen bestimmten Wert zu haben braucht, so wählt man zweckmäßig die Windungszahl

so, daß man den Raum in der Nut möglichst gut ausnutzt, und daß die
Herstellung der Wicklung möglichst einfach wird. Da die Läufernuten
bei den kleinen Maschinen schmal und tief sind, kann die Drahtstärke
zuweilen so gewählt werden, daß sie gerade die nutzbare Breite der
Nut ausfüllt. Man erhält dann nur wenige Leiter je Nut, die alle in
radialer Richtung übereinander liegen (Abb. 135). Bei Maschinen mit
Leistungen bis 2...3 kW muß jedoch im allgemeinen eine größere
Zahl von Leitern je Nut vorgesehen werden, weil sonst die Läuferspannung zu gering oder der Strom verhältnismäßig zu groß werden
würde. Die Wicklung wird durch Einfädeln oder durch unmittelbares
Einlegen des Drahtes in die Nuten hergestellt.
Beim unmittelbaren Einlegen muß mit Rücksicht
auf die geringe Breite des Nutenschlitzes meistens
mit Paralleldrähten gearbeitet werden. Die Nuten
sind halbgeschlossen mit schmalem Schlitz, zuweilen
bei kleinen Maschinen auch ganz geschlossen. Der
Anordnung der Stirnverbindungen nach sind die
Wicklungen bei *gerader* Polpaarzahl Zwei-Eben-
Wicklungen. Die Stirnverbindungen der einen
Ebene werden nach der Welle hin abgebogen.
Die Spulengruppen, deren Stirnverbindungen dieser
Ebene angehören, werden zuerst gewickelt. Passende
Holzformen, die an die Stirnseiten gesetzt werden,
sorgen dafür, daß die Drähte gleich ihre richtige
Lage erhalten. Die Spulenköpfe der zuletzt ein-
gewickelten Spulengruppen, die in der zweiten
Ebene liegen, werden meistens nicht zur

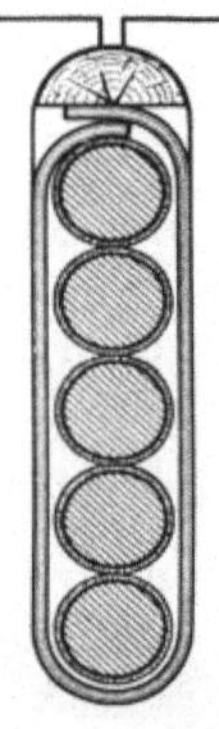

Abb. 135.
Querschnitt durch eine
halbgeschlossene Läu-
fernut mit Drahtwick-
lung (eingefädelte
Wicklung).

Welle hin abgebogen.

Auch bei *ungerader* Polpaarzahl sind Zwei-Ebenen-Wicklungen möglich, wenn *eine* Spulengruppe *gekröpft* wird; die Spulenköpfe sind dann
meistens nach Abb. 43c geformt. Es kommen aber auch Drei-Ebenen-
Wicklungen — meistens mit Spulenköpfen nach Abb. 49a — vor.

Die Verbindung der Wicklung mit den Schleifringen erfolgt bei der
Drahtwicklung so, daß die Anfänge der Stränge in Ösen gesteckt werden,
die aus Blechstreifen gebildet sind, und mit diesen verlötet werden. Die
Blechstreifen stehen unmittelbar oder mittelbar mit den Schleifringen
in Verbindung.

B. Stabwicklungen.

Stabwicklungen werden meistens als Zweischichtwicklungen ausgeführt und als Wellenwicklungen ohne Sehnung geschaltet. Ganzlochwicklungen werden bevorzugt, jedoch zuweilen auch Bruchlochwicklungen angewandt, um eine günstige Nutteilung bzw. Nutbreite zu erhal-

ten. Auch diese Wicklungen entsprechen grundsätzlich den gleichartigen Ständerwicklungen. Abb. 136 zeigt die Herstellung einer solchen Wicklung, die in ähnlicher Weise erfolgt wie die der gleichartigen Ständerwicklung in Abb. 131. Im Vordergrund der Abb. 136 liegen einige zum Einschieben in die Nuten vorbereitete Stäbe.

Die Anfänge der Wicklungsstränge werden zu Schleifringen geführt. Die Verbindung zwischen Wicklung und Schleifring erfolgt bei dieser Wicklungsart in ähnlicher Weise wie die Verbindung zwischen Stromwenderwicklungen und Stromwender. Die Fahnen (Abb. 137) sind an einem Ende zu Zwingen ausgebildet, die auf die Stabenden geschoben und mit diesen verlötet werden. Sie werden hier

Abb. 136. Zweischichtige Läufer-Stabwicklung während der Herstellung (Werkbild SIEMENS).

meistens *Ableitungen* genannt. Das andere Ende einer Ableitung wird mit einem am Schleifringkörper sitzenden Bolzen verbunden, der die Verbindung zum Schleifring herstellt. Die Verbindung zwischen Ableitung und Bolzen erfolgt entweder durch Verschrauben, wobei das Ende der Ableitung um 90° gedreht werden muß (Abb. 137), oder durch Vernieten und Verlöten, wobei der Bolzen einen Schlitz erhält, in den die Ableitung eingelegt wird.

Häufig, und zwar insbesondere bei Maschinen mit hohen Drehzahlen, werden die Anfänge der drei Wicklungsstränge so angeordnet, daß sie räumlich um 120° am Umfang auseinanderliegen, weil dann die Verbindungsfahnen zum Schleifringkörper keine Verlagerung des Schwerpunktes hervorrufen. Wenn die Polpaarzahl der Maschine durch drei teilbar ist, ist jedoch eine Versetzung der Anschlußpunkte um 120° nicht möglich.

Abb. 137.
Ableitung einer Läufer-Stabwicklung.

Seltener werden Läuferwicklungen als einschichtige Stabwicklungen mit Bügelverbindern ausgeführt. Eine einschichtige Stabwicklung mit Bügeln, die in zwei Ebenen (Etagen) angeordnet sind, zeigt Abb. 138. Hinsichtlich der Ausführung entspricht sie etwa der Ständerwicklung in Abb. 64. Die Zuführungen zu den Schleifringen liegen hier nicht gleichmäßig am Umfang verteilt, sondern unmittelbar nebeneinander, einmal. weil es sich um eine Maschine mit geringer Drehzahl handelt, bei der das Gewicht der Zuführungen gegenüber dem gesamten Läufergewicht keine Rolle spielt, dann aber auch, weil bei der hier gewählten Anordnung die Befestigungseinrichtungen für die Zuleitungen nur einmal vorgesehen zu werden brauchen.

C. Käfigwicklungen.

Die Käfigwicklung ist die in der Herstellung einfachste und im Betrieb unempfindlichste Läuferwicklung. In der bekanntesten, früher allgemein üblichen Ausführungsform ist der Läufer mit runden Nuten versehen (Abb. 139a), die entweder einen schmalen Schlitz haben oder ganz geschlossen sind. Ganz geschlossene Läufernuten wendet man gern an bei Sonderausführungen für rauhe Betriebe (z. B. Kranmotoren), weil bei etwaigem Streifen des Läufers am Ständer (etwa durch Auslaufen eines Lagers veranlaßt) die Blechpakete weniger beschädigt werden. Außerdem kommen ganz geschlossene

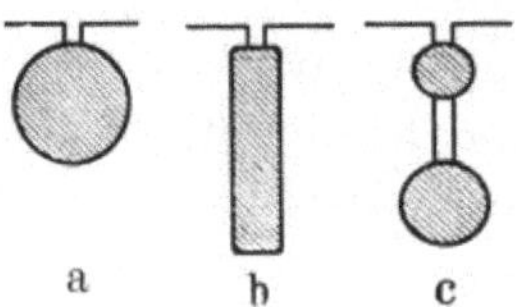

Abb. 138. Läufer eines Asynchronmotors mit einschichtiger Stabwicklung (Werkbild AEG).

Läufernuten allgemein bei Maschinen sehr geringer Leistung vor. In die Nuten werden Kupferstäbe eingeschoben, die an beiden Seiten des Blechpaketes ein kurzes Stück aus den Nuten vorstehen. Bei kleinen

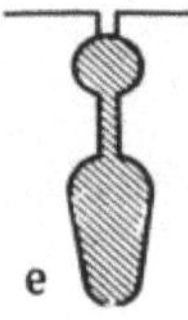

Abb. 139. Nutenformen bei Käfigläufern.

Maschinen sind die Stäbe unisoliert, bei größeren isoliert. Zur Verbindung der Stäbe untereinander dienen Kupferringe.

Die Käfigwicklung stellt in elektrischer Hinsicht eine Wicklung dar, bei der jeder Stab einen Wicklungsstrang bildet. Durch die Ringe werden die Wicklungsstränge in „Stern" geschaltet.

Häufig wird bei den Käfigwicklungen die frequenzabhärgige Stromverdrängung benutzt, um während des Anlaufs eine künstliche Widerstandserhöhung in den Stäben hervorzurufen, die die Anlaufverhältnisse verbessert. Man gibt zu diesem Zweck den Nuten und ihren Stäben nicht einen runden Querschnitt nach Abb. 139a, sondern einen in radialer Richtung langgestreckten, etwa einen rechteckigen nach Abb. 139b. Ein mit solchen Stäben versehener Läufer wird *Stromverdrängungsläufer* oder *Wirbelstromläufer* genannt; für die Wicklung selbst ist auch die Bezeichnung *Hochstabwicklung* gebräuchlich. Einen Ausschnitt einer solchen Wicklung zeigt Abb. 140.

Ähnliche Wirkungen werden erzielt, wenn man zwar runde Stäbe nimmt, aber nicht *eine* sondern *zwei* ineinanderliegende Schichten von Stäben vorsieht (Doppelstab- oder Doppelnutläufer). Die zu verschiedenen Schichten gehörigen Stäbe können radial un-

Abb. 140.   Teilansicht eines Wirbelstromläufers
(Werkbild GARBE-LAHMEYER).

mittelbar übereinander (Abb. 139c) oder auch zueinander versetzt (Abb. 139d) liegen. Die Stäbe der inneren Schicht haben oft auch einen von der Kreisform abweichenden Querschnitt (rechteckig, trapezförmig

Abb. 141.   Doppelkäfigläufer (Werkbild Sachsenwerk).

oder nach Abb. 139e). Der Querschnitt der Stäbe der inneren Schicht (Betriebswicklung) ist immer größer als derjenige der äußeren (Anlaufwicklung). Die Verbindung der Stäbe untereinander geschieht meistens so, daß jede Stabschicht ihr eigenes Ringpaar erhält, wobei sich zwei getrennte Käfige ergeben (Abb. 141), seltener mit einem einzigen Ringpaar, wobei *ein* Doppelkäfig entsteht. Um der Anlaufwicklung bei gegebenem Widerstand eine größere Wärmekapazität zu verleihen, stellt man sie häufig nicht aus Kupfer, sondern aus einem Stoff mit geringerer elektrischer Leitfähigkeit (z. B. Messing oder Bronze) jedoch größerem Querschnitt her.

Für die grundsätzlich durch Hartlot herzustellende Verbindung zwischen Stäben und Ringen gibt es verschiedene konstruktive Möglichkeiten (vgl. Abb. 140 u. 141). Käfigläufer werden auch in der Weise hergestellt, daß die Wicklung (Stäbe und Ringe) als Ganzes aus Aluminium gegossen wird. Häufig werden dabei auch Lüfterflügel mit angegossen.

Zweiter Teil.

Stromwenderwicklungen.

V. Wicklungen für Gleichstrom- und Wechselstrom-Stromwendermaschinen.

A. Allgemeines.

Stromwenderanker finden am häufigsten Anwendung bei den Gleichstrommaschinen; bei der Betrachtung der Stromwenderwicklungen legen wir daher den Gleichstromanker zugrunde. Die Wicklungen der Wechselstrom-Stromwenderanker entsprechen grundsätzlich denen der Gleichstromanker.

Wie die Wechselstromwicklungen, so bestehen auch die Stromwenderwicklungen aus einzelnen Spulen, deren Spulenseiten in Nuten des Ankerblechpaketes eingebettet sind. Während jedoch die Spulen der Wechselstromwicklungen nur unter sich verbunden werden, ist bei den Stromwenderwicklungen Anfang und Ende jeder Spule noch an den Stromwender anzuschließen. Es kommen auch hier Spulen mit je *einer* (Stabwicklungen) und solche mit *mehreren* Windungen (Spulenwicklungen) vor.

Den beiden Spulenseiten einer Spule hatten wir bei den Wechselstromwicklungen bestimmte Zählrichtungen zugeordnet und die eine als *positive*, die andere als *negative* Spulenseite bezeichnet. Wir behalten diese Bezeichnung auch hier bei, obschon ihre Bedeutung mit der früheren nicht ganz übereinstimmt. Einheitlich sei die — vom Stromwender aus gesehen — *linke* Spulenseite als *positiv*, die *rechte* als *negativ* bezeichnet.

B. Anordnung der Spulenseiten in der Nut.

Die Stromwenderwicklungen werden meistens als *Zweischicht*wicklungen ausgeführt. In jeder Nut liegen dann zwei Schichten von Spulenseiten übereinander, von denen die Oberschicht z. B. nur positive, die Unterschicht nur negative Spulenseiten enthält oder umgekehrt. Während bei den Wechselstrom-Ständerwicklungen jede Schicht in der Regel nur *eine* Spulenseite enthält, liegen bei den Stromwenderwicklungen meistens mehrere Spulenseiten in einer Schicht nebeneinander (quer zur Nut). In Abb. 142a ist eine Zweischichtwicklung mit *einer* Spulenseite quer zur Nut ($u = 1$) angedeutet, in Abb. 142b eine Zweischichtwicklung mit *drei* Spulenseiten quer zur Nut ($u = 3$). Positive

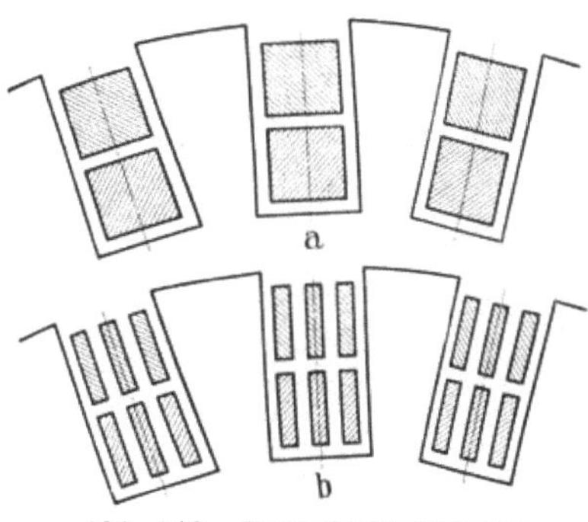

Abb. 142. Zweischichtwicklungen.
a mit 1 Spulenseite quer zur Nut ($u = 1$),
b mit 3 Spulenseiten quer zur Nut ($u = 3$).

(linke) Spulenseiten sind durch linksschräge, negative (rechte) Spulenseiten durch rechtsschräge Schraffur gekennzeichnet.

Seltener sind bei Stromwenderwicklungen die *Einschicht*wicklungen. Bei ihnen enthalten die Nuten nur je eine Spulenseite, und zwar abwechselnd eine linke und eine rechte. Sie kommen bei Niederspannungsmaschinen für elektrolytische Zwecke vor.

Eine Zweischichtwicklung mit $u = 3$ kann man aus einer solchen mit $u = 1$ dadurch entstanden denken, daß man die ursprünglich vorhandene Nutenzahl auf den dritten Teil verringert und dafür drei Spulenseiten

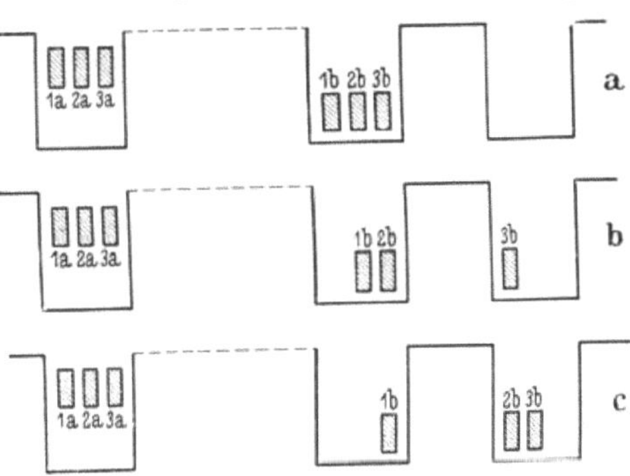

Abb. 143. Unterschied zwischen gewöhnlicher Wicklung und Treppenwicklung.
a gewöhnliche Wicklung,
b und c Treppenwicklung.

in einer Nut nebeneinander anordnet, während vorher quer zur Nut nur *eine* Spulenseite vorhanden war.

Dabei sind grundsätzlich zwei Ausführungsformen möglich. Wenn Spulen z. B. mit ihren linken Spulenseiten zusammen in einer Nut liegen und das gleiche auch für die rechten Spulenseiten zutrifft, so bezeichnet man die Wicklung als *ungetreppte* oder auch *ungeteilte* oder gewöhnliche Wicklung; ist dies nicht der Fall, so spricht man von einer *Treppen-*

wicklung. Für $u = 3$ ist in Abb. 143 der Unterschied zwischen einer ungetreppten Wicklung und einer Treppenwicklung schematisch dargestellt. Spulenseiten, die zur gleichen Spule gehören, sind mit gleichen Zahlen bezeichnet, linke und rechte Spulenseiten durch beigefügtes a und b unterschieden. Bei der gewöhnlichen Wicklung haben die Spulenseiten der gleichen Spule die gleiche relative Lage quer zur Nut. Wenn also (Abb. 143a) z. B. die Spulenseite 1a an der linken Nutflanke liegt, so ist dies auch bei der zur gleichen Spule gehörigen Spulenseite 1b der Fall. Die gewöhnliche Wicklung hat den Vorteil, daß alle Spulen die gleiche Form und die gleichen Abmessungen haben, so daß sie mit den gleichen Vorrichtungen hergestellt werden können. Ferner können die Spulen, die in gleichen Nuten liegen, bei *allen* Ausführungsarten vor dem Einlegen zu *Wicklungselementen* zusammengefaßt und gemeinsam gegen das Eisen isoliert werden. Ein solches Wicklungselement mit drei Spulen ($u = 3$) zeigt Abb. 144.

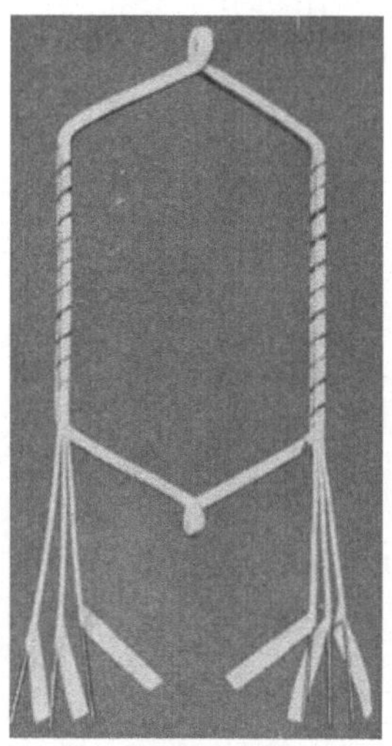

Abb. 144   Wicklungselement mit drei Spulen (Werkbild SIEMENS).

Bei der Treppenwicklung sind für den gleichen Anker Spulen verschiedener Abmessungen notwendig, so daß diese Wicklungsart in der Herstellung etwas teurer ist als die ungetreppte Wicklung; da aber die Treppenwicklung hinsichtlich der Stromwendungsbedingungen der gewöhnlichen Wicklung überlegen ist, wird sie bei großen Maschinen mit Stabankern, insbesondere bei Grenzleistungsmaschinen oft angewandt.

C. Schaltung der Spulen, Wicklungsarten.

Bei Wechselstromwicklungen hatte jeder Wicklungsstrang einen Anfang und ein Ende, an die entweder eine äußere Stromzuleitung (bzw. -ableitung) oder ein anderer Wicklungsstrang *fest* angeschlossen wurde. Bei den Stromwenderwicklungen gibt es keine *festen* Anschlußpunkte für äußere Stromzuleitungen oder -ableitungen. Der Strom fließt jeweils durch die Stromwenderstege zu oder ab, die gerade von Bürsten bedeckt werden; die Anschlußpunkte der Wicklung ändern sich während der Drehung des Ankers fortwährend. Das bedingt, daß die Wicklung einen in sich geschlossenen Stromkreis (oder auch mehrere, wie wir später sehen werden) ohne Anfang und Ende bilden muß, der durch die Bürsten „*angezapft*" wird

Die Schaltung der Wicklung erfolgt so, daß das Ende jeder Spule mit dem Anfang einer anderen Spule verbunden, gleichzeitig aber an einen Steg des Stromwenders herangeführt wird. In dieser Weise folgt eine Spule auf die andere, bis ein in sich geschlossener Stromkreis entsteht. Die jeweils beaufschlagten Stromwenderstege stellen *Anzapfpunkte* dieses geschlossenen Stromkreises dar.

Je nach der Art, in der die einzelnen Spulen miteinander verbunden sind, unterscheidet man *Schleifenwicklungen* und *Wellenwicklungen*. Den grundsätzlichen Unterschied zwischen diesen beiden Wicklungsarten

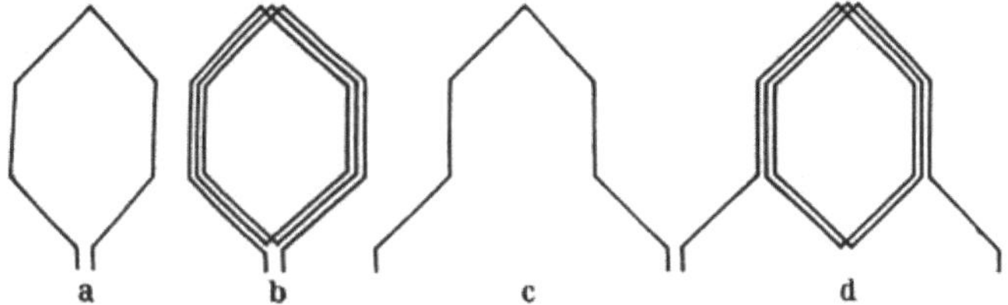

Abb. 145. Schematische Darstellung von Spulen. a mit einer Windung für Schleifenwicklung, b mit drei Windungen für Schleifenwicklung, c mit einer Windung für Wellenwicklung, d mit drei Windungen für Wellenwicklung.

haben wir schon bei den Wechselstromwicklungen kennengelernt. Er drückt sich schon rein äußerlich in der Form der einzelnen Spulen aus. In Abb. 145 sind schematisch Spulen einer Schleifen- und einer Wellenwicklung mit *einer* Windung und mit *drei* Windungen dargestellt. Die Verbindung der Spulen untereinander und mit dem Stromwender ist unabhängig von der Windungszahl der einzelnen Spulen. Die Schaltpläne der Stromwenderwicklungen werden daher im allgemeinen stets so dargestellt, als ob es sich um Spulen mit *einer* Windung (Stabwicklungen) handle.

Bei beiden Wicklungsarten ist in den meisten Fällen die Zahl k der Stromwenderstege gleich der Zahl der Spulen. Eine Ausnahme bilden nur die Wicklungen mit blinden Spulen (s. S. 162).

Wir betrachten zunächst die *eingängigen* Stromwenderwicklungen. Auf *mehrgängige* Wicklungen gehen wir später ein.

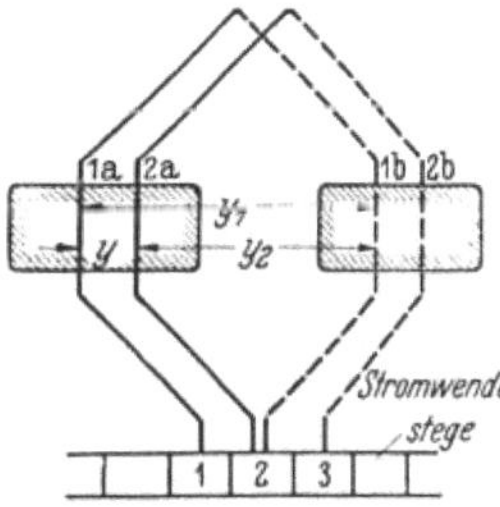

1. Schleifenwicklung.

Bei der eingängigen *Schleifenwicklung* sind die einzelnen Spulen in derselben Reihenfolge hintereinander geschaltet, in der sie am Ankerumfang aufeinander folgen. Die grundsätzliche Art der Schaltung ist in Abb. 146 dargestellt. Der Anfang der Spule 1 (mit den Spulenseiten 1a und 1b) ist mit dem Strom-

Abb. 146.
Grundsätzliche Schaltung der eingängigen Schleifenwicklung.

wendersteg 1 verbunden. Das Ende der Spule 1 führt zum Stromwendersteg 2; an diesem liegt weiterführend auch der Anfang der Spule 2 (mit den Spulenseiten 2a und 2b). Die Spulenseite 2a folgt dabei am Ankerumfang unmittelbar auf die Spulenseite 1a, ebenso die Spulenseite 2b unmittelbar auf die Spulenseite 1b. Am Stromwendersteg 3 liegt das Ende der Spule 2 und der Anfang der Spule 3 usw., schließlich ist das Ende der letzten Spule zum Stromwendersteg 1 geführt und steht somit mit dem Anfang der Spule 1 in unmittelbarer Verbindung. Die Lage der Pole ist in Abb. 146 und in den folgenden Abbildungen durch Begrenzungslinien mit Schraffur angedeutet.

Durchläuft man bei der eingängigen Schleifenwicklung die Spulen in der Reihenfolge ihrer Schaltung, so berührt man die Stromwenderstege in der Reihenfolge, in der sie nebeneinanderliegen. Beginnt man z. B. bei einer positiven Bürste, so ist man zu einer negativen Bürste gelangt, wenn man den $2p$-ten Teil der Ankerspulen ($p =$ Zahl der Polpaare) durchlaufen hat. Der durchlaufene Teil der Wicklung ist also ein vollständiger Ankerstromkreis. Man erkennt, daß die Wicklung aus $2p$ solcher Stromkreise besteht, die parallel geschaltet sind (Abb. 147). Man bezeichnet allgemein mit a die Zahl der parallelen Ankerzweigpaare; jede Wicklung hat also $2a$ parallele Zweige. Für die eingängige Schleifenwicklung gilt demnach

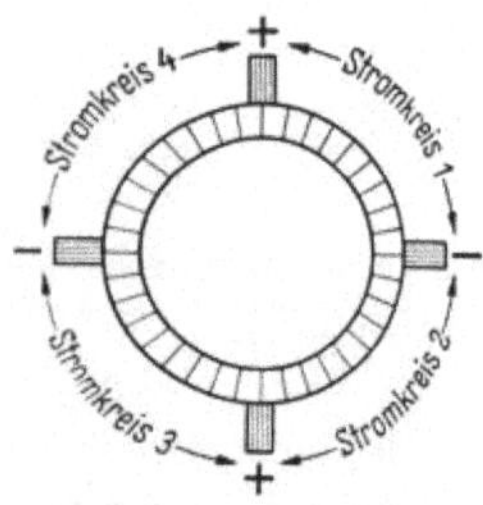

Abb. 147. Ankerstromkreise bei einer Schleifenwicklung für 2 Polpaare.

$$2a = 2p. \tag{44}$$

Daraus folgt, daß die Schleifenwicklung grundsätzlich soviel Bürsten wie Pole haben muß und daß man den Strom eines Stromkreises oder eines Ankerleiters erhält, wenn man den Strom der Maschine durch die Zahl der Pole dividiert.

Die Spulenweite, die wir bereits kennengelernt haben, bezeichnen wir mit y_1 (Abb. 146). Den Abstand zwischen zwei im Schaltplan aufeinanderfolgenden Spulen bzw. ihren Spulenseiten bezeichnet man als den *Gesamtschritt* y der Wicklung; er setzt sich zusammen aus der Spulenweite y_1 und dem sog. *Schaltschritt* y_2, welcher den Abstand zwischen zwei Spulenseiten darstellt, die an denselben Stromwendersteg angeschlossen sind (in Abb. 146 z. B. die Spulenseiten 1b und 2a). Nach Abb. 146 gilt für die Schleifenwicklung die Gleichung

$$y = y_1 - y_2. \tag{45}$$

Die Schritte y, y_1 und y_2 gibt man nicht in Längeneinheiten an sondern durch die Zahl der Spulenseiten oder der Stromwenderstege, welche dem Abstand zwischen den beiden Spulenseiten entspricht, zwischen denen die Schritte zu messen sind (vgl. die späteren Beispiele).

Neben den Schritten y, y_1 und y_2 gibt es noch einen Nutenschritt η_1, der die Spulenweite in Nutteilungen mißt. Zwischen ihm und der Spulenweite y_1 besteht die Beziehung

$$\eta_1 = y_1/u. \tag{46}$$

Der Nutenschritt muß natürlich immer eine ganze Zahl sein. Bei der Treppenwicklung ergibt sich aber nach Gl. (46) eine gebrochene Zahl. Dadurch wird zum Ausdruck gebracht, daß die Spulen der Treppenwicklung nicht alle den gleichen Nutenschritt haben, sondern daß dessen Größe von Spule zu Spule sich periodisch ändert. Ergibt sich z. B. nach Gl. (46) $\eta_1 = 4^2/_3$, so haben die aufeinanderfolgenden Spulen die Nutenschritte
$$\eta_1 = 4 - 5 - 5 - 4 - 5 - 5 \ldots$$

2. Wellenwicklung.

Bei der *Wellenwicklung* ist die Verbindungsfolge der Spulen anders (Abb. 148). Auf die Spule 1 folgt beim Durchlaufen der Wicklung nicht die neben dieser liegende Spule 2, sondern eine Spule, die etwa um eine doppelte Polteilung von Spule 1 entfernt liegt (Spule 10 in Abb. 148). Bei der *eingängigen* Wellenwicklung kommt man erst zu einem dem Steg 1 benachbarten Steg (Steg 19 in Abb. 148), wenn man p Spulen durchlaufen hat (zwei Spulen in Abb. 148); zwischen zwei benachbarten Stegen liegen also p Spulen.

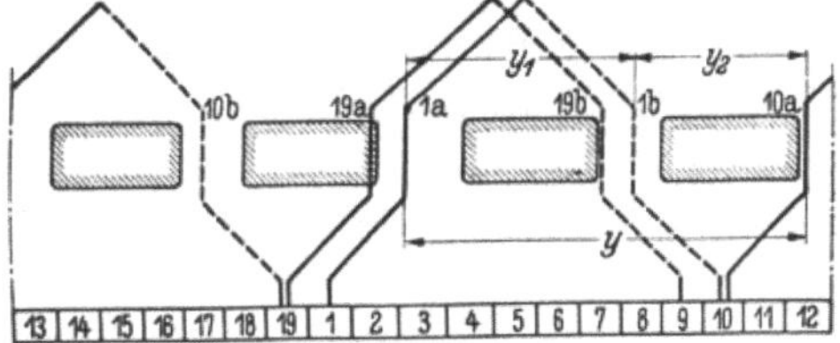

Abb. 148. Grundsätzliche Schaltung der eingängigen Wellenwicklung.

Da der Abstand von einer positiven zu einer negativen Bürste stets der $2p$-te Teil des Ankerumfanges ist, so muß man $\dfrac{k}{2p}$ ($k =$ Stegzahl $=$ Spulenzahl) nebeneinander liegende Stege weiterschreiten, um von einer positiven zu einer negativen Bürste zu gelangen (s. Abb. 157); man muß dann also $\dfrac{k}{2p} \cdot p = \dfrac{k}{2}$ Spulen durchlaufen. Das bedeutet, daß bei der eingängigen Wellenwicklung unabhängig von der Polzahl die Hälfte der Spulen einen Ankerzweig bildet. Es sind also stets *zwei* parallele Ankerzweige vorhanden; es ist

$$2a = 2. \tag{47}$$

Der Strom in einem Ankerleiter ist demnach stets die Hälfte des gesamten Ankerstromes.

Die Tatsache, daß die Zahl der parallelen Ankerzweige bei der eingängigen Wellenwicklung immer 2 beträgt, gestattet es, bei Ankern mit dieser Wicklung mit nur einem Bürstensatzpaar auszukommen (in Abb. 160 angedeutet); der negative Bürstensatz ist dann um eine Polteilung (oder um ein ungerades Vielfaches der Polteilung) gegenüber dem positiven versetzt. Von dieser Möglichkeit macht man jedoch nur in besonders begründeten Fällen Gebrauch, z. B. bei ganz kleinen Maschinen oder dann, wenn es, wie bei Fahrzeugmotoren, schwierig ist, mehr als zwei Bürstensätze so anzuordnen, daß sie der Bedienung zugänglich sind. In den meisten Fällen erfordert es die Rücksicht auf gute Ausnutzung der Stromwenderoberfläche, soviel Bürstensätze anzuordnen, wie Pole vorhanden sind.

Die Beziehung, welche bei der Wellenwicklung zwischen dem Gesamtschritt y, der Spulenweite y_1 und dem Schaltschritt y_2 besteht, ist nach Abb. 148

$$y = y_1 + y_2. \tag{48}$$

Für den Nutenschritt gelten die gleichen Beziehungen wie bei der Schleifenwicklung.

D. Nutenstern, Spannungsstern, Spannungsvielecke.

In den Stromwenderwicklungen werden die Spannungen in der gleichen Weise erzeugt wie in den Wechselstromwicklungen. Obschon der zeitliche Verlauf der Spannung einer Spule sich im allgemeinen weniger der Sinusform nähert als bei Wechselstrommaschinen, sind auch bei ihnen *Nutenstern* und *Spannungsstern* brauchbare Hilfsmittel für den Entwurf und die Symmetrieuntersuchung der Wicklungen. Hinzu kommen jedoch hier noch als weitere Hilfsmittel *Spannungsvielecke*, die entweder die *Spulenseiten*spannungen oder die *Spulen*spannungen enthalten.

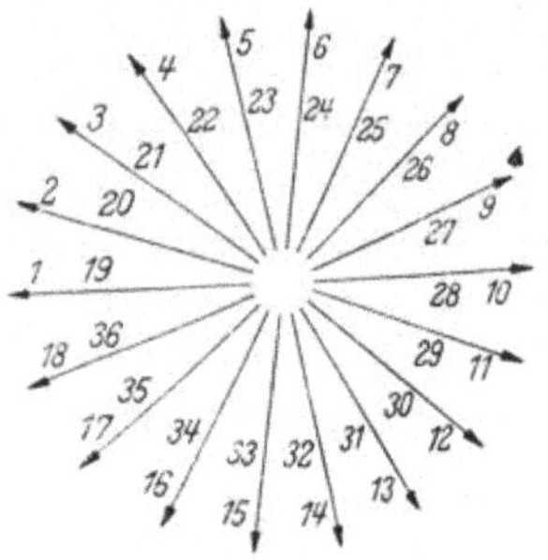

Abb. 149.
Nutenstern ($N = 36$, $p = 2$).

Bei den Wechselstromwicklungen hatte das Aneinanderreihen der Spulenseitenspannungen (geometrische Addition) zur Strangspannung geführt (Abb. 35). Wie im vorhergehenden Abschnitt dargelegt wurde, bilden die Stromwenderwicklungen in sich zurücklaufende Stromkreise. Damit in einem solchen Stromkreis kein innerer Ausgleichstrom fließt, muß die Summe aller Spulenseitenspannungen Null sein. Das bedingt, daß die aneinander gereihten Spulenseitenspannungen ein in sich geschlossenes Vieleck ergeben. Nur in besonderen Fällen sind geringe Abweichungen von dieser Regel zulässig (s. S. 164).

Als Beispiel sei die Aufstellung des Nutensterns, Spannungssterns und Spannungsvielecks gezeigt für eine zweischichtige Wicklung mit $N = 36$ Nuten für $p = 2$ Polpaare, bei der quer zur Nut *eine* Spulenseite vorhanden ist ($u = 1$). Nach den gleichen Überlegungen. wie wir sie bei den Wechselstromwicklungen angestellt haben, erhalten wir den in Abb. 149 dargestellten Nutenstern, aus dem sich ohne weiteres der in Abb. 150 (innen) gezeichnete Spannungsstern ergibt. Da im Nutenstern je zwei Strahlen zusammenfallen ($t = 2$) und außerdem die Zahl der Nuten *gerade* ist, fallen im Spannungsstern je vier Strahlen zusammen.

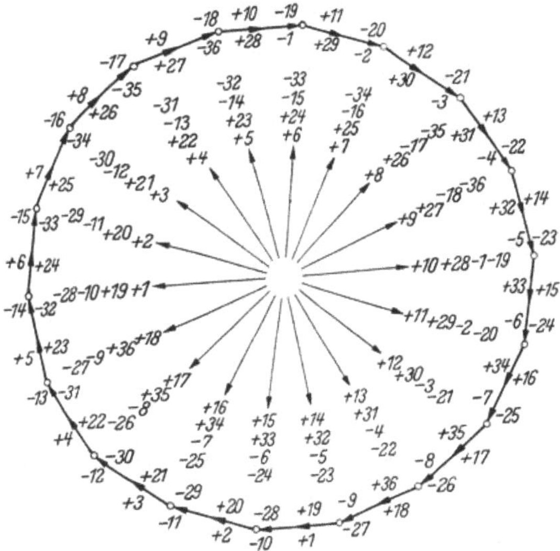

Abb. 150. Spannungsstern und Vieleck der Spulenseitenspannungen einer eingängigen Schleifenwicklung ($N = k = 36$, $u = 1$, $p = 2$, $y_1 = 9$, $y_2 = 8$, $y = + 1$, $y_1 = 9$).

Das Aneinanderreihen der Spulenseitenspannungen in der Reihenfolge, in der die Spulenseiten beim Durchlaufen der Wicklung aufeinander folgen, ergibt das Vieleck der Spulenseitenspannungen. Für eine Schleifenwicklung mit $y_1 = 9$, $y_2 = 8$ und $y = 1$ ergibt sich die Reihenfolge

$$+ 1, \ - 10, \ + 2, \ - 11, \ + 3, \ - 12, \ldots$$

Das Vieleck ist in Abb. 150 (außen) dargestellt; dabei sind aus Gründen der Raumersparnis die Seiten des Vielecks gegenüber den Strahlen des Spannungssterns gekürzt.

Das Vieleck in Abb. 150 schließt sich bereits, wenn die Hälfte der Spulenseitenspannungen aneinander gereiht ist; die zweite Hälfte der Spannungen ergibt einen zweiten Umlauf. Der zweimalige Umlauf bringt die Tatsache zum Ausdruck, daß die Zahl der Ankerzweigpaare $a = 2$ ist. Allgemein ist also die Zahl der Umläufe des Vielecks gleich der

Zahl a der Ankerzweigpaare. Die beiden Umläufe in dem betrachteten Beispiele decken sich genau; dies ist jedoch, wie wir sehen werden, nicht immer so.

Solche Punkte der Wicklung, die aufeinanderfallenden Punkten des Vielecks entsprechen, bezeichnen wir als *gleichwertige* Punkte. Sie können unmittelbar leitend miteinander verbunden werden. Dies gilt in Abb. 150 z. B. für die Anfänge der Spulenseiten $+ 1$ und $+ 19$. Das Vieleck der Spulenseitenspannungen ist das vollkommenste Hilfsmittel, das Vorhandensein und die Lage gleichwertiger Punkte einer Wicklung festzustellen.

Die Punkte, in denen im Vieleck der Spulenseitenspannungen zwei Spannungsstrahlen zusammenstoßen (es sind dies nicht immer Ecken im geometrischen Sinne), entsprechen abwechselnd den vorderen und hinteren Stirnverbindungen der Wicklung. Die den *vorderen* Stirnverbindungen entsprechenden Punkte sind durch kleine Kreise gekennzeichnet; sie stellen gleichzeitig die Stromwenderstege dar, die ja mit den vorderen Stirnverbindungen unmittelbar verbunden sind.

Während das in Abb. 150 dargestellte Vieleck die Spannungen der Spulen*seiten* enthält, läßt sich auch ein Vieleck zeichnen, das die Spannungen der ganzen *Spulen* enthält, bei .dem also die Spulenseitenspannungen einer Spule schon geometrisch addiert sind. Von der Numerierung abgesehen, würde ein solches Vieleck für das vorliegende Beispiel die gleiche Gestalt haben wie das Vieleck in Abb. 150, weil die Verbindungen zwischen je zwei durch kleine Kreise gekennzeichneten Punkten bereits gerade Linien sind. Dies ist der Fall, wenn $y_1 = \tau$, die Wicklung also eine Durchmesserwicklung ist. Auch das Vieleck der Spulenspannungen kann in einfacheren Fällen zum Aufsuchen gleichwertiger Wicklungspunkte Verwendung finden. Daneben gestattet es noch einen Einblick in den zeitlichen Verlauf der Klemmenspannung im Leerlauf. Die Abnahme oder Zuführung des Stromes durch die Bürsten erfolgt an zwei gegenüberliegenden Stellen des Vielecks der Spulenspannungen; die Verbindungslinie der „Bürsten" bildet also einen Durchmesser des Vielecks. Bei der Drehung des Ankers ändert sich fortwährend die Lage der Bürsten zu diesem Vieleck. Die Größe der Gesamtspannung einer Wicklung, die im Leerlauf zwischen den Bürsten auftritt, entspricht der Länge des Durchmessers dieses Vielecks, wenn die einzelnen Seiten des Vielecks den Scheitelwert der Spulenspannungen darstellen. Man kann demnach auch hier, wenn man sinusförmige Feldform und sinusförmige Spulenspannungen voraussetzt, von einem Wicklungsfaktor (Zonenfaktor) der Wicklung sprechen; er ist bei hinreichend großer Spulenzahl praktisch das Verhältnis des Kreisdurchmessers zum halben Umfang, also

$$\xi_{Z_1} = 2/\pi = 0{,}637.$$

Die Ausnutzung der Stromwenderwicklung ist also unter den gemachten Voraussetzungen im Vergleich zu den Wechselstromwicklungen schlecht. In Wirklichkeit ist sie bei den Gleichstrommaschinen etwas besser als der berechnete Zahlenwert, weil bei ihnen die Feldform angenähert rechteckig ist.

Die zwischen den Bürsten auftretende Spannung wäre nur dann zeitlich konstant, wenn das Vieleck der Spulenspannungen ein regelmäßiges Vieleck mit unendlicher Seitenzahl wäre. Da dies nicht der Fall ist, erhält man einen größten und kleinsten Durchmesser, zwischen denen die Spannung der Wicklung schwankt. Bei der dem Vieleck in Abb. 150 entsprechenden Wicklung sind die Schwankungen nur gering.

E. Darstellung und Entwurf der Wicklungen.

1. Eingängige Schleifenwicklung (Parallelwicklung).

Den besten Einblick in den Aufbau und die Schaltung einer Wicklung gewährt der Schaltplan. Als Beispiel sei der Schaltplan für die Wicklung dargestellt (Abb. 151), deren Nuten- und Spannungsstern sowie

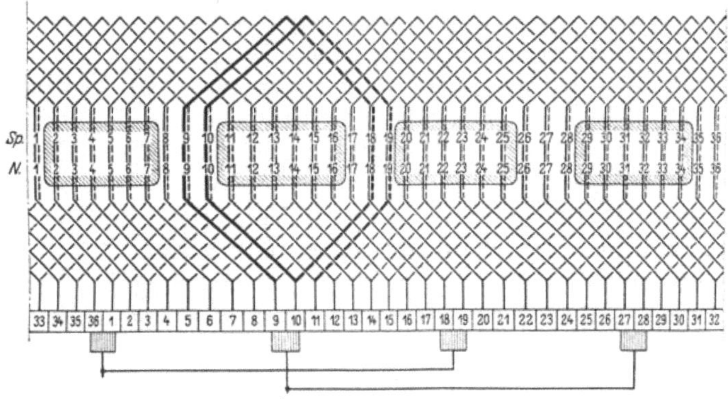

Abb. 151. Schaltplan einer eingängigen ungekreuzten Schleifenwicklung ($N = k = 36$, $u = 1$, $p = 2$, $y_1 = 9$, $y_2 = 8$, $y = + 1$, $\eta_1 = 9$).

Spannungsvieleck wir bereits in Abschnitt D gezeichnet haben. Es ist also $N = 36$, $p = 2$; die Schritte sind $y_1 = 9$, $y_2 = 8$, $y = 1$. Schleifenwicklungen, bei denen der Betrag des Gesamtschritts $|y| = 1$ ist, heißen *eingängig*. Da *eine* Spulenseite quer zur Nut liegt ($u = 1$), ist der Nutenschritt $\eta_1 = y_1 = 9$.

Die Spulenseiten der Ober- und Unterschicht, welche im fertigen Anker in radialer Richtung *übereinander* liegen, sind im Schaltplan dicht *nebeneinander* gezeichnet; die Spulenseiten der Unterschicht sind gestrichelt dargestellt. Bei der Abzählung der Schritte rechnen die übereinanderliegenden Spulenseiten als eine Einheit; sie tragen auch eine gemeinsame Nummer. Wenn mehrere Spulenseiten quer zur Nut vor-

handen sind, zeichnen wir die in der gleichen Nut liegenden Spulenseiten so, daß sie einen geringeren gegenseitigen Abstand haben als die
im Schaltplan benachbarten Spulenseiten, die verschiedenen Nuten angehören.

Die Lage der Pole ist in den Schaltplänen wieder durch Rechtecke
mit schräg schraffiertem Rand angedeutet. Die Lage der Bürsten bzw.
Bürstensätze ist durch kleine, senkrecht schraffierte Rechtecke gekennzeichnet, die sich an den unteren Rand der Stromwenderstege anlegen.
Die Zahl der Bürstensätze ist bei der Schleifenwicklung gleich der Zahl
der Pole. Hinsichtlich der Polarität wechseln positive und negative
Bürstensätze ab; in den Schaltplänen sind, so wie es auch in Wirklichkeit der Fall ist, alle Bürstensätze gleicher Polarität miteinander verbunden.

Die Bürstensätze stehen „elektrisch“ in der neutralen Zone, d. h.
die gerade mit ihnen in Verbindung stehenden Stromwenderstege führen
zu Spulenseiten, die in der neutralen Zone zwischen zwei Polen liegen
Infolge der seitlichen Abbiegung der Stirnverbindungen liegen aber diese
Stromwenderstege, wie schon Abb. 146 und 148 zeigen, an Punkten des
Ankerumfanges, die den Polmitten entsprechen. Die Bürsten stehen
daher „räumlich“ ungefähr in den Polmitten.

Die Spulenseiten sind in der Reihenfolge numeriert, in der sie am
Ankerumfang aufeinander folgen. Die Nummer gilt eigentlich für den
Platz, an dem die Spulenseiten liegen; übereinanderliegende Spulenseiten haben daher, wie schon erwähnt, die *gleiche* Nummer (*obere*
Nummernreihe). Ferner sind die Nuten fortlaufend numeriert (*untere*
Nummernreihe). Da bei der dargestellten Wicklung $u = 1$ ist, stimmen
die Nummern der Nuten mit denen der Spulenseiten überein. Die Stromwenderstege tragen die Nummern der mit ihnen verbundenen Spulenseiten der *Oberschicht*. Zwei willkürlich herausgegriffene, unmittelbar
hintereinander geschaltete Spulen sind fett gezeichnet, damit man die
Größe der einzelnen Schritte leicht erkennen kann.

Da die Spulenweite mit der Polteilung übereinstimmt, so ist die
Wicklung eine *Durchmesserwicklung*. Die Wicklung wäre auch mit anderer Weite (etwa $y_1 = 8$ oder $y_1 = 10$) ausführbar; in diesem Falle
wäre sie eine *Sehnenwicklung*.

Für eine *ungekreuzte* Wicklung (d. h. Anfang und Ende einer Spule
überschneiden sich *nicht* beim Zugang zum Stromwender) ist y positiv,
für eine *gekreuzte* Wicklung negativ. Abb. 151 stellt eine *ungekreuzte*
Wicklung dar; eine *gekreuzte* Wicklung entsteht z. B., wenn bei unveränderter Spulenweite $y_1 = 9$ der Schaltschritt $y_2 = 10$ gewählt, also
$y = y_1 - y_2 = -1$ wird (Abb. 152). Wie die Abb. 151 und 152 erkennen lassen, schreitet die ungekreuzte Schleifenwicklung nach
rechts, die gekreuzte nach links fort.

Ungekreuzte Wicklungen ergeben kürzere Stirnverbindungen als gekreuzte, daher sollte man, wenn keine besonderen Gründe dagegen sprechen, die Schleifenwicklung immer als ungekreuzte Wicklung ausführen.

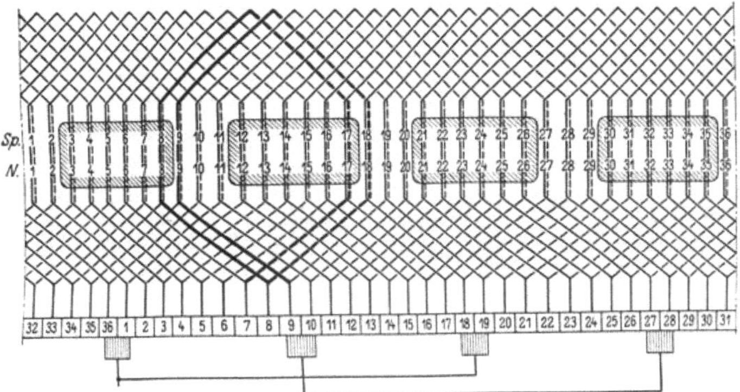

Abb. 152. Schaltplan einer eingängigen gekreuzten Schleifenwicklung ($N = k = 36$, $u = 1$, $p = 2$, $y_1 = 9$, $y_2 = 10$, $y = -1$, $\eta_1 = 9$).

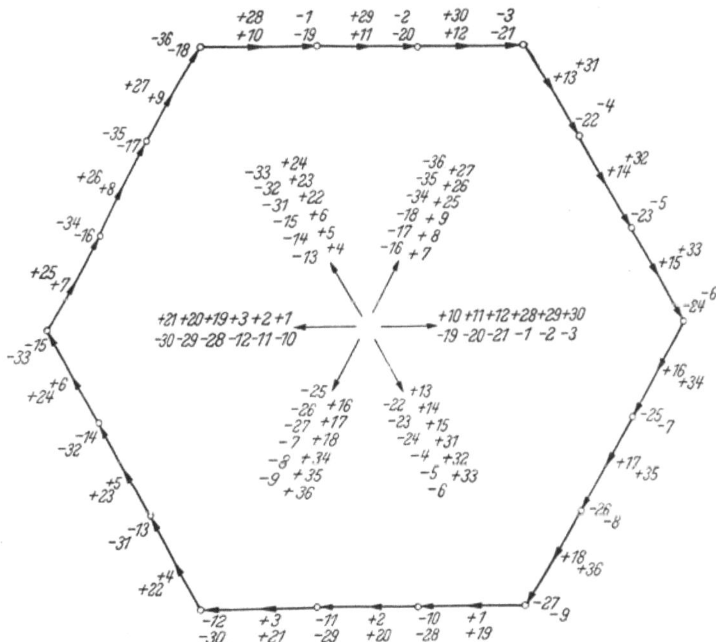

Abb. 153. Spannungsstern und Vieleck der Spulenseitenspannungen einer eingängigen Schleifenwicklung ($N = 12$, $k = 36$, $u = 3$, $p = 2$, $y_1 = 9$, $y_2 = 8$, $y = +1$, $\eta_1 = 3$).

Es sei nunmehr eine Wicklung mit der gleichen Spulenzahl, aber auf $^1/_3$ verringerter Nutenzahl ($N = 12$) entworfen; es ist dann $u = 3$. Wir wählen die gleichen Wicklungsschritte wie früher, nämlich $y_1 = 9$,

$y_2 = 8$, $y = 1$. Der Nutenschritt ist $\eta_1 = {}^1/_3\, y_1 = 3$. Wir haben also eine *ungetreppte* oder *ungeteilte* Wicklung vor uns.

Spannungsstern und Vieleck der Spulenseitenspannungen sind in Abb. 153 dargestellt; auf die Darstellung des Nutensterns ist verzich-

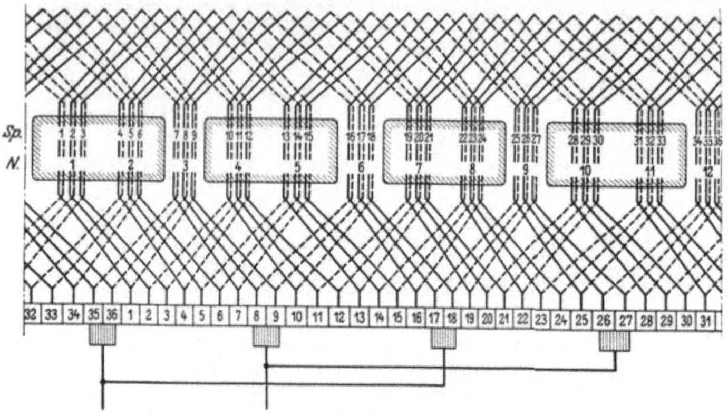

Abb. 154. Schaltplan einer eingängigen ungekreuzten Schleifenwicklung ($N = 12$, $k = 36$, $u = 3$, $p = 2$, $y_1 = 9$, $y_2 = 8$, $y = +1$, $\eta_1 = 3$).

tet. Auch hier hat das Spannungsvieleck zwei sich deckende Umläufe. Da die Wicklung wieder eine **Durchmesserwicklung** ist, deckt sich das Vieleck der Spulenspannungen mit dem der Spulenseitenspannungen.

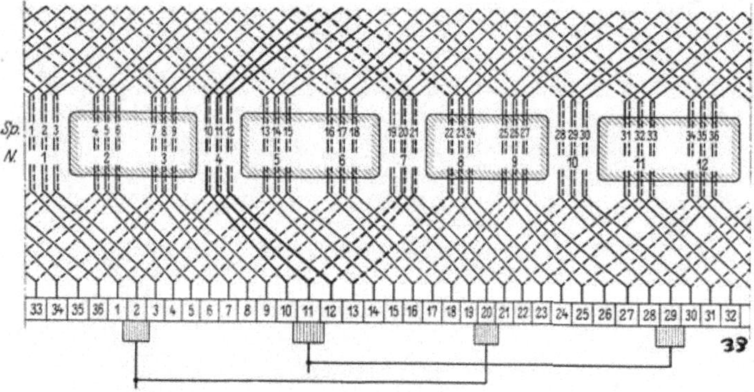

Abb. 155. Schaltplan einer eingängigen ungekreuzten Treppen-Schleifenwicklung ($N = 12$, $k = 36$, $u = 3$, $y_1 = 10$, $y_2 = 9$, $y = +1$, $\eta_1 = 3^1/_3$).

Der Unterschied zwischen größtem und kleinstem Durchmesser ist hier beträchtlich; man erhält also starke Schwankungen der Klemmenspannung als Folge der *groben* Nutung. Den Schaltplan der Wicklung zeigt Abb. 154.

Eine Wicklung mit gleicher Spulen- und Nutenzahl sei noch als Treppenwicklung dargestellt (Abb. 155), wobei $y_1 = 10$ gewählt ist. Der

Nutenschritt wird dann rechnerisch $\eta_1 = {}^{10}/_3 = 3{}^1/_3$, in Wirklichkeit nimmt er für die aufeinander folgenden Spulen die Werte an

$$\eta_1 = 3 - 3 - 4 - 3 - 3 - 4 \ldots$$

Die Wicklung ist eine Sehnenwicklung, bei der die Spulenweite *größer* ist als die Polteilung.

Das Vieleck der Spulenseitenspannungen dieser Wicklung läßt sich wieder aus dem Spannungsstern in Abb. 153 (innen) herleiten. Es hat die gleiche Gestalt wie das der gleichartigen nicht getreppten Wicklung, jedoch eine andere Reihenfolge der Spannungsstrahlen; es ist teilweise in Abb. 156 gezeichnet. Anders ist es mit dem Vieleck der Spulenspannungen, das in Abb. 156 durch gestrichelte Linien dort angedeutet ist, wo es vom Vieleck der Spulenseitenspannungen abweicht. Man erkennt, daß bei der Treppenwicklung die Seiten des Vielecks der Spulenspannungen in ihrer Länge periodisch wechseln, entsprechend dem periodischen Wechsel der Spulenweiten. Trotz dieser Unregelmäßigkeit decken sich bei dem hier betrachteten Beispiel die beiden Umläufe des Vielecks.

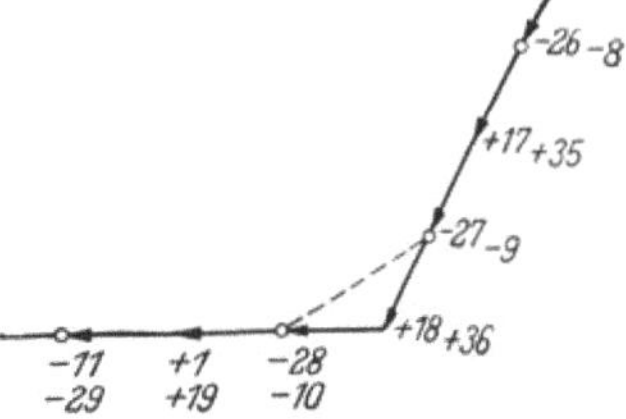

Abb. 156. Teil des Vielecks der Spulenseiten- und Spulenspannungen der Treppenwicklung nach Abb. 155.

Die *eingängige Schleifenwicklung* mit $u = 1$ ist grundsätzlich für jede beliebige Zahl von Spulen (beliebige Werte von k) ausführbar. Ist die Spulenzahl je Pol $k/2\,p$ eine *ganze* Zahl, so ist die Ausführung einer Durchmesserwicklung mit $y_1 = k/2p$ möglich, andernfalls ist nur eine Sehnenwicklung ausführbar. Da die Spulenweite y_1 stets eine *ganze* Zahl sein muß, wählt man sie im allgemeinen so, daß sie dem Verhältnis $k/2p$ möglichst nahe kommt, aber kleiner ist als dieses (verkürzter Schritt).

Liegen mehrere Spulenseiten quer zur Nut ($u > 1$), wie es meistens der Fall ist, muß die Zahl der Spulen je Nutenschicht $k/u = N$ eine *ganze* Zahl sein. Die Wicklung ist dann also nicht mehr für *alle* Werte von k ausführbar. Weitere Einschränkungen werden wir später (Abschnitt V G) kennenlernen.

Das Aufzeichnen eines vollständigen Schaltplanes erübrigt sich meistens beim Entwurf und der Darstellung einer solchen einfachen Wicklung, erst recht natürlich das Zeichnen eines Nuten- oder Spannungssterns oder Spannungsvielecks. Für die Herstellung in der Werkstatt genügt im allgemeinen die Angabe der Werte für y_1, y_2 und y; in der Regel wird noch der Nutenschritt η_1 mit angegeben. Bei Treppenwicklungen gibt man zweckmäßig noch die Lage der Spulenseiten in der Nut an, etwa durch eine einfache Skizze nach Abb. 143, wobei man die Nummern der Nuten zufügt.

Die Zahl der Nuten je Pol $N/2p$ liegt gewöhnlich etwa innerhalb der Grenzen 10 bis 18; nur bei kleinen Ankern geht man zuweilen bis auf etwa 8 herunter. Mit Rücksicht auf den räumlichen Umfang der Darstellung sind in den folgenden Beispielen Nuten- und Stegzahlen oft kleiner gewählt, als es dieser Forderung entsprechen würde.

2. Eingängige Wellenwicklung (Reihenwicklung).

Wir wenden uns nun der Darstellung der Wellenwicklung zu und wählen eine *vierpolige* Wicklung mit 27 Spulen bei 27 Nuten ($u = 1$).

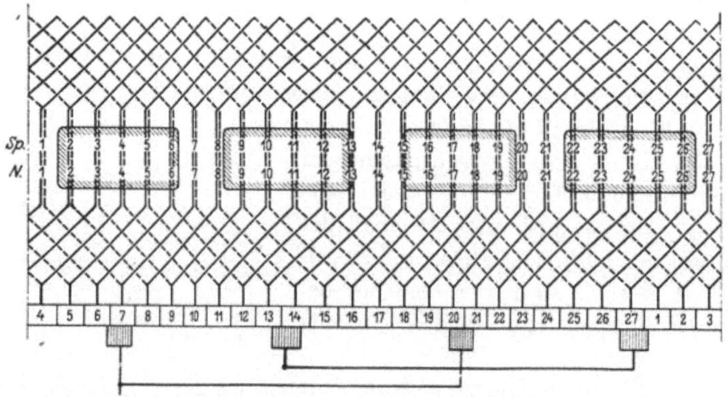

Abb. 157. Schaltplan einer eingängigen ungekreuzten Wellenwicklung ($N = k = 27$, $u = 1$, $p = 2$, $y_1 = 7$, $y_2 = 6$, $y = 13$, $\eta_1 = 7$).

Da die Polteilung $^{27}/_4 = 6^3/_4$ Nutteilungen beträgt und die Spulenweite y_1 eine ganze Zahl sein muß, ist nur eine Sehnenwicklung möglich. Wir wählen $y_1 = \eta_1 = 7$ und $y_2 = 6$; daraus ergibt sich der Gesamtschritt $y = 13$. Man erhält, wie Abb. 157 erkennen läßt, eine *ungekreuzte* Wellenwicklung. Geht man bei ihr von einem beliebigen Stromwendersteg (10) aus und durchläuft die Spulen in der Reihenfolge, in der sie geschaltet sind, so kommt man erst zu dem linken Nachbarsteg (9), wenn man p Spulen durchlaufen hat (vgl. auch Abb. 148). Daraus folgt, daß

$$p\,y + 1 = k \quad \text{oder} \quad y = \frac{k-1}{p} \qquad (49\text{a u. b})$$

sein muß.

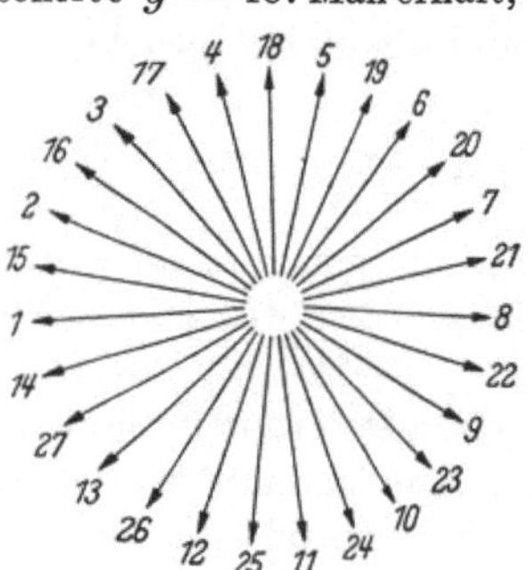

Abb. 158.
Nutenstern ($N = 27$, $p = 2$).

In Abb. 158 ist der Nutenstern der Wicklung dargestellt. Der elektrische Winkel, den zwei benachbarte Nuten einschließen, ist $\alpha = p/N \cdot 360° = {}^2/_{27} \cdot 360° = 26^2/_3{}°$. Da Nutenzahl und Polpaarzahl teilerfremd sind ($t = 1$), sind 27 Strahlen verschiedener Richtung vorhanden. Zwischen benachbarten Strahlen im Nutenstern liegt der Winkel $\alpha' = t/N \cdot 360°$ $= {}^1\!/_{27} \cdot 360° = 13{}^1\!/_3°$. Benachbarte Strahlen im Nutenstern gehören also nicht zu benachbarten Nuten.

Aus dem Nutenstern ergibt sich der in Abb. 159 (innen) dargestellte Spannungsstern, der die doppelte Strahlenzahl hat wie der Nutenstern, weil dessen Strahlenzahl (Nutenzahl) *ungerade* ist.

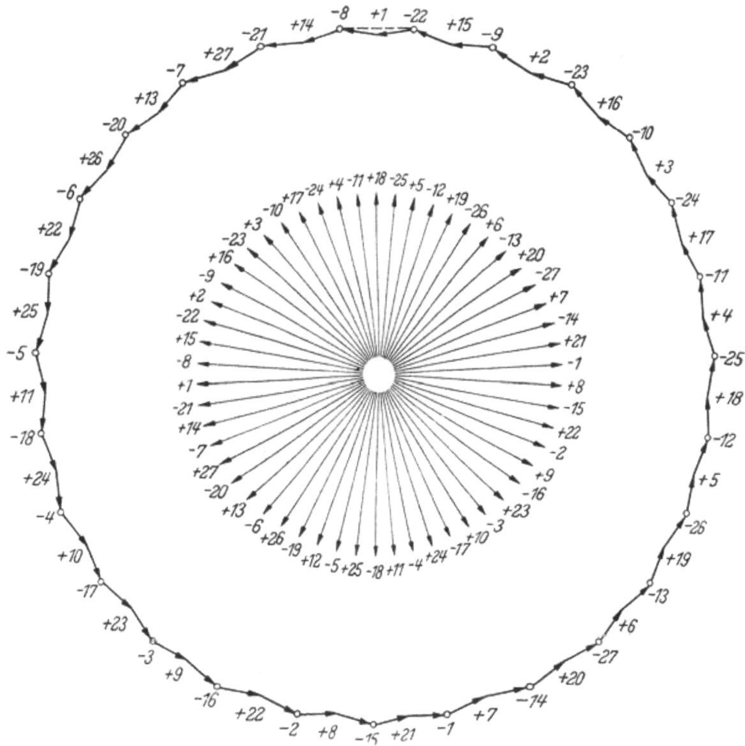

Abb. 159.
Spannungsstern und Vieleck der Spulenseitenspannungen einer eingängigen ungekreuzten Wellenwicklung ($N = k = 27$, $u = 1$, $p = 2$, $y_1 = 7$, $y_2 = 6$, $y = 13$, $\eta_1 = 7$).

Auf Grund der Reihenfolge, in der die Spulen hintereinander geschaltet sind, ergibt sich aus dem Spannungsstern das Vieleck der Spulenseitenspannungen. Obschon $p = 2$ ist, macht dieses Vieleck hier nur *einen* Umlauf, ein Zeichen dafür, daß unabhängig von der Polpaarzahl die Zahl der Ankerzweigpaare $a = 1$ ist, wie wir schon festgestellt haben. Gleichwertige Punkte sind hier nicht vorhanden.

Da wir keine Durchmesserwicklung vor uns haben, deckt sich das Vieleck der Spulenspannungen *nicht* mit dem der Spulenseitenspannungen. Das Vieleck der Spulenspannungen, das für die zeitlichen Schwankungen der Gesamtspannung maßgebend ist, erhält man, wenn man die durch kleine Kreise gekennzeichneten Ecken des Vielecks der Spulenseitenspannungen durch *gerade* Linien miteinander verbindet, wie in Abb. 159 oben an einer Stelle angedeutet ist.

Die Wicklung ist auch als *gekreuzte* Wicklung ausführbar mit $y_1 = 7$, $y_2 = 7$ und $y = 14$ (Abb. 160). Man erreicht dann von einem beliebigen Steg ausgehend nach dem Durchlaufen von p Spulen den *rechten* Nachbarsteg. Es ist dann

$$p\,y - 1 = k \quad \text{oder} \quad y = \frac{k+1}{p}\,. \qquad (50\text{a u. b})$$

Die ungekreuzte Wicklung schreitet, wie man erkennt, nach links, die gekreuzte nach rechts weiter.

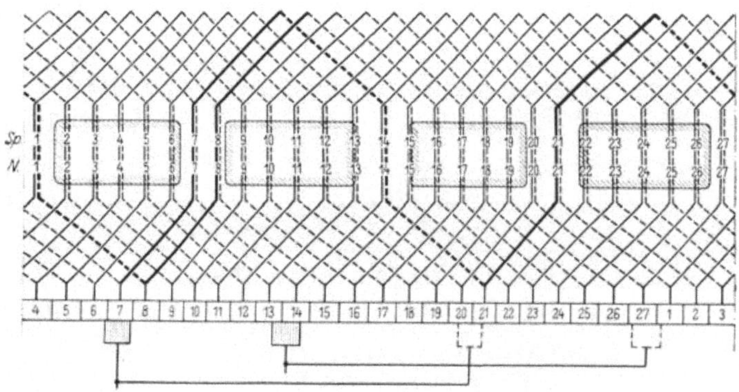

Abb. 160. Schaltplan einer eingängigen gekreuzten Wellenwicklung ($N = k = 27$, $u = 1$, $p = 2$, $y_1 = y_2 = 7$, $y = 14$, $\eta_1 = 7$).

Da die symmetrische eingängige Wellenwicklung immer der Gl. (49) oder (50) genügen muß, dabei aber y, p und k *ganze* Zahlen sind, ist die Wicklung nur für eine beschränkte Zahl von Spulen bzw. Stromwenderstegen ausführbar. Bei *einer* Spulenseite quer zur Nut ($u = 1$) gibt es aber für *alle* Polpaarzahlen solche Werte von k, mit denen die Wicklung ausfürbar ist. Dies trifft nicht mehr zu, wenn $u > 1$ ist. In diesem Falle muß die Stegzahl k nicht nur der Gl. (49) oder (50), sondern auch noch der Bedingung

$$k/u = \text{ganze Zahl} \qquad (51)$$

genügen. Für gewisse Wertepaare von p und u lassen sich dann überhaupt keine Stegzahlen k finden, für welche die Ausführung einer eingängigen Wellenwicklung möglich ist, für andere Wertepaare sind nur *gerade*, für wieder andere nur *ungerade* Stegzahlen möglich.

Für *gerade* Polpaarzahlen muß, wie man aus Gl. (49) und (50) erkennt, die Spulen- bzw. Stegzahl k *ungerade* sein.

Für durch 3 teilbare Polpaarzahlen sind Wellenwicklungen mit $u = 3$ nicht ausführbar; denn einerseits müßte nach Gl. (51) der Quotient $k/3$

eine ganze Zahl sein, andererseits, da p ein Vielfaches von 3 sein soll, auch $\dfrac{k \mp 1}{3}$ eine ganze Zahl; beides gleichzeitig ist unmöglich.

Für *alle* Werte von u sind Wicklungen nur dann ausführbar, wenn die Polpaarzahl p eine Primzahl ist ($p = 3$ ausgenommen).

Ähnlichen Einschränkungen unterliegt auch die Zahl N der Nuten. Insbesondere ist zu beachten, daß bei der symmetrischen eingängigen Wellenwicklung die Zahl der Nuten nie durch die Polpaarzahl p teilbar ist. Die Polteilung (in „Zahl der Spulenseiten" ausgedrückt) ist immer eine gebrochene Zahl, so daß Durchmesserwicklungen nicht ausführbar sind.

Die Zahlentafel 18 enthält eine Zusammenstellung über die Ausführbarkeit der Wicklungen für die Polpaarzahlen $p = 2 \ldots 5$ und für 2, 3 und 4 Spulenseiten quer zur Nut.

Zahlentafel 18. *Übersicht über die Ausführbarkeit eingängiger Wellenwicklungen.*

Polpaarzahl p	Spulenseiten quer zur Nut u	Stegzahl (Spulenzahl) k	Nutenzahl N
2	— 3 —	ungerade	ungerade
3	2 — 4	gerade, nicht durch 3 teilbar	nicht durch 3 teilbar
4	— 3 —	ungerade	ungerade
5	2 — 4 — 3 —	gerade { gerade { ungerade	beliebig { gerade { ungerade

Der Entwurf der Wellenwicklung ist etwas schwieriger als der der Schleifenwicklung. Man stellt zunächst nach Zahlentafel 18 fest, welche Werte von u für die vorliegende Polpaarzahl möglich sind. Falls die Nutenzahl N nicht festliegt, wählt man sie so, daß sie den Bedingungen der Zahlentafel 18 genügt, und bestimmt die Stegzahl $k = N\,u$. Alsdann ist festzustellen, ob diese Stegzahl der Gl. (49) oder (50) genügt. Wenn dies der Fall ist, liegt auch gleich der Gesamtschritt y fest, den man nun in die Teilschritte y_1 und y_2 aufzuteilen hat. Wird y_1 so gewählt, daß es ein ganzes Vielfaches von u ist, so erhält man eine *ungetreppte*, anderenfalls eine *Treppen*wicklung.

Ein Beispiel soll den Entwurf erläutern. Es sei gegeben: $p = 2$, $N = 45$. Nach Zahlentafel 18 ist nur $u = 3$ ausführbar. Die Stegzahl ist $k = 3 \cdot 45 = 135$. Sie genügt Gl. (49) und (50). Für die *ungekreuzte* Wicklung ergibt sich $y = \dfrac{135 - 1}{2} = 67$. Die Polteilung ist $\dfrac{45}{4} = 11^{1}/_{4}$ Nutteilungen. Der Nutenschritt y_1 soll nicht wesentlich von der Polteilung abweichen; für eine *ungetreppte* Wicklung muß er eine ganze Zahl sein. Wir wählen $\eta_1 = 11$; dann ist $y_1 = 3 \cdot 11 = 33$ und $y_2 = 67 - 33 = 34$.

Für die Herstellung der Wicklung in der Werkstatt stellt der Schaltplan die genaueste Unterlage dar. Das Aufzeichnen eines solchen ist jedoch oft zu zeitraubend, und man begnügt sich mit einer einfachen Skizze und einer Zahlentafel, aus der die Schritte y_1 und y_2, die Schaltung der Spulen und ihre Verbindung mit dem Stromwender zu ersehen sind. Die Numerierung der Stromwenderstege stimmt dabei wie üblich mit derjenigen der Spulenseiten in der Oberschicht überein. Für das Beispiel ergibt sich die Darstellung in Abb. 161. Die Spulenseiten der Oberschicht sind zum Unterschied von denen der Unterschicht durch fette Ziffern gekennzeichnet. Bei einer nach links fortschreitenden Wicklung beginnt man zweckmäßig mit der *letzten* Spulenseite der Oberschicht, also hier mit Nr. 135.

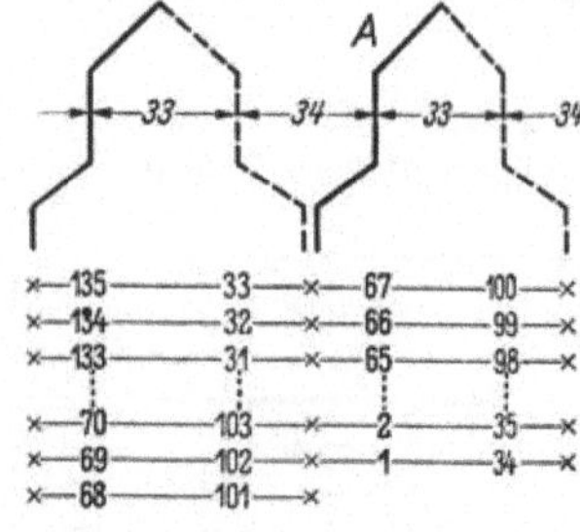

Abb. 161. Entwurfsplan für eine eingängige Wellenwicklung ($k = 135$, $p = 2$, $y_1 = 33$, $y_2 = 34$, $y = 67$).

Auch als Treppenwicklung ist die Wicklung ausführbar. Es werde rechnungsmäßig $\eta_1 = 11^1/_3$ gewählt (wirkliche Nutenschritte $\eta_1 = 11 - 11 - 12$). Die Lage der Spulenseiten in der Nut entspricht Abb. 143b. Die Spulenschritte sind $y_1 = 3 \cdot 11^1/_3 = 34$ und $y_2 = 67 - 34 = 33$.

Wenn die Nutenzahl nicht von vornherein festliegt, kann der Entwurf für mehrere Nutenzahlen durchgeführt werden. Es sei z. B. wieder eine Wicklung für $p = 2$ zu entwerfen. Nach Zahlentafel 18 muß $u = 3$ und N ungerade sein. Wenn die Nutenzahl je Pol $10 \ldots 12$ betragen soll, kommen in Betracht:

Nutenzahlen	N:	41	43		45	47	
Stegzahlen	k:	123	129		135	141	
Gesamtschritte	y:	61	64		67	70	
Gewöhnliche Wicklung	η_1:	10	10 oder 11		11	11 oder 12	
	y_1:	30	30 oder 33		33	33 oder 36	
	y_2:	31	34 oder 31		34	37 oder 31	
Treppenwicklung	η_1:	$10^1/_3$	$10^2/_3$		$11^1/_3$	$11^2/_3$	
	y_2:	31	32		34	35	
	y_2:	30	32		33	35	

3. Zweigängige Schleifenwicklung.

Wählt man bei einer Schleifenwicklung die Spulenweite und den Schaltschritt so, daß der Betrag des Gesamtschritts $|y| = 2$ wird, so erhält man eine *zweigängige* Schleifenwicklung. Man kommt bei einer solchen Wicklung einmal um den Anker herum, wenn man die Hälfte aller Spulen durchlaufen hat. Ist die Zahl der Spulen, also auch die Stegzahl k eine gerade Zahl, so schließt sich die Wicklung nach *einem* Umlauf; man erhält *einen* in sich geschlossenen *Wicklungsgang*, der die Hälfte der Spulen umfaßt. Die übrige Hälfte der Spulen ergibt ebenfalls einen geschlossenen Gang, der mit dem ersten in keiner unmittelbaren Verbindung steht. Man nennt eine solche Wicklung eine *zweifach geschlossene* zweigängige Schleifenwicklung. Eine derartige Wicklung ist in Abb. 162 dargestellt. Die beiden Gänge sind durch verschiedene Strichstärken gekennzeichnet; zwei unmittelbar hintereinander geschaltete Spulen des einen Ganges sind durch besonders fette Darstellung hervorgehoben. Da y positiv ist, haben wir es mit einer

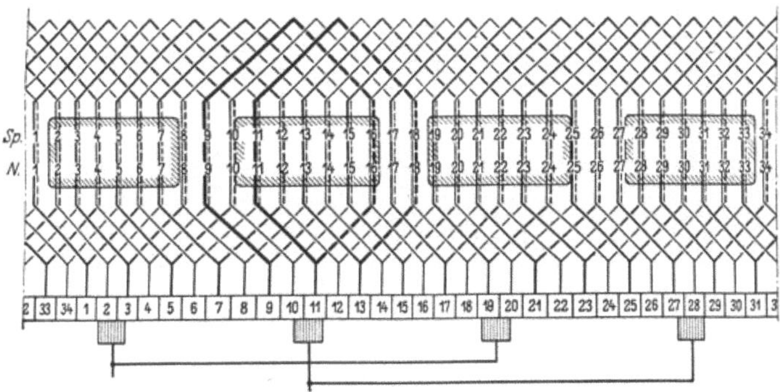

Abb. 162. Schaltplan einer zweigängigen zweifach geschlossenen Schleifenwicklung $(N = k = 34, \; u = 1, \; p = 2, \; y_1 = 7, \; y_2 = 5, \; y = +2, \; \eta_1 = 7)$.

ungekreuzten Wicklung zu tun; für eine *gekreuzte* zweigängige Schleifenwicklung ist $y = -2$.

Wir zeichnen zu der Wicklung nach Abb. 162 noch den Spannungsstern und das Vieleck der Spulenseitenspannungen. Da die Wicklung zwei Gänge enthält, die keine Verbindung miteinander haben, ergeben sich *zwei* Vielecke, deren gegenseitige Lage zunächst unbestimmt ist (Abb. 163a u. b). Man kann die beiden Vielecke beliebig gegeneinander verschieben, jedoch nicht verdrehen, da die *Richtung* der einzelnen Seiten (Strahlen) durch den Spannungsstern festgelegt ist. In eine bestimmte gegenseitige Lage werden die beiden Vielecke durch die Bürsten der Maschine gebracht. Bei der in Abb. 162 gezeichneten Lage der Bürsten besteht z. B. eine unmittelbare Verbindung zwischen den Stromwenderstegen 2 und 19. Dadurch werden die in Abb. 163a u. b mit a_1 und a_2 bezeichneten Punkte aufeinander gezwungen und damit die beiden Vielecke zur Deckung gebracht.

Da $p = 2$ ist, läuft jedes der beiden Vielecke zweimal um; die beiden Umläufe decken sich im Gegensatz zu Abb. 150 hier *nicht*. In Abb. 163b ist gestrichelt noch das Vieleck der Spulenspannungen angedeutet.

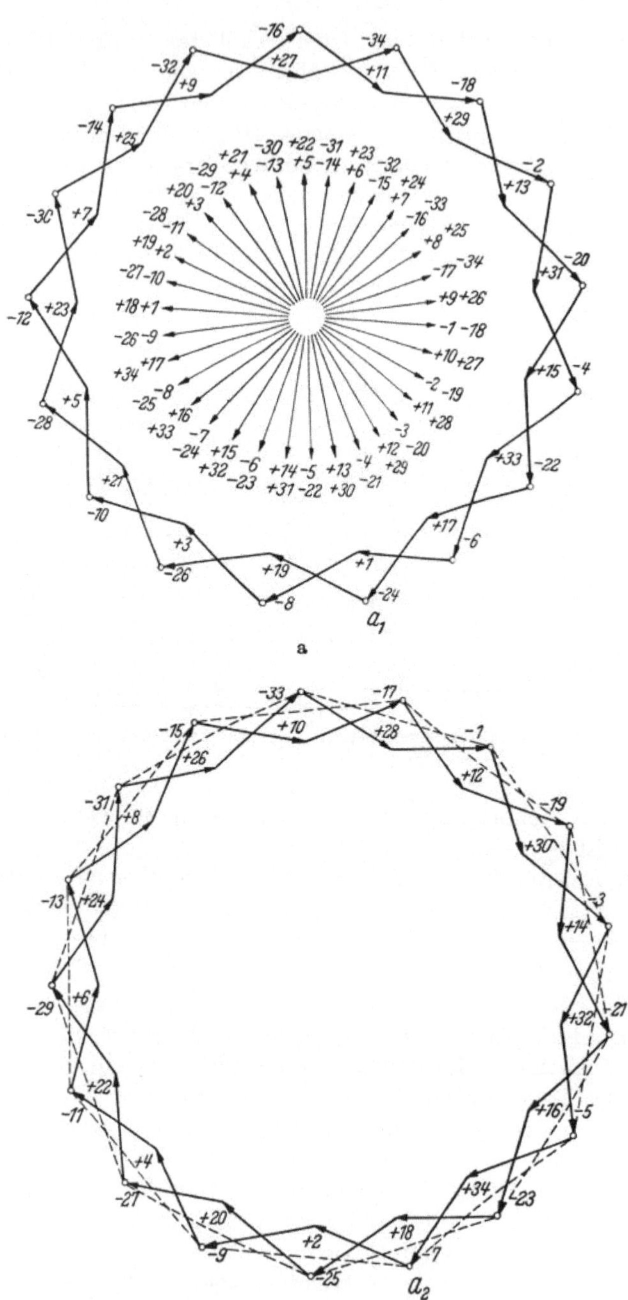

Abb. 163. a u. b Spannungsstern und Spannungsvielecke der Wicklung nach Abb. 162

Wenn bei der zweigängigen Schleifenwicklung die Stegzahl k *ungerade* ist, schließt sich die Wicklung *nicht* nach einem Umlauf, sondern der erste Gang geht nach einem Umlauf in den zweiten über. Die Wicklung schließt sich erst, wenn man zweimal den Ankerumfang durchlaufen hat. Eine solche Wicklung (Abb. 164) heißt *einfach geschlossene* zweigängige Schleifenwicklung.

Die Wicklung ergibt natürlich auch keine zwei voneinander getrennte Spannungsvielecke, weil keine getrennten Gänge vorhanden sind.

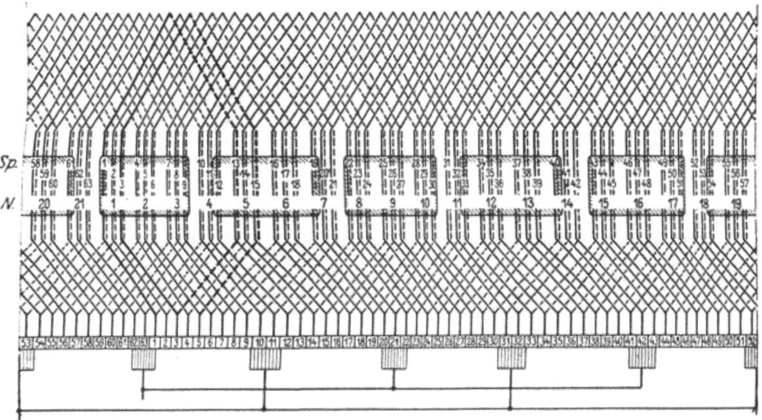

Abb. 164. Schaltplan einer zweigängigen einfach geschlossenen Schleifenwicklung ($N = 21$, $k = 63$, $u = 3$, $p = 3$, $y_1 = 12$, $y_2 = 10$, $y = +2$, $\eta_1 = 4$).

Bei beiden Arten der zweigängigen Schleifenwicklung ist die Zahl der parallelen Ankerzweige stets doppelt so groß wie bei der eingängigen Schleifenwicklung. Es ist also

$$2a = 4p. \tag{52}$$

Man erhält demnach den Strom in einem Ankerleiter, wenn man den gesamten Ankerstrom durch die doppelte Polzahl dividiert.

Mehr als zwei Gänge kommen bei der Schleifenwicklung selten vor.

4. Zwei- und mehrgängige Wellenwicklung (Reihenparallelwicklung).

Während bei der *eingängigen* Wellenwicklung nach Gl. (49) oder Gl. (50) die Bedingung erfüllt sein muß

$$p\,y \pm 1 = k, \tag{53}$$

gilt bei der *zweigängigen* Wellenwicklung das Gesetz

$$p\,y \pm 2 = k. \tag{54}$$

10*

Das positive Vorzeichen ergibt eine ungekreuzte, das negative eine gekreuzte Wicklung. Der Gesamtschritt y muß also der Bedingung genügen

$$y = \frac{k \mp 2}{p}, \tag{55}$$

wobei das negative Vorzeichen für die ungekreuzte, das positive für die gekreuzte Wicklung gilt.

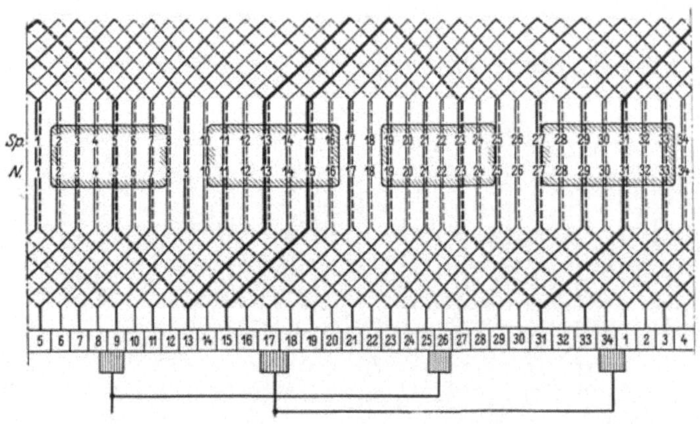

Abb. 165. Schaltplan einer **zweigängigen zweifach geschlossenen Wellenwicklung** ($N = k = 34$, $u = 1$, $p = 2$, $y_1 = 8$, $y_2 = 8$, $y = 16$, $\eta_1 = 8$).

Auch bei der Wellenwicklung ist die Zahl der parallelen Ankerzweige bei zwei Gängen doppelt so groß wie bei der eingängigen Wicklung. Es ist also

$$2a = 4. \tag{56}$$

Wie bei der zweigängigen Schleifenwicklung kann auch hier die Wicklung sich einfach oder zweifach schließen; wenn der Gesamtschritt y eine *gerade* Zahl ist, ergibt sich eine zweifach geschlossene, wenn er *ungerade* ist, eine einfach geschlossene Wicklung.

Der Zahl der in sich geschlossenen Wicklungsgänge entspricht wieder die Zahl der in sich geschlossenen Spannungsvielecke.

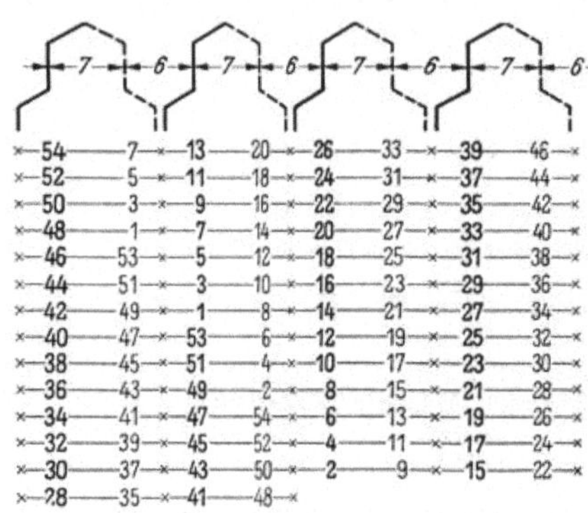

Abb. 166. Entwurfsplan für eine zweigängige, einfach geschlossene Wellenwicklung ($N = k = 54$, $p = 4$, $y_1 = 7$, $y_2 = 6$, $y = 13$).

Als Beispiel ist in Abb. 165 eine zweigängige zweifach geschlossene Wellenwicklung für vier Pole dargestellt, bei der $y = 16$ (gerade) ist. Für eine achtpolige zweigängige einfach geschlossene Wellenwicklung mit 54 Stegen zeigt Abb. 166 den Entwurfsplan; die Schritte sind $y = 13$ (ungerade), $y_1 = 7$, $y_2 = 6$. Da die Stegzahl durch 3 teilbar ist, kann die Wicklung mit $u = 3$ (also 18 Nuten) ausgeführt werden.

Bei der Wellenwicklung kommen zuweilen auch mehr als zwei Gänge vor. Bezeichnet man die Gangzahl allgemein mit g, so muß sein

$$p\,y \pm g = k\,. \tag{57}$$

Das positive Vorzeichen ergibt eine ungekreuzte, das negative eine gekreuzte Wicklung. Der Gesamtschritt muß also der Bedingung genügen

$$y = \frac{k \mp g}{p}\,, \tag{58}$$

wobei das negative Vorzeichen für die ungekreuzte, das positive für die gekreuzte Wicklung gilt. Die Zahl der parallelen Ankerzweige ist bei g Gängen

$$2\,a = 2\,g\,. \tag{59}$$

Bei der g-gängigen Wellenwicklung ist allgemein die Zahl der in sich geschlossenen Wicklungsgänge gleich dem größten Teiler, den g und y gemeinsam haben.

F. Grundsätzliches über die Wahl der Wicklung.

Die mittlere in einem Ankerleiter erzeugte Spannung e liegt angenähert fest durch Länge und Durchmesser des Ankers und durch die Drehzahl der Maschine; bei großen Maschinen mit hoher Drehzahl ist e am größten, bei kleinen, langsam laufenden ist e am kleinsten. Es müssen nun soviel Ankerleiter hintereinander geschaltet sein, daß die Summe aus ihren Spannungen die gesamte erzeugte Spannung (EMK) E der Maschine ergibt. Wenn nun im ganzen z Ankerleiter vorhanden sind, die sich auf $2a$ parallele Zweige verteilen, so liegen $z/2a$ Leiter hintereinander. Es muß also

$$\frac{z}{2\,a}\,e = E \tag{60}$$

sein; daraus ergibt sich die erforderliche Leiterzahl

$$z = 2\,a\,\frac{E}{e}\,. \tag{61}$$

Das Verhältnis $\dfrac{E}{e}$ ist am größten bei kleinen, langsam laufenden Maschinen für hohe Spannungen. Um keine übermäßig hohe Zahl von Ankerleitern (schlechte Ausnutzung des Nutenraumes) zu erhalten, wählt man bei diesen Maschinen eine Wicklung mit möglichst kleiner Zahl der parallelen Zweige, also eine eingängige Wellenwicklung. Die Zahl der Windungen einer Spule wählt man so klein wie möglich; am günstigsten ist eine Windung je Spule (Stabwicklung). Eine zu geringe

Windungszahl je Spule führt aber in vielen Fällen (besonders bei kleinen Maschinen) auf eine zu hohe Stegzahl des Stromwenders; der einzelne Steg würde dann zu schmal werden.

Bei größeren Maschinen führt die eingängige Wellenwicklung auf eine zu geringe Zahl von Ankerleitern und selbst bei nur einer Windung je Spule auf eine zu geringe Zahl von Stromwenderstegen; es wird dann die Spannung zwischen benachbarten Stromwenderstegen zu hoch (Rundfeuergefahr!). Man muß dann zu einer Wicklung mit einer größeren Zahl der parallelen Ankerzweige übergehen.

In welcher Reihenfolge die Wicklungsarten hinsichtlich der parallelen Ankerzweige aufeinanderfolgen, geht aus Zahlentafel 19 hervor. Gleichzeitig zeigt diese Zahlentafel, in welchem Sinne Leistung, Spannung und Drehzahl der Maschine die Wahl der Wicklung beeinflussen. Wo zwei Wicklungen hinsichtlich der Zahl der parallelen Ankerzweige gleichwertig sind, ist eine in Klammern gesetzt; die nicht eingeklammerte Wicklung ist der eingeklammerten vorzuziehen. Die zweigängige Schleifenwicklung wird wegen schwieriger Stromwendebedingungen nicht gern gewählt; nur bei Niederspannungsmaschinen findet sie häufiger Anwendung.

Zahlentafel 19. *Reihenfolge der Wicklungsarten (ein- und zweigängige Schleifenwicklung und ein- bis viergängige Wellenwicklung) hinsichtlich der Zahl der parallelen Ankerzweige. Einfluß von Leistung, Drehzahl und Spannung auf die Wahl der Wicklung.*

S = Schleifenwicklung, W = Wellenwicklung. Die Zahl hinter S oder W gibt die Zahl der Gänge an.

Zahl der Polpaare	klein ←——— Leistung ———→ groß klein ←——— Drehzahl ———→ groß groß ←——— Spannung ———→ klein
$p = 2$	$W\,1 - \dfrac{S\,1}{(W\,2)} - W\,3 - \dfrac{W\,4}{S\,2}$
$p = 3$	$W\,1 - W\,2 - \dfrac{S\,1}{(W\,3)} - W\,4 - S\,2$
$p = 4$	$W\,1 - W\,2 - W\,3 - \dfrac{S\,1}{(W\,4)} - S\,2$
$p > 4$	$W\,1 - W\,2 - W\,3 - W\,4 - S\,1 - S\,2$

G. Symmetriebedingungen und Ausführbarkeit der Wicklungen.

Bei der eingängigen Wellenwicklung ($a = 1$) hatten wir bereits festgestellt, daß die Ausführbarkeit der Wicklung dadurch eingeschränkt ist, daß bei Wicklungen mit $u = 1$ die Gl. (53) und bei Wicklungen mit $u > 1$ darüber hinaus die Gl. (51) erfüllt werden muß. Bei den Wicklungen mit mehr als einem Ankerzweigpaar ($a > 1$) sind noch Symmetrieforderungen zu stellen, die auch ihrerseits Einschränkungen für die Ausführbarkeit mit sich bringen.

Wie in Abschn. D festgestellt wurde, stehen die Bürsten der Maschine gewissermaßen mit zwei einander gegenüberliegenden Punkten des Vielecks der Spulenspannungen in Verbindung. Man sieht ohne weiteres ein, daß bei Vielecken mit mehreren Umläufen die Verbindung der Bürsten mit den einzelnen Umläufen nur dann gleichmäßig sein kann, wenn alle Umläufe sich decken; nur dann ist die Wicklung *voll* symmetrisch. Da jedoch die Forderung nach voller Symmetrie die Ausführbarkeit der Wicklungen stark einengt, müssen öfter Abweichungen in gewissem Umfange zugestanden werden.

Wir stellen nun fest, wie sich die Symmetrieforderungen bei den einzelnen Wicklungen mit $a > 1$ auswirken. Die größtmögliche Zahl von Spulenspannungen *gleicher* Phase ist p, da die magnetischen Verhältnisse in der Maschine sich p-mal wiederholen. Da allgemein das Spannungsvieleck a Umläufe hat, muß p/a eine *ganze* Zahl sein, wenn eine Deckung *aller* Umläufe möglich sein soll. Außerdem muß die Zahl der Spulen *verschiedener* Phase, d. i. $k/u = N$, durch a ohne Rest teilbar sein, weil nur dann alle Umläufe die gleiche Seitenzahl haben können.

Ob N/p *gerade* oder *ungerade* ist, spielt bei kleineren und mittleren Maschinen keine große Rolle. Bei großen und insbesondere bei Grenzleistungsmaschinen ist ein *ungerader* Wert von N/p vorzuziehen. Bei geraden Werten von N/p können nämlich durch die Nutung des Ankers periodische Änderungen des magnetischen Flusses auftreten, die Wechselströme höherer Frequenz sowohl in der Ankerwicklung als auch in der Erregerwicklung hervorrufen.

Bei der *eingängigen Schleifenwicklung* ist $a = p$, also $p/a = 1$. Es kommen alle Umläufe des Vielecks der Spulenspannungen zur Deckung, wenn N/p eine *ganze* Zahl ist; auch k/p ist dann eine ganze Zahl. Wir können also für die eingängige Schleifenwicklung die Symmetriebedingungen aufstellen:

$$N/p = \text{ganz} \quad \text{und} \quad k/p = \text{ganz}. \qquad (62\,\text{a u. b})$$

Auch bei voller Erfüllung der Symmetriebedingungen gibt es für alle Polzahlen hinreichend viel Steg- und Nutenzahlen, die diesen Forderungen genügen.

Bei der *zweigängigen Schleifenwicklung* ist $a = 2p$, also $p/a = 1/2$. Das bedeutet, daß bei dieser Wicklung im Vieleck der Spulenspannungen nicht *alle* Umläufe zur Deckung kommen können, sondern daß mindestens *zwei* Gruppen von Umläufen vorhanden sind (s. Abb. 163), die sich *nicht* miteinander decken[1]. Um die Umläufe innerhalb dieser Gruppen zur Deckung zu bringen, genügt, wie bei der *eingängigen*

---

[1] Diese Aussage gilt **nicht** allgemein für das Vieleck der Spulenseitenspannungen; bei ihm ist unter gewissen Voraussetzungen eine Deckung **aller** Umläufe möglich (vgl. S. 159).

Schleifenwicklung die Bedingung, daß N/p eine *ganze* Zahl ist. Die Symmetriebedingungen sind daher die gleichen wie bei der eingängigen Schleifenwicklung und werden durch Gl. (62a u. b) bestimmt.

Bei Erfüllung der Symmetriebedingungen ist eine *einfach geschlossene* zweigängige Schleifenwicklung ($k =$ ungerade) nur für *ungerade* Werte von p und u ausführbar. Eine *zweifach geschlossene* zweigängige Schleifenwicklung ist dagegen für *gerade* und *ungerade* Werte von p möglich. Meistens wird diese Wicklung mit $u = 2$ ausgeführt.

Aus den auf S. 151 angeführten Gründen soll auch hier bei großen Maschinen N/p möglichst eine *ungerade* Zahl sein.

Bei der *Wellenwicklung* stehen a und p in keinem festen Verhältnis zueinander. Wenn alle Umläufe des Vielecks der Spulenspannungen sich decken sollen, müssen daher die Bedingungen erfüllt sein

$$N/a = \text{ganz}, \quad k/a = \text{ganz und} \quad p/a = \text{ganz}. \qquad (63\,\text{a, b u. c})$$

Für die *zweigängige* Wellenwicklung ergibt sich aus Gl. (63) die Forderung, daß N, k und p *gerade* Zahlen sein müssen.

Für die Polpaarzahlen 2 ... 10 sind dann unter Berücksichtigung aller Forderungen nur Wicklungen mit den Werten von u (in den Grenzen 1 ... 4) ausführbar, die in der oberen Reihe der Zahlentafel 20 ($a = 2$) aufgeführt sind. Bei $p = 2$ wählt man jedoch immer eine eingängige Schleifenwicklung an Stelle der zweigängigen Wellenwicklung. Die Zahl der Ankerzweige ist in beiden Fällen die gleiche ($2a = 4$).

Bei der Wellenwicklung mit mehr als zwei Gängen sind die Wicklungsgesetze und Symmetrieforderungen noch schwieriger zu erfüllen; die Wicklungen können daher nur selten angewandt werden. Für $a = 3$ und $a = 4$ sind in Zahlentafel 20 noch die Werte von u aufgeführt, mit denen voll symmetrische Wicklungen ausführbar sind.

Zahlentafel 20. *Übersicht über die Werte von u, für die voll symmetrische mehrgängige Wellenwicklungen ausführbar sind.*

$p =$	2	3	4	5	6	7	8	9	10
$a = 2$	1; 2; 3; 4	—	1; 3	—	1; 2; 4	—	1; 3	—	1; 2; 3; 4
$a = 3$	—	1; 2; 3; 4	—	—	1; 3	—	—	1; 2; 4	—
$a = 4$	—	—	1; 2; 3; 4	—	—	—	1; 3	—	—

Die starke Einschränkung der Ausführbarkeit zwingt öfter dazu, von der vollen Erfüllung der Symmetriebedingungen abzusehen, d. h. zweigängige Wellenwicklungen auch für *ungerade* Werte von p auszuführen. Dies ist allgemein zulässig, wenn die Wicklungen mit Ausgleichsverbindungen (s. S. 157) versehen werden können. Ist dies jedoch nicht möglich, ergeben die Wicklungen einen einwandfreien Betrieb nur dann, wenn keine schwierigen Stromwendebedingungen vorliegen.

H. Ausgleichsverbindungen.

Bei der Aufstellung der Symmetriebedingungen waren wir davon ausgegangen, daß sich die einzelnen Umläufe des Vielecks der Spulenspannungen decken sollten, soweit dies überhaupt möglich ist. Es ist jedoch zu bedenken, daß die gezeichneten Vielecke einen Idealzustand in der Maschine voraussetzen, wie er in Wirklichkeit nie vorhanden ist. Im wirklichen Spannungssystem einer Wicklung treten auch bei Erfüllung der Symmetriebedingungen Unregelmäßigkeiten auf. Sie geben Anlaß zu Ausgleichströmen, die sich über die Bürsten schließen, oder zu ungleichmäßiger Spannungsverteilung am Stromwender und verschlechtern damit die Stromwendung. Zur Beseitigung dieser Nachteile verbindet man gleichwertige Punkte der Wicklung (die sich im Spannungsvieleck decken) miteinander. Eine solche Verbindung, welche eine Gruppe *aller* unter sich gleichwertiger Punkte zusammenschaltet, heißt *Ausgleichsverbindung* oder *Äquipotentialverbindung*.

Wirkungsweise und Ausführung dieser Ausgleichsverbindungen sollen in diesem Abschnitt behandelt werden. Bei den Beispielen beschränken wir uns auf Wicklungen mit $u = 1$. Grundsätzlich gelten die im vorhergehenden Abschnitt aufgestellten Symmetriebedingungen auch für Wicklungen mit $u > 1$. Wenn bei diesen Wicklungen Zweifel hinsichtlich der Ausführung der Ausgleichsverbindungen auftreten, lassen sie sich an Hand des Vielecks der Spulenspannungen oder gegebenenfalls der Spulenseitenspannungen beheben.

1. Ausgleichsverbindungen erster Art.

Bei der *Schleifenwicklung* liegen die zu einem Ankerzweig gehörigen Spulenseiten jeweils unter zwei benachbarten Polen. Die im Ankerzweig erzeugte Spannung ist also von der Summe der Flüsse je zweier benachbarter Pole abhängig. Sind nun die Polflüsse verschieden, wie es praktisch bis zu einem gewissen Grade immer der Fall ist, so sind auch die Spannungen der einzelnen Ankerzweige untereinander nicht gleich. Die den Ankerzweigpaaren entsprechenden Umläufe des Spannungsvielecks unterscheiden sich dann bei abgehobenen Bürsten nach Größe und Gestalt und decken sich nicht. Beim Auflegen der Bürsten werden die Umläufe zwar an den Punkten zwangsweise zur Deckung gebracht, die der augenblicklichen Stellung der Bürsten entsprechen, doch wird eine solche zwangsweise Deckung immer durch Ausgleichströme erzwungen, deren Ohmsche Spannung dem ursprünglich vorhandenen Spannungsunterschied entspricht. Die Ausgleichströme schließen sich über die Bürsten und stören die Stromwendung.

Um den nachteiligen Einfluß der Ausgleichströme auf die Stromwendung auszuschalten, bringt man Ausgleichsverbindungen zwischen

gleichwertigen Punkten der Wicklung an, die den Ausgleichströmen
einen Weg bieten, der *nicht* über die Bürsten führt. Die Ausgleichsverbindungen, welche so die Nachteile der ungleichen magnetischen Polflüsse beseitigen, bezeichnet man als Ausgleichsverbindungen *erster Art*.

Bei der *eingängigen Schleifenwicklung* enthält, wenn die Symmetriebedingungen nach Gl. (62) erfüllt sind, jede Gruppe von unter sich
gleichwertigen Punkten p solcher Punkte; die Zahl der Gruppen ist
k/p, also sind auch k/p Ausgleichsverbindungen möglich, von denen
jede an p Wicklungspunkte (Stromwenderstege) angeschlossen wird.

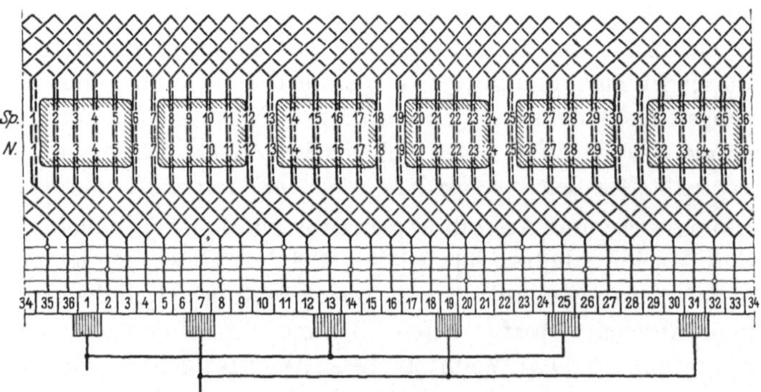

Abb. 167. Schaltplan einer eingängigen Schleifenwicklung mit Ausgleichsverbindungen
erster Art ($N = k = 36$, $u = 1$, $p = 3$, $y_1 = 6$, $y_2 = 5$, $y = + 1$, $\eta_1 = 6$, $y_v = 12$).

Den *Verbindungsschritt* y_v, um den gleichwertige Punkte voneinander entfernt sind, drücken wir wieder durch die Zahl der Stege aus,
um die man weiterschreiten muß; es ist

$$y_v = k/p. \tag{64}$$

Bei Erfüllung der Symmetriebedingungen nach Gl. (62) ist y_v eine *ganze*
Zahl.

Von den k/p möglichen Ausgleichsleitungen wird jedoch im allgemeinen nur ein gewisser Bruchteil angeordnet; nur bei Maschinen
großer Leistung mit schwierigen Stromwendebedingungen werden zuweilen alle Ausgleichsverbindungen hergestellt, die möglich sind.

Bemerkenswert ist noch die Tatsache, daß die Ausgleichströme, die
durch vorhandene magnetische Unsymmetrien hervorgerufen werden,
diesen Unsymmetrien entgegenwirken.

Eine Wicklung mit Ausgleichsleitungen ($N = k = 36$; $p = 3$) ist in
Abb. 167 dargestellt. Die Gl. (62) ist erfüllt; nach Gl. (64) liegen die
gleichwertigen Stege um $36/3 = 12$ Stege voneinander entfernt. Möglich
sind auf der Stromwenderseite zwölf Ausgleichsleitungen, jede ist an
drei Stege anzuschließen entsprechend den vorhandenen drei Polpaaren.
Von den zwölf möglichen Ausgleichsleitungen sind in Abb. 167 nur vier

vorgesehen, so daß jeder dritte Steg an eine Ausgleichsverbindung angeschlossen ist.

Die Ausgleichsleitungen in Abb. 167 können entweder als Verbindungen von Stromwenderstegen oder auch als solche von *Anfängen* positiver Spulenseiten aufgefaßt werden. In gleicher Weise können auch Ausgleichsleitungen zwischen *Enden* positiver Spulenseiten vorgesehen werden, die dann auf der dem Stromwender gegenüberliegenden Ankerseite verlaufen.

In Abb. 167 sind die Ausgleichsleitungen als Ringleitungen (s. S. 179) dargestellt. Sie lassen sich auch in Form von Bügel- oder Gabelver-

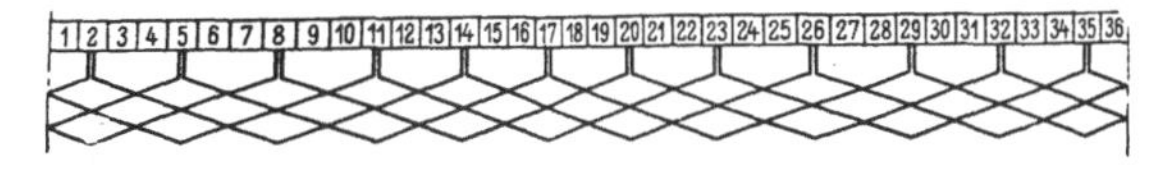

Abb. 168. Ausgleichsleitungen in Form von Gabelverbindungen
(zur Wicklung nach Abb. 167).

bindungen herstellen entsprechend den Stirnverbindungen der Spulen. Abb. 168 zeigt für die gleiche Wicklung den Schaltplan derartiger Ausgleichsleitungen.

2. Ausgleichsverbindungen zweiter Art.

Bei den *Wellenwicklungen* sind die zu einem Ankerzweig gehörigen Spulenseiten auf den ganzen Ankerumfang verteilt; die in den einzelnen Zweigen erzeugten Spannungen sind also auch dann praktisch gleich, wenn die Polflüsse verschieden sind. Trotzdem sind bei Wicklungen mit mehr als zwei Ankerzweigen im allgemeinen Ausgleichsverbindungen notwendig. Sie erfüllen einen anderen Zweck als die Ausgleichsverbindungen erster Art und werden Ausgleichsverbindungen *zweiter Art* genannt.

Bei der *eingängigen* Wellenwicklung kommen Ausgleichsverbindungen *nicht* in Frage, weil das Spannungsvieleck nur *einen* Umlauf hat, gleichwertige Punkte also nicht auftreten.

Wir betrachten die *zweigängige zweifach geschlossene* Wellenwicklung in Abb. 165. Jedem Gang der Wicklung entspricht ein in sich geschlossenes Spannungsvieleck. Die Stromwenderstege gehören abwechselnd zu dem einen und anderen Vieleck. Wenn keine Ausgleichsverbindungen vorhanden sind, haben bei abgehobenen Bürsten die Vielecke keine leitende Verbindung miteinander, ihre gegenseitige Lage ist also unbestimmt. In Abb. 169 sind Ausschnitte aus den beiden Vielecken der Spulenspannungen in einer beliebig angenommenen gegenseitigen Lage gezeichnet. Die in den

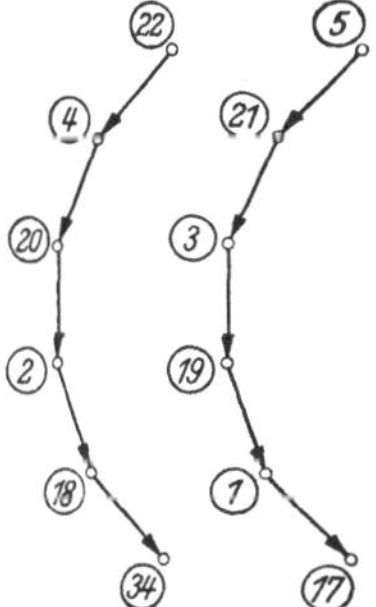

Abb. 169. Ausschnitte aus den Vielecken der Spulenspannungen der Wicklung nach Abb. 165.

Kreisen eingetragenen Zahlen bezeichnen die Stromwenderstege. Um eine gleichmäßige Verteilung der Spannung am Stromwender zu erwirken, muß z. B. der Steg 2 des einen Vielecks in die Mitte zwischen die Stege 1 und 3 des andern Vielecks gerückt, d. h. mit dem Steg 19 zur Deckung gebracht werden. Durch die Bürsten kann dies *nicht eindeutig* geschehen, da diese im allgemeinen mehrere Stege gleichzeitig berühren, wobei der Übergangswiderstand zu den einzelnen Stegen Schwankungen unterworfen ist. Der einzige *sichere* Weg, Steg 2 mit Steg 19 zur Deckung zu bringen und ihn damit in die Mitte zwischen Steg 1 und Steg 3 zu zwingen, besteht darin, daß man eine unmittelbare leitende Verbindung zwischen den Stegen 2 und 19 (bzw. zwischen den entsprechenden Wicklungspunkten) herstellt. Diese Verbindung stellt eine Ausgleichsleitung zweiter Art dar. Entsprechend können weiter verbunden werden: Steg 1 mit Steg 18, Steg 3 mit Steg 20, Steg 4 mit Steg 21 usw., allgemein bei dieser Wicklung also Stege, deren Nummern um 17 verschieden sind.

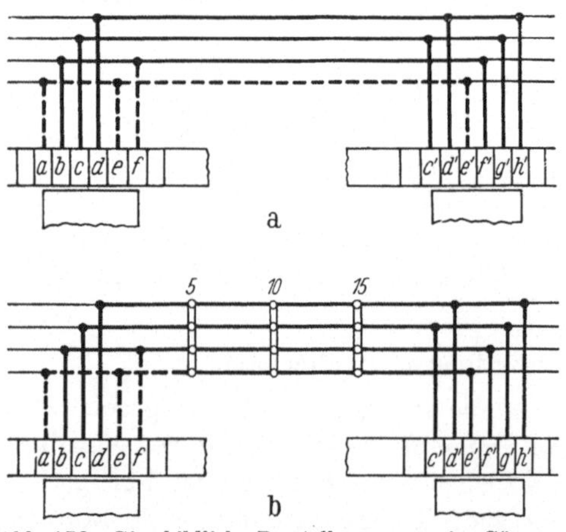

Abb. 170. Sinnbildliche Darstellung von vier Gängen einer Wellenwicklung mit Stromwenderverbindungen und Bürsten, a ohne, b mit Ausgleichsverbindungen zweiter Art [*91*].

Eine andere Erklärung für die Notwendigkeit von Ausgleichsverbindungen bei Wellenwicklungen ist von Humburg gegeben worden [*91*]. Sie sei an einer viergängigen Wellenwicklung erläutert. Die vier Gänge der Wicklung sind in Abb. 170a durch die vier waagerechten Linien angedeutet. Ausgleichsverbindungen sind zunächst nicht vorhanden. Die senkrechten Striche stellen die Verbindungen zu den Stromwenderstegen dar, auf denen gerade zwei Bürstensätze entgegengesetzter Polarität aufliegen. Sitzen nun die Bürsten auf den Stegen *a*, *e* und *f* schlecht auf, so wird der Strom die gestrichelten Wege möglichst vermeiden, es wird daher in dem ganzen Zweig zwischen den Stegen *a* und *e* einerseits und *e'* anderseits nur ein geringer Strom fließen (auch wenn der Kontakt des Steges *e'* mit der Bürste gut ist). Infolge des geringen Stromes in diesem Zweig ist auch die Ohmsche Spannung geringer. Da aber die Gesamtspannungen der parallelen Zweige gleich sein müssen, tritt eine hohe Übergangsspannung an den schlecht aufsitzenden Stegen auf und bewirkt Funkenbildung.

Werden jedoch Ausgleichsverbindungen angebracht (5, 10 und 15 in Abb. 170b), so ist die ungleichmäßige Stromverteilung nur noch in den Wicklungsteilen vorhanden, die zwischen den Stegen mit unterschiedlicher Bürstenauflage und der nächsten Ausgleichsverbindung liegen (in Abb. 170b zwischen linker Bürste und Ausgleichsleitung 5). In den übrigen Teilen der Wicklung sorgen die Ausgleichsverbindungen für eine gleichmäßige Stromverteilung, selbst wenn über die Stege mit schlechtem Bürstenkontakt überhaupt kein Strom fließt. Beim Vorhandensein von Ausgleichsverbindungen braucht also der Stromübergang an Stegen mit schlechter Bürstenauflage nicht durch eine hohe Übergangsspannung erzwungen zu werden.

Wenn bei der zweigängigen *zweifach geschlossenen* Wellenwicklung die Symmetriebedingungen nach Gl. (63) erfüllt sind, d. h. wenn sowohl N als auch k *gerade* ist, ergeben sich für den Anschluß der Ausgleichsleitungen gleichwertige Wicklungspunkte auf *derselben* Ankerseite. Der Verbindungsschritt, um den gleichwertige Punkte auseinander liegen, ist

$$y_v = k/2. \tag{65}$$

Bei der Wicklung in Abb. 165 ist, wie wir schon gesehen haben, $y_v = 34/2 = 17$.

Auch bei der *einfach geschlossenen* zweigängigen Wellenwicklung ist (wenn nicht ganz leichte Stromwendebedingungen vorliegen) die natürliche Verbindung der beiden Gänge nicht ausreichend, um einen einwandfreien Betrieb sicherzustellen; es sind auch hier im allgemeinen Ausgleichsverbindungen notwendig. Gleichwertige Wicklungspunkte treten unter den gleichen Bedingungen auf wie bei der zweifach geschlossenen Wicklung.

Wenn eine zweigängige Wellenwicklung für *ungerade* Werte von p ausgeführt wird, also den Symmetriebedingungen nach Gl. (63) *nicht* entspricht, können die Vielecke der *Spulenspannungen nicht* zur Deckung gebracht werden; gleichwertige Wicklungspunkte auf *derselben* Ankerseite sind nicht vorhanden. Bei der *zweifach geschlossenen* Wicklung können jedoch die Vielecke der *Spulenseitenspannungen* zur Deckung gebracht werden, wenn sie vollkommen regelmäßig sind, d. h. wenn alle Ecken auf dem gleichen Kreise liegen. Dies ist der Fall, wenn die beiden Teilschritte y_1 und y_2 gleichgroß sind. Die gleichwertigen Punkte liegen in diesem Falle auf *verschiedenen* Seiten des Ankers. Die Ausgleichsverbindungen müssen durch den Hohlraum zwischen Blechpaket und Welle hindurchgeführt werden. Solche Verbindungen sind praktisch nur ausführbar, wenn jede Spule nur eine Windung hat. Über die Lage der gleichwertigen Punkte gibt das Vieleck der Spulenseitenspannungen Auskunft.

Bei der *einfach geschlossenen* zweigängigen Wellenwicklung für *ungerade* Werte von p sind überhaupt keine gleichwertigen Wicklungspunkte vorhanden; Ausgleichsverbindungen sind also *nicht* möglich.

Auf die seltener vorkommenden Wellenwicklungen mit $a > 2$ sei hier nicht näher eingegangen. Allgemein gelten auch für sie die Symmetriebedingungen nach Gl. (63), wenn voll symmetrische Wicklungen gefordert werden. Wenn sie erfüllt sind, ist der Verbindungsschritt

$$y_v = k/a. \tag{66}$$

3. Ausgleichsverbindungen bei der zweigängigen Schleifenwicklung.

Bei der *zweigängigen* Schleifenwicklung sind die Ausgleichsverbindungen erster Art aus dem gleichen Grunde notwendig wie bei der eingängigen. Gleichwertige Punkte treten auf, wenn die Symmetriebedin-

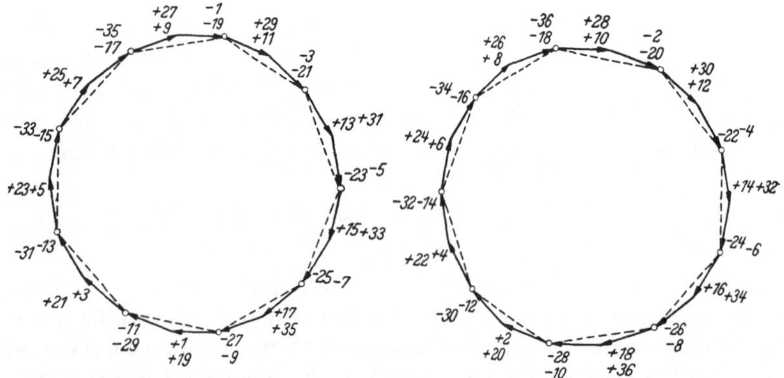

Abb. 171. Spannungsvielecke einer zweigängigen zweifach geschlossenen Schleifenwicklung ($N = k = 36$, $u = 1$, $p = 2$, $y_1 = 10$, $y_2 = 8$, $y = + 2$, $\eta_1 = 10$).

gungen nach Gl. (62) erfüllt sind; für die Berechnung von y_v gilt wieder Gl. (64). Wenn der Verbindungsschritt y_v eine *ungerade* Zahl ist, verbinden die Ausgleichsleitungen Wicklungspunkte oder Stege miteinander, die *verschiedenen* Gängen angehören; sie wirken dann gleichzeitig als Ausgleichsverbindungen erster und zweiter Art. Bei der Wicklung in Abb. 162 können z. B., wie besonders deutlich aus dem Spannungsvieleck (Abb. 163) hervorgeht, verbunden werden: Steg 1 mit Steg 18, Steg 2 mit Steg 19, Steg 3 mit Steg 20 usw.

Wenn der Verbindungsschritt y_v eine *gerade* Zahl ist, so verbindet eine Ausgleichsleitung erster Art zwei Stege miteinander, die *demselben* Gang angehören; sie wirkt also *nicht* gleichzeitig als Ausgleichsverbindung zweiter Art. Um festzustellen, wie Ausgleichsverbindungen zweiter Art geschaffen werden können, zeichnen wir das Vieleck der Spulenseitenspannungen; das Vieleck der Spulenspannungen genügt in diesem Falle nicht.

Als Beispiel wählen wir eine zweigängige zweifach geschlossene Schleifenwicklung mit $N = k = 36$, $p = 2$, $y_1 = 10$, $y_2 = 8$, $y = 2$. Der Nutenstern entspricht Abb. 149, der Spannungsstern Abb. 150

(innen). Für die Wicklung ergeben sich zwei getrennte Vielecke der Spulenseitenspannungen (Abb. 171) mit je zwei Umläufen. Diese lassen sich zwar zur Deckung bringen, doch nur so, daß Punkte des einen Vielecks, die *vorderen* Stirnverbindungen (Stromwenderstegen) entsprechen, zusammenfallen mit Punkten des anderen Vielecks, die *hinteren* Stirnverbindungen entsprechen und umgekehrt.

Die Ausgleichsleitungen müssen also Wicklungspunkte miteinander verbinden, die auf verschiedenen Seiten des Ankers liegen; sie müssen durch den Hohlraum zwischen Ankerblechpaket und Welle durchgeführt werden. Den Schaltplan der Wicklung mit den Ausgleichs-

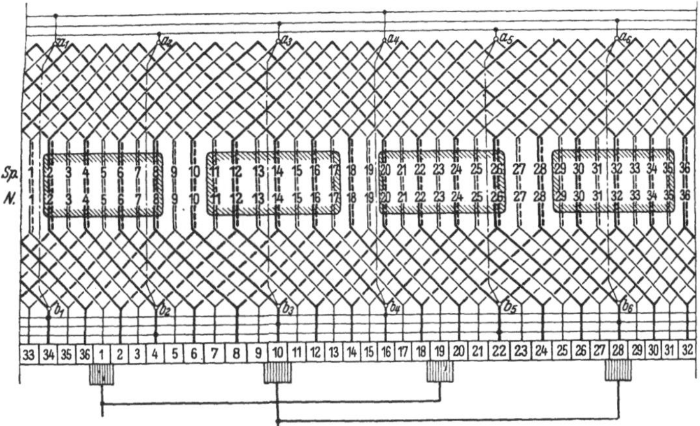

Abb. 172. Schaltplan einer **zweigängigen** zweifach geschlossenen Schleifenwicklung mit Ausgleichsverbindungen ($N = k = 36$, $u = 1$, $p = 2$, $y_1 = 10$, $y_2 = 8$, $y = +2$, $\eta_1 = 9$).

leitungen zeigt Abb. 172. Jeder Gang hat zunächst seine Ausgleichsleitungen erster Art (der eine auf der Stromwenderseite, der andere auf der gegenüberliegenden Seite); die strichpunktierten Verbindungen $a_1 - b_1$, $a_2 - b_2$, ... $a_6 - b_6$ stellen die Ausgleichsleitungen zweiter Art dar, welche die beiden Gänge in eine feste Verbindung miteinander bringen. Praktisch sind solche Verbindungen von einer zur andern Ankerseite nur bei Spulen mit je *einer* Windung ausführbar; Spulen mit mehreren Windungen kommen aber bei der zweigängigen Schleifenwicklung nicht vor.

Die beiden getrennten Vielecke in Abb. 171 können nur deswegen zur Deckung gebracht werden, weil sie vollkommen regelmäßig sind, d. h. weil alle Ecken auf dem gleichen Kreise liegen. Diese Regelmäßigkeit ergibt sich bei der Schleifenwicklung nur dann, wenn der eine Teilschritt um ebensoviel größer ist als die Polteilung, wie der andere kleiner ist als die Polteilung. Diese Forderung muß also bei den zweigängigen zweifach geschlossenen Schleifenwicklungen erfüllt werden, bei denen y_v eine *gerade* Zahl ist.

In Abb. 171 sind auch noch die Vielecke der Spulenspannungen durch gestrichelte Linien angedeutet; man erkennt, daß sie *nicht* zur Deckung gebracht werden können.

J. Wicklungen mit Selbstausgleich.

Die bisher betrachteten Anker hatten entweder eine Schleifen- *oder* eine Wellenwicklung. Von LATOUR sind zum ersten Male Wicklungen angegeben worden, welche aus einer Schleifenwicklung *und* einer Wellenwicklung bestehen, die an denselben Stromwender angeschlossen sind. Diese Wicklungen (LATOUR-Wicklungen) können so entworfen werden,

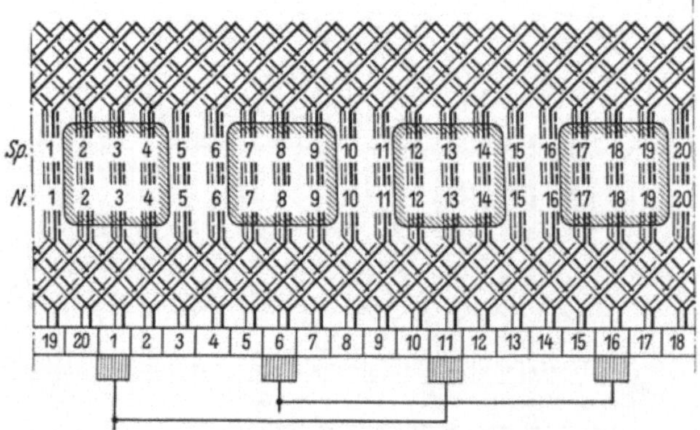

Abb. 173. Wicklung mit Selbstausgleich (Froschbeinwicklung), ($N = k = 20$, $p = 2$; Schleifenwicklung: $y_1 = 5$, $y_2 = 4$, $y = 1$, $\eta_1 = 1$; Wellenwicklung: $y_1 = 5$, $y_2 = 4$, $y = 9$, $\eta_1 = 9$).

daß sie auch ohne Ausgleichsverbindungen eine gute Stromwendung erzielen, da die Wicklung selbst gleichwertige Wicklungspunkte miteinander verbindet (Selbstausgleich). Selbstverständlich müssen die Schleifenwicklung und die Wellenwicklung die gleiche Anzahl paralleler Zweige haben, da sie durch den gemeinsamen Stromwender parallelgeschaltet sind. In Verbindung mit einer eingängigen Schleifenwicklung ist nur eine p-gängige Wellenwicklung, in Verbindung mit einer zweigängigen Schleifenwicklung nur eine $2\,p$-gängige Wellenwicklung möglich usw.

Ein Beispiel der LATOUR-Wicklung für $p = 2$ ist in Abb. 173 dargestellt. Die Schleifenwicklung ist eingängig, die Wellenwicklung (fett gezeichnet) zweigängig und einfach geschlossen. Gleichwertige Wicklungspunkte stellen z. B. die Stromwenderstege 1 und 11 dar. Eine Verbindung zwischen diesen Stegen bildet die zwischen den Stegen 1 und 2 liegende Spule der Schleifenwicklung zusammen mit der zwischen den Stegen 2 und 11 liegenden Spule der Wellenwicklung. Eine derartige Verbindung gleichwertiger Punkte durch Spulen der Wicklung ist nur zulässig, wenn die Summe der Leerlaufspannungen in den Spulengruppen, die die Verbindung herstellen, null ist. Daß dies in Abb. 173 der Fall ist, erkennt man leicht. Bei weniger durchsichtigen Verhältnissen gibt der Spannungsstern darüber Auskunft.

In Abb. 173 haben Schleifen- und Wellenwicklung die gleiche Spulenweite, die außerdem mit der Polteilung übereinstimmt. Die in den gleichen Nuten liegenden Spulen der Schleifen- und Wellenwicklung können daher vor dem Einbau gemeinsam umbandelt werden. Man erhält dann Wicklungselemente nach Abb. 174, deren eigenartige Gestalt zu der Bezeichnung „Froschbeinwicklung" Anlaß gegeben hat.

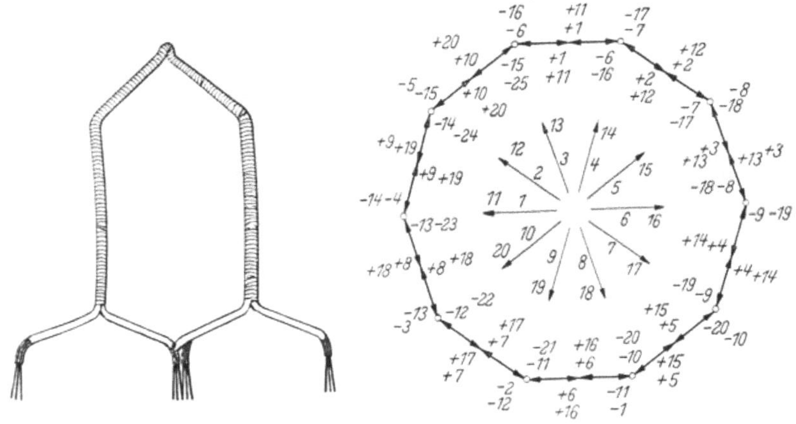

Abb. 174. Wicklungselement einer Froschbeinwicklung [83].

Abb. 175. Nutenstern und Vieleck der Spulenseitenspannungen der Wicklung mit Selbstausgleich nach Abb. 173.

In Abb. 175 sind noch der Nutenstern und die Vielecke der Spulenseitenspannungen der beiden Wicklungen gezeichnet. Das Vieleck der Schleifenwicklung (innere Zahlen) läuft zweimal rechts um; das Vieleck der Wellenwicklung (äußere Zahlen) läuft zweimal links um. Die Vielecke decken sich vollständig; die beiden Wicklungen arbeiten also einwandfrei zusammen.

Es sind auch LATOUR-Wicklungen ausführbar, bei denen Schleifen- und Wellenwicklung verschiedene Spulenweiten haben. In diesem Fall müssen die beiden Wicklungen getrennt in den Anker eingebaut werden. Man erhält also keine Froschbein-Wicklungselemente. Ob ein Wicklungsentwurf brauchbar ist, läßt sich am besten an Hand des Spannungsvielecks nachprüfen. Die Vielecke der *Spulen*spannungen der beiden Wicklungen müssen sich decken, damit die Wicklungspunkte, die den Stromwenderanschlüssen entsprechen, aufeinander fallen. Eine vollständige Deckung der Vielecke der Spulen*seiten*spannungen ist jedoch nicht erforderlich. Darüber hinaus muß aber die schon erwähnte Bedingung erfüllt sein, daß die Summe der Leerlaufspannungen in den Spulengruppen, die die Ausgleichsverbindungen ersetzen, verschwindet.

Die LATOUR-Wicklung hat doppelt so viel parallele Ankerzweige wie jede einzelne ihrer Wicklungen für sich allein. Sie ist also besonders für Maschinen mit großen Strömen (für elektrolytische Zwecke) geeignet. Auch hat sie dort Verwendung gefunden, wo aus Platzrücksichten keine Ausgleichsverbindungen möglich waren.

K. Wellenwicklungen
mit blinden Spulen und künstlich geschlossene Wellenwicklungen.

Die Erfüllung aller Wicklungsgesetze bei der Wellenwicklung stößt oft auf Schwierigkeiten. Zahlentafel 18 läßt z. B. erkennen, daß bei den sehr häufig vorkommenden vierpoligen Maschinen ($p = 2$) eine symmetrische eingängige Wellenwicklung mit $u = 2$ nicht ausführbar ist. Zuweilen werden noch besondere Forderungen an die Wicklung gestellt, z. B. die, daß sie durch Anzapfungen in eine bestimmte Anzahl von gleichwertigen Strängen aufgeteilt werden soll (s. S. 188 u. f.). Die Herstellung einer symmetrischen Wicklung kann auch dadurch erschwert sein, daß für die sich ergebende Nutenzahl kein Blechschnitt vorhanden ist. Die gleichen Schwierigkeiten können sich ergeben, wenn ein Anker, der bisher eine Schleifenwicklung gehabt hat, umgewickelt und mit einer Wellenwicklung versehen werden soll.

In solchen Fällen kann zuweilen die Herstellung einer Wellenwicklung mit blinden Spulen oder einer künstlich geschlossenen Wellenwicklung über die Schwierigkeiten hinweghelfen. Wegen der Unsymmetrien, die diesen Wicklungen anhaften, haben sie keine große Verbreitung.

1. Wellenwicklungen mit blinden Spulen.

Den Entwurf und die Ausführung einer Wicklung mit blinder Spule zeigen wir an einem Beispiel und wählen einen Anker mit $N = k = 32$ ($u = 1$) für $p = 2$. Mit 32 Spulen ist eine symmetrische eingängige Wellenwicklung nicht ausführbar, da weder Gl. (49) noch Gl. (50) erfüllt werden kann. Mit 31 Spulen dagegen ergibt sich eine symmetrische Wicklung mit $y = 15$; die Teilschritte können gewählt werden zu $y_1 = 8$ und $y_2 = 7$. Der Anker wird unter diesen Umständen mit 32 Spulen bewickelt, von denen jedoch nur 31 an den Stromwender angeschlossen werden; der Stromwender erhält also nur 31 Stege. Die nicht angeschlossene Spule trägt die Bezeichnung *blinde* Spule.

Ausgehend von der Zahl der *angeschlossenen* Spulen hatten wir die Schritte $y = 15$, $y_1 = 8$ und $y_2 = 7$ festgelegt. Beim Aufstellen des Entwurfsplanes berücksichtigen wir das Vorhandensein der blinden

Spule dadurch, daß wir *einmal* in jedem Umlauf den Schaltschritt y_2 um 1 erhöhen, und zwar dort, wo er zum *ersten Male* auftritt. Dort ist also im Beispiel 8 an die Stelle von 7 zu setzen. Die übrigen $(p-1)$-mal bleibt der Schaltschritt bestehen. Es ergibt sich dann der Entwurfsplan nach Abb. 176. Wo der Schaltschritt y_2 zum ersten Male im Umlauf auftritt, ist die 7 gestrichen und durch 8 ersetzt; im übrigen bleiben alle Schritte bestehen. Wenn die Oberschicht der blinden Spule in Nut 32 liegen soll, beginnen wir den Plan mit Spulenseite 31 und entwerfen ihn wie früher; beim Abzählen der Schritte müssen alle Spulenseiten mitgezählt werden (also 32, nicht 31). Zu der blinden Spule gelangen wir dann zuletzt. Ihre Spulenseitennummern sind im Entwurfsplan eingerahmt; ihre Enden bleiben frei. Der Schaltplan der Wicklung ist in Abb. 177 dargestellt; die blinde Spule ist durch Fettdruck hervorgehoben.

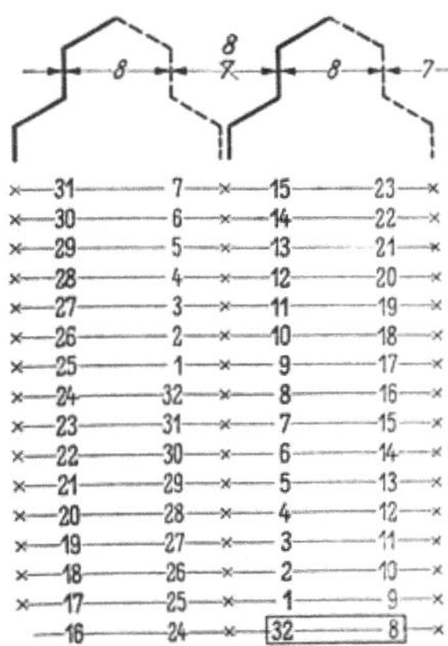

Abb. 176. Entwurfsplan für eine Wellenwicklung mit blinder Spule ($N = 32$, $k = 31$, $u = 1$, $p = 2$, $y_1 = 8$, $y_2 = 7$, $y = 15$).

Wicklungen mit $u > 1$ lassen sich in gleicher Weise entwerfen. Als Beispiel wählen wir eine Wicklung mit 16 Nuten und $u = 2$. Es ergeben sich wieder 31 angeschlossene und 1 blinde Spule. Den Gesamt-

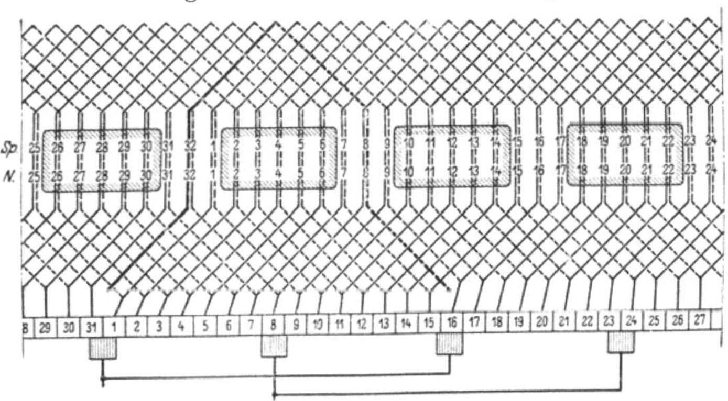

Abb. 177. Schaltplan einer eingängigen Wellenwicklung mit blinder Spule ($N = 32$, $k = 31$, $u = 1$, $p = 2$, $y_1 = 8$, $y_2 = 7$, $y = 15$, $\eta_1 = 8$).

schritt 15 zerlegen wir so, daß $y_1 = 7$ und $y_2 = 8$ ist (Treppenwicklung). Bei Aufstellung des Entwurfsplanes ist y_2 bei seinem *erstmaligen* Auftreten bei jedem Umlauf auf 9 zu erhöhen. Den Schaltplan der Wicklung zeigt Abb. 178.

Man kann die Wicklungen mit blinder Spule auch so entwerfen, daß nicht der Schaltschritt y_2, sondern die Spulenweite y_1 einmal bei

11*

jedem Umlauf um 1 erhöht wird. Man erhält dann jedoch für eine Wicklung Spulen verschiedener Weite, was für die Herstellung nicht günstig ist. Es sind auch Wellenwicklungen mit mehr als einer blinden Spule möglich, doch haben solche Wicklungen keine praktische Bedeutung.

Das Vieleck der Spulenspannungen oder auch das der Spulenseitenspannungen ist bei der Wicklung mit blinden Spulen *nicht* in sich

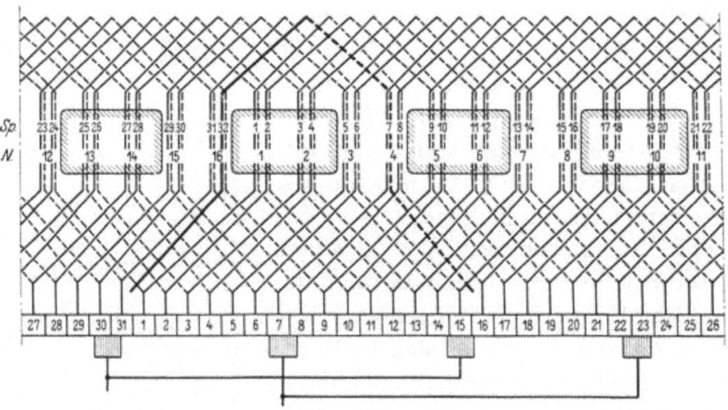

Abb. 178. Schaltplan einer eingängigen Wellenwicklung mit blinder Spule ($N = 16$, $k = 31$, $u = 2$, $p = 2$, $y_1 = 7$, $y_2 = 8$, $y = 15$, $n_1 = 3^1/_2$).

geschlossen. Es fließt daher in einer solchen Wicklung ein innerer Ausgleichsstrom, dessen Spannungsabfall gerade die Lücke im Spannungsvieleck schließt.

2. Künstlich geschlossene Wellenwicklungen.

Während bei der Wellenwicklung mit blinder Spule für eine normale Wellenwicklung *zu viel* Platz vorhanden ist, ist bei der künstlich geschlossenen Wellenwicklung gewissermaßen *zu wenig* Platz da. Wir entwerfen als Beispiel eine vierpolige eingängige Wicklung mit $u = 1$ für 26 Nuten.

Eine *normale* ungekreuzte Wicklung ist für 27 Nuten möglich (s. Abb. 157). Wir haben also für eine Spule Platz zu wenig; die fehlende Spule ersetzen wir durch einen *künstlichen Schluß*. Die Schritte bestimmen wir wieder so, als ob wir es mit einer normalen Wicklung mit 27 Spulen zu tun hätten. Der Gesamtschritt ergibt sich zu $y = 13$; die Teilschritte wählen wir $y_1 = 6$ und $y_2 = 7$. Während wir bei der Wicklung mit blinder Spule einen Teilschritt bei jedem Umlauf einmal um 1 *erhöht* haben, müssen wir ihn hier einmal um 1 *verringern*. Damit alle Spulen die gleiche Weite erhalten, nehmen wir die Verringerung beim Schaltschritt y_2 vor; sie erfolgt jedoch zweckmäßig nicht beim *erstmaligen* Auftreten von y_2 im Umlauf, sondern an *letzter* Stelle. Es ist also allgemein zuerst $(p-1)$-mal der normale Wert von y_2 zu setzen und dann einmal der um 1 verringerte Wert. Für unser Beispiel ergibt sich der Entwurfsplan in Abb. 179. Bei Aufstellung des Planes ist mit der Zahl der wirklich vorhandenen Spulen zu rechnen, die hier mit der der angeschlossenen Spulen übereinstimmt. Das Ende der letzten Spule ist mit dem Anfang der ersten Spule zu verbinden und dadurch die Wicklung künstlich zu schließen. Die Verbindung kann am Stromwender durchgeführt werden. Der Schaltplan ist in Abb. 180 dargestellt.

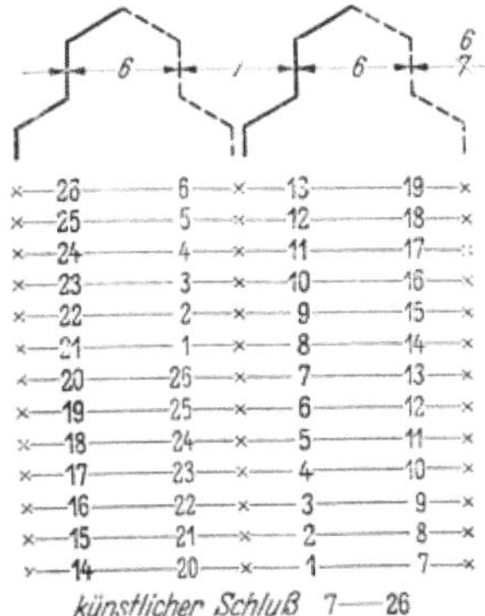

Abb. 179. Entwurfsplan für eine künstlich geschlossene Wellenwicklung $(N = k = 26,\ u = 1,\ p = 2,\ y_1 = 6,\ y_2 = 7,\ y_* = 13)$.

Der Stromwender wird wie bisher so angeschlossen, daß die Stege fortlaufend numeriert sind und daß ihre Nummern übereinstimmen mit den Nummern der Spulenseiten der Oberschicht, mit denen sie in unmittelbarer Verbindung stehen. Abweichend von Abb. 180 kann der Stromwender auch an die *oberen* Stirnverbindungen angeschlossen werden.

Für Wicklungen mit mehreren Spulenseiten quer zur Nut $(u > 1)$ erfolgt der Entwurf in gleicher Weise.

Das Spannungsvieleck der künstlich geschlossenen Wellenwicklung ist geschlossen; ein innerer Ausgleichstrom fließt also nicht. Eine

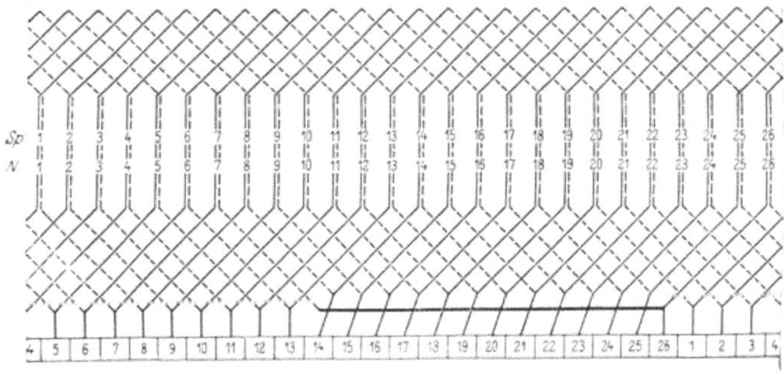

Abb. 180. Schaltplan der künstlich geschlossenen Wellenwicklung nach Abb. 179.

Unsymmetrie liegt jedoch insofern vor, als an zwei Stellen des Stromwenders Stegspannungen auftreten, die von der normalen Stegspannung verschieden sind.

L. Herstellung von Stromwenderwicklungen.

Abgesehen von ganz kleinen Ankern, die später besonders behandelt werden, geschieht die Herstellung der Stromwenderwicklungen in der

Weise, daß die einzelnen Wicklungselemente vor dem Einbringen in die Nuten gewickelt und ganz oder teilweise in die Form gebracht werden, die sie bei der fertigen Wicklung haben. Es ist notwendig, den Wicklungselementen eine bestimmte Form zu geben, um den für die Wicklung verfügbaren Raum zweckmäßig auszunutzen. Dies gilt besonders hinsichtlich der Ausbildung der Spulenköpfe.

Am gebräuchlichsten sind die *Zylinderwicklungen* (auch Mantelwicklungen genannt), bei denen die Wicklungsköpfe ungefähr auf dem gleichen (gedachten) Zylindermantel liegen, auf dem sich auch die in den Nuten liegenden Spulenseiten befinden. Die Spulenköpfe bei dieser Wicklungsart (Abb. 181 a) laden in axialer Richtung ziemlich weit aus. Um ihnen einen festen Halt zu geben, werden häufig *Wicklungsträger* vorgesehen, auf denen sie ruhen und auf die sie durch aufgewickelte

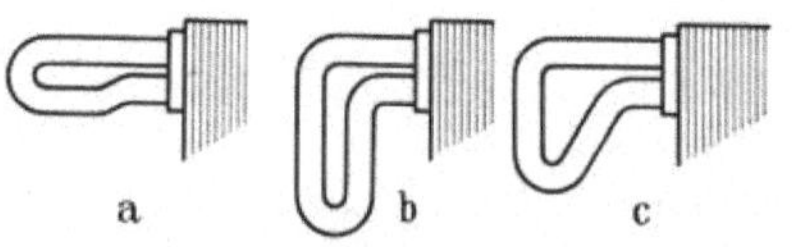

Abb. 181.
Spulenkopfformen bei Stromwenderwicklungen.

Bandagen fest aufgepreßt werden. Bei den kleinen Maschinen, bei denen die Drahtwicklung Anwendung findet, haben die Wicklungsträger eine Form wie schmale Riemenscheiben und sitzen beiderseits des Blechpaketes auf der Welle, bei größeren Maschinen haben sie die Form von Ringen, die auf beiden Seiten des Blechpaketes an den Druckringen befestigt (meist angeschweißt) sind.

Seltener als die Zylinderwicklung wird die *Stirnwicklung* angewandt. Bei ihr sind die Spulenköpfe (Abb. 181 b) im wesentlichen in radialer Richtung nach innen abgebogen. Die axiale Ausladung ist bei dieser Wicklung geringer als bei der Zylinderwicklung, doch ist die Herstellung der Wicklung teurer. Anwendung findet die Stirnwicklung in Verbindung mit der Zylinderwicklung oft dann, wenn ein Anker zwei getrennte Stromwenderwicklungen enthält (Gleichstrom-Gleichstrom-Umformer). Im Nutengrund wird dann die Stirnwicklung, darüber die Zylinderwicklung angeordnet. In Achsrichtung gesehen haben die Spulenköpfe bei der Stirnwicklung zweckmäßig die Form von Evolventen (s. S. 55).

Zuweilen erhalten die Spulenköpfe auch eine Form nach Abb. 181 c, die man als Mittelding zwischen Zylinderwicklung und Stirnwicklung ansehen kann. Der radial gerichtete Teil des Spulenkopfes erhält auch hier meistens die Form einer Evolvente. Dieser Teil der Spulenköpfe verleiht dem ganzem Wicklungskopf eine gewisse Steifigkeit, die das Auflegen von Bandagen ermöglicht, ohne daß ein Wicklungsträger vorhanden ist.

1. Drahtwicklungen.

Da die Drahtwicklungen meistens als Zylinderwicklungen nach Abb. 181 a hergestellt werden, legen wir diese Form den folgenden Ausführungen zugrunde. Die Ausführung von Wicklungen mit Spulenköpfen nach Abb. 181b u. c erfolgt sinngemäß, nur müssen bei der Herstellung andere Wickelformen verwendet werden. Von den Herstellungsverfahren, die wir bei den Wechselstrom-Ständerwicklungen kennengelernt haben, kommen hier nur die Träufelwicklung in Verbindung mit halbgeschlossenen Nuten und die Formspulenwicklung in Verbindung mit offenen Nuten zur Anwendung.

a) Träufelwicklungen. Zum Wickeln der Spulen wird vielfach die sogenannte Fischform (Abb. 182) benutzt, die die Form eines langgestreckten Sechsecks hat. Um der gewickelten Spule einen vorläufigen Halt zu geben, wird sie an einzelnen Stellen mit Band abgebunden oder

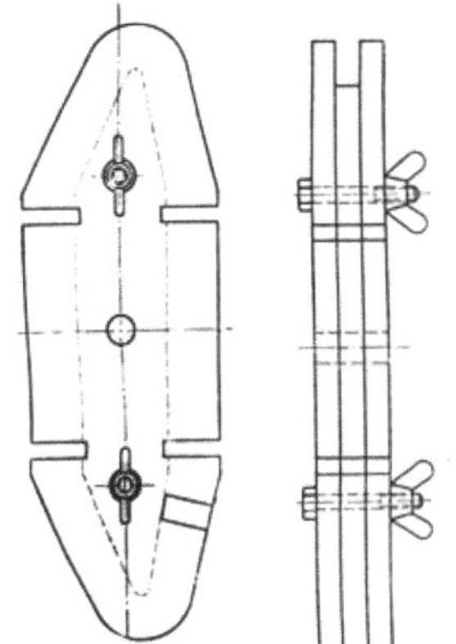

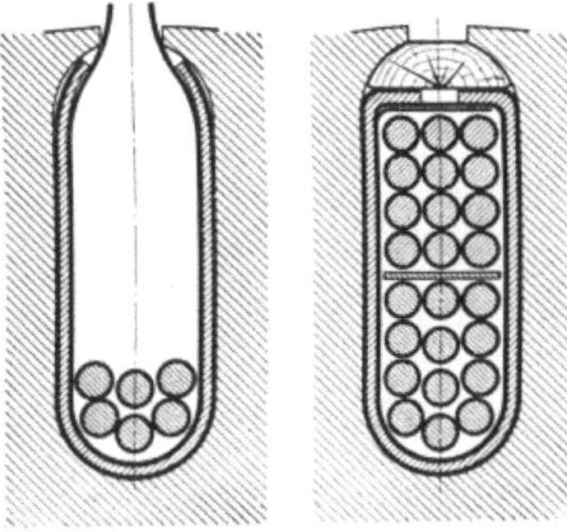

Abb. 182. Wickelform (Fischform).

Abb. 183. Halbgeschlossene Nut. a) während des Einträufelns der Wicklung, b) nach dem Füllen und Verschließen.

durch später wieder abzunehmende Blechklammern zusammengehalten. Zum Anbringen dieser behelfsmäßigen Befestigungen dienen die Schlitze in der Wickelform.

Wenn ein Wicklungselement *mehrere* Spulen enthält ($u > 1$), werden diese Spulen unter Verwendung einer entsprechenden Anzahl von Vorratsrollen *gleichzeitig* in die Form gewickelt. Nach dem Einträufeln liegen dann die Drähte der einzelnen Spulen des gleichen Wicklungselements ungeordnet durcheinander. Da bei Maschinen mit Träufelwicklung die Windungsspannung immer klein ist, fällt dieser Nachteil nicht sehr ins Gewicht.

Die gewickelten Spulen haben schon ungefähr die Form, die sie nach dem Einträufeln in die Nuten haben müssen. Die Nuten werden vor dem Einträufeln mit der Nutenisolation ausgekleidet (Abb. 183a u. b); um Beschädigungen der Drahtisolation an den scharfen Zahnkanten zu vermeiden, werden auch hier im allgemeinen „Flügel" vorgesehen (s.S.106). Zuerst werden alle Spulenseiten der Unterschicht in die Nuten eingeträufelt in der gleichen Weise, wie es bei den Wechselstromwicklungen geschieht. Auf diese werden gewöhnlich (bei Spannungen über 220 Volt immer) Streifen aus Isolierstoff (Preßspan) gelegt, die Unter- und Oberschicht voneinander trennen (Abb. 183b). Die Spulenseiten der Oberschicht werden nun so gegen die Oberfläche des Ankers gedrückt, daß sie vor die Öffnungen der Nuten kommen, in die sie gehören; sie werden dann ebenfalls eingeträufelt. Jede Nut wird nach dem Einträufeln der Oberschicht durch einen Keil verschlossen, nachdem vorher die überstehenden Ränder der Flügel abgeschnitten worden sind.

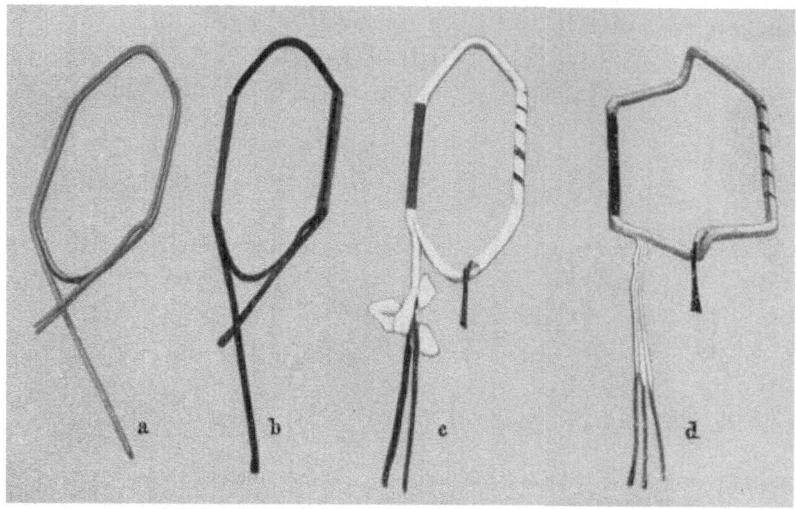

Abb. 184. Werdegang einer Ankerspule mit umbügelter Spulenseitenisolation, a) gewickelt, b) getränkt und umbügelt, c) umbandelt, d) in die fertige Form gezogen (Werkbild GARBE-LAHMEYER).

Schon während des Einträufelns werden die Spulenköpfe der eingelegten Spulen durch Schläge mit einem Holz- oder Gummihammer in eine der Rundung des Ankers angepaßte Form gebracht. Zum Formen werden auch keilförmige Stäbe aus Holz oder Hartgummi benutzt, deren abgeflachte Enden in die Zwischenräume zwischen den einzelnen Spulenköpfen geschoben und dann seitlich mit dem Hammer angeschlagen werden.

Wenn die ganze Wicklung eingelegt ist und alle Nuten verschlossen sind, werden die der Oberschicht angehörenden Teile der Spulenköpfe mittels der erwähnten keilförmigen Stäbe auf dem ganzem Umfang leicht angehoben, so daß zwischen Unter- und Oberschicht ein Zwischenraum entsteht. In diesen wird ein um den ganzen Umfang herumlaufender Streifen aus Isolierstoff (Preßspan) eingeschoben. Um das Einschieben zu erleichtern, wird er zweckmäßig mit Paraffin geglättet. Nach dem Einschieben dieser Zwischenlagen auf beiden Stirnseiten (ihr Zweck wird in Abschn. X B erläutert) werden unter Benutzung der erwähnten Hilfsmittel alle Spulenköpfe so nachgeformt, daß die ganzen Wicklungsköpfe eine gleichmäßige, zur Ankerachse symmetrische Gestalt annehmen.

b) Formspulenwicklungen. Formspulen werden meistens aus Profildraht, selten aus Runddraht hergestellt. Runddraht wird meistens nur bis zu einem Querschnitt von 4 … 6 mm² verwendet; als kleinstes Maß für Profildrähte kann etwa 0,8 × 1,4 mm gelten. Zum Wickeln der Formspulen kann man ähnliche Formen wie die in Abb. 182 dargestellte benutzen. Im Gegensatz zu den Träufelwicklungen werden hier jedoch die Spulen vor dem Einlegen in die offenen Nuten durch Spreizen fertig geformt und isoliert. Vor dem Spreizen bewickelt man die Spulenseiten zweckmäßig weitläufig mit Band, damit bei der weiteren Verarbeitung die gegenseitige Lage der einzelnen Leiter erhalten bleibt. Zu dem gleichen Zweck empfiehlt es sich, die Spulen vor dem Spreizen in Lack zu tränken und dann zu trocknen.

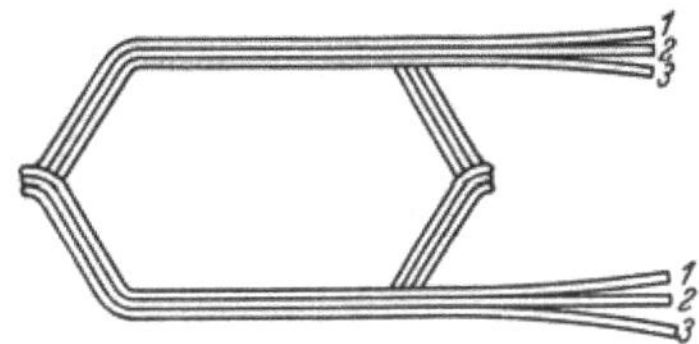

Abb. 185. Wicklungselement mit Normalformspulen ($u = 3$).

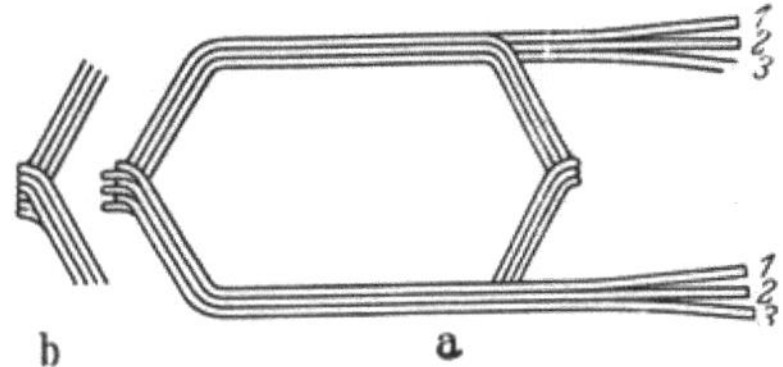

Abb. 186a u. b. Wicklungselement mit Doppelkopfformspulen ($u = 3$).

Wenn die Spulenseiten durch Umbügeln mit Mikafolium isoliert werden, ist es zweckmäßig, diese Isolierung *vor* dem Spreizen durchzuführen, da dann keine Gefahr mehr vorhanden ist, daß die Nutenleiter beim Spreizen sich verlagern. Den Werdegang einer derartigen Formspule zeigt Abb. 184. Die während der Herstellung durchzuführenden Isolierungsarbeiten werden auf S. 231 besprochen.

Bei den auf diese Art hergestellten Spulen kommen Anfänge und Enden des Drahtes entweder *beide* aus der obersten oder der untersten Drahtlage der Spulenseiten heraus. Eine solche Spule (Abb. 185) wird auch *Normalformspule* genannt. Bei stärkeren Draht- und Spulenseitenquerschnitten ist diese Lage von Anfang und Ende für die Verbindung mit dem Stromwender unvorteilhaft. Zweckmäßiger ist es, wenn bei der Spulenseite, die in die *Oberschicht* der Nut gelegt wird, das Ende aus der *obersten* Drahtlage, bei der Spulenseite, die in die *Unterschicht* der Nut gelegt wird, das Ende aus der *untersten* Drahtlage heraustritt.

Um dies zu erreichen, kann man bei dem häufig vorkommenden Fall, daß jede Spule *zwei* Windungen hat, die Spule als sog. *Doppelkopfformspule* ausführen. In Abb. 186 sind zwei Ausführungsarten (a und b) dieser Spulenform gezeigt. Wie man erkennt, besitzt der dem Strom-

wender abgewandte Wicklungskopf in tangentialer Richtung die doppelte
Breite wie der in Abb. 185. Das Wicklungselement beansprucht also hier
im Wicklungskopf mehr Raum als bei der Normalformspule. Die Doppelkopfformspule ist nur anwendbar, wenn die Nutteilung mindestens das
Doppelte der Nutbreite beträgt.

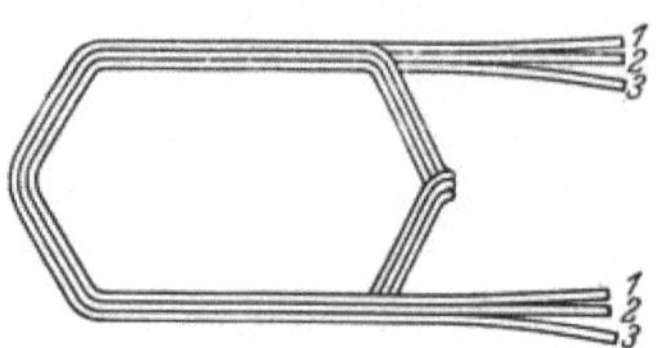

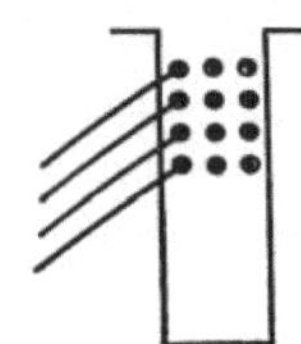

Abb. 187. Wicklungselement mit
Flächenformspulen $(u = 3)$.

Abb. 188. Andeutung *übereinander*
liegender Spulenenden.

Eine andere Spulenart mit günstiger Lage der Drahtenden (ebenfalls
nur bei zwei Windungen je Spule anwendbar) zeigt Abb. 187. Man bezeichnet eine solche Spule auch als *Flächenformspule*.

Die aus derselben Spulenseite heraustretenden Enden der *verschiedenen* Spulen *eines* Wicklungselementes liegen meistens *nebeneinander* (vgl.
Abb. 144). Zuweilen ist es aber auch zweckmäßig, sie *übereinander* anzuordnen. Eine solche An-
ordnung ist in Abb. 188
angedeutet für den Fall,
daß ein Wicklungselement
vier Spulen zu je drei Windungen enthält.

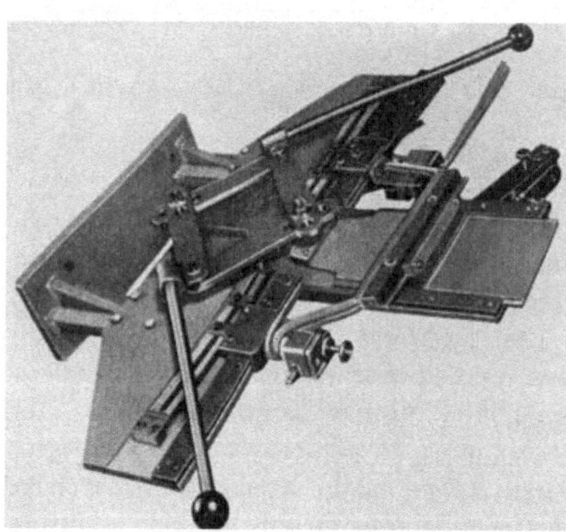

Abb. 189. Spulen-Wickel- und Auszieh-Vorrichtung
(Werkbild SCHÜMANN).

Die modernen Vorrich-
tungen für die Herstellung
von Formspulen, insbeson-
dere von solchen mit stärkeren Draht- und Spulen-
seitenquerschnitten, sind so
beschaffen, daß man auf
ihnen sowohl das Wickeln
als auch das Spreizen oder
Ausziehen vornehmen kann.
Eine solche Spulen-Wickel-
und Ausziehvorrichtung zeigt Abb. 189. Sie gestattet auch die Herstellung von Doppelkopfformspulen. Die Vorrichtung wird auf eine
Wickelmaschine (etwa nach Abb. 114) aufgebaut.

Während des Wickelns liegen die Führungsschienen für die beiden
Spulenseiten in der *gleichen* Drehebene; die Führungsstücke, um die der
Draht beim Wickeln herumgelegt wird, sind festgeklemmt. Nach dem
Wickeln werden die Führungsstücke gelöst. Die Spule wird dann

mittels der in Abb. 189 deutlich sichtbaren Knopfhebel gespreizt; dabei bewegen sich die Führungschienen der Unterschicht- und Oberschicht-Spulenseite aus der bisher gemeinsamen Drehebene in Achsrichtung nach verschiedenen Seiten heraus, während die Führungsstücke auf Gleitschienen so weit radial nach innen gleiten, als es die durch das Spreizen eintretende Verringerung der Spulenlänge notwendig macht. Die Vorrichtung, wie sie Abb. 189 darstellt, enthält eine fertig gezogene Doppelkopfspule aus Profildraht.

In welcher Weise die fertig geformten Spulen isoliert werden, hängt von der Höhe der Maschinenspannung und oft auch von den besonderen Verhältnissen ab, unter denen die Maschine arbeiten muß. Für gewöhnliche Verhältnisse bei mäßigen Spannungen werden die Spulen-

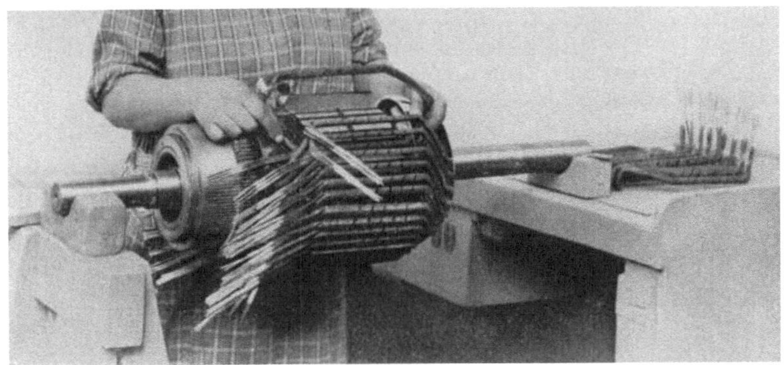

Abb. 190. Einlegen von Ankerspulen in offene Nuten (Werkbild SIEMENS).

seiten meistens mit vorgefalzten Streifen aus Preßspan oder ähnlichen Isolierstoffen umgeben, die durch weitläufige Umwicklung mit Baumwollband zusammengehalten werden (s. Abb. 190). Für höhere Spannungen und besondere Ansprüche werden die Spulenseiten umbügelt (Abb. 184). Die Wicklungsköpfe werden ein- oder mehrmal mit Band umwickelt. Die Ausführung der Spulenisolation ist auf den S. 230—231 eingehender behandelt.

Von den fertigen Spulen werden zunächst die Spulenseiten der Unterschicht in die Nuten eingelegt, die zuweilen vorher mit einer dünnen vorgefalzten Einlage aus Isolierstoff ausgekleidet werden, um das Eingleiten zu erleichtern und eine Beschädigung der Spulenseitenisolation zu verhindern. Da die Spulen passend vorgeformt sind, gelangt beim Einlegen der Unterschicht jeweils die Spulenseite der Oberschicht vor die Öffnung der Nut, in die sie gehört. In diesem Fertigungszustand werden zweckmäßig die schon bei den Träufelwicklungen erwähnten Isolierstreifen in die Wicklungsköpfe eingeschoben, die als Zwischenlagen zwischen Unter- und Oberschicht dienen. Daraufhin werden die Spulenseiten der Oberschicht in die Nuten eingedrückt. Die Nuten werden meistens durch Keile verschlossen; sie haben dann eine Form nach Abb. 4b. Bei geringen Umfangsgeschwindigkeiten kann man auch auf Keile verzichten und statt dessen Bandagen an mehreren Stellen um das Blechpaket herumlegen. Diese müssen aus *unmagnetischem* Draht hergestellt werden.

2. Stabwicklungen.

Eine Stabwicklung besteht wie bei den Wechselstromwicklungen aus Spulen mit je *einer* Windung. Als Werkstoff dient Profilkupfer, das im allgemeinen blank verarbeitet und erst nach Formung der Spulen bzw.

Abb. 191. Biegetrommel.

Spulenteile isoliert wird. Die Spule wird entweder als Ganzes gebogen oder aus mehreren einzeln gefertigten Teilen zusammengesetzt. Hinsichtlich der Form der Spulenköpfe wird auch hier die Zylinderwicklung bevorzugt, doch kommt auch die Stirnwicklung vor.

Ist die Spule aus einem Stück gebogen, so erfolgt ihre Herstellung derart, daß das Kupfer zunächst in passender Länge zugeschnitten und mittels einer besonderen, das Ausweichen des Stabes aus der Ebene verhindernden Einrichtung *hochkantig* zu einer Hufeisenform mit parallelen Schenkeln gebogen wird. Die Spule wird dann ähnlich wie eine Drahtspule gespreizt und in die endgültige Form gebogen. Zum Biegen bedient man sich bei der fabrikmäßigen Herstellung sog. Biegetrommeln (Abb. 191), die aus Blech hergestellt sind. Das Blech bildet zwei gewölbte Flächen, deren Krümmung derjenigen entspricht, welche Ober- und Unterlage der Stirnverbindungen der Spulen haben müssen. Der *hochkant* in Hufeisenform gebogene Stab wird *hochkant* eingelegt und durch einen Stift mit Klemmeinrichtung an der Kröpfungsstelle gehalten. Auf den gewölbten Flächen sind Anschlagstücke angebracht, an welche die Spulenseiten angepreßt und so in die richtige Form gebracht werden. In Instandsetzungswerkstätten erfolgt jedoch das Biegen der Spulen mit behelfsmäßigen Mitteln; die richtige Biegung der Stirnverbindungen wird durch Schläge mit einem Holzhammer erzielt; dabei werden hölzerne Unterlagen mit entsprechend gebogener Oberfläche benutzt.

Die fertige Spule wird durch Umwickeln mit Band isoliert. Die Spulen, die in der Nut nebeneinander liegen, werden auch hier zu Wicklungselementen vereinigt und erhalten nochmals eine gemeinsame Isolation, die sog. Nutisolation. Ein Wicklungselement für eine Schleifenwicklung, das zwei aus je einem Stück gebogene Spulen enthält, zeigt Abb. 192.

Bei stärkeren Leiterquerschnitten, wie sie bei Ankern für große Ströme vorkommen, ist die Herstellung der Spulen aus einem Stück nicht gut möglich. Bei der Zylinderwicklung wird dann jede Spule aus zwei in passende Form gebogenen und durch Umbandeln isolierten Stäben zusammengesetzt. Diä Stäbe, die in der Nut nebeneinander liegen, erhalten eine gemeinsame Nutisolation (meistens durch Umbügeln) und bilden dann ein *Stabelement*. Abb. 193 zeigt zwei derartige Stabelemente, eins für eine Wellenwicklung, das andere für eine Schleifenwicklung. Jedes Element enthält zwei Spulenseiten ($u = 2$).

Die fertigen Stabelemente werden in die Ankernuten eingelegt, zuerst die Elemente der Unterschicht, dann die der Oberschicht. Vor dem Einlegen wird die Nut zuweilen mit einem vorgefalzten dünnen Streifen aus Isolierstoff

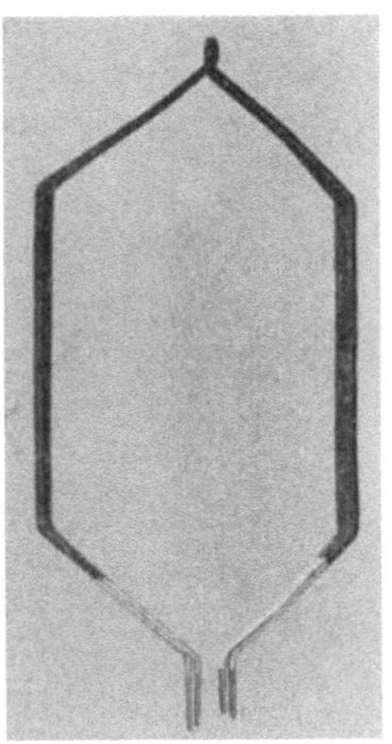

Abb. 192. Wicklungselement einer Stabwicklung mit zwei aus je einem Stück hergestellten Spulen (Werkbild SIEMENS).

ausgekleidet, der das Eingleiten der Spulenseiten in die Nuten erleichtert und verhindert, daß die Stabisolation beschädigt wird. Abb. 194 zeigt einen Anker mit einer Stabwicklung (Schleifenwicklung).

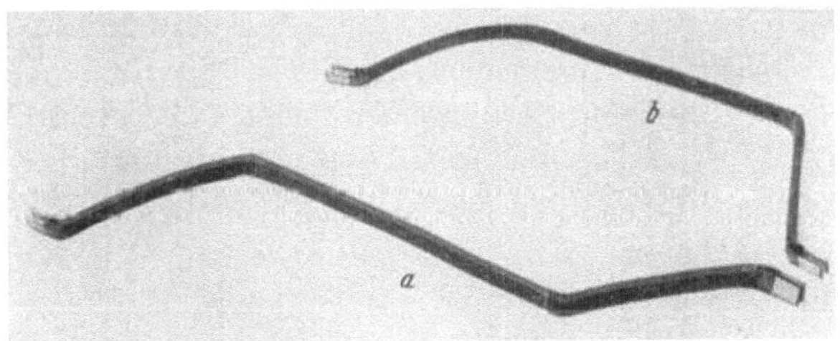

Abb. 193. Stabelemente. a für eine Wellenwicklung; b für eine Schleifenwicklung (Werkbild SIEMENS).

Die Stäbe der Unterschicht sind alle, die der Oberschicht erst teilweise eingelegt.

Die zu einer Spule gehörigen Einzelstäbe werden auf der dem Stromwender abgewandten Seite durch Zwingen miteinander verbunden und verlötet. Die blanken Stabenden liegen wegen des Auftrages der Stabisolation und etwaiger zwischen Ober- und Unterstab liegender Isolationszwischenlagen nicht unmittelbar aufeinander; der Zwischenraum zwischen ihnen wird durch eine Zwischenlage aus Kupfer ausgefüllt. Diese Zwischenlage wird zuweilen in die Zwinge vor dem Aufschieben auf die Stabenden eingenietet. Zweckmäßiger ist es aber, die Zwischenlage nachträglich in Form eines Keiles zwischen die in der Zwinge liegenden Stabenden einzutreiben (Abb. 130). Die Verbindung der Spulen untereinander auf der Stromwenderseite erfolgt in der gleichen

Abb. 194. Großer Gleichstromanker mit Stabwicklung wähernd der Herstellung (Werkbild GARBE-LAHMEYER).

Weise, nur stellen die Zwingen hier auch gleichzeitig die Verbindung mit den Fahnen her, die zum Stromwender führen (s. Abschn V L 3).

Eine Besonderheit bei der Herstellung von Treppenwicklungen ist noch zu erwähnen. Wenn die Spulen aus einem Stück hergestellt sind (entsprechend Abb. 192), kann nur *eine* Seite des Wicklungselements *vor* dem Einlegen in die Nut fertig isoliert werden, die andere Seite erst *während* des Einlegens. Bei der Ausführung mit Stabelementen (Abb. 193) ist in der Herstellung kein Unterschied zwischen Treppenwicklungen und gewöhnlichen Wicklungen.

Grundsätzlich läßt sich eine Stabwicklung, bei der jede Spule aus zwei Einzelstäben besteht, auch bei halbgeschlossenen Nuten anwenden, jedoch kann dann das Stabelement vor dem Einbringen in die Nut nur an *einem* Ende fertig gebogen werden. Die Stäbe werden mit dem nicht abgebogenen Ende in die Nut seitlich eingeschoben, und

zwar zunächst alle Stäbe der Unterschicht. Durch besondere Biege-
werkzeuge werden dann die nicht abgebogenen Enden in ihre endgültige
Lage gebracht. Alsdann wird mit den Stäben der Oberschicht in der
gleichen Weise verfahren.

Das hier beschriebene Herstellungsverfahren läßt sich auch anwenden,
wenn jede Spule aus *einem* Stück gebogen ist. Die an den Stromwender
anzuschließenden Enden bleiben auch hierbei zunächst gerade und werden erst nach dem Einschieben in die Nuten abgebogen. Diese Ausführungsform kommt bei kleinen Maschinen für große Ströme vor.

Das nachträgliche Abbiegen der Stabenden wird vermieden, wenn
man eine Stirnwicklung anwendet. Bei ihr sind die Nutenleiter einfache
gerade Stäbe. Die Stirnverbindungen, die hier als Gabeln ausgebildet
sind, weichen meistens in ihrer Querschnittform und auch in der Größe
des Querschnittes von den Nutenleitern ab. Sie werden in Evolventenform gebogen. Die Enden werden zu Zwingen ausgebildet, die über die
Enden der Nutenstäbe geschoben und mit diesen verlötet werden. Um
eine feste mechanische Verbindung zu bewirken, werden Gabeln und
Stäbe vor dem Verlöten oft auch vernietet.

Die Stirnverbindungen bei diesen Wicklungen entsprechen in ihrer
Form den Evolventenwicklungen bei Wechselstromständern (s. Abb. 67,
68 u. 72); nur sind sie nicht nach außen, sondern nach innen (zur
Welle hin) abgebogen.

3. Verbindung der Wicklung mit dem Stromwender.

Die Verbindung der Wicklung mit dem Stromwender kann in verschiedener Weise erfolgen. Die wichtigsten Verbindungsarten sind in
Abb. 195 a bis g dargestellt. Nach Abb. 195 a ist in den hinteren Teil jedes
Stromwendersteges ein Schlitz eingefräst, in den die Spulenenden unmittelbar eingelötet werden. In ähnlicher Weise erfolgt die Verbindung
in Abb. 195 b, wo jedoch die Stege an dem der Wicklung zugekehrten
Ende radial nach außen gerichtete geschlitzte Ansätze haben, in die
die Drahtenden gelegt und durch Löten befestigt werden.

Bei den Stegen nach Abb. 195 c fehlen die Ansätze; an ihrer Stelle
sind Gabeln aus gefalztem Blech (Weißblech oder Kupferblech) eingenietet und eingelötet; in diese werden die Spulenenden eingelegt
und mit ihnen verlötet. Um eine Berührung benachbarter Gabeln zu
verhindern, werden die Zwischenräume häufig mit Preßspan oder
ähnlichem Isolierstoff ausgefüllt.

Die bisher betrachteten Befestigungsarten finden dann Anwendung,
wenn zwischen Ankerdurchmesser und Stromwenderdurchmesser kein
erheblicher Unterschied besteht. Ist hingegen der Durchmesser des
Stromwenders erheblich geringer als der des Ankers, so erfolgt die Verbindung zwischen Wicklung und Stromwender durch *Fahnen* (Abb. 195 d

und e). Diese sind in Schlitze der Stromwenderstege eingenietet und verlötet. Am anderen Ende sind sie zu Zwingen ausgebildet; in diese werden
die Spulenenden eingeführt und verlötet. Eine Abart der Befestigung
zwischen Fahne und Wicklung ist in Abb. 195f angedeutet.

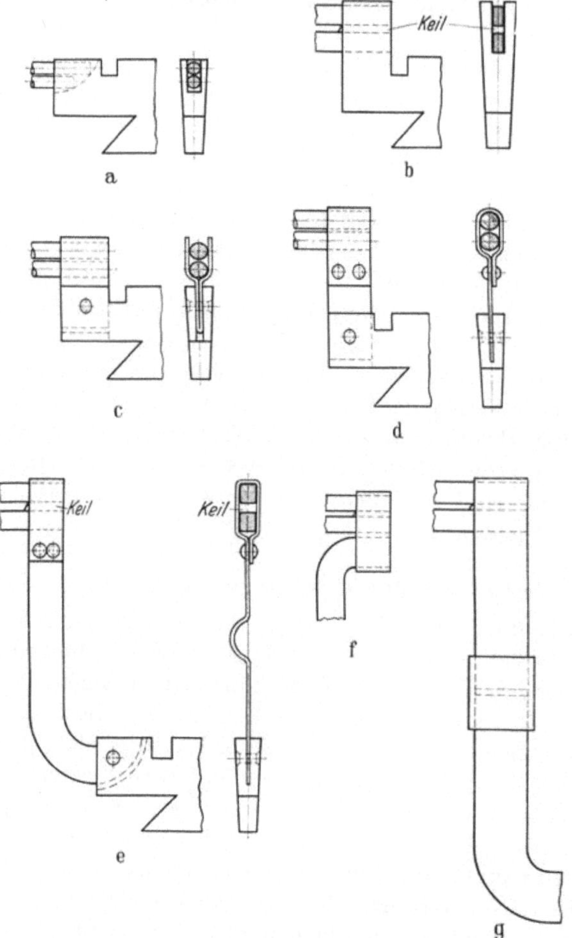

Abb. 195. Verbindung zwischen Wicklung und Stromwender.

Die seitliche Ausbuchtung der Fahne in Abb. 195e soll bei Erwärmung
die Ausdehnung der Fahne in Längsrichtung gestatten, ohne daß benachbarte Fahnen in gegenseitige Berührung kommen; sie wird nur bei
sehr langen Fahnen angeordnet.

Häufig sind noch weitere Maßnahmen notwendig, die eine gegenseitige Berührung der Fahnen verhindern. Entweder man zieht an einer

oder mehreren Stellen eine Schnur zickzackförmig zwischen den Fahnen hindurch, oder man stützt die Fahnen nach Abb. 196 oder in anderer, ähnlicher Weise gegeneinander ab.

Bei sehr großen Maschinen ist es vorteilhaft, wenn man Anker und Stromwender leicht voneinander trennen kann, ohne die Wicklung aufzulöten. Man erreicht dies, wenn man die Fahnen etwa in der Mitte trennt und die beiden Teile durch Schiebehülsen wieder verbindet (Abb. 195 g). Die Schiebehülsen müssen natürlich verlötet werden, lassen sich aber im Bedarfsfalle leicht auflöten und von den Verbindungsstellen herunterschieben.

Die Verbindung nach Abb. 195a kommt nur bei Drahtwicklungen vor, die übrigen Verbindungen sowohl bei Draht- als auch bei Stabwicklungen. Bei Stabwicklungen wird zwischen den beiden Stabenden ein Keil angeordnet (s. Abb. 195b, e, f u. g).

Bei Drahtwicklungen ist darauf zu achten, daß bei Herstellung der Stromwenderverbindungen die Spulen gemäß dem Schaltplan in der richtigen Reihenfolge geschaltet werden. Bei den aus der Oberschicht austretenden Spulenenden ist in der Regel ohne weiteres zu sehen, aus welcher Nut sie kommen; die zugehörigen Enden, die aus der Unterschicht austreten, lassen sich durch eine Prüflampe (s. Abb. 251) ermitteln.

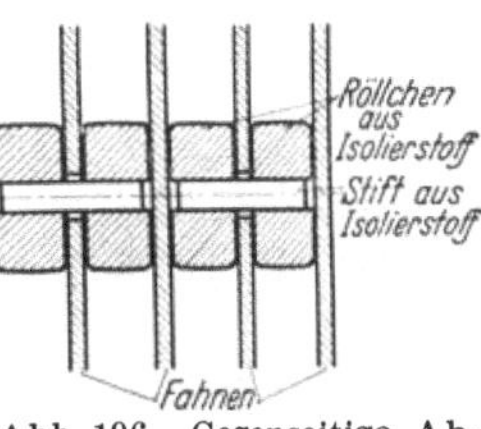

Abb. 196. Gegenseitige Abstützung von Fahnen.

Sind mehrere Spulen je Nut vorhanden ($u > 1$), so ist es, da Treppenwicklungen bei Drahtankern nicht vorkommen, grundsätzlich gleichgültig, in welcher Reihenfolge die in den gleichen Nuten liegenden Spulen aufeinander folgen. Wenn die Drähte der einzelnen Spulen ähnlich wie bei Stabwicklungen bestimmte geordnete Plätze quer zur Nut haben, so schaltet man die Spulen nach ihrer natürlichen Reihenfolge. Wenn dagegen die Drähte der einzelnen Spulen ungeordnet durcheinander liegen, gibt es eine solche natürliche Reihenfolge nicht. Bei Drahtwicklungen mit $u > 1$ wird die Feststellung der Zusammengehörigkeit von Anfängen und Enden der Spulen erleichtert, wenn man für die verschiedenen in einer Nut liegenden und gleichzeitig zu wickelnden Spulen Drähte mit verschiedenfarbiger Isolation nimmt (s. S. 182).

Bei den Stabwicklungen ist die Lage jeder Spule und jeder Spulenseite ohne weiteres erkennbar; das richtige Schalten der Wicklung gemäß dem Schaltplan macht daher keine Schwierigkeiten.

Das Verlöten der Wicklungsenden mit dem Stromwender geschieht meistens in der Weise, daß die Verbindungen einzeln mittels Lötkolbens hergestellt werden. Wenn die Draht- oder Stabenden in Zwingen liegen

Heiles, Wicklungen, 2. Aufl.

(Abb. 195 d bis g), so gibt man dem Lötkolben zweckmäßig eine solche Form, daß er beim Löten die ganze Seitenfläche der Zwinge berührt, so daß ein guter Wärmeübergang gewährleistet wird. Bei kleinen Maschinen geschieht das Löten auch in der Weise, daß die Verbindungsstellen in ein ringförmiges Zinnbad getaucht werden.

4. Herstellung der Ausgleichsverbindungen.

Bei den Ausgleichsverbindungen gibt es zwei grundsätzliche Ausführungsformen. In vielen Fällen werden sie als Bügel- oder Gabelverbindungen entsprechend den Spulenköpfen der Wicklungen ausgeführt.

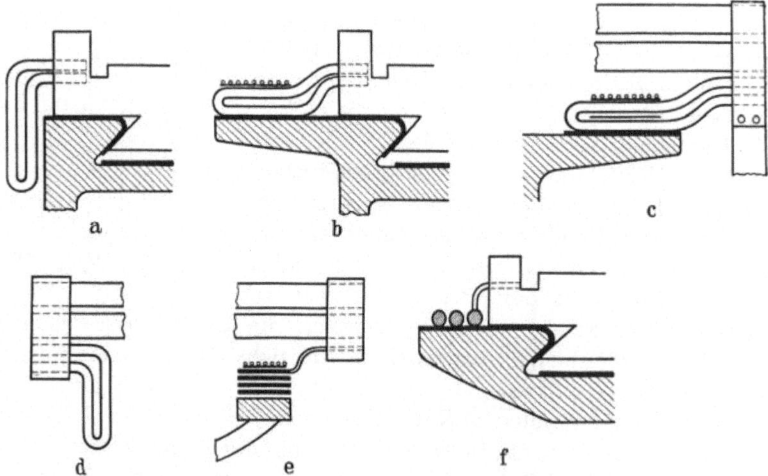

Abb. 197. Verlegungsarten von Ausgleichsverbindungen.

Die Enden dieser Verbindungsleitungen werden meistens auf der Rückseite des Stromwenders in die Stege, Fahnen oder Zwingen eingelötet (Abb. 197a bis d). Bei Stabwicklungen nach Abb. 193 können die Ausgleichsverbindungen auch auf der dem Stromwender gegenüberliegenden Stirnseite des Ankers liegen. Sie sind entweder wie die Spulenköpfe der Stirnwicklungen (Abb. 197a u. d) oder wie die der Zylinderwicklungen (Abb. 197b u. c) ausgeführt. Im letzteren Falle müssen besondere Träger vorgesehen werden, auf denen die Ausgleichsleitungen mit Bandagen befestigt werden. In Abb. 197b wird dieser Träger von einer axialen Verlängerung der Stromwendernabe gebildet. Die Leitungen können sowohl aus Runddraht (kleine Maschinen) als auch aus Profildraht bestehen

Ein Ausführungsbeispiel der Ausgleichsleitungen einer großen Gleichstrommaschine zeigt Abb. 198. Die Ausgleichsverbindungen liegen auf der Innenseite des Stromwenders (Anordnung ähnlich Abb. 197c) und werden vom Stromwenderkörper getragen. Sie bestehen aus passend gebogenen und umbandelten Flachkupferstäben, die an einem Ende mit den Fahnen verlötet sind. Diese bestehen aus Doppelblechen, die zwischen zwei Nieten so auseinandergespreizt sind, daß für die Stabenden passende Ösen gebildet werden. Am anderen Ende sind die zusammengehörigen Stäbe in gleicher Weise wie bei den Stabwicklungen durch Zwingen miteinander verbunden und verlötet. Diese Enden werden durch einen genuteten Ring aus Hartgewebe unverrückbar festgehalten.

Gegen die Wirkung der Fliehkräfte werden die fertig verlegten Ausgleichsleitungen durch eine Bandage gesichert (siehe S. 238).

Bei der zweiten Ausführungsform sind die Ausgleichsverbindungen Ringleitungen, die auf einen besonderen Träger aufgebracht werden und um den Umfang herum in sich selbst zurücklaufen.

An je einen Ring sind gleichwertige Punkte der Wicklung angeschlossen. Bei größeren Maschinen mit Stabwicklungen be-

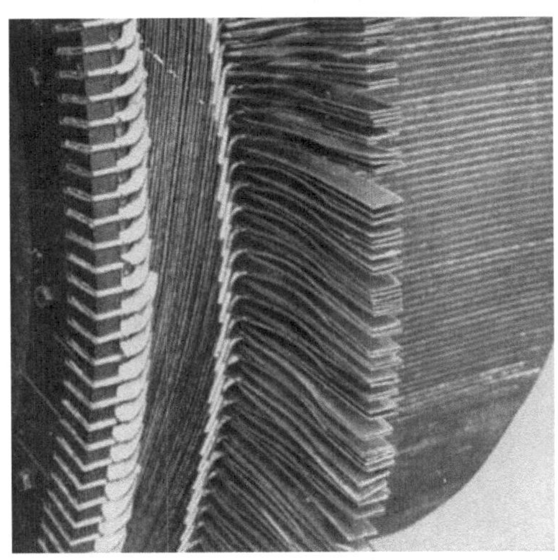

Abb. 198. Ausgleichsverbindungen eines großen Gleichstromankers (Werkbild GARBE-LAHMEYER).

stehen die Ringleitungen aus Flachdraht (Abb. 197e), von ihnen führen Verbindungsleitungen zu den Zwingen und werden gleichzeitig mit den Wicklungsstäben in diesen verlötet.

Auch bei kleinen Maschinen kommen Ausgleichsleitungen in Gestalt von Ringleitungen vor. Sie sind dann meistens aus Runddraht hergestellt und können auf einer axialen Verlängerung der Stromwendernabe untergebracht werden (Abb. 197f). Zuweilen werden bei Zylinderwicklungen die die Wicklungsköpfe haltenden Bandagen als Ausgleichsleitungen benutzt. Sind, wie es meistens der Fall ist, mehrere Ringleitungen notwendig, so unterteilt man die Bandage in mehrere nebeneinander liegende elektrisch voneinander isolierte Ringe. Ist dabei der Querschnitt der Bandage selbst für die Stromleitung nicht ausreichend, so wird unter die Bandage ein Streifen Kupferblech gelegt und mit der Bandage verlötet.

5. Wicklungen für kleine Anker.

Die Wicklungen für die Anker ganz kleiner Stromwendermaschinen, insbesondere solcher für zwei Pole, erfordern eine besondere Behandlung, weil die praktische Ausführung dieser Wicklungen nicht in der gleichen Weise erfolgen kann wie die der größeren Maschinen. Die bisher behandelten Wicklungen haben, soweit es sich um Zweischichtwicklungen handelt, das Merkmal, daß jede Spule mit einer Spulenseite in der Unterschicht, mit der anderen in der Oberschicht liegt. Die Herstellung solcher Wicklungen ist bei Drahtspulen nur in der Weise möglich, daß die Spulen vor dem Einlegen in die Nuten auf Formen gewickelt und dann in die offenen oder halbgeschlossenen Nuten eingelegt werden.

Bei den zweipoligen Ankern müssen jedoch die Spulen, die meistens aus einer größeren oder sehr großen Zahl von Windungen bestehen, unmittelbar in die Nuten eingewickelt werden. Es nehmen dann bei einer Zweischichtwicklung die ersten eingewickelten Spulen mit jeder Spulenseite die Unterschicht der Nut, die letzten Spulen mit jeder Spulenseite die Oberschicht ein; zwischen diesen beiden Gruppen können dann noch Spulen vorhanden sein, die mit einer Spulenseite in der Oberschicht, mit der anderen in der Unterschicht liegen. Daraus folgt schon, daß diese Wicklungen nicht so symmetrisch sind wie die bisher behandelten Wicklungen.

Abb. 199. Wicklung eines kleinen zweipoligen Ankers
(unsymmetrische Wicklungsköpfe).

a) Arten und Wickelverfahren. Es seien nun die verschiedenen Ausführungsmöglichkeiten der Wicklung für kleine Anker betrachtet. Die einfachste Wicklungsart ist in ähnlicher Weise aufgebaut wie die Schleifenwicklung für größere Anker, nur mit dem schon erwähnten Unterschied, daß die Verteilung der Spulenseiten auf die Ober- und Unterschicht nicht symmetrisch ist. Damit die Drähte auf den Stirnseiten des Ankers an der Welle vorbeilaufen können, wird meistens Sehnenwicklung angewendet. Eine Wicklung dieser Art ist in Abb. 199 dargestellt.

Der Anker hat elf Nuten, die durch fortlaufende Zahlen bezeichnet sind. Die Spulenweite ist zu fünf Nutteilungen gewählt. die Spulenseiten sind hier nicht, wie in den früheren Wicklungsplänen, fortlaufend numeriert, sondern entsprechend ihrer Zugehörigkeit zu den einzelnen Spulen bezeichnet. z. B. tragen die Seiten der Spule *1* die Bezeichnungen *1a* und *1b*. Die Numerierung der Spulen entspricht der Reihenfolge, in der sie hintereinander geschaltet werden, in der sie also im Schaltplan nacheinander durchlaufen werden. Die Verbindungslinien der Spulenseiten deuten den Verlauf der Wicklung auf den Stirnseiten des Ankers an. Die Spulen werden in der Reihenfolge eingewickelt, in der sie numeriert sind. Wenn die erste Spule eingewickelt ist, wird zweckmäßig der Draht nicht abgeschnitten, sondern es wird eine verdrillte Drahtschlaufe gebildet, die später den Anschluß an den Stromwender ermöglicht, und sodann in einem Zuge die nächste Spule weitergewickelt. Nachdem auf diese Weise alle Spulen gewickelt sind, wird der Draht abgeschnitten und das Drahtende mit dem Anfang der ersten Spule verdrillt.

Wie die Abb. 199 zeigt, liegen die Spulen *1* bis *5* mit beiden Spulenseiten in der Unterschicht, die nächste Spule (*6*) mit einer Seite in der Unter-, mit der anderen in der Oberschicht und schließlich die letzten fünf Spulen (*7* bis *11*) mit beiden Seiten in der Oberschicht.

Die Wicklung hat den Vorteil, daß sich ihre Herstellung und Schaltung sehr leicht übersehen läßt, daß also Schaltfehler kaum vorkommen können; sie ist ferner für jede Nutenzahl verwendbar. Dagegen hat sie den Nachteil, daß die

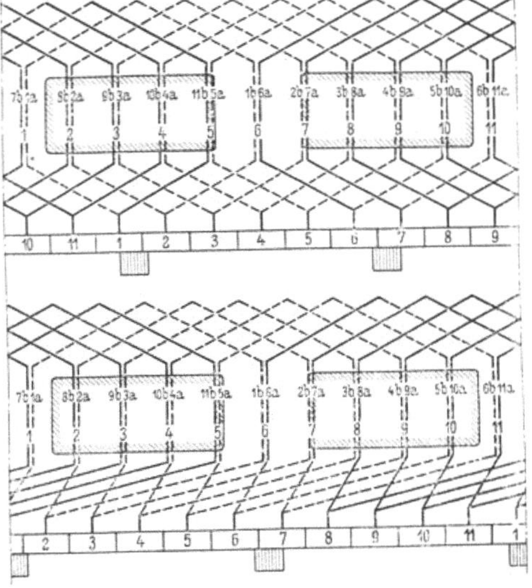

Abb. 200.
Schaltplan der Wicklungen nach Abb. 199 u. 201.
a Bürsten räumlich unter der Polmitte;
b Bürsten räumlich in der neutralen Zone.

Wicklungsköpfe unsymmetrisch werden. Die mittlere Windungslänge nimmt mit zunehmender Spulennummer infolge der länger werdenden Stirnverbindungen zu, und da die Stirnverbindungen exzentrisch verlaufen, so fällt der Schwerpunkt außerhalb der Achse. Ein derartiger Anker ist also mechanisch nicht ausgeglichen.

Besondere Beachtung verdient noch die Verbindung der Spulenenden mit dem Stromwender. Wenn die Bürsten wie bei größeren Maschinen *räumlich* so angeordnet sind, daß sie unter der Polmitte stehen, so ist die Lage der Stromwenderstege zu den mit ihnen verbundenen Spulenseiten genau so, wie es in den früheren Plänen dargestellt war. Diese Verhältnisse sind für die vorliegende Wicklung noch einmal in Abb. 200a dargestellt. Bei den kleinen Maschinen legt man jedoch häufig zur besseren Raumausnutzung im Maschinengehäuse die Bürsten *räumlich* in die neutrale Zone, also zwischen die Pole. In diesem Falle müssen die Stromwenderstege gegenüber der früheren Anordnung um eine halbe Polteilung (90 elektrische Grade) gedreht werden. Man erhält dann die in Abb. 200b dargestellte Anordnung.

Die gleiche Wicklungsart kann auch Verwendung finden, wenn die Zahl der Spulen und der Stromwenderstege ein Vielfaches der Nutenzahl ist. Eine solche Wicklung entspricht dann den früher behandelten Wicklungen mit mehreren Spulenseiten quer zur Nut. Auf die gegenseitige Lage der Seiten verschiedener Spulen in einer Nut wird wie bei Träufelwicklungen keine Rücksicht genommen.

Das Wickeln kann in diesem Falle auf zwei verschiedene Arten erfolgen, die an einem Beispiel erklärt werden sollen. Es sei wieder der Anker mit elf Nuten benutzt, jedoch soll der Stromwender 33 Stege haben, so daß also auch 33 Spulen vorzusehen sind.

Bei der ersten Wicklungsart wird zunächst die Spule *1* in derselben Weise gewickelt wie bisher, also in die Nuten *1* und *6*, dann wird im Draht eine Schlaufe für den Stromwenderanschluß gemacht und sodann die Spule *2* in die gleichen Nuten gewickelt wie die Spule *1*. Dabei kann zwischen die beiden Spulen eine Isolationszwischenlage gelegt werden. Nach dem Wickeln der Spule *2* wird abermals eine Schlaufe gemacht und dann die Spule *3* in die gleichen Nuten gewickelt. In gleicher Weise werden die Spulen *4, 5* und *6* in die Nuten *2* und *7* gewickelt usw. Auf jede Nut entfallen drei Anschlüsse für den Stromwender; damit diese in der richtigen Reihenfolge an die Stege angeschlossen werden, werden zweckmäßig gleich beim Wickeln die drei Drahtschlaufen einer Nut dadurch gekennzeichnet, daß man sie mit einem farbigen Schlauch überzieht, und zwar so, daß bei jeder Nut die Aufeinanderfolge der Farben die gleiche ist.

Bei der anderen Wicklungsart werden die drei Spulen, die in einer Nut liegen, gleichzeitig gewickelt. Es laufen dabei drei Drähte gleichzeitig von drei Drahtrollen ab. Um die gleichzeitig gewickelten Spulen voneinander unterscheiden zu können, ist es zweckmäßig, sie durch verschiedene Farbe der Drahtumspinnung kenntlich zu machen. Da die gleichzeitig gewickelten Spulen in Reihe geschaltet werden, muß der Draht nach dem Wickeln einer Spule abgeschnitten werden. Die Spulen werden dann so in Reihe geschaltet, daß bei fortlaufender Numerierung der Spulen die Farben der Umspinnung zyklisch wechseln, bei dem Beispiel also folgende Farbenzusammengehörigkeit besteht:

Farbe A: Spule *1, 4, 7, 10 . . .*
,, B: ,, *2, 5, 8, 11 . . .*
,, C: ,, *3, 6, 9, 12 . . .*

Notwendig ist allerdings eine *bestimmte* Reihenfolge der in den *gleichen* Nuten liegenden Spulen nicht, da diese unter sich elektrisch gleichwertig sind; eine bestimmte Regel erleichtert nur das Schalten. Verwendet man für die verschiedenen gleichzeitig gewickelten Spulen Draht mit gleichfarbiger Umspinnung, so muß man zusammengehörige Anfänge und Enden mittels einer Prüflampe oder einer ähnlichen Einrichtung feststellen.

Das zweite Verfahren hat den Vorteil, daß das Wickeln schneller vonstatten geht, dagegen den Nachteil, daß die zwischen benachbarten Windungen auftretende Spannung erheblich größer wird, so daß die Gefahr eines Windungsschlusses in viel höherem Maße besteht.

Ein besserer mechanischer Ausgleich läßt sich erzielen, wenn man die Spulen in anderer Reihenfolge in die Nuten einwickelt, als sie bei der fertig geschalteten Wicklung aufeinander folgen. Eine solche Wicklung ist in Abb. 201 dargestellt; es sind wieder elf Nuten und elf Spulen angenommen. Für die Wicklung gelten wieder die in Abb. 200a oder b dargestellten Schaltpläne, und die Numerierung der Spulen entspricht der Reihenfolge, in der sie hintereinander geschaltet werden. Das Wickeln erfolgt jedoch in der Reihenfolge:

$$1-6-11-5-10-4-9-3-8-2-7.$$

Abb. 201. Wicklung eines kleinen zweipoligen Ankers mit *ungerader* Nutenzahl (annähernd symmetrische Wicklungsköpfe).

Wenn die Spule *1* gewickelt ist, wird der Anker angenähert 180° um seine Achse gedreht und dann die Spule *6* gewickelt usw. Mit Ausnahme der zuerst und der zuletzt eingewickelten Spule liegen alle Spulen mit einer Spulenseite in der Oberschicht, mit der anderen in der Unterschicht einer Nut.

Die Windungslänge der Spulen ist zwar auch hier nicht gleich, jedoch liegen immer je zwei Spulen von ungefähr gleicher Windungslänge symmetrisch zur Achse, so daß im Gegensatz zur Ausführung nach Abb. 199 der Schwerpunkt der Wicklung einigermaßen genau in die Achse zu liegen kommt.

Man kann alle Spulen in der angegebenen Reihenfolge fortlaufend wickeln, ohne zunächst den Draht zu durchschneiden, wenn man beim Übergang von einer Spule zur anderen Schlaufen macht, um hinreichend lange Spulenenden für das spätere Schalten zu bekommen. Vor dem Schalten müssen natürlich die Spulen voneinander getrennt werden, da die Reihenfolge der Spulen beim Schalten eine andere ist als beim Wickeln.

Das Schalten geht jedoch einfacher vonstatten, wenn man schon während des Wickelns die Spulen trennt. Bei der üblichen Bürstenanordnung nach Abb. 200b wird dann nach dem Wickeln der Spule *1* das aus der Nut *6* herauskommende Ende über die Stirnseite des Ankers bis zu dem vor der Nut *1* liegenden Anfang der gleichen Spule geführt und mit diesem zunächst verdrillt; in gleicher Weise wird mit den anderen Spulen verfahren. Nachdem alle Spulen gewickelt sind, werden die verdrillten Anfänge und Enden derselben Spulen wieder getrennt und diejenigen Anfänge und Enden miteinander verdrillt, die gemeinsam an einen Stromwendersteg zu führen sind, z. B. Ende der Spule *1* und Anfang der Spule *2*.

Wenn die Zahl der Spulen ein Vielfaches der Nutenzahl ist, so können auch hier, wie oben beschrieben, die Spulen, welche in den gleichen Nuten liegen, entweder nacheinander oder gleichzeitig gewickelt werden.

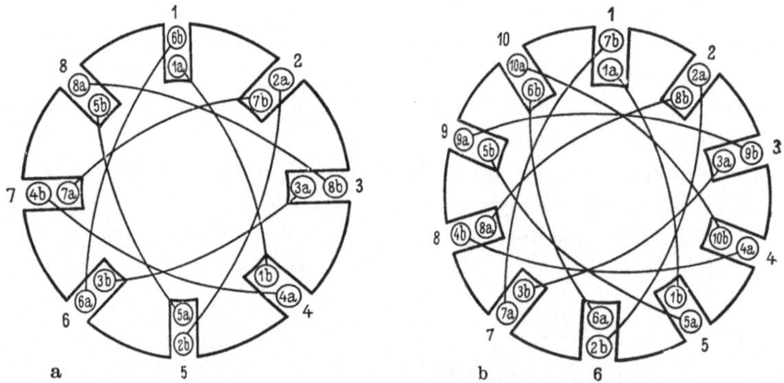

Abb. 202. Wicklung eines kleinen zweipoligen Ankers mit *gerader* Nutenzahl
(symmetrische Wicklungsköpfe),
a *halbe* Nutenzahl *gerade*, b *halbe* Nutenzahl *ungerade*.

Die zuletzt besprochene zweipolige Wicklung ist eine Sehnenwicklung; die Zahl der Nuten ist *ungerade* (nicht durch die Zahl der Pole teilbar). Wenn die Zahl der Nuten durch die Polzahl teilbar ist, kann entweder eine Sehnen- oder eine Durchmesserwicklung angewandt werden. Bei zweipoligen Maschinen hat eine Durchmesserwicklung den Nachteil, daß bei ihr die Stirnverbindungen mehr Raum in axialer Richtung beanspruchen, als bei der Sehnenwicklung.

Bei zweipoligen Ankern mit *geraden* Nutenzahlen macht man häufig noch von einer anderen Art der Sehnenwicklung Gebrauch, die eine sehr symmetrische Anordnung der Stirnverbindungen ergibt. Diese Wicklung gestaltet sich etwas verschieden, je nachdem die halbe Nutenzahl gerade (Nutenzahl durch 4 teilbar) oder die halbe Nutenzahl ungerade (Nutenzahl nicht durch 4 teilbar) ist. Für diese beiden Fälle sind in Abb. 202a und b Beispiele dargestellt, wobei die Numerierung der Spulen wieder der Reihenfolge beim Schalten entspricht. In Abb. 202a sind acht Nuten und Spulen vorhanden. Die Reihenfolge beim Wickeln ist

$$1—5—3—7—4—8—6—2.$$

In Abb. 202b sind zehn Nuten und Spulen vorhanden. Die Reihenfolge beim Wickeln ist hier

$$1-6-3-8-5-10-7-2-9-4.$$

Bei der Wicklung nach Abb. 202a liegt die eine Hälfte der Spulen mit beiden Spulenseiten in der Unterschicht, die zweite Hälfte mit beiden Spulenseiten in der Oberschicht. Bei der Wicklung nach Abb. 202b sind zwei Spulen (Nr. *5* und Nr. *10*) vorhanden, die mit je einer Spulenseite in der Unterschicht, mit der anderen in der Oberschicht liegen, von den übrigen Spulen liegt wieder die eine Hälfte ganz in der Unterschicht, die andere ganz in der Oberschicht.

Für eine beliebige Nutenzahl x ist der Nutenschritt $\eta_1 = \dfrac{x}{2} - 1$ zu wählen. Bei gleicher Zahl von Spulen und Nuten ($u = 1$) gibt die Zahlentafel 21 die Lage der einzelnen Spulen an (Numerierung entsprechend der Reihenfolge beim Schalten). Ist die Zahl der Spulen ein Vielfaches der Nutenzahl ($u > 1$), so denkt man sich die in den gleichen Nuten liegenden Spulen zu einer Gruppe zusammengefaßt, die man entsprechend Abb. 202a oder 202b numeriert. Die Zahlentafel 21 gibt dann die Lage der Spulen*gruppen* an.

Zahlentafel 21. *Lage der Spulen bzw. Spulengruppen bei Wicklungen nach Abb. 202 a u. b für eine beliebige Nutenzahl x.*

Spule bzw. Gruppe Nr.	Spulenseite	
	a Nut Nr.	b Nut Nr.
1	1	$\dfrac{x}{2}$
2	2	$\dfrac{x}{2} + 1$
3	3	$\dfrac{x}{2} + 2$
⋮	⋮	⋮
$\dfrac{x}{2}$	$\dfrac{x}{2}$	$x - 1$
$\dfrac{x}{2} + 1$	$\dfrac{x}{2} + 1$	x
⋮	⋮	⋮
x	x	$\dfrac{x}{2} - 1$

Die Reihenfolge beim Wickeln für beliebige Nutenzahlen ergibt sich aus der Zahlentafel 22, wobei die beiden erwähnten Fälle (halbe Nutenzahl gerade oder ungerade) unterschieden sind. Die Gesetzmäßigkeit der Reihenfolge des Wickelns ist leichter zu übersehen, wenn man immer je zwei Spulen zu einem Paar zusammenfaßt. In Zahlentafel 23 sind die allgemeinen Angaben der Zahlentafel 22 für einige häufig vorkommende Nutenzahlen ausgewertet.

b) Wickelmaschinen. Die im vorhergehenden Abschnitt behandelten kleinen Anker haben durchweg Spulen mit sehr großer Windungszahl. Solche Spulen von Hand einzuwickeln würde sehr zeitraubend und daher unwirtschaftlich sein. Außerdem würde es kaum möglich sein, die eingewickelten Windungen einwandfrei zu zählen. Man benutzt daher besondere Wickelmaschinen zum Wickeln dieser Anker.

Grundsätzlich kommen bei diesen Maschinen zwei Ausführungsformen vor. Bei der einen dreht sich der Anker beim Wickeln um eine Achse, die zu seiner eigenen Achse senkrecht steht, bei der zweiten steht der zu bewickelnde Anker still.

Zahlentafel 22. *Reihenfolge, in der bei den Wicklungen nach Abb. 202a u. b die Spulen bzw. Spulengruppen gewickelt werden.*

Halbe Nutenzahl gerade (Abb. 202a) Spulenpaare		Halbe Nutenzahl ungerade (Abb. 202b) Spulenpaare	
Spule 1	und Spule $\frac{x}{2}+1$	Spule 1	und Spule $\frac{x}{2}+1$
Spule 3	und Spule $\frac{x}{2}+3$	Spule 3	und Spule $\frac{x}{2}+3$
Spule 5	und Spule $\frac{x}{2}+5$	Spule 5	und Spule $\frac{x}{2}+5$
$\vdots$	$\vdots$	$\vdots$	$\vdots$
Spule $\frac{x}{2}-1$	und Spule $x-1$	Spule $\frac{x}{2}-2$	und Spule $x-2$
Spule $\frac{x}{2}$	und Spule x	Spule $\frac{x}{2}$	und Spule x
Spule $\frac{x}{2}+2$	und Spule 2	Spule $\frac{x}{2}+2$	und Spule 2
Spule $\frac{x}{2}+4$	und Spule 4	Spule $\frac{x}{2}+4$	und Spule 4
$\vdots$	$\vdots$	$\vdots$	$\vdots$
Spule $x-2$	und Spule $\frac{x}{2}-2$	Spule $x-1$	und Spule $\frac{x}{2}-1$

Zahlentafel 23.

Reihenfolge der Spulen					
Halbe Nutenzahl gerade			Halbe Nutenzahl ungerade		
8 Nuten	12 Nuten	16 Nuten	10 Nuten	14 Nuten	18 Nuten
1 und 5	1 und 7	1 und 9	1 und 6	1 und 8	1 und 10
3 „ 7	3 „ 9	3 „ 11	3 „ 8	3 „ 10	3 „ 12
4 „ 8	5 „ 11	5 „ 13	5 „ 10	5 „ 12	5 „ 14
6 „ 2	6 „ 12	7 „ 15	7 „ 2	7 „ 14	7 „ 16
	8 „ 2	8 „ 16	9 „ 4	9 „ 2	9 „ 18
	10 „ 4	10 „ 2		11 „ 4	11 „ 2
		12 „ 4		13 „ 6	13 „ 4
		14 „ 6			15 „ 6
					17 „ 8

Eine Maschine einfacher Konstruktion der ersten Ausführungsform zeigt Abb. 203. Der Antrieb kann durch eine Handkurbel oder durch einen Motor erfolgen. Das im Gehäuse eingebaute Zählwerk zählt die eingewickelte Windungszahl sowohl bei Rechts- als auch bei Linkslauf der Maschine. Zum Anschluß einer Glimmlampe oder einer Schnarre ist es mit Kontakten versehen, die sich schließen, wenn die eingestellte Windungszahl erreicht ist. Mittels eines Relais kann auch der Antriebsmotor selbsttätig abgeschaltet werden.

Um ein einwandfreies Hineingleiten des Drahtes in die Nuten zu gewährleisten, ist eine besondere Führungseinrichtung vorhanden. Nachdem eine Spule gewickelt ist, wird der Anker von Hand so weit um seine Achse gedreht, daß die Maschine die nächste Spule wickeln kann.

Die Geschwindigkeit, mit der der Draht auf den Anker gewickelt wird, ändert sich periodisch, da die Windungen nicht kreisförmig sondern

Abb. 203. Wickelmaschine für umlaufenden Anker (Werkbild AUMANN).

mehr oder weniger lang gestreckt sind. Würde diese wechselnde Drahtgeschwindigkeit auf die Vorratsspule übertragen, so müßte diese periodisch ihre Drehzahl ändern. Bei jeder Beschleunigung durch den ablaufenden Draht würde dieser stark auf Zug beansprucht werden und gegebenenfalls reißen. Um dies zu verhindern, muß ein Zwischenglied zwischen Anker und Vorratsspule gelegt werden, das deren verschiedene Drahtgeschwindigkeiten ausgleicht. Es ist dies eine Rolle, die an einem federnd schwingenden Hebelarm sitzt, der von einem Ablaufständer getragen wird.

In Abb. 203 ist die Maschine für das Wickeln von *einer* Spule je Nut eingerichtet. Bei Verwendung eines Mehrfach-Ablaufständers können aber auch mehrere Spulen gleichzeitig in die gleichen Nuten gewickelt werden.

Eine Wickelmaschine der zweiten Ausführungsform ist in Abb. 204 dargestellt. Der zu bewickelnde Anker steht bei dieser Maschine still.

Von der oder den an einem Ablaufständer federnd aufgehängten Vorratsspulen wird der Draht einem umlaufenden Arm zugeführt, der ihn an

Abb. 204.
Wickelmaschine für stillstehenden Anker
(Werkbild Froitzheim & Rudert)

Gleitschienen vorbei in die Nuten verlegt. Die Verwendung von Wickelmaschinen mit stillstehendem Anker bringt den Vorteil, daß die freien Drahtenden der bereits gewickelten Spulen nicht besonders befestigt zu werden brauchen, um zu verhindern, daß sie bei der Drehung des Ankers herumschlagen und beschädigt werden, wie es bei den Wickelmaschinen mit umlaufendem Anker vorkommen könnte.

Wickelmaschinen mit stillstehendem Anker werden auch in einer Form gebaut, bei der die Vorratsspulen zusammen mit dem verlegenden Arm um den zu bewickelnden Anker umlaufen. Da die Vorratsspulen oft ein erhebliches Gewicht haben, müssen derartige Maschinen robuster gebaut sein als eine Maschine nach Abb. 204.

VI. Angezapfte und aufgeschnittene Gleichstrom-Ankerwicklungen.

Einer normalen Gleichstrom-Ankerwicklung kann man auch ein- oder mehrphasigen Wechselstrom entnehmen, wenn man sie anzapft. *Angezapfte* Wicklungen befinden sich meistens auf dem *umlaufenden* Teil der Maschine; die Anzapfpunkte müssen dann zu Schleifringen geführt werden. Am häufigsten sind die angezapften Gleichstrom-Ankerwicklungen bei Maschinen, die sowohl einen Gleichstrom- als auch einen Wechselstromanschluß haben, insbesondere bei Einankerumformern und Gleichstrom-Dreileitermaschinen. *Aufgeschnittene* Gleichstrom-Ankerwicklungen werden in der Hauptsache als mehrphasige Wechselstrom-Ständerwicklungen verwendet.

A. Angezapfte Gleichstrom-Ankerwicklungen.

Wie eine Gleichstrom-Ankerwicklung angezapft werden muß, damit man ihr Wechselstrom entnehmen kann, erkennt man am besten aus dem Vieleck der Spulenspannungen oder Spulenseitenspannungen. Die notwendigen Anzapfpunkte müssen gleichmäßig über den Umfang des

Vielecks verteilt sein. Wenn wir die Zahl der Stromableitungen (Schleifringe) mit n bezeichnen, so ist z. B.

bei der zweifach (einphasig) angezapften Wicklung $n = 2$,
bei der dreifach (dreiphasig) angezapften Wicklung $n = 3$,
bei der sechsfach (sechsphasig) angezapften Wicklung $n = 6$.

Bei Vielecken mit mehreren Umläufen müssen die Anzapfungen an *allen* Umläufen vorgenommen werden. Die Umläufe müssen sich also decken, die Wicklungen also den in Abschn. V G aufgestellten Symmetriebedingungen genügen.

Im Vieleck der Spulenspannungen enthält jeder Umlauf k/a Seiten; eine symmetrische Anzapfung ist also nur möglich, wenn $k/a\,n$ eine

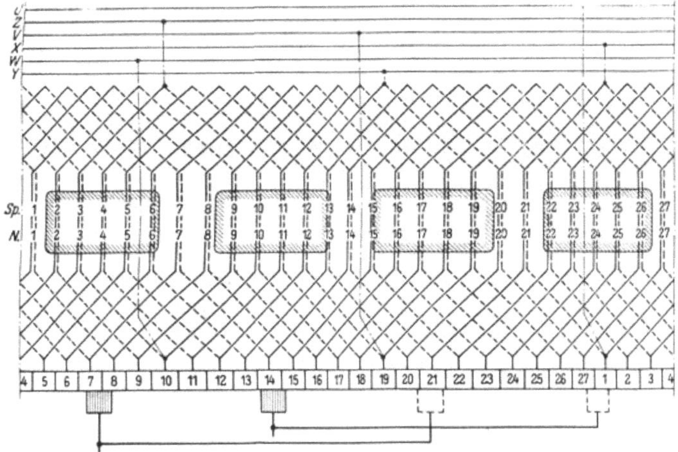

Abb. 205. Wicklung nach Abb. 160 sechsfach angezapft (für einen Einankerumformer mit 6 Schleifringen).

ganze Zahl ist. In diesem Fall liegen alle Anzapfpunkte auf *derselben* Stirnseite des Ankers und der Schritt von einem Anzapfpunkt bis zum nächsten ist

$$y_v = \frac{k}{a\,n}. \tag{67}$$

Zur Entnahme von Drehstrom ($n = 3$) können bei der Wicklung in Abb. 151. wie man aus Abb. 150 leicht erkennt, die Anzapfstellen beispielsweise nach folgendem Plan vorgesehen werden:

Anzapfung 1: Stromwenderstege 1 und 19,
    ,,   2:   ,,   7 ,, 25,
    ,,   3:   ,,   13 ,, 31.

Die Anzapfpunkte können auch auf die dem Stromwender gegenüberliegende Stirnseite verlegt werden; man findet dort z. B. passende Anschlußpunkte, wenn man von den genannten Stromwenderstegen aus eine gleichartige Spulenseite (z. B. die der Oberschicht) durchläuft.

Wenn zwar nicht $k/a\,n$, wohl aber $2\,k/a\,n$ eine *ganze* Zahl ist, sind die Anzapfpunkte auf die beiden Stirnseiten des Ankers verteilt. Die angezapfte Wicklung ist in diesem Fall nur dann voll symmetrisch, wenn das Vieleck der Spulenseitenspannungen regelmäßig ist, d. h. wenn seine Ecken auf *einem* Kreise liegen (s. Abschn. V G).

Als Beispiel ist in Abb. 205 die Wicklung nach Abb. 160 mit sechs an Schleifringe angeschlossenen Anzapfungen versehen, um sie für einen sechsphasigen Einankerumformer brauchbar zu machen.

Die dreifach angezapfte Wicklung ist in Dreieck, die sechsfach angezapfte Wicklung in Sechseck geschaltet; jeder Strang enthält a parallele Zweige. Die Spannungen zwischen den Anzapfungen (Schleifringen) entsprechen hinsichtlich Größe und Phase den Verbindungslinien (Sehnen) der Anzapfungen im Spannungsvieleck. Dieses kann bei großer Spulenzahl angenähert durch den umbeschriebenen Kreis ersetzt werden (Abb. 206). In diesem Fall sind die für die Ausnutzung der Wicklung wesentlich maßgebenden Zonenfaktoren der Grundwelle gegeben durch das Verhältnis der Sehne zum Bogen; man erhält

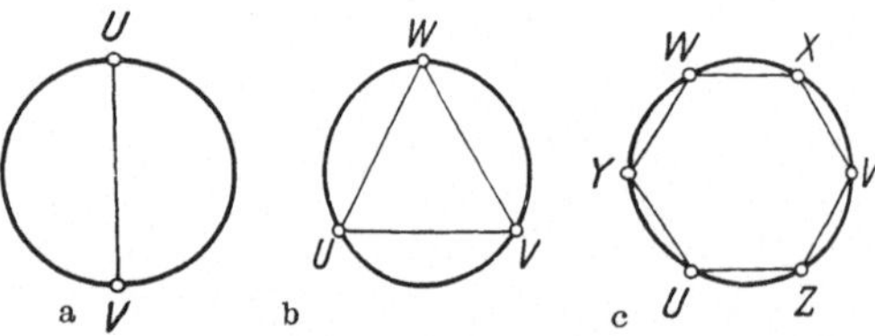

Abb. 206.   Spannungsdiagramme angezapfter Wicklungen.   a zweifach, b dreifach, c sechsfach angezapft.

$$\text{für } n = 2:\ \xi_{z_1} = 2/\pi = 0{,}637,$$
$$\text{für } n = 3:\ \xi_{z_1} = 3\sqrt{3}/2\pi = 0{,}826,$$
$$\text{für } n = 6:\ \xi_{z_1} = 3/\pi = 0{,}955.$$

Die sechsfach angezapfte Wicklung entspricht hinsichtlich der Wicklungszonen und auch der Zonenfaktoren genau einer normalen dreiphasigen Wicklung ohne Zonenänderung. Die dreifach angezapfte Wicklung hingegen ist eine dreiphasige Wicklung mit nur *einer* Zone je Strang und Polpaar. Sie kann auch aufgefaßt werden als eine normale dreiphasige Wicklung mit zwei Zonen je Strang und Polpaar, bei der eine so weitgehende Zonenänderung vorgenommen ist, daß $\beta_1 = 120°$ und $\beta_2 = 0°$ wird. Demnach muß man den Zonenfaktor für $n = 3$ erhalten, wenn man den Zonenfaktor für $n = 6$ mit dem Unterschiedsfaktor für $(\beta_1 - \beta_2) = 120°$ multipliziert, der für die Grundwelle den Wert $\xi_{V_1} = \cos 60° = {}^1\!/_2\sqrt{3}$ hat. Dies ist, wie die obige Aufstellung der Zonenfaktoren erkennen läßt, tatsächlich der Fall.

Die angezapften Gleichstrom-Ankerwicklungen kommen, wie schon erwähnt, hauptsächlich bei Einankerumformern und Dreileitermaschinen zur Anwendung. Bei Dreileitermaschinen werden zwei im Spannungsvieleck diametral gelegene Anzapfungen über Schleifringe an die Klemmen einer Drosselspule geführt, an deren Wicklungsmitte der *Mittelleiter* angeschlossen ist.

B. Aufgeschnittene Gleichstrom-Ankerwicklungen.

1. Grundsätzliche Betrachtungen.

Die Gleichstrom-Ankerwicklungen kann man in den gleichen Punkten *aufschneiden*, in denen sie im vorhergehenden Abschnitt angezapft worden sind. Derartige aufgeschnittene Wicklungen sind in Wirklichkeit keine *Gleichstrom*wicklungen mehr und können auch nicht an Stromwender angeschlossen werden; sie entsprechen aber diesen Wicklungen hinsichtlich ihres Aufbaues. Die durch das Aufschneiden entstehenden Wicklungsteile werden in geeigneter Weise so wieder zusammengesetzt, daß ein symmetrisches Spannungssystem entsteht.

Für eine dreifach aufgeschnittene Wicklung ist der Vorgang in Abbildung 207 angedeutet. Der große Kreis in Abb. 207a ist als Spannungsvieleck mit unendlicher Seitenzahl anzusehen; die kleinen Kreise geben die Schnittstellen an, während die sie verbindenden Sehnen die zwischen den Schnittstellen auftretenden Spannungen nach Größe und Phase darstellen. Durch das Aufschneiden zerfällt die Wicklung in drei Teile, die mit 1, 2 und 3 be-

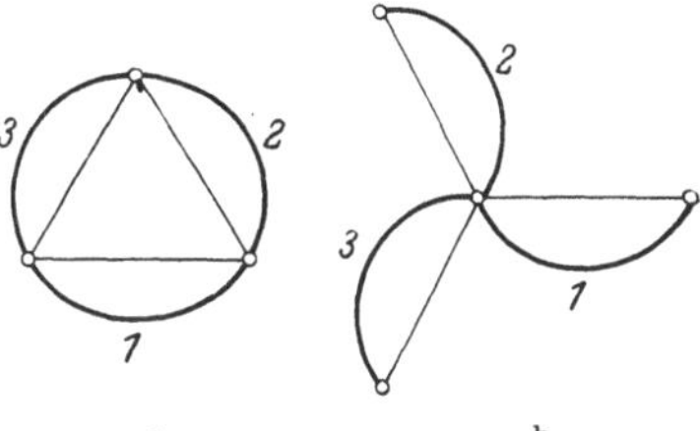

Abb. 207. Spannungsdiagramme einer dreifach aufgeschnittenen Wicklung, a vor dem Aufschneiden, b nach Verkettung zur Sternschaltung.

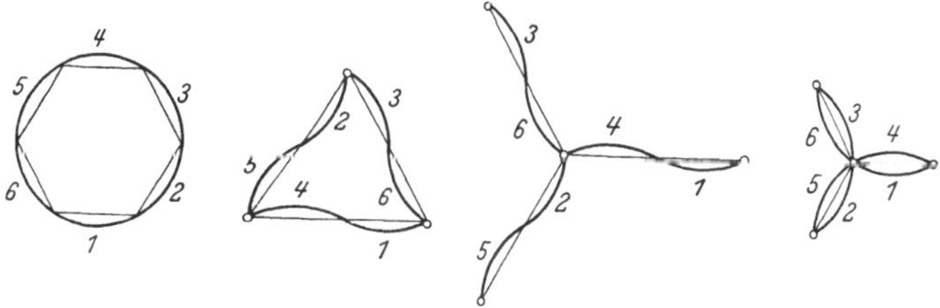

Abb. 208. Spannungsdiagramme einer sechsfach aufgeschnittenen Wicklung. a vor dem Aufschneiden, b Dreieck-Reihenschaltung, c Stern-Reihenschaltung, d Stern-Parallelschaltung.

zeichnet sind. In Abb. 207b sind die Teile zu einem symmetrischen Dreiphasensystem in Sternschaltung zusammengefügt. Um eine Dreieckschaltung zu erhalten, wäre hier kein Aufschneiden notwendig; es genügte eine Anzapfung wie in Abb. 206b.

Wenn die dreifach aufgeschnittene Wicklung a Ankerzweigpaare hat, erhält man im ganzen $3a$ Wicklungsteile. Es sind dann a gleichphasige Wicklungsteile in Reihe oder, wenn Gleichwertigkeit besteht, im Bedarfsfalle parallel zu schalten. Die Ausnutzung der dreifach aufgeschnittenen Wicklung ist die gleiche wie die der dreifach angezapften.

Eine bessere Ausnutzung erzielt man, wenn man die Wicklung — auch zur Entnahme von Dreiphasenstrom — sechsfach aufschneidet. Das Verfahren ist in Abb. 208 in gleicher Weise angedeutet wie in Abb. 207 für die dreifach aufgeschnittene Wicklung. Es besteht bei der sechsfach aufgeschnittenen Wicklung eine größere Zahl von Schaltmöglichkeiten; auch bei einer Dreieckschaltung kann auf das Aufschneiden nicht verzichtet werden. Bei Wicklungen mit a Ankerzweigpaaren ergeben sich $6a$ Wicklungsteile.

2. Aufgeschnittene Gleichstrom-Ankerwicklungen als Wechselstrom-Stabwicklungen.

Wie schon früher erwähnt wurde, ist es oft vorteilhaft, Bruchloch-Stabwicklungen in Wellenform als aufgeschnittene Gleichstrom-Ankerwicklungen zu entwerfen. Derartige Wicklungen haben meistens einen sehr regelmäßigen, für die Herstellung günstigen Aufbau. Ein weiterer Vorteil ist der, daß auch bei Wicklungen für große Polzahlen die Zahl der herzustellenden Schaltverbindungen verhältnismäßig gering ist. Ferner kann bei einem Teil dieser Wicklungen eine *Ringverschiebung* durchgeführt werden, die in ihrer Wirkung — ähnlich wie die Zonenänderung — einer Sehnung gleichkommt. Aus allen diesen Gründen müssen wir uns mit dem Entwurf und der Ausführung solcher Wicklungen näher befassen, beschränken uns aber auf *dreiphasige* Wicklungen.

Wir wählen zunächst als Ausführungsbeispiel eine Wicklung mit $N = 90$ für $p = 7$. Als Gleichstromwicklung mit $u = 1$ ist sie nach Gl. (50) eine gekreuzte eingängige Wellenwicklung mit dem Schritt $y = 13$; als dreiphasige Wechselstromwicklung dagegen eine Bruchlochwicklung mit $q = 2^1/_7$. Den Schritt $y = 13$ teilen wir auf in $y_1 = 6$ und $y_2 = 7$; sodann stellen wir nach dem früher angewandten Verfahren den Entwurfsplan in Abb. 209 auf; die in ihm eingezeichneten Schaltverbindungen lassen wir zunächst unbeachtet. Nach den Wicklungsgesetzen hat das Spannungsvieleck *einen* Umlauf; wir haben daher beim sechsfachen Aufschneiden in der dem Spannungsvieleck entsprechenden Zahlenreihe der Abb. 209 sechs Schnitte zu legen. Die dabei entstehenden Teile, die wir als *Wellenzüge* bezeichnen, ordnen wir in der bekannten Reihenfolge den sechs Wicklungszonen zu und wählen demgemäß auch die Bezeichnungen ihrer Anfänge und Enden. Der Verlauf eines Wellenzuges ist durch diese Bezeichnung sowie durch Angabe der ersten und letzten Spule eindeutig festgelegt.

Wenn alle Wellenzüge die gleiche Zahl von Spulen enthalten sollen, gelten für sie die Angaben der Zahlentafel 24. Eine Ausführung der Wicklung nach Zahlentafel 24 würde zwei Nachteile haben; die Rücklaufverbindungen würden verhältnismäßig lang werden und außerdem

die Anschlußpunkte für die Klemmen weit auseinander liegen, so daß
bei Ständerwicklungen für zwei Klemmen lange Zuleitungen notwendig

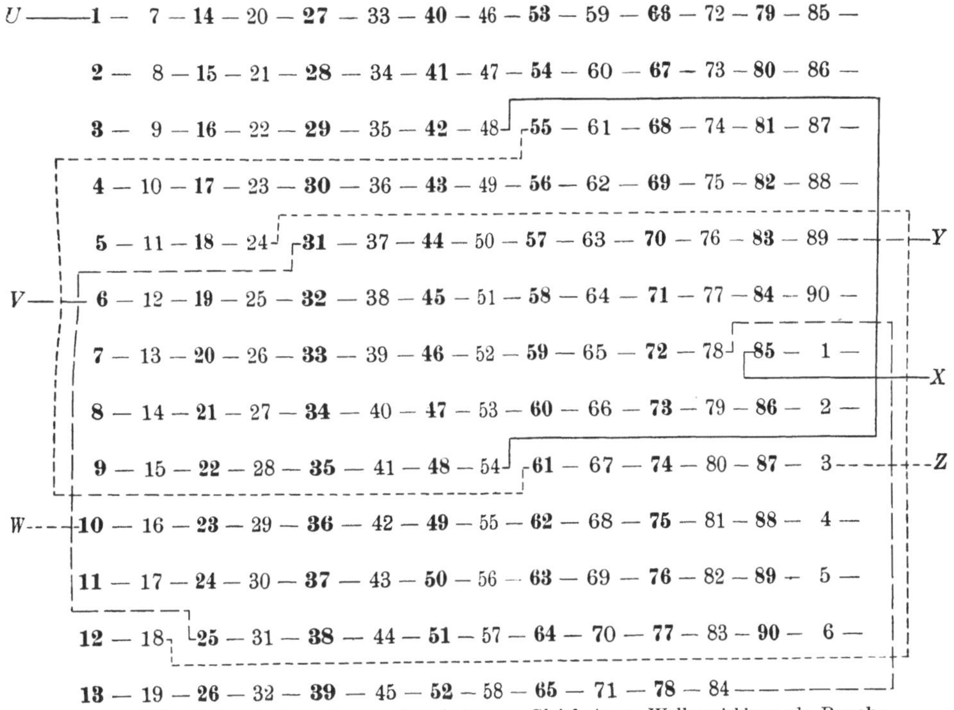

U ——1 — 7 — 14 — 20 — 27 — 33 — 40 — 46 — 53 — 59 — 66 — 72 — 79 — 85 —

2 — 8 — 15 — 21 — 28 — 34 — 41 — 47 — 54 — 60 — 67 — 73 — 80 — 86 —

3 — 9 — 16 — 22 — 29 — 35 — 42 — 48 ⌐55 — 61 — 68 — 74 — 81 — 87 —

4 — 10 — 17 — 23 — 30 — 36 — 43 — 49 — 56 — 62 — 69 — 75 — 82 — 88 —

5 — 11 — 18 — 24 ⌐31 — 37 — 44 — 50 — 57 — 63 — 70 — 76 — 83 — 89 —— Y

V — 6 — 12 — 19 — 25 — 32 — 38 — 45 — 51 — 58 — 64 — 71 — 77 — 84 — 90 —

7 — 13 — 20 — 26 — 33 — 39 — 46 — 52 — 59 — 65 — 72 — 78 ⌐85 — 1 — X

8 — 14 — 21 — 27 — 34 — 40 — 47 — 53 — 60 — 66 — 73 — 79 — 86 — 2 —

9 — 15 — 22 — 28 — 35 — 41 — 48 — 54 ⌐61 — 67 — 74 — 80 — 87 — 3 — Z

W —10 — 16 — 23 — 29 — 36 — 42 — 49 — 55 — 62 — 68 — 75 — 81 — 88 — 4 —

11 — 17 — 24 — 30 — 37 — 43 — 50 — 56 — 63 — 69 — 76 — 82 — 89 — 5 —

12 — 18 ⌐25 — 31 — 38 — 44 — 51 — 57 — 64 — 70 — 77 — 83 — 90 — 6 —

13 — 19 — 26 — 32 — 39 — 45 — 52 — 58 — 65 — 71 — 78 — 84 —————

Abb. 209. Entwurfsplan einer aufgeschnittenen Gleichstrom-Wellenwicklung als Bruch-
loch-Stabwicklung mit *einem* Wicklungsring.
($N = 90$, $p = 7$, $t = 1$, $q = 2^1/_7$, $\alpha = 28^\circ$, $\alpha' = 4^\circ$, $\beta_1 = 72^\circ$, $\beta_2 = 48^\circ$).

wären. Den ersten Nachteil beseitigen wir durch die Einführung einer
passenden Zonenänderung, indem wir die 30 Spulen eines Stranges in
18 + 12 Spulen aufteilen. Allgemein
wählt man die Zonenänderung möglichst
so, daß außer der Verkürzung der Schaltverbindungen auch eine wirksame Verkleinerung von Oberwellen-Wicklungs-
faktoren eintritt. Den zweiten Nachteil
können wir weitgehend dadurch beheben,
daß wir je einen Wellenzug des zweiten und
dritten Stranges an passender Stelle nochmals aufschneiden und jeweils den einen

Zahlentafel 24. *Wellenzüge der*
Wicklung nach Abb. 209 beim
Aufschneiden in sechs Zonen
gleicher Breite.

$U_1 — 1 — 7 \ldots 3 — 9 — X_1$
$Z_2 — 16 — 22 \ldots 18 — 24 — W_2$
$V_1 — 31 — 37 \ldots 33 — 39 — Y_1$
$X_2 — 46 — 52 \ldots 48 — 54 — U_2$
$W_1 — 61 — 67 \ldots 63 — 69 — Z_1$
$Y_2 — 76 — 82 \ldots 78 — 84 — V_2$

Teil vor, den andern hinter den nicht aufgeschnittenen Wellenzug des
gleichen Stranges schalten, wobei natürlich die richtige Zählrichtung
eingehalten werden muß. Dadurch werden zwei weitere Schaltver-

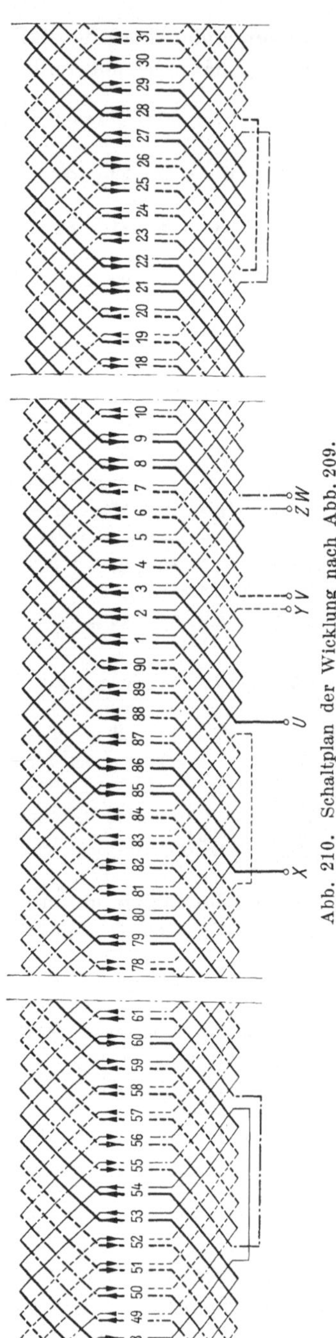

Abb. 210. Schaltplan der Wicklung nach Abb. 209.

bindungen notwendig; einschließlich der Rücklaufverbindungen sind also im vorliegenden Fall fünf Schaltverbindungen herzustellen.

Die auf dieser Grundlage entwickelte Schaltung ist in Abb. 209 eingetragen. Den Schaltplan der Wicklung zeigt. Abbildung 210; aus ihm sind aus Gründen der Raumersparnis diejenigen Teile herausgeschnitten, in denen die Wicklung regelmäßig verläuft, also Schaltverbindungen *nicht* vorhanden sind.

Wenn die zu entwerfende Wicklung als Gleichstromwicklung eine *zweigängige, einfach geschlossene* Wellenwicklung ergibt, bei der bekanntlich die beiden Gänge in unmittelbarer Verbindung miteinander stehen, kann der Entwurf in gleicher Weise wie in Abb. 209 durchgeführt werden, nur ist die Wicklung in diesem Fall in *zwölf* Wellenzüge zu zerlegen. Das richtige Zusammenschalten dieser Wellenzüge zu einem symmetrischen Spannungssystem macht nach den grundsätzlichen Betrachtungen im vorigen Abschnitt keine Schwierigkeiten.

Anders liegen die Verhältnisse bei der *zweigängigen, zweifach geschlossenen* Wellenwicklung. Da die bei eigentlichen Gleichstromwicklungen üblichen Ausgleichsverbindungen hier keine Bedeutung haben und daher auch nicht angeordnet werden, besteht zwischen den beiden Gängen keine unmittelbare Verbindung. Die Wicklung besteht aus zwei getrennten *Wicklungsringen*, von denen grundsätzlich jeder unabhängig von dem andern in Wellenzüge bzw. Zonen aufgeteilt werden kann. Eine Zonenänderung ist dabei möglich.

Die Zahl *r* der Wicklungsringe ist allgemein gleich der Zahl der *in sich geschlossenen* Gänge. Nach Abschn. V E 4 wird r durch den größten Teiler bestimmt, den die Gangzahl g und der Schritt y gemeinsam haben.

Hinsichtlich der Phasenlage sind die Ringe *nicht* unabhängig voneinander. Man kann daher die Zonenaufteilung so vornehmen, daß gleichnamige Zonen der beiden Ringe gleichphasig sind, oder auch so, daß sie einen Phasenunterschied aufweisen. In diesem Fall spricht man von einer *Ringverschiebung*. Die Wirkung einer solchen Ringverschiebung begreift man leicht, wenn man einen Zonenplan *einer* Schicht (z. B. der Oberschicht) *beider* Ringe aufstellt. Dabei ergibt sich die gleiche Anordnung wie in Abb. 30; d. h. die Ringverschiebung ist in ihrer Wirkung gleichbedeutend mit einer Sehnung (Schrittänderung). Würden wir in Abb. 30 nun noch die Zonen der andern Schicht (Unterschicht) der beiden Ringe hinzufügen, so wären je vier gleichnamige Zonen vorhanden, die beim Vorhandensein einer wirklichen Sehnung (Schrittänderung) alle gegeneinander verschoben wären.

Kommt zu der Schrittänderung und Ringverschiebung noch eine Zonenänderung hinzu, so sind im ganzen drei Einflüsse vorhanden, die auf die Wicklungsfaktoren ebenso einwirken wie eine wirkliche Sehnung. Man spricht dann von einer *dreifach gesehnten* Wicklung.

Das Maß der Ringverschiebung kann wie bei der Schrittänderung (Abb. 30) und der Zonenänderung (Abb. 31) durch einen Winkel ε ausgedrückt werden, den wir hier zum Unterschied von den früher eingeführten Winkeln ε_S und ε_U mit ε_V bezeichnen wollen. Den Einfluß der Ringverschiebung auf die Wicklungsfaktoren berücksichtigen wir durch einen vierten Teilfaktor ξ_{V_ν}, den wir *Verschiebungsfaktor* nennen. Er läßt sich berechnen nach der Gleichung

$$\xi_{V_\nu} = \cos \nu \, \frac{\varepsilon_V}{2} . \tag{68}$$

Bei dreifach gesehnten Wicklungen gilt also allgemein

$$\xi_\nu = \xi_{Z_\nu} \, \xi_{S_\nu} \, \xi_{U_\nu} \, \xi_{V_\nu} . \tag{69}$$

Als Beispiel für eine Wicklung mit Ringverschiebung wählen wir $N = 72$ für $p = 5$. Mit dem Schritt $y = 14$ ergibt sich eine zweigängige, zweifach geschlossene Wellenwicklung oder als Wechselstromwicklung eine Bruchlochwicklung mit $q = 2^2/_5$ und $r = 2$ Wicklungsringen. Den Schritt $y = 14$ teilen wir auf in $y_1 = y_2 = 7$ und erhalten dann ohne weiteres den aus zwei getrennten Teilen (Wicklungsringen A und B) bestehenden Entwurfsplan nach Abb. 211, in dem wir die eingetragenen Schaltverbindungen zunächst unbeachtet lassen. In jedem Ring entfallen auf einen Wicklungsstrang 12 Spulen. Um eine Zonenänderung vorzunehmen, teilen wir jeder positiven Zone 9 und jeder negativen Zone 3 Spulen zu. Die Zonenwinkel sind dann $\beta_1 = 90°$, $\beta_2 = 30°$ und $\varepsilon_U = ^1/_2 (\beta_1 - \beta_2) = 30°$.

Die Zonenaufteilung im Ring A beginnen wir willkürlich mit dem Oberstab der Nut 1. Da die Wicklung nach links weiterschreitet (*ungekreuzte* Wellenwicklung), muß die Zonenfolge die umgekehrte sein wie

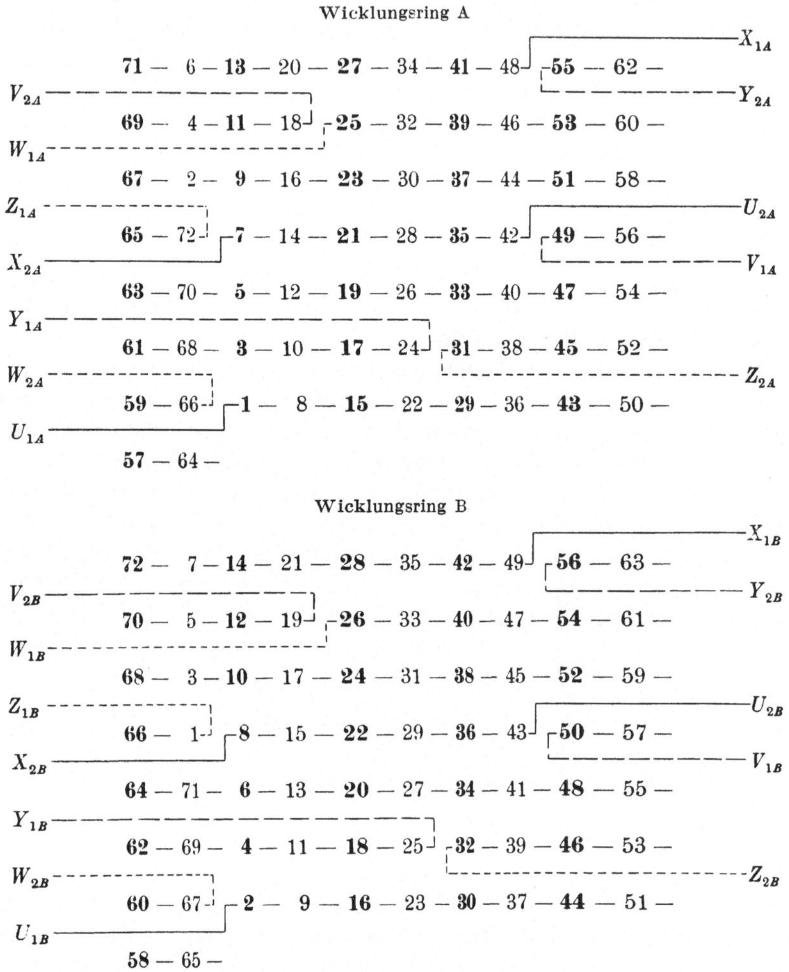

Wicklungsring A

$$
\begin{array}{l}
\phantom{V_{2A}}\quad 71 - 6 - 13 - 20 - 27 - 34 - 41 - 48 \rceil\ \lceil 55 - 62 - \rceil X_{1A}\\
V_{2A} \text{————————}\rceil \qquad\qquad\qquad\qquad\qquad\quad Y_{2A}\\
\phantom{W_{1A}}\quad 69 - 4 - 11 - 18\rceil\ \lceil 25 - 32 - 39 - 46 - 53 - 60 -\\
W_{1A} \text{————————————}\\
\phantom{Z_{1A}}\quad 67 - 2 - 9 - 16 - 23 - 30 - 37 - 44 - 51 - 58 -\\
Z_{1A} \text{————————}\rceil\\
\phantom{X_{2A}}\quad 65 - 72\rceil\ \lceil 7 - 14 - 21 - 28 - 35 - 42\rceil\ \lceil 49 - 56 -\rceil U_{2A}\\
X_{2A} \text{————————————————}\qquad\qquad\quad V_{1A}\\
\phantom{Y_{1A}}\quad 63 - 70 - 5 - 12 - 19 - 26 - 33 - 40 - 47 - 54 -\\
Y_{1A} \text{————————————————}\rceil\\
\phantom{W_{2A}}\quad 61 - 68 - 3 - 10 - 17 - 24\rceil\ \lceil 31 - 38 - 45 - 52 -\\
W_{2A} \text{————————}\rceil \qquad\qquad\qquad\qquad\qquad\qquad\qquad Z_{2A}\\
\phantom{U_{1A}}\quad 59 - 66\rceil\ \lceil 1 - 8 - 15 - 22 - 29 - 36 - 43 - 50 -\\
U_{1A} \text{————————————}\\
\phantom{U_{1A}}\quad 57 - 64 -
\end{array}
$$

Wicklungsring B

$$
\begin{array}{l}
\phantom{V_{2B}}\quad 72 - 7 - 14 - 21 - 28 - 35 - 42 - 49\rceil\ \lceil 56 - 63 -\rceil X_{1B}\\
V_{2B} \text{————————}\rceil \qquad\qquad\qquad\qquad\qquad\quad Y_{2B}\\
\phantom{W_{1B}}\quad 70 - 5 - 12 - 19\rceil\ \lceil 26 - 33 - 40 - 47 - 54 - 61 -\\
W_{1B} \text{————————————}\\
\phantom{Z_{1B}}\quad 68 - 3 - 10 - 17 - 24 - 31 - 38 - 45 - 52 - 59 -\\
Z_{1B} \text{————————}\rceil\\
\phantom{X_{2B}}\quad 66 - 1\rceil\ \lceil 8 - 15 - 22 - 29 - 36 - 43\rceil\ \lceil 50 - 57 -\rceil U_{2B}\\
X_{2B} \text{————————————————}\qquad\qquad\quad V_{1B}\\
\phantom{Y_{1B}}\quad 64 - 71 - 6 - 13 - 20 - 27 - 34 - 41 - 48 - 55 -\\
Y_{1B} \text{————————————————}\rceil\\
\phantom{W_{2B}}\quad 62 - 69 - 4 - 11 - 18 - 25\rceil\ \lceil 32 - 39 - 46 - 53 -\\
W_{2B} \text{————————}\rceil \qquad\qquad\qquad\qquad\qquad\qquad\qquad Z_{2B}\\
\phantom{U_{1B}}\quad 60 - 67\rceil\ \lceil 2 - 9 - 16 - 23 - 30 - 37 - 44 - 51 -\\
U_{1B} \text{————————————}\\
\phantom{U_{1B}}\quad 58 - 65 -
\end{array}
$$

Abb. 211. Entwurfsplan für eine aufgeschnittene Gleichstrom-Wellenwicklung als Bruchlochwicklung mit *zwei* Wicklungsringen
($N = 72,\ p = 5,\ t = 1,\ q = 2^2/_5,\ \alpha = 25^\circ,\ \alpha' = 5^\circ,\ \varepsilon_S = 5^\circ,\ \varepsilon_U = 30^\circ,\ \varepsilon_V = 25^\circ$).

z. B. in Abb. 209, also $+\,\mathrm{I},\ -\,\mathrm{II},\ +\,\mathrm{III},\ -\,\mathrm{I},\ +\,\mathrm{II},\ -\,\mathrm{III}$. Im Ring B beginnen wir mit der Aufteilung beim Oberstab der Nut 2; dieser ist gegenüber dem Oberstab der Nut 1 um den Winkel $\alpha = 5\,\varkappa'$ $= 25^\circ$ verschoben; mithin ist der Winkel ε der Ringverschiebung $\varepsilon_V = 25^\circ$.

Mit diesen Festlegungen ergeben sich die in Abb. 211 eingetragenen Anfänge und Enden der einzelnen Wellenzüge, die nun in bekannter Weise zu Wicklungssträngen zu vereinigen sind. Ob es zweckmäßig ist, Wellenzüge nochmals aufzuschneiden, um die Anschlußpunkte für die Klemmen an andere Stellen zu verlegen, soll hier nicht mehr untersucht werden. Diese Frage wird zweckmäßig beim Aufzeichnen des Schaltplanes entschieden.

Die Wicklungsfaktoren können entweder aus dem Spulenseitenbild oder aus den Teilfaktoren berechnet werden. Die Berechnung aus den Teilfaktoren ist einfacher und führt schneller zum Ziel. Bei der Bestimmung der Zonenfaktoren muß *ein* Wicklungsring einer Wicklung *ohne* Schritt- und Zonenänderung zugrunde gelegt werden, auch wenn eine solche praktisch nicht ausführbar ist. Besteht eine solche (gedachte) Wicklung aus r Ringen, so nimmt *ein* Ring nur $1/r$ der vorhandenen Nuten in Anspruch. Demnach erhält man die Zonenfaktoren, wenn man in Gl. (26a) $\gamma/2r$ an die Stelle von q oder in Tafel I (S. 256) $n = \gamma/2r$ setzt. Bei der Wicklung nach Abb. 211 ist $n = 6$. Die Winkel ε_U und ε_V haben wir schon bestimmt. Das Maß der eigentlichen Sehnung (Schrittänderung) ist festgelegt durch die Werte $\varepsilon_S = 5°$ oder $W/\tau = 35/36$.

Berechnet man aus diesen Werten die Teilfaktoren und aus ihnen die Gesamtwicklungsfaktoren, so erhält man

$$\xi_1 = 0,9008;\ \ \xi_3 = 0,3581;\ \ \xi_5 = 0,0230;\ \ \xi_7 = 0,0016.$$

Eine Berechnung der Wicklungsfaktoren aus dem Spulenseitenbild (etwa nach dem in Zahlentafel 11 angewandten Verfahren) bringt die gleichen Ergebnisse. Die sehr geringen Werte für ξ_5 und ξ_7 lassen erkennen, in welch weitgehendem Maße sich mit mehrfach gesehnten Wicklungen Spannungsoberwellen unterdrücken lassen.

Bei den hier behandelten Beispielen wurde je ein Stab der Oberschicht und der ihm folgende der Unterschicht als Spule betrachtet, die beim Aufschneiden in keinem Fall getrennt wurden. Jeder Wellenzug enthält in solchen Fällen eine *gerade* Anzahl von Stäben; Schaltverbindungen treten nur auf *einer* Stirnseite der Wicklung auf. Man kann bei mehrringigen Wellenwicklungen auch Wellenzüge mit *ungerader* Stabzahl vorsehen und erhält dann Schaltverbindungen auf *beiden* Stirnseiten. Die Wicklungsfaktoren aus den Teilfaktoren zu berechnen, ist dann jedoch schwierig; man bestimmt sie sicherer aus dem Spulenseitenbild.

Dritter Teil.

Sonstige Wicklungen.

VII. Gleichstrom-Feldwicklungen.

Gleichstrom-Feldwicklungen kommen vor im Ständer der Gleichstrommaschinen und Einankerumformer sowie in den Läufern der Synchronmaschinen. Nur bei den Volltrommelsynchronmaschinen (Turbogeneratoren) treten sie als verteilte Wicklungen auf, während sie in allen anderen Fällen konzentrierte Wicklungen sind.

A. Feldwicklungen für Gleichstrommaschinen und Einankerumformer.

Die Wicklungen kommen vor als Nebenschluß-, Hauptschluß- und Doppelschlußfeldwicklungen. Die Doppelschlußwicklung ist eine Nebenschlußwicklung mit einer zusätzlichen Hauptschlußwicklung geringerer Windungszahl.

Als Draht wird bei kleinen Querschnitten Runddraht, bei größeren Profildraht verwendet. Die Drahtisolation richtet sich nach Drahtquerschnitt, Art des Wicklungsaufbaues und Wärmebeständigkeitsklasse (s. Abschn. IX, C). Bei kleinen Drahtquerschnitten wird Lackdraht bevorzugt; bei größeren kommen die in Zahlentafel 29 aufgeführten Isolationsarten oder Glasseide oder Asbest in Frage. Spulen mit noch größeren Leiterquerschnitten werden auch aus blankem Flachkupfer mit zwischengelegten Isolationsstreifen aus Rollenpreßspan oder Glimmer-Feingewebe gewickelt (Abb. 217).

Die Herstellung kann nach vier verschiedenen Verfahren vor sich gehen. Bei den kleinen Maschinen werden die Spulen meistens auf Formen gewickelt, umbandelt und auf den Pol geschoben (Abb. 212). Um nicht für alle Spulengrößen besondere Formen herstellen zu müssen, kann man sich verstellbarer Wickelformen bedienen; eine solche ist in Abb. 213 dargestellt.

Abb. 212. Polspule einer Gleichstrommaschine (Werkbild SIEMENS).

Abb. 213. Verstellbare Wickeleinrichtung (Werkbild SCHÜMANN).

Das Umbandeln der Spulen wird meistens auf besonderen Maschinen vorgenommen (s. S. 222). Bei ganz kleinen Maschinen werden die

Spulen oft noch in eine Form gepreßt, die sich der Rundung des Joches anpaßt. Bei der Doppelschlußwicklung werden die zusätzlichen Hauptschlußwindungen unter Zwischenlage von Isolierstoff (Preßspan oder dergleichen) unmittelbar auf die Nebenschlußwindungen gewickelt und mit diesen gemeinsam umbandelt.

Zum Isolieren der Wicklung gegen das Poleisen genügen bei kleinen Maschinen Zwischenlagen aus Isolierstoff, bei größeren Einheiten wird meistens der Polkern mit Mikafolium und einer darüber liegenden Schutzschicht beklebt; zur Isolation gegen Polschuh und Joch dienen dann gewöhnlich Rahmen aus Hartpapier.

Abb. 214. Hauptpolspule aus Lackdraht, unmittelbar auf den Pol gewickelt (Werkbild GARBE-LAHMEYER).

Bei der zweiten Herstellungsart wird die Spule unmittelbar auf den Pol gewickelt. Vor dem Wickeln wird der Polkern mit Isolierstoff (meistens Mikafolium mit einer Schutzschicht) beklebt. Zum seitlichen Halten der Spule werden Rahmen aus Hartpapier aufgeschoben, von denen der eine durch den Polschuh, der andere durch einen mit dem Polkern verschraubten Holzrahmen gehalten wird. Eine derartig hergestellte Spule aus Lackdraht zeigt Abb. 214.

Die dritte Art der Herstellung, die nur noch selten angewandt wird, bedient sich besonderer *Spulenkästen*, die aus Isolierstoff oder aus Blech hergestellt sind (Abb. 215). Mit Rücksicht auf die Raumverhältnisse muß die Wicklungshöhe, wie Abb. 215 erkennen läßt, in der Nähe der Polschuhe häufig verringert werden. Die Kästen aus Isolierstoff werden entweder aus einzelnen Teilen

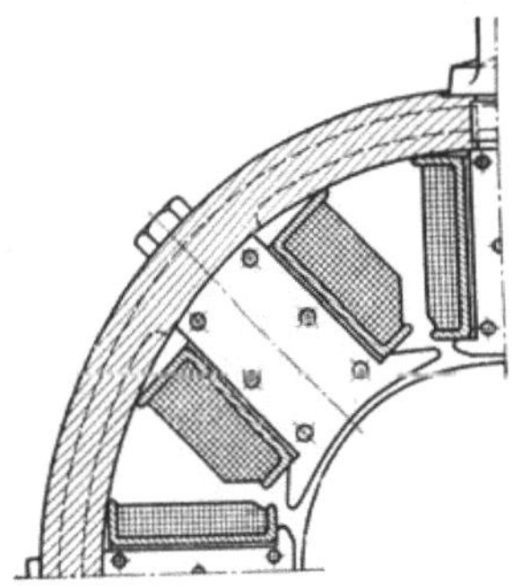

Abb. 215. Feldwicklungen mit Spulenkästen.

zusammengeklebt oder in einem Stück gepreßt. Die Kästen aus Blech werden durch Bekleben isoliert. In die fertig vorbereiteten Kästen werden die Spulen eingewickelt.

Die vierte Herstellungsart findet bei großen Maschinen Anwendung. Die Polspulen werden in einzelne Teilspulen aufgeteilt, von denen jede für sich hergestellt wird. Die Teilspulen liegen entweder konzentrisch ineinander (Abb. 216a) oder so, daß sie aufeinander geschichtete Scheiben bilden (Abb. 216b); in jenem Falle spricht man von *Röhrenwicklung*, in diesem von *Scheibenwicklung*. Bei den größten Maschinen wird die Scheibenwicklung bevorzugt. Die Teilspulen werden dann meistens

aus blankem Flachkupfer mit Zwischenlagen aus passend zugeschnit-
tenem Rollenpreßspan oder Glimmer-Feingewebe (Glimmerbatist) gewickelt, weitläufig umbandelt, in Lack getränkt und im Ofen unter
Druck getrocknet. Kupfer und Isolierstoff verkleben dann so miteinander,
daß die Spule einen fest zusammenhängenden Körper bildet (gebackene

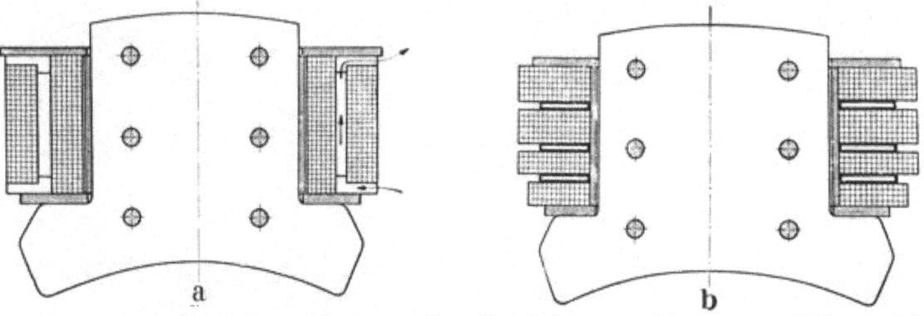

Abb. 216.   Unterteilte Feldwicklungen für Gleichstrommaschinen.   a Röhrenwicklung
(die Pfeile deuten die Strömung der Kühlluft an); b Scheibenwicklung).

Spule).   In Abb. 217 ist eine solche Scheibenspule dargestellt; ein
Wicklungsende liegt innen, das andere außen. Häufig werden derartige
Teilspulen auch als *Doppelspulen* gewickelt, wie sie im Trans-
formatorenbau gebräuchlich sind.
Die Wicklungsenden liegen dann
beide außen; innen liegt der Über-

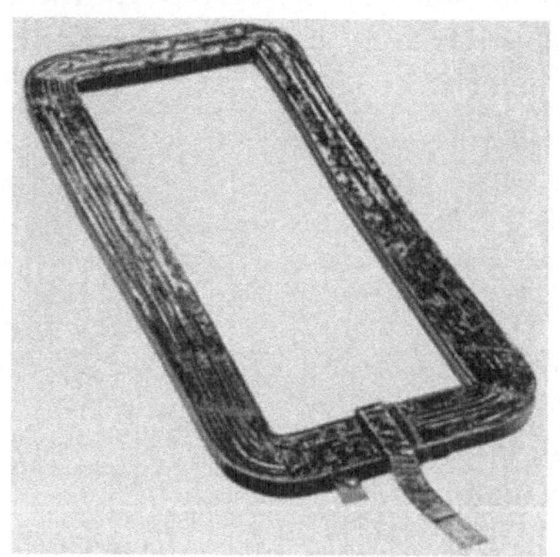

Abb. 217.   Gebackene Scheibenspule
(Werkbild GARBE-LAHMEYER).

Abb. 218.   Abstandsrahmen für Scheibenspulen (Werkbild GARBE-LAHMEYER).

gang von der einen zur andern Spulenhälfte. Die Hälften selbst werden
durch Zwischenlagen aus Mikafolium von etwa 0,5 mm Stärke gegeneinander isoliert.

Die Teilspulen werden so zusammengebaut, daß eine möglichst
große Kühlfläche entsteht. Zur gegenseitigen Abstützung dienen entweder am Umfang verteilte, in geeigneter Weise befestigte Isolierstücke
oder besonders hergestellte Rahmen. Einen solchen Rahmen zeigt
Abb. 218; an den Längsseiten besteht er aus Blechröhren von recht-
eckigem Querschnitt, die außen mit Isolierstoff beklebt werden. Da

die Kühlluft durch diese Röhren fast ungehindert hindurchstreichen kann, geht fast keine Abkühlungsfläche verloren.

Bei großen Doppelschlußmaschinen werden die Hauptschlußwindungen meistens aus Flachkupfer hochkant gewickelt; zwischen die Windungen werden Zwischenlagen aus Isolierstoff gelegt. Die Herstellung dieser Spulen entspricht etwa derjenigen der Polradspulen von Synchronmaschinen. Sie werden auf dem Pol gewöhnlich in unmittelbarer Nähe des Joches angebracht. Von ihnen durch Isolationszwischenlagen getrennt folgen dann in Richtung der Polachse die Nebenschlußspulen.

Der Umlaufsinn der Windungen muß bei den aufeinanderfolgenden Polen stets abwechseln. Alle Spulen werden aber in gleicher Weise gewickelt; beim Zusammenschalten wird dann immer Anfang mit Anfang und Ende mit Ende (im Sinne des Wickelns) verbunden.

Um die Verbindung der Spulen miteinander zu ermöglichen, macht man bei kleineren und mittleren Maschinen die Spulenenden von vornherein so lang, daß sie nach dem Einbau der Spulen unmittelbar miteinander verlötet werden können (meistens unter Anwendung von Löthülsen). Bei kleinen Drahtquerschnitten darf der Draht selbst nicht aus der Spule herausgeführt werden, weil seine mechanische Festigkeit zu gering ist. Es werden vielmehr an die Drahtenden Litzenstücke angelötet, die teilweise mit eingebandelt werden, damit der eigentliche Spulendraht von Zug entlastet wird.

Bei ortsveränderlichen Maschinen (z. B. Bahnmotoren), die Erschütterungen ausgesetzt sind, müssen die Spulenverbindungen sehr sorgfältig hergestellt werden, damit sie nicht brechen. Die Verbindungsleitungen müssen hierbei aus Litze bestehen, da bei starren Leitungen infolge der Erschütterungen Brüche an den Verbindungsstellen auftreten.

Bei großen Maschinen werden die Spulen durch Bügel aus Runddraht, bei großen Querschnitten auch aus Flachkupfer hergestellt und beiderseits mit den Spulenenden verlötet. Die Schaltverbindungen der Hauptschlußspulen werden wie die der Wendepolspulen hergestellt (s. Abschnitt VIII A).

Im allgemeinen werden die Wicklungen aller Pole in Reihe geschaltet, doch kommen auch parallel geschaltete Zweige vor. Man kann z. B. die Spulen aller Nordpole und die aller Südpole für sich in Reihe schalten und diese beiden Gruppen parallel legen. Bei den Scheibenspulen großer Maschinen können auch Teilspulen eines Pols parallel geschaltet werden.

B. Feldwicklungen für Schenkelpol-Synchronmaschinen.

Da die Wicklungen auf dem umlaufenden Polrad sitzen, muß bei der Herstellung auf die Fliehkräfte Rücksicht genommen werden. Früher wurden die Spulen vielfach in Spulenkästen gewickelt, die aus 2...3 mm starkem Eisenblech hergestellt und mit Isolierstoff beklebt waren. Mit den heute zur Verfügung stehenden Tränkungs- und Befestigungsmitteln kommt man gewöhnlich ohne solche Kästen aus. Auch bei den auf Formen vorgewickelten, getränkten und im Ofen getrockneten Spulen sind die einzelnen Windungen so fest miteinander verbunden, daß sie sich unter dem Einfluß der Fliehkräfte nicht verlagern. Diese Spulen werden auf die durch Bekleben isolierten Polkerne geschoben. Etwaige Hohlräume zwischen Wicklung und Polkern werden gegebenenfalls mit plastischen, später erhärtenden Massen ausgefüllt, damit die Spulen unverrückbar fest sitzen. Zur Abstützung der Spulen dienen Hartpapierrahmen.

Als Wicklungsmaterial wird nur bei ganz kleinen Maschinen Runddraht verwendet, bei größeren Profildraht etwa mit dem Seitenverhältnis 1:2, der bei großen Umfangsgeschwindigkeiten

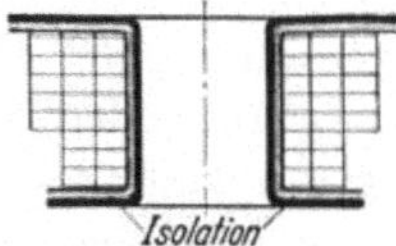

Abb. 219. Polradspule mit abgesetzter
Wicklungshöhe im Spulenkasten.

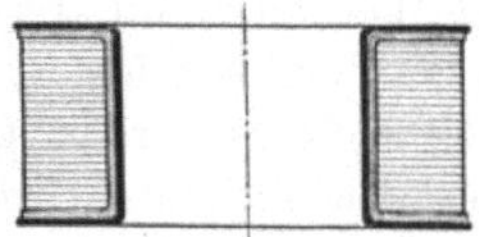

Abb. 220.
Polspule mit Flachbandwicklung.

hochkant gewickelt wird, weil dabei die Wicklung der Fliehkraft am besten standhält und eine Verlagerung der Windungen vermieden wird. Die Raumverhältnisse zwingen bei Maschinen geringer Polzahl oft dazu, die Wicklungshöhe an der Polwurzel geringer zu machen als am Polschuh (Abb. 219). Der Form nach sind die Pole entweder Langpole (Abb. 223) oder Rundpole (Abb. 224).

In gleicher Weise wie bei ruhenden Feldwicklungen wird aber auch hier zuweilen die Wicklung unmittelbar auf den Pol aufgewickelt. Die seitliche Abstützung der Spule und die Isolierung wird dann in ähnlicher Weise wie bei diesen Spulen vorgenommen (s. S. 199).

Wenn es die Windungszahl je Pol und der Querschnitt der Leiter zuläßt — und dies ist bei großen Maschinen immer der Fall, — so werden die Spulen stets aus blankem Kupferband hochkant gewickelt, und zwar so, daß jede Windung die ganze Wicklungshöhe (senkrecht zur Polachse) einnimmt (Abb. 220). Man bezeichnet solche Spulen als *Flachbandspulen*. Das Wickeln des blanken Kupfers geschieht mit besonderen Maschinen (Abb. 221). Als Windungsisolation dienen Zwischenlagen von 0,2 bis 0,3 mm Stärke aus Isolierstoff. Für diese Zwischenlagen wird fast ausschließlich Mikafolium oder ein anderes Glimmererzeugnis verwendet; wegen der höheren zulässigen Erwärmung kann dann die Wicklung höher belastet werden als bei Verwendung anderer Stoffe. Die mit Zwischenlagen versehenen Spulen werden gewöhnlich unter Druck erwärmt; dabei wird die Isolation fest mit dem Kupfer verklebt (gebackene Spulen).

Wenn Spulenkästen Verwendung finden, kann das Zusammenpressen und Backen der Spulen in diesen Kästen erfolgen. Die Kästen bestehen

Abb. 221. Maschine zum Wickeln von Flachbandspulen (Werkbild SIEMENS).

dann zunächst aus zwei Teilen (Abb. 222), die nach dem Einlegen der Spulen unter Druck verschweißt werden.

Häufig werden aber auch die Flachbandspulen ohne Kästen verwendet. Die Spulen werden dann für sich allein gebacken und auf den durch Bekleben isolierten Polkern aufgeschoben. Zur seitlichen Abstützung dienen Hartpapierrahmen. Abb. 223 zeigt die Herstellung einer derartigen Wicklung.

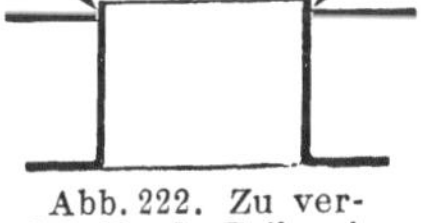

Auch die Spulen für Rundpole werden meistens in dieser Weise hergestellt (Abb. 224).

Abb. 222. Zu verschweißende Teile eines Spulenkastens (die Schweißstellen sind durch Pfeile angedeutet).

Hinsichtlich der Wärmeabgabe sind die Flachbandspulen sehr günstig, da jede Windung an ihrer äußeren Schmalseite unmittelbar mit der Kühlluft in Verbindung steht. Die Kühlungsverhältnisse können aber noch durch künstliche Vergrößerung der mit der Luft in Berührung stehenden Oberfläche verbessert werden. Eine solche Oberflächenvergrößerung kann man z. B. erzielen dadurch, daß man ein schmaleres und ein breiteres Kupferband in Parallelschaltung aneinander legt (Abb. 225a) oder dadurch, daß man die mit der Luft in Berührung stehende Schmalseite dachförmig ausbildet (Abb. 225b). Solche Maßnahmen verteuern aber die Herstellung.

Abb. 223. Herstellung einer Flachbandwicklung. a Pol ohne Isolation; b mit Isolierstoff beklebter Pol, Rahmen aufgeschoben; c gewickelte aber noch nicht gebackene Spule (Werkbild GARBE-LAHMEYER).

Abb. 224. Rundpol ohne und mit Spule (Werkbild SIEMENS).

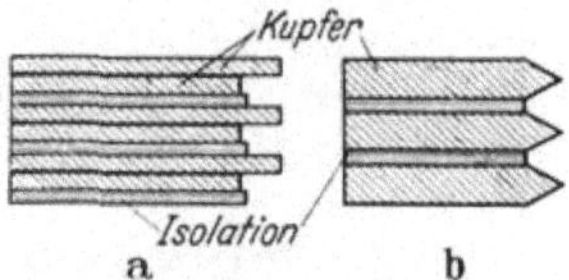

Abb. 225a u. b. Flachbandwicklungen mit vergrößerter Oberfläche.

C. Feldwicklungen für Turbomaschinen.

Die Feldwicklungen für Turbogeneratoren sind fast stets verteilte Wicklungen, die in Nuten des Läufers liegen. Die Spulen, die mit verschiedener Weite ausgeführt sind, werden ebenso wie die großen Schenkelpolspulen aus blankem Kupferband gewickelt (Abb. 221). Da aber im fertigen Zustand die Stirnverbindungen der Rundung des Läufers entsprechend gebogen sind (s. Abb. 253), muß beim Wickeln jede Windung eine andere Breite erhalten. Beim Wickeln mit einer Wickelmaschine nach Abb. 221 müssen dann die Säulen, um die das Kupferband gewickelt wird, nach jeder Windung versetzt werden. Es werden aber auch Wickelformen benutzt, die eine dem fertigen Induktor angepaßte Rundung haben. Die Spulen haben dann nach dem Wickeln ohne weitere Maßnahmen ihre endgültige Form. Zum Isolieren der Windungen gegeneinander dienen Zwischenlagen wie bei den Flachbandspulen für Schenkelpolmaschinen. Die Stärke der Isolation ist jedoch bei den Turbomaschinen gewöhnlich etwas größer; sie beträgt etwa 0,25 bis 0,5 mm.

Wenn der Läufer eingefräste Nuten hat (Abb. 8a), werden die vorgewickelten Spulen in besonderen Einrichtungen über ihm aufgehängt;

dann werden die einzelnen Windungen fortlaufend unter Zwischenlage von Mikafoliumstreifen in die Nut eingelegt, und zum Schluß die ganze Spule zusammengepreßt. Bei Läufern mit eingesetzten Zähnen (Abb. 8 b) werden die Spulen außerhalb des Läufers fertiggestellt und isoliert (s. Abb. 253). An den Stirnseiten des Läufers werden die Spulenenden durch Hartlöten miteinander verbunden; die einzelnen Spulen werden dabei stets in Reihe geschaltet. Nach dem Einlegen der Spulen werden die Nuten durch Bronze- oder Messingkeile verschlossen. Diese Keile bilden zusammen mit den gut aufsitzenden Kappen (Abb. 250) eine Dämpferwicklung.

Bei Läufern mit eingesetzten Zähnen liegen die Spulenseiten innerhalb der Nut frei, so daß Kühlluft zwischen Nutenwand und Spulenseite hindurchgepreßt werden kann. Nur oben und unten sind die Spulen durch flache U-förmige Kästen gefaßt (s. Abb. 8 b) und werden an diesen Stellen in ihrer Lage gehalten. Bei Läufern mit eingefrästen Nuten werden die Spulenseiten gewöhnlich vollständig mit U-förmigen Kästen umgeben, die sich unmittelbar und fest an die Nutenwände anlegen. Die Stirnverbindungen werden bei beiden Ausführungsarten mit Band umwickelt.

VIII. Hilfswicklungen.

A. Wendepolwicklungen.

Wendepole kommen bei Stromwendermaschinen vor; sie haben bekanntlich den Zweck, die magnetisierende Wirkung des Ankerstromes in der neutralen Zone aufzuheben und darüber hinaus das die Stromwendung erleichternde Wendefeld zu schaffen. Der eigentliche Pol aus Eisen ist ungefähr so lang wie der Hauptpol, jedoch wesentlich schmaler; auf dem Pol befindet sich eine vom Ankerstrom durchflossene Wicklung, die aus verhältnismäßig wenig Windungen besteht.

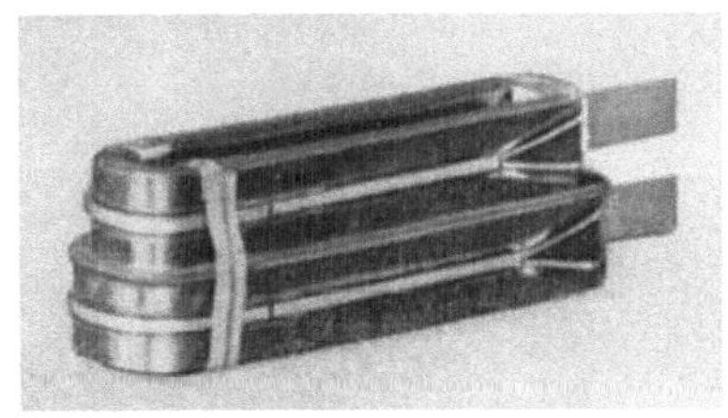

Abb. 226.
Wendepolspule aus flachgewickeltem
Kupferband (Werkbild SIEMENS).

Der dem Ankerstrom angepaßte große Querschnitt der Windungen hat zur Folge, daß nur bei kleinen Maschinen die Wendepolspulen aus isoliertem Rund- oder Profildraht in der Weise gewickelt werden können wie die Nebenschlußfeldwicklungen. Im übrigen kommt nur blankes Profilkupfer zur Verwendung. Dabei kommen zwei Ausführungsformen vor. Bei der einen wird das Kupfer *flach* gewickelt (Abb. 226), wobei manchmal, um das Wickeln zu erleichtern, mehrere Bänder in Parallel-

schaltung verwendet werden. Als Wicklungsisolation werden Streifen
aus Isolierstoff mit eingewickelt. Die Wicklung wird z. B. durch Drahtbandagen, die auf eine Isolationsunterlage gewickelt sind, gehalten. Bei
starken Querschnitten wird die Spule auch ohne Windungsisolation

Abb. 227. Wendepolspule mit Hochkantwicklung (Werkbild GARBE-LAHMEYER).

freitragend gewickelt; in die gewickelte Spule wird an jeder Seite ein
Loch gebohrt. Unter Verwendung passender Isolationsstücke wird dann
die Spule am Pol mit Schrauben befestigt, die durch die Löcher hindurchtreten.

Abb. 228. Schaltleitungen mit Halteeinrichtungen für die Wendepol- und
Kompensationswicklung einer großen Gleichstrommaschine (Werkbild AEG).

Bei der zweiten Herstellungsart wird blankes Kupfer *hochkant* gewickelt
(Abb. 227). Die erste und letzte Windung werden zuweilen umbandelt.
Im übrigen werden die Windungen entweder durch ⊏-förmig gebogene
Isolierstreifen, die von innen her auf die Längsseiten geschoben werden,
oder durch einzelne über den Umfang verteilte Stützteile abgestützt.
　　Die Schaltverbindungen der Wendepole werden nur bei kleinen Ma-
schinen aus Rundkupfer, im übrigen stets aus Kupferbändern oder Profil-

kupfer hergestellt; da sie bei großen Maschinen ein bedeutendes Gewicht haben, müssen sie durch besondere Haltereinrichtungen befestigt werden (Abb. 228).

B. Kompensationswicklungen.

Kompensationswicklungen dienen bei Stromwendermaschinen gemeinsam mit den Wendepolen dazu, der magnetisierenden Wirkung des Ankerstromes auf dem ganzen Umfang entgegenzuwirken. Bei Gleichstrommaschinen kommen sie nur für große Leistungen und beim Vorliegen besonders schwieriger Betriebsverhältnisse vor, bei Wechselstrom-Stromwendermaschinen dagegen allgemein.

Die wirksamen Spulenseiten der Kompensationswicklung liegen in geschlossenen oder mit schmalen Schlitzen versehenen Nuten der Polschuhe der Hauptpole. Sie werden vom Ankerstrom durchflossen, und zwar ist die Stromrichtung an allen Stellen

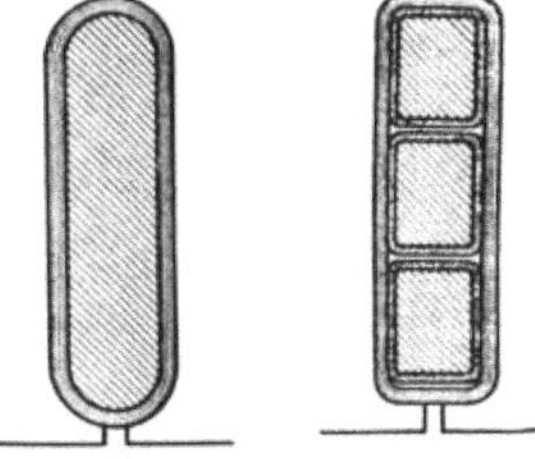

Abb. 229. Schnitt durch Nuten von Kompensationswicklungen.

des Umfanges entgegengesetzt derjenigen des Stromes in den Ankerleitern. Die Stromrichtung wechselt also von Pol zu Pol.

Jede Nut kann entweder einen oder mehrere Leiter enthalten (Abb. 229). Sind mehrere Leiter mit nicht zu starkem Querschnitt vorhanden, so können sie mit unter Berücksichtigung der Wärmebeständig-

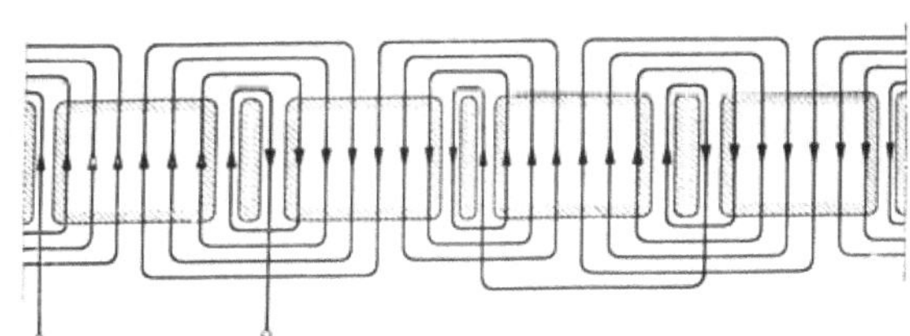

Abb. 230. Schaltplan für eine Wendepol- und Kompensationswicklung.

keitsklasse mit einer der in den Zahlentafeln 29 u. 30 aufgeführten Isolationsarten isoliert sein; als Nutisolation dient dann eine Hülse von etwa 1,5 mm Stärke. Einzelleiter werden gewöhnlich mit einer etwa 1 mm starken Umpressung versehen. Die Nutenleiter werden in ähnlicher Weise miteinander verbunden, wie es bei Wechselstrom-Stabwicklungen mit Spulen verschiedener Weite der Fall ist (Abb. 231). Die Stirnverbindungen bestehen aus blankem Flachkupfer, das mit den Stabenden verschraubt und verlötet wird. Bei großen Maschinen müssen sie abgestützt werden (Abb. 228).

Da sowohl die Wendepolwicklung als auch die Kompensationswicklung vom Ankerstrom durchflossen wird, werden bei Maschinen mit Kompensationswicklung die Wendepolspulen zweckmäßig in den Stromkreis der Kompensationswicklung mit einbezogen, so daß beide Wicklungsarten *einen* Stromkreis bilden. Ein Beispiel einer solchen Schaltung für eine vierpolige Maschine ist in Abb. 230 dargestellt. Die Spulen sind alle in Reihe geschaltet. Die Reihenschaltung ist nicht unbedingt erforderlich; es können auch parallele Zweige gebildet werden, doch ist darauf zu achten, daß alle Zweige den gleichen Widerstand haben. Einen Teil des Ständers einer großen Gleichstrommaschine mit Wendepol- und Kompensationswicklung zeigt Abb. 231.

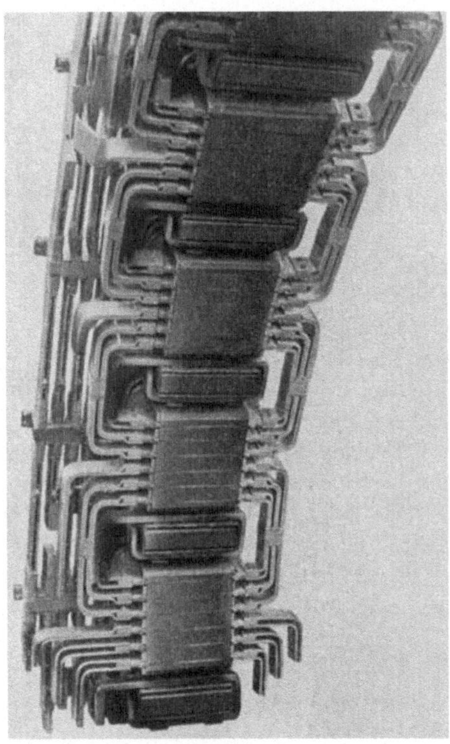

Abb. 231. Teilansicht des Ständers einer großen Gleichstrommaschine mit Wendepol- und Kompensationswicklung (Werkbild AEG).

C. Käfigwicklungen als Dämpfer- und Anlaufwicklungen.

Käfigwicklungen werden als Dämpferwicklungen in Synchronmaschinen und Einankerumformer eingebaut, um Pendelschwingungen zu unterdrücken, bei synchronen Generatoren auch, um schädliche Folgen ungleicher Belastung der einzelnen Wicklungsstränge abzuwenden. Sie liegen in den Polschuhen der Pole, welche die Erregerwicklung tragen, bei der üblichen Ausführung der Synchronmaschine also im Läufer, beim Einankerumformer im Ständer.

Unmittelbar unter der Polschuhoberfläche liegen geschlossene oder geschlitzte, zuweilen geschrägte Nuten, in denen Rund- oder Profilstäbe aus Kupfer liegen. Sie sind entweder nicht isoliert oder nur mit einer dünnen Isolierhülle (Mikafolium) umpreßt. Die Stabenden sind beiderseits durch Kurzschlußringe miteinander verbunden. Die Ringe bestehen nicht aus einem Stück, sondern jeder Pol trägt sein besonderes

Ringsegment. Die einzelnen Ringsegmente sind durch Verbindungsstücke miteinander verbunden, die so gestaltet sind, daß sie gegenüber Wärmedehnungen des Ringes nachgiebig sind.

Abb. 232 zeigt die Dämpferwicklung eines Einankerumformers. Die Stäbe aus Rundkupfer liegen in geschrägten Nuten. Als Ringsegmente

Abb. 232. Teilansicht des Ständers eines Einankerumformers mit Käfigwicklung (Werkbild SIEMENS).

Abb. 233. Schenkelpolläufer mit Käfigwicklung (Werkbild AEG)

dienen Flachkupferstreifen, die mit den Stäben durch Hartlöten verbunden sind. Die Verbindungslaschen, die die Segmente zu Ringen zusammenschließen, bestehen aus aufeinander geschichteten dünnen Kupferblechen.

Heiles, Wicklungen, 2. Aufl.   14 A

Die Dämpferwicklung einer Schenkelpol-Synchronmaschine ist in Abb. 233 dargestellt. Da die Ringsegmente hier den Fliehkräften unterworfen sind, sind sie gelocht, auf die Stäbe geschoben und dann hart verlötet. Zur Sicherung der Verbindungslaschen gegen die Fliehkräfte sind besondere Halteeinrichtungen vorgesehen.

Bei Trommelläufern von Synchronmaschinen werden die Käfige aus Kupferbändern zusammengelötet. Die in Achsrichtung verlaufenden Bänder liegen in den gleichen Nuten wie die Erregerwicklung, und zwar zwischen deren Spulenseiten und den Verschlußkeilen der Nuten.

Bei Einankerumformern und Synchronmotoren werden Käfigwicklungen häufig zu dem Zweck vorgesehen, einen sog. asynchronen Anlauf dieser Maschinen zu ermöglichen. Sie wirken dabei genau wie die Käfigwicklungen von Asynchronmaschinen. Um einen großen Widerstand nicht mit zu dünnen Querschnitten (geringe Wärmekapazität) erkaufen zu müssen, werden die Anlaufkäfige häufig aus einem Werkstoff hergestellt, der einen höheren spezifischen Widerstand hat als Kupfer (Messing, Bronze, Aluminium-Legierungen).

Vierter Teil.

Isolieren, Befestigen und Prüfen der Wicklungen.

IX. Isolieren der Wicklungen.

A. Isolierstoffe.

1. Allgemeines.

Die Stoffe, die zum Isolieren der Wicklungen Verwendung finden, sind meistens künstliche Erzeugnisse, die nach besonderen Verfahren aus Naturstoffen gewonnen werden.

Die Isolierstoffe sind mechanischen, thermischen und elektrischen Beanspruchungen ausgesetzt, mechanischen insbesondere beim Herstellen und Einlegen der Wicklungen in die Nuten, thermischen und elektrischen im Betrieb. Eine besonders hohe elektrische Beanspruchung erfährt die Wicklung noch bei verschiedenen Prüfungen während und nach der Herstellung.

Die wichtigsten elektrischen Eigenschaften, die ein Isolierstoff aufweisen muß, sind eine hinreichend hohe Durchschlagsfestigkeit und ein ausreichender Isolationswiderstand. Bei Hochspannung und Wechselstrom spielen auch die durch das elektrische Feld verursachten dielektrischen Verluste eine Rolle. Wenn bei einer Wicklung eine aus mehreren

Schichten *verschiedener* Isolierstoffe zusammengesetzte Isolation Verwendung findet, ist die Beanspruchung der einzelnen Schichten noch vom Verhältnis der Dielektrizitätskonstanten der einzelnen Stoffe abhängig.

Mechanische Eigenschaften kommen nur bei *festen* Isolierstoffen in Betracht. Die wichtigsten Eigenschaften sind ausreichende Biegefestigkeit und Schlagbiegefestigkeit (Zähigkeit). Außerdem ist eine möglichst geringe Aufsaugfähigkeit für Wasser (Hygroskopie) und in vielen Fällen auch Ölbeständigkeit erwünscht.

Hinsichtlich der Wärmebeständigkeit sind die Isolierstoffe in verschiedene Klassen eingeteilt (s. Zahlentafel 25). Für die Wicklungen (unter Berücksichtigung der Klassenzugehörigkeit des Isolierstoffes)

Zahlentafel 25. *Wärmebeständigkeitsklassen der Isolierstoffe*
(nach VDE 0530).

I		II	III
	Klasse	Isolierstoff	Behandlung
1	A	Baumwolle, Zellwolle, Seide, Kunstseide, Papier und ähnliche Faserstoffe	getränkt[1] oder in Füllmasse[1]
2	Ah	Lackdraht, wärmebeständige Kunststoff-Folien (z. B. Triacetatfolie), Hartpapier und Hartgewebe nach VDE 0318, mit Natur- und Kunstharz behandeltes Zellulosepapier.	—
3	B	Glimmer-, Asbest-, Glaserzeugnisse und ähnliche mineralische Stoffe	mit Bindemittel
4	C	Glimmer	ohne Bindemittel
		Porzellan, Glas, Quarz und ähnliche feuerfeste Stoffe	—

[1] Eine Isolierung wird als „getränkt" bezeichnet, wenn die Luft zwischen den Fasern weitgehend durch einen geeigneten Stoff ersetzt wird.

Sind alle Zwischenräume zwischen Wicklungsmetall und Nutisolation ausgefüllt, so wird die Isolierung als „in Füllmasse" bezeichnet.

Von einem brauchbaren *Tränkmittel* wird verlangt, daß es gute Isoliereigenschaften hat, daß es die Fasern vollständig einhüllt und sie aneinander und am Leiter haften läßt, daß es bei der zugelassenen Grenztemperatur nicht *tropfbar* weich wird und daß es wärmebeständig ist.

Von einer brauchbaren Füllmasse wird verlangt, daß sie gute Wärmeleitfähigkeit und erforderliche Isoliereigenschaften hat, daß sie die Hohlräume zwischen den isolierten Leitern praktisch ausfüllt und selbst keine Hohlräume bildet, daß sie bei der zugelassenen Grenztemperatur nicht tropfbar weich wird und daß sie wärmebeständig ist.

Anmerkung zur Zahlentafel 25. Nach den z. Z. noch geltenden Übergangsregeln gehört Lackdraht nicht zur Klasse Ah, sondern bildet für sich allein die Klasse B. Die in Zahlentafel 25 unter Klasse B aufgeführten Isolierstoffe haben in den Übergangsregeln die Klassenbezeichnung Bu. (Siehe auch Anmerkung zur Zahlentafel 26 sowie ETZ 1951, S. 31 u. 63.)

und sonstigen Maschinenteile sind Grenzwerte der *Erwärmung* festgesetzt (s. Zahlentafel 26). Unter Erwärmung versteht man den Unterschied der Temperaturen von Maschinenteil und Kühlmittel (Kühlluft). Die Grenzwerte für die Erwärmung gelten unter der Voraussetzung, daß die Temperatur des Kühlmittels nie höher liegt als 35°. Wird dieser Wert überschritten, so gelten Grenzwerte der *Temperatur*, die in keinem Fall überschritten werden sollen. Die Grenzwerte für die Temperatur liegen 35° höher als die in Zahlentafel 26 angegebenen Grenzwerte für die Erwärmung.

Zahlentafel 26. *Grenzerwärmungen*
(nach VDE 0530).

a) Allgemeine Bestimmungen.

I	II	III	IV	V
Wicklungen mit Isolierung nach Klasse [1]	A	Ah	B	C
1 Alle Wicklungen mit Ausnahme von 2	60°	80°	80°	Nur beschränkt durch den Einfluß auf benachbarte Isolierteile
2 Einlagige Feldwicklungen allgemein, ebenso in Volltrommelläufern zweilagige Feldwicklungen	70°	80°	90°	

I	II
3 Stromwender und Schleifringe	60°
4 Lager	45°
5 Eisenkerne *mit* eingebetteten Wicklungen	Wie die Wicklungen
6 Eisenkerne *ohne* eingebettete Wicklungen	Nur beschränkt durch den Einfluß auf benachbarte Isolierteile
7 Alle anderen Teile	

Meßverfahren.

Alle Wicklungen mit Ausnahme der dauernd kurzgeschlossenen	Widerstandszunahme und Thermometermessung
Dauernd kurzgeschlossene Wicklungen sowie alle anderen Teile	Thermometermessung

[1] *Ungetränkte* Isolierstoffe sollen im allgemeinen nicht verwendet werden. Wenn in Ausnahmefällen davon Gebrauch gemacht wird, so sind die Grenzerwärmungen hierfür um 15° gegenüber den für die Wärmebeständigkeitsklasse A zulässigen Werten zu erniedrigen.

Anmerkung zur Zahlentafel 26. Nach den Übergangsregeln (vgl. Anmerkung zur Zahlentafel 25) ist für die Klasse Bu in den Zeilen 1 und 2 der Zahlentafel 26 eine Grenzerwärmung von 95° zugelassen.

Zahlentafel 26 (Fortsetzung).

b) Zusatzbestimmungen für Ständerwicklungen von Wechselstrommaschinen von mehr als 5000 kVA Leistung oder mehr als 1 m Eisenlänge.

	I		II	III
	Wicklungen mit Isolierung nach Klasse		A	B
8	Wicklungen bis 7000 V[1] (Thermometer an der Nutenwand oder in der Zahnmitte)	Meßstelle in der Mitte	55°	70°
		an den Enden	60°	80°
9	Zweischichtwicklungen (Thermometer zwischen den beiden Schichten)		60°	80°

Meßverfahren.

Messung mit eingebautem elektrischem Thermometer (s. VDE 0530, § 35).

Auf Wunsch des Herstellers kann bei Maschinen mit Einschichtwicklungen das Thermometer innerhalb der Nutenisolation angeordnet werden. Als Erwärmungsgrenze des Kupfers gilt alsdann bei Isolierung nach Klasse A 70°, bei Isolierung nach Klasse B 85°.

[1] Für Maschinen mit mehr als 7000 V werden die Grenzwerte um je 1,5° herabgesetzt für je 1000 V über 7000 V.

Den Isolationsangaben in den folgenden Abschnitten sind meistens die Wärmebeständigkeitsklassen A und B zugrunde gelegt. Zuweilen sind auch Angaben für die Klasse Ah gemacht; wo diese fehlen, lassen sie sich an Hand der Zahlentafel 25 unter Berücksichtigung der besonderen Eigenschaften der für diese Klasse zulässigen Isolierstoffe ermitteln.

Bei mehreren Schichten von Stoffen verschiedener Wärmebeständigkeit gilt die Grenztemperatur des weniger wärmebeständigen Stoffes, wenn dessen Zerstörung den Isolationszustand der Wicklung gefährdet, dagegen die Grenztemperatur des wärmebeständigeren Stoffes, wenn der weniger wärmebeständige nur in geringen Mengen als Aufbaustoff vorhanden ist (z. B. bei Asbestdraht).

2. Glimmer und Glimmererzeugnisse.

(VDE 0332/IX. 38.)

Die höchstwertigen Isolierstoffe sind der Glimmer und die aus ihm hergestellten Erzeugnisse. Glimmer ist ein Naturprodukt und kommt in größeren Stücken als *Blockglimmer* in den Handel. Durch Spalten des Blockglimmers in dünne Lagen erhält man den *Spaltglimmer*.

Wird Spaltglimmer mittels eines Bindemittels in Plattenform mit größeren Abmessungen gebracht, so entsteht *Mikanit*.

a) Glimmer-Erzeugnisse in Platten. Sie bestehen aus Mikanit mit oder ohne Decklagen. Man unterscheidet:

1. Kommutator-(Stromwender-)Mikanit mit Bindemitteln in geringer Menge zur Isolation der Stromwenderstege gegeneinander. Es wird beiderseits geschliffen geliefert.

2. Heiz-Mikanit (für Wicklungen nicht geeignet).

3. Form-Mikanit (Braun-Mikanit) zur Herstellung von Röhren und Formstücken und zur Ummantelung von Leitern beliebiger Querschnittsformen (in warmem Zustande).

4. Biege-Mikanit (Flexibel-Mikanit), das sich in kaltem und warmem Zustande gut biegen läßt und zur Herstellung von Nutauskleidungen, Umwicklungen und dergleichen geeignet ist.

5. Mikanit-Papier aus Biege-Mikanit mit ein- oder zweiseitiger Papierdecklage (etwa 0,03 mm) als Schutz gegen Abblättern des Glimmers; es wird für ähnliche Zwecke wie Biege-Mikanit verwendet.

6. Mikanit-Gewebe aus Biege-Mikanit mit einseitiger Gewebedecklage (etwa 0,1 mm) und gegebenenfalls einer zweiten Decklage aus Papier oder Gewebe als Schutz gegen Abblättern des Glimmers und zur Erhöhung der mechanischen Festigkeit; es wird für ähnliche Zwecke wie Biege-Mikanit verwendet.

b) Glimmer-Erzeugnisse in Rollen. Sie bestehen aus Faserstoffbahnen (Papier oder Gewebe) als Träger und einer oder mehreren Lagen Spaltglimmer, die mit Hilfe eines Bindemittels aufgeklebt sind; eine Faserstoffdecklage *kann* noch vorhanden sein. Die Erzeugnisse dienen zum Isolieren von Spulen, Spulenträgern, Ankerstäben und zur Herstellung von Nutenrohren. Man unterscheidet:

1. Glimmer-Papier aus einer dünnen Papierbahn (etwa 0,3 mm stark) mit einer Lage Spaltglimmer und gegebenenfalls einer Decklage aus Seidenpapier.

2. Glimmer-Gewebe aus einer Gewebebahn (etwa 0,1 mm stark) mit einer Lage Spaltglimmer und gegebenenfalls einer Decklage aus Papier oder Gewebe.

3. Glimmer-Feingewebe aus einer dünnen Gewebebahn (etwa 0,05 mm stark) mit einer Lage Spaltglimmer und gegebenenfalls einer Decklage aus Papier oder Gewebe.

4. Mikafolium aus Zellulose-Papier von 30 ... 50 g/m² mit einer oder zwei Lagen Spaltglimmer und einer den Glimmer bedeckenden Bindemittelschicht. Diese Bindemittelschicht macht es möglich, beliebig viele Schichten des Stoffes durch gleichzeitige Anwendung von Druck und Wärme in feste mechanische Verbindung miteinander zu bringen. (Herstellung von Rohren, Nuthülsen, Umpressungen.)

Die Wärmebeständigkeit der Glimmererzeugnisse hängt nur von derjenigen des Bindemittels und der Trägerschichten ab, da der Glimmer selbst bei allen praktisch vorkommenden Temperaturen beständig bleibt.

Beim Mikanit ist also nur die Wärmebeständigkeit des Bindemittels maßgebend. Schellack als Bindemittel hat den Nachteil, daß er bei Erwärmung erweicht und die Formbeständigkeit des Mikanits in Frage stellt. Für bestimmte Zwecke wird daher der Schellack durch Kunstharz ersetzt.

3. Asbest.
(VDE 0331/1932.)

Asbest ist ein natürlicher mineralischer Stoff, der unverbrennbar und säurebeständig ist. Er findet zur Drahtisolation Verwendung, nachdem es gelungen ist, durch besondere Bearbeitungsverfahren und geringfügige Beimengungen zusammenhängende Isolierschichten (Asbestgewebe und Asbestgarne) mit ausreichender mechanischer Festigkeit herzustellen. Auch die große Wasseraufnahmefähigkeit des Stoffes wird durch Beimengungen beseitigt.

4. Glasfasererzeugnisse.

Durch Ausziehen von flüssigem alkalifreiem Glas in Fäden von $4 \ldots 6 \mu$ Stärke erhält man Glasseide. Diese wird entweder unmittelbar zur Drahtisolation verwendet oder zu Geweben und Bändern verarbeitet. Glasseide hat die gleiche Temperaturbeständigkeit wie Asbest, ergibt aber einen wesentlich geringeren Isolationsauftrag. Durch Tränken der Bänder in wärmebeständigen Lacken (bis 150°) erhält man Lackglasseidenband.

Glasseide läßt sich auch in Form der Stapelfaser herstellen; sie wird geschnitten, versponnen und dann gereckt. Diese Stapelfaser ist wesentlich billiger als die eigentliche Glasseide, bei ihrer Anwendung müssen jedoch stärkere Isolationsaufträge in Kauf genommen werden.

5. Zellstofferzeugnisse.

a) *Papier.* Die für Isolierzwecke verwendeten Papiere sind Sonderausführungen mit guten elektrischen und mechanischen Eigenschaften. Nach dem Verwendungszweck unterscheidet man die in Zahlentafel 27 aufgeführten Papierarten.

Zahlentafel 27. *Für elektrotechnische Zwecke verwendete Papierarten.*

Verwendungszweck	Art bzw. Grundstoff	Stärke in mm
Hartpapierherstellung	Sulfit- oder Natronzellulose	0,05 ... 0,2
Mikanitherstellung	Zellstoffpapier, Hadern	0,05 ... 0,15
Blechbeklebung	Sulfitzellstoffpapiere	0,03 ... 0,04
Drahtisolation	Sulfitzellstoffpapiere	0,04 ... 0,075

Papier hat eine starke Wasseraufnahmefähigkeit und muß daher getränkt werden, wenn es als Isolierstoff dienen soll. Als Tränkmassen kommen Öl, Paraffin oder Lack in Frage; das mit diesen Stoffen getränkte Papier heißt Ölpapier, Paraffinpapier oder **Lackpapier**. Die Verwendung des Papiers in Verbindung mit Glimmererzeugnissen ist schon behandelt worden.

b) Preßspan. Preßspan ist eine hochwertige unter starkem Druck hergestellte Pappe von 0,1 ... 0,5 mm Stärke; er wird in gelber und grauer Farbe, mit geglätteter und ungeglätteter Oberfläche hergestellt. *Edelpreßspan* ist schwarzgrau und ungeglättet. Preßspan wird als Rollenpreßspan (nur für geringe Stärken) und als Tafelpreßspan (Abmessungen nach DIN VDE 600) geliefert. Durch Tränken in Lack erhält man den getränkten (imprägnierten), durch Tränken in Öl geölten Preßspan.

c) Rotpapier. Rotpapier ist ein dem Preßspan sehr ähnlicher Stoff von hoher Durchschlagsfestigkeit.

d) Lederspan (Leatheroid). Lederspan ist ein amerikanischer Stoff, der dem Preßspan und Rotpapier ähnlich, aber fester ist. Er wird in Stärken von 0,1 ... 2 mm hergestellt.

e) Hartpapier. Hartpapier wird hergestellt, indem dünne Papierbahnen, mit Kunstharz getränkt, aufeinandergeschichtet und unter Anwendung von Druck und Wärme zusammengebacken werden. Wie beim Mikafolium können sowohl Tafeln als auch Rohre hergestellt werden.

f) Hartleinen. Hartleinen wird in der gleichen Weise hergestellt wie Hartpapier, nur treten Gewebebahnen an die Stelle der Papierbahnen.

g) Triazetatfolie. Hinsichtlich der Zusammensetzung entspricht die Folie der Triazetatseide (s. Faserstofferzeugnisse). Sie wird in Form von Breitfolien und Bändern in Stärken zwischen 0,015 und 0,2 mm hergestellt und besitzt vorzügliche elektrische Eigenschaften; sie ist ölbeständig und hat nur geringe Wasseraufnahmefähigkeit. Bei Niederspannung ist Triazetatfolie ein vollwertiger Ersatzstoff für Glimmer, bei Hochspannung jedoch nicht, da sie nicht glimmfest ist.

Die Folie dient zum Isolieren von Drähten in Rund- und Längsbespinnung, ferner in Bandform zum Isolieren von Wicklungsköpfen und Feldspulen. Auch in Verbindung mit anderen Stoffen findet Triazetatfolie als mehrschichtiger Isolierstoff Verwendung, z. B. mit Preßspan zur Nutenauskleidung, mit Gewebebändern zum Umwickeln von Feldspulen usw.

6. Faserstofferzeugnisse.

Alle Faserstoffe haben eine mehr oder weniger große Wasseraufnahmefähigkeit; für sich allein sind sie also schlechte Isolierstoffe. Ihre Bedeutung liegt darin, daß sie gute Träger für Lacke und sonstige Imprägniermittel sind. Sie werden entweder unmittelbar auf Drähte und Stäbe durch Umspinnen oder Umflechten (Umklöppeln) aufgebracht oder in Form von Bändern verwendet, die besonders zum Bewickeln der Wicklungsköpfe dienen.

Ungetränktes Band muß nach dem Aufwickeln in Lack getränkt werden. An seiner Stelle verwendet man auch Band, das schon vorher einen mehrmaligen Auftrag von Isolierlack erhalten hat (Exzelsiorleinen, Ölleinen, Ölseide).

Zum Überziehen von Drähten und freien Schaltenden werden sog. Isolierschläuche verwendet, die ebenfalls aus lackgetränkten Faserstoffen hergestellt sind.

a) Baumwolle. Baumwolle ist der Faserstoff, der für Drahtisolation der Wärmebeständigkeitsklasse A am meisten verwendet wird.

b) Leinen. Leinen ist teurer als Baumwolle, aber mechanisch widerstandsfähiger.

c) Naturseide. Naturseide ist erheblich teurer als Baumwolle; ihre Verwendung ermöglicht es aber, mit wesentlich geringeren Isolationsaufträgen auszukommen.

d) Kunstseide. Kunstseide entsteht, wenn gelöste Zellulose durch feine Spinndüsen in ein sog. Fällbad zu „endlosen" Fäden gepreßt wird. Je nach dem Lösungsmittel der Zellulose und der Art der Weiterbehandlung der Fäden nach dem Spinnen unterscheidet man drei Arten: die Triazetatseide, die Kupferseide und die Viskoseseide.

e) Zellwolle. Die Zellwolle wird aus dem gleichen Stoff und nach den gleichen Verfahren wie die Kunstseide hergestellt; im Gegensatz zu dieser besteht sie jedoch aus *kurzstapeligen* Einzelfasern.

7. Isolier-Schichtstoffe.

Die auf S. 214 besprochenen Glimmer-Erzeugnisse können als Schichtstoffe gelten, soweit sie aus mehreren Schichten verschiedener Stoffe bestehen. In ähnlicher Weise werden Schichtstoffe auch in anderer Zusammensetzung hergestellt und z. B. für Nutauskleidung verwendet. Als Trägerschicht dient gewöhnlich Preßspan, dann folgt die eigentliche Isolierschicht aus Ölleinen, Triazetatfolie, Mikanit oder dergleichen, und schließlich kann noch eine Deckschicht aus Papier oder Preßspan vorhanden sein.

8. Isolierlacke.

Isolier-, Tränk- oder Imprägnierlacke werden in flüssigem Zustande auf Wicklungen von Lackdrähten oder umsponnenen Drähten aufgebracht und bilden nach dem Trocknen den Lackfilm. Dieser Lackfilm bildet die äußere Isolierschicht.

An die Stelle der reinen Öllacke (etwa $40 \ldots 50 \%$ Ölgehalt) sind mit gutem Erfolg ölarme Lacke (bis 20% Ölgehalt) und ölfreie Lacke getreten. Die ölarmen Lacke sind auf Glyptalharzbasis, die ölfreien

Lacke auf Phenol- oder Harnstoffbasis hergestellt. Diese enthalten entsprechende Plastifizierungsmittel.

Für Sonderzwecke werden neuerdings Silikonlacke verwendet, die neben organischen auch anorganische Baustoffe enthalten. Sie vertragen Grenztemperaturen bis etwa 180° im Dauerbetrieb. Ihre Verwendung ist insbesondere vorteilhaft bei Maschinen mit großer Schalthäufigkeit und solchen, die in hoher Umgebungstemperatur arbeiten müssen. Ihrer weiteren Verbreitung steht der hohe Preis entgegen.

Alle hochwertigen Tränklacke benötigen Ofentrocknung. Lufttrocknende Lacke sollten nicht als Tränklacke verwendet werden. Dagegen eignen sie sich zur nachträglichen Oberflächenbehandlung der Wicklungsköpfe und zur Erzielung einer zusätzlichen Oberflächenwirkung. Hier werden vorteilhaft Zellulose- und Spiritus-Lacke eingesetzt.

Lackdrähte, die mit Lacken auf Kunstharz- und Kunststoffbasis (Polyvinylacetat, Nylon, Polyurethan) lackiert sind, haben gegenüber den früher verwendeten Öllackdrähten den Vorteil höherer mechanischer Festigkeit (Scheuerfestigkeit), günstigerer thermischer Eigenschaften und einer wesentlich größeren Beständigkeit gegen Lösungsmittel und Feuchtigkeit. Drahtlacke auf Kunststoffbasis werden z. B. von der Firma Dr. Beck & Co. uner den Bezeichnungen Formadur, Pernylit, und Superdurit auf den Markt gebracht.

9. Füllmassen (Kompoundmassen).

Sie sind Asphalt und Bitumen enthaltende Mischungen, die bei normaler Raumtemperatur fest sind, bei höheren Temperaturen erweichen und bei etwa 150...180° vollständig flüssig werden. Sie dienen zur Ausfüllung der Zwischenräume in Wicklungen und verhindern, daß die Isolation durch Ionisation eingeschlossener Luft gefährdet wird. Ferner verbessern sie die Ableitung der Verlustwärme.

B. Isolation der Drähte und Stäbe.

Die für die Wicklung verwendeten Drähte sind isoliert

a) durch Umspinnen oder Umflechten (Umklöppeln) mit einem oder mehreren der in Tafel 29 genannten Isolierstoffe,

b) durch Umspinnen oder Umflechten mit Glasseide und anschließende Imprägnierung,

c) durch Aufbringen einer Asbestschicht (Umspinnen mit Asbestgarn oder anderes Verfahren) und anschließende Imprägnierung,

d) durch Umspinnen mit Triazetatfolie (eine oder mehrere Lagen) und einer Decklage nach a),

e) durch eine Lackschicht allein oder in Verbindung mit einer Isolation nach a), b) oder c) oder einer Decklage aus Triazetatfolie.

Der Isolationsauftrag darf einerseits nicht zu groß sein, weil sonst der für die Wicklung zur Verfügung stehende Raum schlecht ausgenutzt wird, anderseits muß die Isolation eine ausreichende elektrische und mechanische Festigkeit besitzen.

Für *Runddrähte*, die nach a) und e) isoliert sind, ist der Isolationsauftrag in den Normenblättern DIN 46435 und DIN 46436, Blatt 1, festgelegt (Zahlentafel 28 u. 29). Für besondere Zwecke kann diese Isolation natürlich verstärkt werden (s. S. 225).

Lackdraht hat den geringsten Isolationsauftrag, ist aber mechanisch empfindlich. Er wird sowohl für ruhende Feldwicklungen als auch bei kleinen Maschinen für Nutenwicklungen verwendet. Der Lackdraht ist bedeutend billiger als der Draht mit Faserstoffisolation, besonders billiger als solcher mit Natur-, Kunst- oder Glasseidenisolation.

Zahlentafel 28. Auftrag von Lackisolation auf rundem Kupferdraht.
(nach DIN 46435).

Wiedergegeben mit Genehmigung des Deutschen Normenausschusses. Maßgebend ist die jeweils neueste Ausgabe des Normblattes im Normformat A 4, das beim Beuth-Vertrieb, G. m. b. H., Berlin W 15, erhältlich ist.

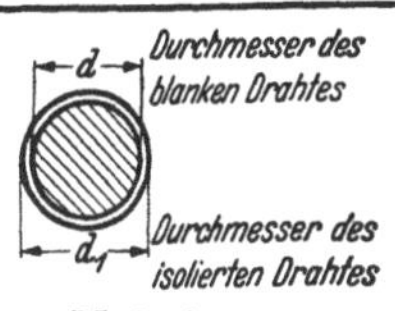

Maße in mm

1	2	3	4
		Lackauftrag	
Drahtdurchmesser d	Kurzzeichen Lackdraht	d_1-d	Zulässige Abweichungen [1]
von 0,03 bis 0,05		0,012	±0,003
über 0,05 bis 0,1		0,015	
über 0,1 bis 0,2	L	0,02	±0,005
über 0,2 bis 0,3	(schwarz)	0,025	
über 0,3 bis 0,4	Lr	0,03	±0,007
über 0,4 bis 0,5	(durchscheinend,	0,035	
über 0,5 bis 0,7	genannt	0,04	±0,01
über 0,7 bis 1	„Rotlackdraht“)	0,05	
über 1 bis 2		0,06	±0,015
über 2 bis 3		0,07	

[1] Die zulässigen Abweichungen des blanken Drahtes nach DIN 46431 sind in diesen Werten nicht enthalten.

Bei Lackdraht in Verbindung mit Seide-, Baumwolle- und Papierisolation sind zum Lackauftrag die entsprechenden Werte nach DIN 46436 hinzuzufügen.

Zahlentafel 29. *Auftrag von Faserstoff- und Papierisolation auf rundem Kupferdraht* (nach DIN 46436, Blatt 1).

Wiedergegeben mit Genehmigung des Deutschen Normenausschusses. Maßgebend ist die jeweils neueste Ausgabe des Normblattes im Normformat A 4, das beim Beuth-Vertrieb, G. m. b. H., Berlin W 15, erhältlich ist.

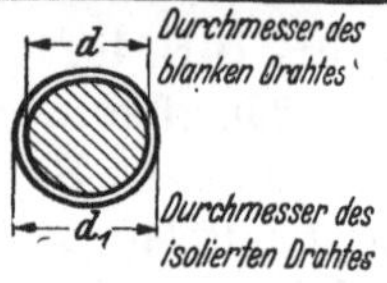

Maße in mm

Kurzzeichen	Isolierstoffe	Drahtdurchmesser d									
		von 0,03 bis 0,05	über 0,05 bis 0,1	über 0,1 bis 0,2	über 0,2 bis 0,3	über 0,3 bis 0,5	über 0,5 bis 0,8	über 0,8 bis 1,5	über 1,5 bis 3	über 3 bis 4	über 4 bis 6
		Durchmesserzunahme durch die Isolierung (Größtwerte) $d_1 - d^{1,2}$									
S	Naturseide 1× besponnen	0,035	0,035	0,035	0,04	0,04	0,04	—	—	—	—
SS	2× besponnen	0,07	0,07	0,07	0,07	0,07	0,08	0,1	—	—	—
Kt	Triazetatseide 1× besponnen	—	0,04	0,04	0,04	0,05	0,05	—	—	—	—
KtKt	2× besponnen	—	0,08	0,08	0,08	0,09	0,09	0,11	—	—	—
Kc	Kupferseide[3] 1× besponnen	—	0,05	0,05	0,05	0,06	0,06	0,07	—	—	—
KcKc	2× besponnen	—	0,09	0,09	0,09	0,11	0,11	0,12	—	—	—
Kv	Viskoseseide[3,4] 1× besponnen	—	—	0,08	0,08	0,1	0,1	0,11	0,11	—	—
KvKv	2× besponnen	—	—	0,15	0,15	0,18	0,18	0,19	0,19	—	—
B	Baumwolle 1× besponnen	—	—	0,1	0,1	0,12	0,12	0,12	0,15	—	—
BB	2× besponnen	—	—	0,16	0,16	0,22	0,22	0,22	0,26	0,3	0,4
Z	Zellwolle[3] 1× besponnen	—	—	—	—	0,13	0,13	0,13	0,16	—	—
ZZ	2× besponnen	—	—	—	—	0,22	0,22	0,22	0,26	0,3	0,4
P	Papier 1× besponnen	—	—	—	—	0,12	0,12	0,12	0,15	0,2	0,2
PP	1× besponnen	—	—	—	—	0,22	0,22	0,22	0,26	0,3	0,35

[1] Bei Isolierung nach DIN 46436 und Verwendung von Lackdrähten sind zur Bestimmung des größten Durchmessers zu den Auftragswerten der Zahlentafel die entsprechenden Werte nach Zahlentafel 28 hinzuzufügen.

Der Auftragswert bei gemischter Isolierung ergibt sich aus der Summe der Einzelwerte.

[2] Bei der Feststellung des Durchmessers d_1 des isolierten Drahtes sind außer der Vergrößerung des Durchmessers durch Isolierung die zulässigen Abweichungen des blanken Kupferdrahtes nach DIN 46431 zu berücksichtigen.

(Fortsetzung der Fußnoten auf Seite 221)

Um die Lackschicht gegen mechanische Beschädigungen zu schützen, versieht man den Draht häufig mit einer zusätzlichen Schicht aus Faserstoff (Baumwolle, Glasseide), Asbest oder Papier (gegebenenfalls auch mit mehreren Schichten). Diese Lackdrähte mit zusätzlicher Bespinnung sind sehr vorteilhaft, da die nunmehr geschützte Lackschicht eine große Durchschlagsfestigkeit ergibt, obschon der gesamte Isolationsauftrag verhältnismäßig gering ist. Der Preis für diese Drähte ist jedoch sehr hoch.

Seidenisolation kommt nur für *dünne* Drähte zur Verwendung. Da der Seidendraht teuer ist, sucht man ihn nach Möglichkeit durch Lackdraht zu ersetzen.

Drähte mit Asbestisolation werden für thermisch hochbeanspruchte Wicklungen (Klasse B) verwendet. Während die Faserstoffisolation auf die Dauer nur Temperaturen bis etwa 100° ohne Nachteil verträgt, können Asbestdrähte solche von 150 ... 200°, vorübergehend noch höhere aushalten.

An Stelle der Asbestisolation wird für Wicklungen der Klasse B in großem Umfang die Glasseidenisolation verwendet. Bei ungefähr gleicher Temperaturbeständigkeit ist der Isolationsauftrag geringer als bei der Asbestisolation.

Für die Wärmebeständigkeitsklasse Ah kommt vorzugsweise eine Isolation mit Triazetatfolie in Frage, fast immer in Verbindung mit einer zusätzlichen Faserstoffbewicklung, die als mechanischer Schutz für die Folie dient und deren ungewolltes Abwickeln verhindert.

Eine Übersicht über den Isolationsauftrag verschiedener neuerer Isolierungen auf Runddraht gibt die Zahlentafel 30.

Profildrähte kommen in so mannigfacher Ausführung vor, daß aus Gründen der Raumersparnis auf genauere Zahlenangaben für den Isolationsauftrag verzichtet werden muß. Bei zweifacher Baumwollumspinnung und bei Asbestisolation beträgt der (doppelseitige) Auftrag etwa 0,4 mm bei Drahtquerschnitten bis 15 mm² und etwa 0,5 mm bei größeren Querschnitten bis 60 mm². Für andere Isolationsarten kann der Auftrag durch Vergleich mit den für Runddraht geltenden Werten geschätzt werden.

Stäbe von größerem Querschnitt werden, wie schon erwähnt, zunächst blank gebogen und dann durch Umbandeln isoliert oder umpreßt.

---

3 Mit Kupfer- oder Viskose-Kunstseide oder Zellwolle isolierte Drähte über 0,3 mm Durchmesser werden in verklebter Ausführung geliefert. Unverklebte Isolierung ist bei Bestellung besonders anzugeben. Wird die Isolierung außerdem noch getränkt, so ist mit einer Erhöhung der Isolierungszunahme zu rechnen.

4 Zur Isolierung dieser Drähte kann nach Wahl des Herstellers ganz oder teilweise auch Kupferseide verwendet werden.

Zahlentafel 30. *Isolationsauftrag verschiedener Isolierungen auf Runddraht* (nach
Angaben der Fa. Felten & Guilleaume Carlswerk AG., Köln-Mülheim).

Art der Isolierung	Drahtdurchmesser d (in mm)					
	von 0,3 bis 0,5	über 0,5 bis 0,8	über 0,8 bis 1,5	über 1,5 bis 3,0	über 3,0 bis 4,5	über 4,5 bis 6,0
	Durchmesserzunahme durch Isolierung $d_1 - d$ (in mm)					
1× Triazetatfolie + 1× Kunstseide bewickelt	—	—	0,23	0,25	0,27	0,27
1× Triazetatfolie + 1× Baumwolle bewickelt	—	—	0,23	0,26	0,26	0,30
2× Glasseide bewickelt und imprägniert	0,15	0,22	0,22	0,22	0,27	0,27
Asbestisolierung	—	0,30	0,30	0,34	0,42	0,45

Das Umbandeln geschieht meistens mit Umbandelungsmaschinen
(Abb. 234), mit denen auch zwei verschiedene Stoffe (etwa Papier-
und Faserstoffband) *gleichzeitig* aufgewickelt werden können. Als
Stoffe kommen in Frage Baumwoll-
oder Zellwollband, Papier- mit Faserstoffband, Lackleinen. Bänder aus
Glimmer-Faserstofferzeugnissen, Glas-
gewebe, Triazetatband, Das Band wird
$^1/_3$ bis $^1/_2$-überlappt gewickelt; der Isolationsauftrag richtet sich nach Stoff
und Lagenzahl. Bei Wicklungen für
schwere Betriebsbedingungen und für
Spannungen über 1000 Volt ist das
Umbügeln mit Mikafolium zu empfehlen
(siehe Zahlentafel 32).

C. Isolation von Feldspulen.

Feldspulen für kleine Gleichstrommaschinen, die auf Formen gewickelt
sind, werden oft durch Umbandeln
isoliert (Abb. 212), und dann ohne

Abb. 234. Umbandelungsmaschine
(Werkbild SIEMENS).

weitere Befestigung auf die Polkerne geschoben. Zwischen Poleisen
und Spule wird zuweilen eine Zwischenlage aus Isolierstoff vorgesehen.

Wenn der Innendurchmesser einer Spule so klein ist, daß eine Band-
vorratsrolle nicht durch die Öffnung hindurchgeht, ist das Umbandeln
mit der Einrichtung nach Abb. 234 unmöglich. In diesem Falle wird
eine andere Art von Umbandelungsmaschinen benutzt. Außer dem

Wickelring, der auch bei der Maschine nach Abb. 234 vorhanden ist, hat eine solche Maschine noch einen Vorratsring, der sowohl gegenüber dem festen Gestell als auch gegenüber dem Wickelring drehbar angeordnet ist. Durch sektorförmige Ausschnitte in den beiden Ringen läßt sich die zu umbandelnde Spule so einschieben, daß die Ringe bei ihrer Drehung durch die Spulenöffnung hindurchlaufen. Die Vorratsrolle wird nun zunächst mit so viel Band angefüllt, als zum Bewickeln der Spule notwendig ist. Dieser Vorrat wird bei der Drehung der Ringe durch den Wickelring um die zu bewickelnden Spulenseiten herumgelegt, wobei er von dem Vorratsring abläuft.

Werden als Träger der Wicklung Spulenkästen verwendet, wie sie bei Feldspulen für Synchronmaschinen, Gleichstrommaschinen und Einankerumformer kleiner und mittlerer Leistung früher oft gebräuchlich waren, so unterbleibt ein nachträgliches Umbandeln der Spule. Sind die Spulenkästen aus Blech hergestellt, so werden sie vor dem Aufwickeln der Spule auf den Innenflächen mit Isolierstoff (meistens Mikafolium mit einer Schutzschicht aus Edelpreßspan) beklebt.

Bei ruhenden Feldwicklungen für große Maschinen werden die Spulen der einzelnen Pole gewöhnlich unterteilt (s. Abb. 216). Die einzelnen Teile werden zuweilen ebenfalls umbandelt.

Im übrigen ist die Isolation der Feldspulen schon bei der Besprechung der Herstellung (Abschnitt VII) behandelt.

D. Isolation von Nutenwicklungen.

1. Wechselstrom-Ständerwicklungen.

a) Drahtwicklung. Bei den eingeträufelten Wicklungen *kleiner* Maschinen, die praktisch nur für Spannungen bis 500 Volt gebaut werden, wird die Nut vor dem Einlegen der Wicklung mit einer *Nutauskleidung* versehen, die vor dem Einbau durch Falzen in die passende Form gebracht wird. Als Werkstoff wird bei Klasse A gewöhnlich Edelpreßspan, bei Klasse Ah eine Triazetat-Schichtisolation und bei Klasse B Mikanit verwendet und zwar in einer Stärke von 0,35 ... 0,5 mm je nach der Höhe der Spannung. Bei Verwendung einer Schichtisolation ist darauf zu achten, daß die Trägerschicht der Nutwand zugekehrt ist.

Die Nutauskleidung muß an beiden Stirnseiten etwas aus der Nut herausragen. Damit beim Abbiegen der Spulenköpfe diese vorstehenden Ränder (Ausladungen) nicht einreißen, werden sie zweckmäßig mit einem Faserstoffstreifen beklebt (Baumwollband bei Klasse A, Glasseidenband bei Klasse B).

Die Flügel, die beim Einträufeln der Drähte deren Isolation vor Beschädigungen am Nutrand schützen (s. S. 106) haben gewöhnlich eine Stärke von etwa 0,1 mm und bestehen bei Klasse A aus Preßspan, bei

Klasse B aus Lackglasseide; bei Klasse Ah kann Triazetatfolie von etwa
0,05 mm Stärke verwendet werden.

Über die Isolation der Spulenköpfe bei den Träufelwicklungen ist
im Abschnitt über die Herstellung (s. S. 107) schon gesprochen worden.
Die dort erwähnten Zwischenlagen bestehen bei Klasse A aus Preßspan
oder Lackleinen, bei Klasse B aus Glimmergewebe oder Lackglasseide.
Bei den als Zweischichtwicklungen ausgeführten Ständerwicklungen
kleiner Drehstrommotoren ordnet man Zwischenlagen häufig nur zwischen den Spulen verschiedener Stränge (an den „Phasengrenzen“) an,
nicht dagegen zwischen den Spulen,
die dem gleichen Strang angehören.
Diese Art der Kopfisolation ist besonders bei Lackdraht gebräuchlich.

Bei *größeren* Maschinen, mag es
sich um eingefädelte, Formspulen- oder
Halbformspulen - Wicklungen han-
deln, liegen die Leiter in bestimmter
Ordnung in der Nut. Man unterscheidet „Längswicklung“ und „Querwicklung“; bei der Längswicklung
folgen die Leiter nach Abb. 235a aufeinander, bei der Querwicklung ent-

Abb. 235.
Reihenfolge der Leiter in der Nut, a bei
Längswicklung. b bei Querwicklung.

weder nach Abb. 235 b oder so, daß die Querreihen alle in der *gleichen*
Richtung, also alle von links nach rechts oder alle von rechts nach
links durchlaufen werden. Die Längswicklung wird im allgemeinen nur
bei kleineren Maschinen angewandt, bei denen die *Windungsspannung*
(Spannung zwischen zwei unmittelbar hintereinander geschalteten Windungen) gering ist; es hat dann auch bei der Längswicklung die höchste
zwischen benachbarten Leitern auftretende Spannung (*Lagenspannung*)
noch einen tragbaren Wert. Bei höherer Windungsspannung ist die
Querwicklung vorzuziehen.

Abgesehen von einer etwaigen Zerlegung in parallele Teilleiter nimmt
bei großen Maschinen jeder Leiter die ganze nutzbare Nutbreite ein;
dabei kommen nur Profildrähte vor. Die Lagenspannung stimmt dann
mit der Windungsspannung überein. Die Windungsspannung wächst
mit dem Produkt aus Polteilung und Maschinenlänge also allgemein
mit der Größe der Maschine. Es wäre also naheliegend, die Leiterisolation mit zunehmender Windungsspannung oder zunehmender Größe
der Maschine wachsen zu lassen. In den meisten Fällen ist aber aus
mechanischen Gründen die Isolation schon so stark, daß sie der *normalen*
elektrischen Beanspruchung auch bei großen Windungsspannungen
gewachsen ist. Eine stärkere, allerdings kurzzeitige Beanspruchung
erfährt jedoch die Leiterisolation bei Ausgleichsvorgängen (Eindringen

von Wanderwellen); diese wächst mit zunehmender Nennspannung. Es ist daher üblich, bei Hochspannungswicklungen die Leiterisolation mit zunehmender Nennspannung zu verstärken. Dies kann entweder dadurch geschehen, daß man von vornherein einen mit der Nennspannung steigenden Isolationsauftrag (Zahlentafel 31) vorsieht, oder dadurch,

Zahlentafel 31. *Isolation von Profildrähten für Wechselstrom-Ständerwicklungen (Klasse A).*
P = Papier, B = Baumwolle.

Nennspannung bis Volt	Eingangsnuten		Innennuten	
	Art der Isolation	Auftrag (doppelseitig) mm	Art der Isolation	Auftrag (doppelseitig) mm
1200	—	—	$1 \times P + 1 \times B$	0,4 … 0,5
6300	$2 \times P + 1 \times B$	0,6 … 0,7	$1 \times P + 1 \times B$	0,4 … 0,5
9000	$3 \times P + 1 \times B$	0,8 … 0,9	$2 \times P + 1 \times B$	0,6 … 0,7
13500	$4 \times P + 1 \times B$	1,0 … 1,1	$3 \times P + 1 \times B$	0,8 … 0,9

Für die anderen Wärmebeständigkeitsklassen sind zu ihnen gehörige Isolierstoffe in etwa gleicher Auftragstärke zu verwenden.

daß man zusätzlich *Zwischenlagen* zwischen die Windungen legt. Die Zwischenlagen (s. Abb. 235) bestehen aus langen Streifen, deren Breite der Spulenbreite angepaßt ist; ihre Anordnung ist bei den einzelnen Wicklungsarten verschieden.

Bei Formspulen verlaufen die Zwischenlagen ununterbrochen durch die ganze Spule einschl. der Spulenköpfe. Der hohen mechanischen Beanspruchung, der diese Zwischenlagen beim Formen der Spulen ausgesetzt sind, ist im allgemeinen nur Mikanit-Papier oder Mikanit-Gewebe gewachsen; diese Stoffe werden daher fast ausschließlich verwendet (auch bei Klasse A). Die Stärke beträgt gewöhnlich 0,2 mm; bei hohen Lagenspannungen können zwei oder mehr Schichten vorgesehen werden.

Halbformspulen ermöglichen Zwischenlagen gewöhnlich nur in den Teilen der Spulen, die *vor* dem Einlegen in das Blechpaket fertig isoliert werden. In dem Spulenkopf, der *nach* dem Einlegen fertiggestellt wird, erhalten die einzelnen durch Löten oder Schweißen verbundenen Leiter nachträglich eine verstärkte Drahtisolation durch Umbandeln (Lackleinenband bei Klasse A, Lackglasseidenband bei Klasse B).

Bei eingefädelten Wicklungen werden die Zwischenlagen (sofern sie mit Rücksicht auf die Lagenspannung überhaupt notwendig sind) nur innerhalb der Nuten vorgesehen. Außerhalb der Nuten stößt ihre Anordnung auf praktische Schwierigkeiten; man verstärkt statt dessen zweckmäßig die Drahtisolation durch Überziehen mit Isolierschläuchen (Lackleinenschlauch bei Klasse A, Lackglasseidenschlauch bei Klasse B), die so lang sind, daß sie die etwas aus der Nut herausragenden Zwischenlagen überlappen.

Die Leiter- und Lagenisolation der *ersten* Spulen der Wicklungsstränge von den Klemmen aus gerechnet (*Eingangsspulen*) ist bei Ausgleichsvorgängen (Eindringen von Wanderwellen) höheren elektrischen Beanspruchungen ausgesetzt als die der anderen Spulen (*Innenspulen*). Bei Spannungen von etwa 3000 Volt ab verstärkt man oft die Draht- oder Lagenisolation der Eingangsspulen im Vergleich zu der der Innenspulen. Der Platz für die verstärkte Isolation kann dadurch gewonnen werden, daß entweder für diese Spulen eine geringere Windungszahl bei gleichem Leiterquerschnitt oder ein etwas kleinerer Querschnitt bei gleicher Windungszahl vorgesehen wird. Die Windungsisolation der Eingangsspulen soll (wenigstens für kurze Zeit) die volle Nennspannung aushalten können.

Als Eingangsspulen rechnet man bis etwa 10 % der gesamten Spulenzahl eines Stranges. Wenn Wanderwellen auch zwischen Leitung und Erde einfallen können, ist es zweckmäßig, auch einige unmittelbar am Sternpunkt liegende Spulen mit verstärkter Draht- oder Lagenisolation zu versehen.

Die Isolationsverstärkung des Drahtes wird zweckmäßig bereits bei der Drahtbestellung berücksichtigt. Man kann aber auch Draht mit normaler Isolation nachträglich mit Baumwollband (Klasse A) oder Glasseidenband

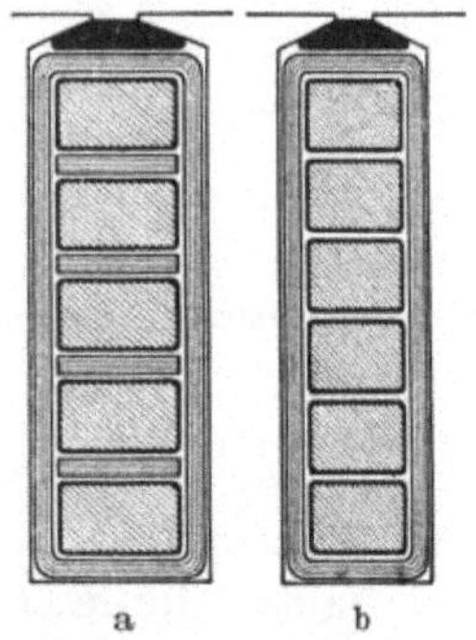

Abb. 236. Verschiedene Isolation von Eingangs- und Innennuten [108]. a Eingangsnut; b Innennut.

(Klasse B) bewickeln oder verstärkte Zwischenlagen anordnen (Abb. 236).

Bei den Zweischichtwicklungen mit Formspulen ist man jedoch bestrebt, nach Möglichkeit die Leiterisolation *aller* Spulen so stark zu machen, daß sie den Beanspruchungen bei Ausgleichsvorgängen gewachsen ist. Dies ist im Interesse der einheitlichen Herstellung und der Lagerhaltung von Reservespulen zweckmäßig.

Werden zur Unterdrückung zusätzlicher Stromwärmeverluste die Einzelleiter in parallele Teilleiter unterteilt (s. Abschn. III F 2), so wird man bestrebt sein, die Isolation der Teilleiter so gering wie möglich zu halten, um nicht eine schlechte Raumausnutzung in der Nut in Kauf nehmen zu müssen. Bei Spulenwicklungen ist jedoch die Verwendung dünner Zwischenlagen unsicher, da diese bei der Verformung der Spule leicht beschädigt werden. Zweckmäßiger ist es, die Teilleiter *abwechselnd* blank und durch Umspinnung isoliert vorzusehen.

Die Nutauskleidung besteht bei Spannungen bis etwa 600 Volt wie bei den kleinen Maschinen aus Streifen, die an einer Seite überlappt sind (gegebenenfalls mit einer zusätzlichen Schutzhülle gegen mechanische Beschädigungen). Für höhere Spannungen erhalten die Nuten geschlossene Hülsen aus Hartpapier oder Mikanit. Die Wicklung muß dann eingefädelt werden. Besser ist es aber, bei halbgeschlossenen Nuten Halbformspulen und bei offenen Nuten Formspulen zu verwenden, bei denen die Spulenseiten mit Mikafolium umbügelt werden (s. S. 232).

Bei Hochspannungswicklungen (mindestens etwa ab 3000 Volt) werden zweckmäßig alle Hohlräume zwischen den Leitern und innerhalb der Umspinnung der Leiter mit Füllmasse ausgefüllt (kompoundierte Spulen), weil in eingeschlossenen Lufträumen bei hohen elektrischen Feldstärken Glimmerscheinungen auftreten, die im Laufe der Zeit zur Zerstörung der Isolation führen. Die vollständige Kompoundierung auch in den Spulenköpfen ist nur bei Formspulen für offene Nuten möglich; bei Halbformspulen beschränkt sie sich auf die Spulenseiten und *einen* Spulenkopf. Eingefädelte Wicklungen können nur in Lack getränkt und anschließend gut getrocknet werden. Das Tränken nimmt man zweckmäßig zweimal nach der Fertigstellung jeder Ebene (Etage) vor. In ähnlicher Weise wird auch der nachträglich fertiggestellte Spulenkopf einer Halbformspule behandelt.

Die Nutisolation wird nicht nur elektrischen sondern auch mechanischen Beanspruchungen insbesondere dadurch ausgesetzt, daß bei Temperaturänderungen der Maschine Eisen, Nutenleiter und Nuthülse sich verschieden stark ausdehnen und zusammenziehen und sich so aneinander reiben. Diese Beanspruchungen sind um so stärker, je länger die Maschine ist. Daher ist die erforderliche Hülsenstärke nicht nur von der Nennspannung sondern auch von der Eisenlänge der Maschine abhängig.

Die Hülsen müssen auf beiden Seiten aus dem Eisen hervorragen. Die Größe dieser Ausladung richtet sich nach der Nennspannung. Bei Zweischichtwicklungen sind die Ausladungen in Ober- und Unterschicht verschieden groß. Zwischen die Nutenleiter der Ober- und Unterschicht müssen Zwischenlagen aus Isolierstoff eingelegt werden, um in den Stirnverbindungen einen ausreichenden Abstand zwischen den Spulen zu erzielen. Eine Zusammenstellung über die Bemessung der Nutisolation enthält Zahlentafel 32.

Die Spulenköpfe werden bei mittleren und großen Maschinen mit eingefädelter Wicklung, Form- oder Halbformspulen allgemein mit Band isoliert. Das Band wird halbüberlappt gewickelt, so daß der Auftrag einer Schicht mindestens doppelt so groß ist wie die Stärke des Bandes. Stoff und Lagenzahl richten sich nach der Höhe der Spannung, nach der Wärmebeständigkeitsklasse und schließlich nach den Abständen der Spulen voneinander und von Eisenteilen der Maschine. Zahlentafel 33 gibt eine Übersicht über Art, Stärke und Ausführung der Isolation für die Wärmebeständigkeitsklassen A und B. Die Angaben können natürlich nur als ungefähre Richtlinien angesehen werden, von denen man je nach den Umständen mehr oder weniger abweichen kann.

Zahlentafel 32. *Nutisolation von Wechselstrom-Ständerwicklungen.*

Nenn-spannung bis Volt	Hülsenstärke in mm bei Eisenlängen L (cm)			Ausladung der Nut-hülsen in mm (vom Druckfinger ab)		Zwischenlage[1] zwischen Unter-u. Oberschicht bei Zweischicht-wicklungen in mm
	$0<L\leq80$	$80<L\leq160$	$L>160$	kurze Hülse	lange Hülse	
600	0,8	1,4	—	20	30	1,5
1200	1,0	1,5	—	20	30	2
2300	1,3	1,6	—	25	35	2
3900	1,6	2,0	2,5	35	50	2
6300	2,0	2,5	3,0	55	75	3
7500	2,5	3,0	3,5	65	90	4
9000	3,0	3,5	4,0	80	105	6
11500	3,5	4,0	4,5	100	130	6
13500	4,5	4,5	4,5	120	155	7
Spiel zwischen Hülse u. Nut-schnitt (ein-seitig) mm	0,3	0,4	0,5			

[1] Bei Zweischicht-*Stab*wicklungen ist im allgemeinen eine Mindestzwischenlage von 3 mm notwendig.

Zahlentafel 33. *Isolation der Wicklungsköpfe von Wechselstrom-Ständerwicklungen* B = Baumwoll- oder Zellwollband (0,15 mm), G = Lackglasseidenband oder Glimmergewebeband (0,1 mm), E = Lackleinenband (0,15 mm).

Nenn-spannung bis Volt	Art der Isolation[1]				Abstände im Wicklungskopf	
	Klasse A		Klasse B		Wicklung vom nackten Eisen mm	Spulen vonein-ander mm
	Lagenzahl und Stoff	Auftrag[3] (einsei-tig) mm	Lagenzahl[2] und Stoff	Auftrag[3] (einsei-tig) mm		
600	1× B	1,0	1× G + 1× B	1,3	15	2,5
1200	1× E + 1× B	1,4	1× G + 1× B	1,3	15	3,0
2300	2× E + 1× B	1,8	2× G + 1× B	1,7	15	3,5
3900	2× E + 1× B	1,8	2× G + 1× B	1,7	20	3,5
6300	3× E + 1× B	3,0	3× G + 1× B	2,8	30	4,5
7500	4× E + 1× B	3,6	4× G + 1× B	3,4	35	6,0
9000	5× E + 1× B	4,2	5× G + 1× B	3,9	40	7,0
11500	6× E + 1× B	4,8	6× G + 1× B	4,5	50	8,0
13500	7× E + 1× B	5,4	7× G + 1× B	5,0	55	10,0

[1] Art der Aufbringung: Bei Spannungen bis 3900 Volt in trockenem Zustand, bei höheren Spannungen Lackauftrag auf jede Lage.

[2] An die Stelle von Baumwollband kann Glasseidenband treten. Bei mehr als 3 Lagen Lackglasseidenband oder Glimmergewebeband können die über 3 hinausgehenden äußeren Lagen auch aus Lackleinenband bestehen (mit Rücksicht auf das Temperaturgefälle innerhalb der Isolation).

[3] Werte, die bei der fertig isolierten und lackierten Wicklung ungefähr erreicht werden.

Bei Spannungen unter 4000 Volt können die einzelnen Bandlagen *trocken* aufeinander gewickelt werden; nur die oberste Lage erhält zum Schluß einen Lackauftrag. Bei Spannungen über 4000 Volt muß darauf geachtet werden, daß Lufteinschlüsse innerhalb der Isolation vermieden werden. Man trägt daher auf jede Bandlage einen Auftrag aus Lack oder einem geeigneten, elastisch bleibenden Füllstoff auf (Naßbandagieren); der Isolationsauftrag wird dadurch etwas höher.

Spulenköpfe, die erst *nach* dem Einlegen der Spulen in die Nuten in ihren endgültigen Zustand gebracht werden, erhalten außer der

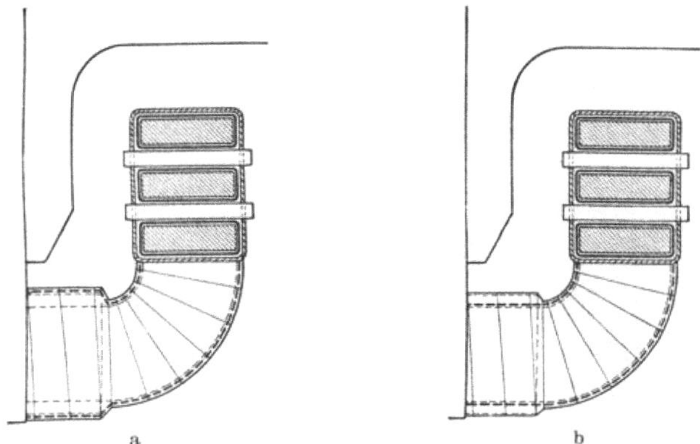

Abb. 237. Isolation der Stoßstellen [*108*].
a Bandumwicklung *über* der Hülse; b Bandumwicklung teilweise *unter* der Hülse.

eigentlichen Isolationsbewicklung noch eine einlagige Bewicklung mit einem elastischen Band, das nur den Zweck hat, die einzelnen Leiter zu einem festen Bündel zu vereinigen. Hierfür wird bei Klasse A im allgemeinen Baumwollband, bei Klasse B Glasseidenband verwandt.

Besonders sorgfältig sind die Stoßstellen an den Enden der Nuthülsen zu behandeln. Früher wurde die Umbandelung der Spulenköpfe *über* die Hülsenenden bis zum Eisen fortgesetzt (Abb. 237a). Dabei traten leicht Luftpolster auf, die einen verderblichen Einfluß auf die Haltbarkeit der Isolation ausübten. Man mußte daher die Ausladung der Hülsen sehr groß machen. Heute wird bei Wicklungen für hohe Spannungen ein Teil der nach Zahlentafel 33 vorgesehenen Lagen der Bandbewicklung in einer Länge bis etwa 20 mm *unter* die Hülse geschnürt (Abb. 237b). Bei Spannungen bis etwa 10 000 Volt genügt meist eine, bei höheren Spannungen genügen zwei Lagen. Bei sorgfältiger Ausführung kommt man dann mit den in Zahlentafel 32 angegebenen Werten für die Hülsenausladung aus.

b) Stabwicklung. Stabwicklungen in Ständern kommen nur bei mittleren und großen Maschinen vor. Die Stabwicklung wird in der Regel in *halbgeschlossenen* Nuten untergebracht. Jede Nut enthält

meistens einen oder zwei, zuweilen auch vier, selten sechs Stäbe. Die
blank angelieferten Stäbe werden bei Klasse A zweckmäßig zunächst
auf der ganzen Länge einmal mit Baumwollband halbüberlappt bewickelt, in Lack getränkt und getrocknet; unbewickelt bleiben lediglich
für Lötverbindungen vorgesehene Enden. Die (halbgeschlossene) Nut
bekommt vor dem Einführen des Stabes eine *mehrlagige* Auskleidung
aus Edelpreßspan (0,15 mm) mit einer Lage Lackleinen (0,2 mm), die
durch einfaches Aufrollen hergestellt wird. Bis 500 Volt genügen etwa
3 Lagen Edelpreßspan, über 500 bis 1000 Volt nimmt man zweckmäßig
5 Lagen. Bei Klasse B ist es zweckmäßig, den blanken Stab auf der
für die Spulenseite vorgesehenen Länge mit Mikafolium zu umbügeln.
Die Hülsenstärke entspricht etwa den Werten in Zahlentafel 32. Die
außerhalb der Nut liegenden Teile werden nach den gleichen Grundsätzen umbandelt wie bei Drahtwicklungen.

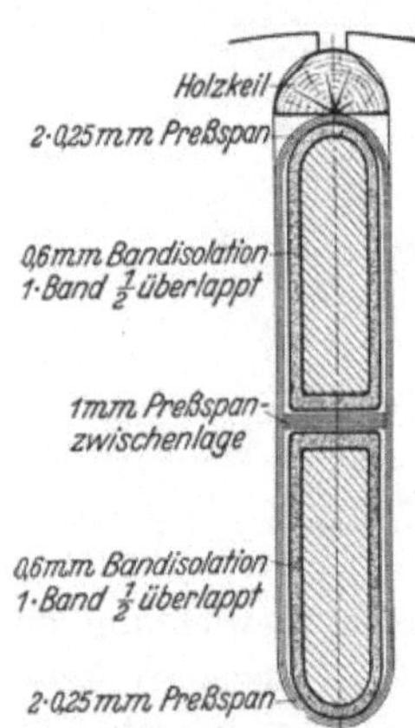

Abb. 238.
Nutisolation einer
Läufer-Stabwicklung.

Bei Maschinen für große Leistungen und
hohe Spannungen finden bei Stabwicklungen
auch *offene* Nuten Anwendung. Mit Rücksicht
auf die Stromverdrängung muß der Leiterquerschnitt gewöhnlich unterteilt werden (Kunst-
stab). Die Isolation der Teilleiter eines solchen
Stabes ist schon auf S. 120 beschrieben worden.
Der *ganze* Leiter wird mit Mikafolium umbügelt; die Hülsenstärke geht aus Zahlentafel 32 hervor. Die Spulenköpfe werden mit
Band isoliert (Zahlentafel 33).

2. Läuferwicklungen von Asynchronmaschinen.

Die Läufer ganz kleiner Maschinen erhalten
eingefädelte oder eingeträufelte Drahtwicklungen. Die Isolation entspricht dabei derjenigen
der Ständerwicklung unter Berücksichtigung der Läuferspannung.
Größere Läufer erhalten stets zweischichtige Stabwicklungen, die in
ähnlicher Weise isoliert werden wie die Ständer-Stabwicklungen; nur
muß in höherem Maße darauf geachtet werden, daß der isolierte Stab
fest in der Nut sitzt. Einen Querschnitt durch eine Läufernut mit Stabwicklung (Klasse A) zeigt Abb. 238.

Bei mittleren und großen Maschinen müssen auch die Stäbe von
Käfigläufern isoliert werden, weil sonst beim Anlauf Ströme aus diesen
Stäben zum Blechpaket übertreten und Feuererscheinungen verursachen.
Man umbügelt die Stäbe daher mit einer dünnen Mikafoliumschicht.

3. Stromwenderwicklungen.

a) Drahtwicklung. Die Isolation der *eingeträufelten* Wicklungen
kleiner Maschinen (bis 500 Volt) ist grundsätzlich die gleiche wie die

der entsprechenden Wechselstrom-Ständerwicklungen. Unter- und Oberschicht werden, wenn es die Höhe der Spannung erfordert, durch eine Zwischenlage getrennt.

Bei *offenen* Nuten werden die Seiten der Wicklungselemente vor dem Einlegen in die Nut mit einem Streifen aus Isolierstoff (z. B. Preßspan bei Klasse A, Mikanit bei Klasse B) umhüllt, dessen Ränder sich an einer Seite überlappen. Die Umhüllung wird verklebt und zuweilen darüber hinaus durch weitläufige Umwicklung mit Band gehalten (s. Abb. 144); die Gesamtstärke beträgt etwa 0,5 ... 0,8 mm. Zwischenlagen zwischen Unter- und Oberschicht in Stärke von etwa 0,2 ... 0,3 mm werden im Bedarfsfall als Füllmaterial eingelegt. Abb. 239 zeigt einen Querschnitt durch eine Nut mit Profildraht. Wenn die Gefahr besteht, daß durch Unebenheiten der Nutwand die Spulenisolation verletzt werden kann, ordnet man noch eine zusätzliche Nutauskleidung aus dünnem Preßspan oder Lederspan an. Die Gesamtstärke der

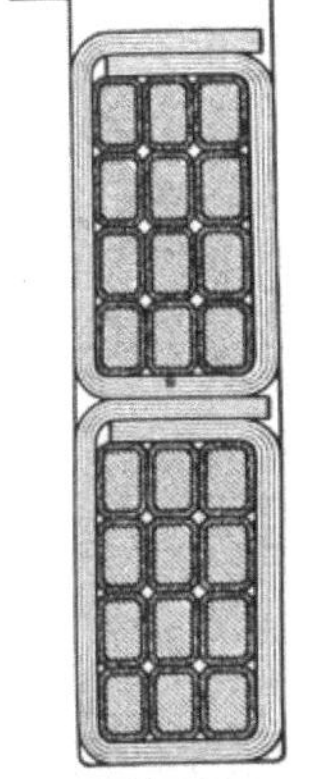

Abb. 239. Nuten mit Drahtwicklung für Bandagenverschluß (Profildraht).

Isolation in der Nut hat bei normalen Verhältnissen etwa die in Zahlentafel 34 angegebenen Werte.

Zahlentafel 34. *Gesamtstärke (in mm) der Isolation in Nuten von Gleichstrommaschinen* [3].

Die Zahlen enthalten bei Stabwicklungen die Summe aus der Isolation der Stäbe und der Nutauskleidung, bei Drahtwicklung jedoch nicht die Umspinnung der Einzeldrähte.

Art der Wicklung	Isolation in der Breite				Isolation in der Tiefe			
	Zahl der Leiter quer zur Nut u	Nennspannung in Volt			Nutverschluß	Nennspannung in Volt		
		bis 500	500 bis 800	800 bis 1200		bis 500	500 bis 800	800 bis 1200
Drahtwicklung (Formspulen)	beliebig	1,8	2,0	2,2	Bandagen oder Keil	3,5	4,5	5,5
Stabwicklung	1	1,8	2,2	2,4	Bandage Keil	4,0	5,0	6,0
	2	2,6	3,0	3,2				
	3	3,0	3,4	3,6		K + 5	K + 6	K + 7
	4	3,5	3,9	4,1		(K = Keilstärke)		

b) Stabwicklung. Bei Stromwender-Stabwicklungen werden die *einzelnen* Stäbe zweckmäßig zunächst mit Band umwickelt (Baumwolle bei Klasse A, Glasseide bei Klasse B), dann in Lack getränkt und getrocknet. Die in einer Nutschicht zusammenliegenden Leiter (Stabelemente) werden dann gemeinsam mit Mikafolium umbügelt (Abb. 240). Bei den üblichen Spannungen (unter 1000 Volt) genügt eine Hülsenstärke von 0,5 ... 0,8 mm. Liegt die Spannung über 400 Volt,

verstärkt man gewöhnlich die Isolation der Einzelstäbe. Dies kann in
der Weise geschehen, daß man den Anfang des umzubügelnden Mikafoliums zwischen diese greifen läßt, wie es in Abb. 241 angedeutet ist.
Eine andere Möglichkeit besteht in der Anordnung ⌐-förmiger Zwischenlagen (Abb. 240b). In diesem Falle muß darauf geachtet werden, daß
das Umbügeln im richtigen Umlaufsinn erfolgt. Bei den Stäben in
Abb. 240b muß auf die Blickrichtung bezogen das Bügelgerät sich entgegen dem Umlaufsinn des Uhrzeigers um den feststehenden Stab drehen
oder der Stab im Uhrzeigersinn gegenüber dem feststehenden Bügelgerät.

Zwischen die Stabelemente der Unter- und Oberschicht wird zweckmäßig eine Zwischenlage gelegt, um Platz dafür zu schaffen, daß die
Umbandelung der Stirnverbindungen bis über die Ränder der Nuthülsen

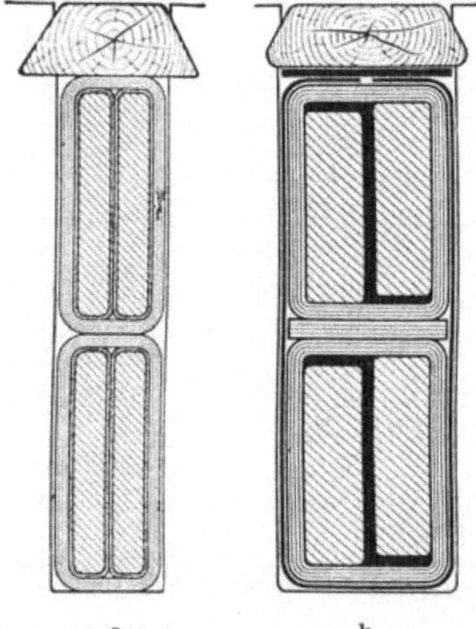

ausgedehnt werden kann. Bei
Spannungen über 500 Volt ist
diese Zwischenlage unbedingt
notwendig. Außerhalb der Nut
werden die Stabelemente ganz
oder nur an den Hülsenenden auf
eine Länge von etwa 30 mm mit
Band bewickelt.

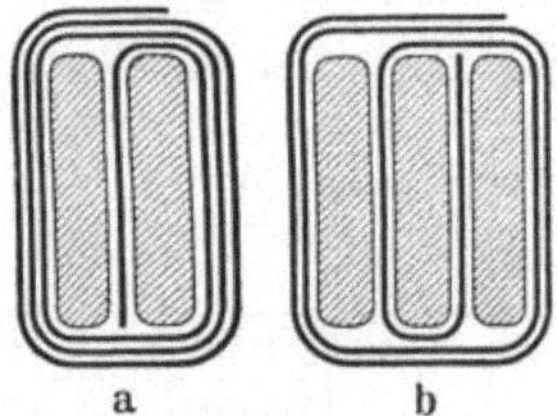

Abb. 240. Nuten mit Stabwicklung und
Keilverschluß. a Spulenseiten umbandelt;
b Spulenseiten durch ⌐-Streifen getrennt.

Abb. 241. Schematische Darstellung
einer Mikafolium-Umpressung, die
gleichzeitig die Stabisolation verstärkt.

E. Die Herstellung von Spulen mit Füllmasse
(kompoundierten Spulen).

Die Spulen werden zunächst gewickelt (Abb.124a), weitläufig umbandelt und in die endgültige Form gezogen (Abb. 124b). In einem Kessel,
der weitgehend luftleer gepumpt wird, werden sie sodann getrocknet.
Die in einem Nachbarkessel geschmolzene Füllmasse läßt man nun einfließen und setzt sie unter einen Druck von 4 ... 6 at, damit die Masse
in alle Poren eindringt. Nach etwa $^1/_2$ Stunde drückt man die Masse
durch Luftdruck in den Schmelzkessel zurück. Die Spulen läßt man
abtropfen, verputzt sie (meistens unter Benutzung von heißen Bügeleisen) und preßt sie in einer geheizten Form auf Maß (Abb. 124c).
Dann umwickelt man zweckmäßig die Spule auf der ganzen Länge mit

einer Lage Band (Lackleinen bei Klasse A, Lackglasseide bei Klasse B).
Die Spulenseiten werden nun mit Mikafolium umwickelt, das durch
Bügelmaschinen fest aufgebügelt wird. Die unter der Mikafoliumschicht
liegende Bandlage hat die Aufgabe, während des Bügelns das Heraus-
quellen von Füllmasse zu verhindern.

Abb. 242. Bügelmaschine für Formspulen (Werkbild MICAFIL).

Von einem sorgfältigen Aufbügeln hängt die Güte der Isolation
wesentlich ab. Beim Bügeln darf die Spulenseite nicht verformt und
keinen Biegungsbeanspruchungen
ausgesetzt werden. Eine Bügelmaschine, wie sie für die Herstellung von Formspulen verwendet wird, zeigt Abb. 242. Die
ganze Spule wird um die zu
bügelnde Spulenseite gedreht;

Abb. 244. Hydraulische Spulenpresse
(Werkbild SCHÜMANN).

Abb. 243. Schnitt durch die Bügelmulde
(mit Spulenseite) der Bügelmaschine
nach Abb. 242 (Werkbild MICAFIL).

diese selbst dreht sich dabei in einer Mulde, die elektrisch geheizt
wird, von oben drückt ein Plätteisen auf sie (Abb. 243).

Heiles, Wicklungen, 2. Aufl.   15 b

Nach dem Bügeln werden die Spulenseiten wieder in eine Warmpresse (Abb. 244) gelegt und auf richtiges Maß gepreßt, so daß sie später genau in die Nuten passen. Eine neuzeitliche Spulenpresse mit Druckölbetätigung zeigt Abb. 244. Der gewünschte Preßdruck ist durch ein Überdruckventil einstellbar. Der Druck wird auf besondere Druckleisten übertragen, die in ihrer Länge und ihrem Querschnitt den Abmessungen der jeweils zu pressenden Spulenseite angepaßt sein müssen.

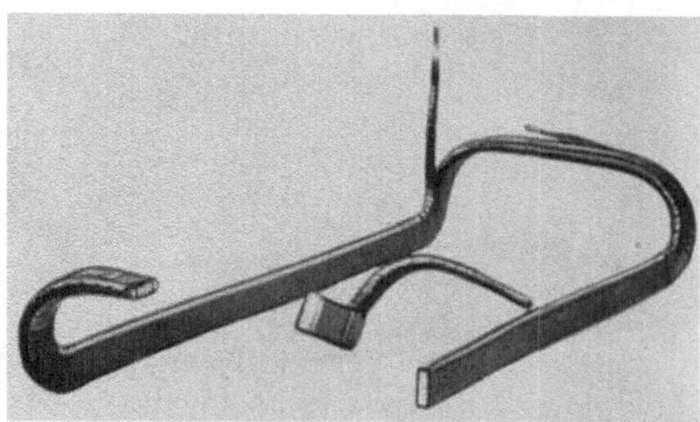

Abb. 245. Schnitt durch Spulenseite und Spulenkopf einer Spule mit Füllmasse (Werkbild SIEMENS).

Die Spulenköpfe werden durch Umbandeln isoliert und lackiert. Die fertige Spule zeigt Abb. 124d. In Abb. 245 ist eine kompoundierte Spule mit je einer Schnittstelle im Nutenleiter und im Spulenkopf dargestellt.

Unterteilte Nutenstäbe von Stabwicklungen für hohe Spannungen werden in gleicher Weise umpreßt wie die Spulenseiten der Formspulen.

F. Glimmschutzmaßnahmen.

Bei höheren Spannungen können Glimmerscheinungen zwischen der Außenseite der Nutenhülsen und den Nutenwänden dadurch auftreten, daß die Hülsen nicht überall am Eisen anliegen. Die Glimmerscheinungen zerstören allmählich die Hülsen. Man vermeidet diese Erscheinungen, wenn man die Hülsen außen mit einem halbleitenden Lack bestreicht (Glimmschutzlack). Die Leitfähigkeit dieses Lackes muß einerseits so groß sein, daß sich in etwaigen Hohlräumen zwischen Hülsen und Nutenwänden praktisch keine elektrischen Felder ausbilden, andererseits aber auch nicht so groß, daß bemerkenswerte Wirbelstromverluste in der Lackschicht auftreten.

Besonders gefährdet sind bei Spannungen von etwa 5000 Volt ab die Stellen, an denen die Hülsen aus dem Blechpaket austreten. Um das Auftreten von Glimmerscheinungen oder gar Gleitentladungen an dieser Stelle zu vermeiden, werden besondere Glimmschutzeinrichtungen

eingebaut. Bei Spannungen bis etwa 9000 Volt wird an dieser Stelle
um die Hülse ein halbleitender Belag (Widerstandsbelag) aus Asbest
oder graphitiertem Papierband gewickelt, der ein kurzes Stück in die
Nut hineingreift und je nach Höhe der Spannung mehr oder weniger
weit die Hülsenausladung bedeckt (Abb. 246). Beim Aufbringen dieses
Belages müssen Lufteinschlüsse unbedingt vermieden werden. Diese
Einrichtung, die die elektrische Beanspruchung der Luft an der Aus-
trittsstelle der Hülse herabsetzt, hat bei der Betriebsfrequenz günstige
Wirkungen, versagt aber bei schnell veränderlichen Ausgleichsvorgängen.

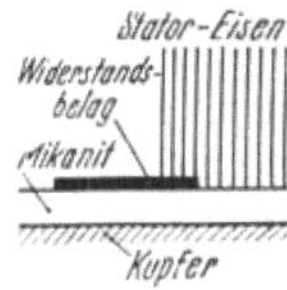

Abb. 246. Glimmschutz mittels Wider-
standsbelages [14].

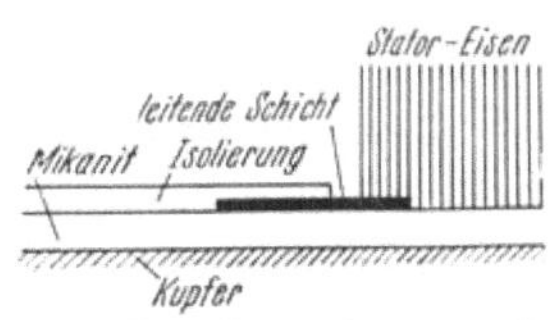

Abb. 247. Glimmschutz mittels vor-
geschobener Elektrode [14].

Eine bessere Wirkung hat der Glimmschutz nach Abb. 247, der
zweckmäßig bei Spannungen über 9000 Volt zur Anwendung kommt;
er versagt auch bei Ausgleichsvorgängen nicht. Auf der Hülsenober-
fläche wird ein gut leitender Belag angebracht, der mit dem Ständer-
eisen in leitender Verbindung steht. Das Ende dieses Belages muß
unter Vermeidung von Lufteinschlüssen sehr sorgfältig isoliert werden.
Die Stelle hoher elektrischer Feldstärke wird durch diese Einrichtung
aus der Luft heraus in die festen Isolierstoffe verlegt, deren große elektrische Festigkeit dieser Beanspruchung besser gewachsen ist [14].

G. Trocknen und Lackieren der Wicklungen.

Wicklungen, die nicht in Füllmasse getränkt werden, müssen, wenn
sie mit Faserstoffen isoliert sind, lackiert werden. Bei Spulen und
Stäben, die in fertigem Zustande eingebaut werden können, geschieht
das Lackieren vor dem Einbau, sonst nachher.

Die Spulen bzw. die bewickelten Maschinenteile werden in einen
Kessel gebracht und durch einen warmen Luftstrom von etwa 110°
getrocknet. Nach dem Trocknen, das etwa $^1/_2$ bis 1 Stunde dauert,
wird die Luft aus dem Kessel ausgepumpt und aus einem anderen
Behälter der Lack eingelassen. Um das Eindringen des Lackes in die
Poren der Faserstoffe zu begünstigen, kann noch ein Überdruck von
etwa 4 . . . 6 at auf den Lack gesetzt werden.

Nach dem Lackieren werden die Gegenstände im Trockenofen getrocknet. Da der Lack während dieser Zeit einen Oxydationsvorgang
durchmacht, muß für reichlichen Luftzutritt gesorgt werden. Das
Lackieren und Trocknen kann bei Bedarf wiederholt werden.

Wenn bewickelte Maschinenteile so große Abmessungen haben, daß sie nicht in die Tränkanlage hineingebracht werden können, werden sie in einem gewöhnlichen Trockenofen getrocknet, dann mit Lack gespritzt und wieder getrocknet.

Zum Abschluß werden gewöhnlich alle zugänglichen Teile der Wicklungen (Wicklungsköpfe) mehrmals mit lufttrocknendem Lack gespritzt.

X. Sichern der Wicklungen gegen mechanische Kräfte.

A. Sichern gegen Kurzschlußkräfte.

Wenn zwei von elektrischen Strömen durchflossene Leiter nebeneinander verlaufen, so üben sie Kräfte aufeinander aus, die um so größer sind, je höher die Ströme in den Leitern sind und je geringer der Abstand der Leiter voneinander ist. Derartigen Kräften sind auch die Wicklungen elektrischer Maschinen ausgesetzt. Die in Nuten liegenden Wicklungsteile können solchen Kräften nicht nachgeben, da sie fest gelagert sind; jedoch besteht bei den Stirnverbindungen die Gefahr, daß sie durch starke mechanische Kräfte verbogen und zerstört werden.

In normalem Betriebszustand sind die Kräfte nicht so groß, daß sie der Wicklung gefährlich werden; bei Kurzschlüssen jedoch können sie auf solche Werte anwachsen, daß die Stirnverbindungen ihnen nur standhalten können, wenn sie besonders befestigt sind. Die Gefahr beschränkt sich jedoch auf Maschinen großer Leistung; sie ist am größten bei den schnellaufenden Maschinen (Turbomaschinen).

Am meisten durch Kurzschlußkräfte gefährdet sind bei Synchronmaschinen die Wicklungsköpfe des Ständers, bei Stromwenderankern die Stirnverbindungen der Ankerwicklung. Bei Asynchronmaschinen sind die Köpfe weniger gefährdet, weil bei ihnen das Verhältnis des größten Kurzschlußstromes zum Nennstrom geringer ist als bei den Synchronmaschinen.

Bei Ständerwicklungen von Synchronmaschinen ist die Befestigung der Wicklungsköpfe am einfachsten, wenn alle Spulen gleiche Form haben, wie es bei den Zweischichtwicklungen mit Formspulen für offene Nuten der Fall ist. Zur Befestigung, wenn sie notwendig ist, genügt meistens ein einfacher metallischer mit Isolierstoff umwickelter Ring, der außen um die Stirnverbindungen herumgelegt wird und an den die einzelnen Spulenköpfe mit Band festgebunden werden (Abb. 62). Der Ring braucht nicht unbedingt am Gehäuse befestigt zu sein, sondern kann von der Gesamtheit der Wicklungsköpfe getragen werden. Eine größere Festigkeit gegen Kurzschlußkräfte wird jedoch erreicht, wenn der Ring gegen das Gehäuse abgestützt wird. Darüber hinaus stützt man bei Generatoren oft die Stirnverbindungen dadurch gegeneinander ab, daß man etwa in der Mitte der geradlinigen Teile Abstandstücke einfügt, die mit den Wicklungsköpfen verschnürt werden.

Zur Befestigung solcher Spulenköpfe, wie sie bei den Einschichtwicklungen meistens üblich sind, werden im Kreise angeordnete isolierte Bolzen vorgesehen, die durch die Zwischenräume zwischen den Spulenköpfen hindurchtreten. Auf diese werden z. B. ringförmige Körper aus Isolierstoff geschoben, die die Abstände zwischen Spulenköpfen und Eisen und zwischen Spulenköpfen verschiedener Etagen sichern. Die ganze Anordnung wird dann durch Schrauben zusammengepreßt (Abb. 248).

Abb. 248. Befestigung der Spulenköpfe von Einschichtwicklungen (Werkbild A E G).

Sind größere Kurzschlußkräfte zu erwarten, so ist eine Befestigung nach Abb. 72 vorzuziehen. Hier sind zwei Bolzenreihen vorgesehen; je ein innerer und ein äußerer Bolzen sind durch Laschen überbrückt, zwischen denen die Spulenköpfe fest eingepreßt sind. Die Laschen bestehen entweder aus Isolierstoff großer mechanischer Festigkeit (Hartpapier) oder aus Messing mit unterlegtem Isolierstoff.

Diese Ausführungsform wird meistens bei den schnellaufenden Maschinen (Turbogeneratoren) angewandt. Häufig wird jede Bolzenreihe in sich noch durch einen Ring versteift (Abb. 68). Bei diesen Maschinen müssen meistens noch die aus den Nuten hervorragenden Teile der Nutenstäbe gegen Kurzschlußkräfte gesichert werden. Dies geschieht zweckmäßig durch die Anordnung sog. Kämme (Abb. 68), die mit ähnlichen Nuten versehen sind, wie sie das Blechpaket hat. Die Kämme werden ebenfalls durch die erwähnten Bolzen gehalten.

Die Spulenköpfe der Stromwenderwicklungen großer Maschinen sind gegen ein Verbiegen in radialer Richtung durch Wicklungsträger und Bandagen (s. S. 238) geschützt. Auch eine Verschiebung in Umfangsrichtung ist nicht leicht möglich, da die Köpfe zwischen Träger und Bandage fest eingeklemmt sind. Noch wirksamer wird eine solche Verschiebung verhindert, wenn man unter der Bandage zwischen die einzelnen Spulenköpfe Trennstücke aus Isolierstoff einlegt.

B. Sichern gegen Fliehkräfte.

Gegen die Einwirkung der Fliehkräfte müssen die Wicklungen gesichert werden, die sich im umlaufenden Teil einer Maschine befinden. Die Art der Befestigung ist verschieden für die in Nuten liegenden Wicklungsteile und für die Stirnverbindungen.

Bei Ankern von Stromwendermaschinen und Läufern von Asynchronmaschinen mit halboffenen Nuten werden die Nutenleiter durch Keile gehalten, die die Nut abschließen. Wenn die Fliehkräfte nur gering sind, genügt als Keil schon ein Streifen aus Preßspan. Bei Stromwenderankern, die offene Nuten mit Formspulenwicklung haben, wendet man meistens keinen Keilverschluß an, wenn es sich um kleinere Maschinen handelt; die Nutenleiter werden vielmehr in gleicher Weise wie die Stirnverbindungen durch Bandagen gehalten. Bei dieser Ausführung spart man den Platz für den Nutenkeil und erzielt eine bessere Kühlung. Bei größeren Maschinen reicht diese Befestigung nicht aus. Die offenen Nuten werden dann oben schwalbenschwanzförmig ausgebildet und durch Keile aus Holz, Hartpapier oder Hartgewebe verschlossen. Sind die Fliehkräfte besonders groß, wie bei den Läufern der Turbomaschinen, werden Nutenverschlußkeile aus Bronze oder Messing verwendet.

Die Wicklungsköpfe der verteilten Wicklungen werden meistens durch Bandagen gegen die Einwirkung der Fliehkräfte gesichert. Die Bandagen werden aus Stahldraht oder Bronzedraht von etwa 0,5 bis 1,2 mm Stärke hergestellt und auf eine Unterlage aus Isolierstoff gewickelt. Bei großen Maschinen mit geringer Drehzahl werden zuweilen Bandagen verwendet, die getrennt von der Maschine hergestellt, dann aufgelegt und durch ein Bandagenschloß zusammengeschlossen werden. Diese Ausführungsform hat den Vorzug, daß die Bandagen bei Instandsetzungsarbeiten an der Wicklung leicht abgenommen und wieder aufgelegt werden können: sie lassen sich aber nur mit *einer* Drahtlage ausführen.

Bei größeren Beanspruchungen (schnellaufenden Maschinen) müssen mehrlagige Bandagen angeordnet werden. Sie werden auf eine Isolierstoffunterlage unmittelbar auf die Wicklung aufgewickelt und auf dem ganzen Umfang weich verlötet. An einzelnen Stellen des Umfanges werden Zwingen aus Weißblech angebracht, welche die Einzeldrähte zusammenhalten (Abb. 249); sie werden mit verlötet. Werden mehrere

Lagen übereinander gewickelt, so werden sie durch Zwischenlagen aus Isolierstoff getrennt, um die Wirbelstromverluste klein zu halten. Aus dem gleichen Grunde dürfen die Bandagen für Ummagnetisierungsfrequenzen bis etwa 75 Hz im allgemeinen nicht breiter als 30 mm sein; ist eine größere Breite notwendig, so werden zwei oder mehr Bandagen getrennt nebeneinander aufgebracht (Abb. 249).

In noch höherem Maße muß die Bildung von Wirbelströmen unterdrückt werden bei den oben erwähnten Bandagen, die als Ersatz für Nutenkeile dienen, weil diese im magnetischen Feld der Maschine bewegt werden. Die Breite der Einzelbandage darf hier bei einer Ummagnetisierungsfrequenz bis 50 Hz nicht größer als etwa 10 mm sein. Bei höheren Frequenzen muß die Breite noch weiter verringert werden; bei kleineren Frequenzen sind etwas größere Breiten

Abb. 249. Bandagen zum Halten der Stirnverbindungen eines großen Gleichstromankers (Werkbild SIEMENS).

zulässig. Als Werkstoff muß unmagnetischer Stahldraht oder Bronzedraht verwendet werden.

Die Bandagen werden unter großer Vorspannung aufgewickelt. Dies ist notwendig, weil sie sonst infolge des Schwindens der Isolierstoffunterlage beim Trocknen locker werden würden. Um die gewünschte Vorspannung während des Wickelns dauernd gleichmäßig aufrechterhalten und nachprüfen zu können, bedient man sich sogenannter Bandagenbremsen. Die Drahtspannung kann an dem eingebauten Zugmesser abgelesen werden. Das Aufwickeln des Drahtes wird auf einer gewöhnlichen Wickelbank vorgenommen, ebenso das Verlöten.

Bei zweischichtigen Wicklungen drücken die Bandagen auf die Oberschicht der Stirnverbindungen, die Unterschicht liegt auf dem Wicklungsträger auf. Der Hohlraum zwischen Ober- und Unterschicht muß an der Stelle, an der die Bandage liegt, mit Isolierstoff ausgefüllt werden, damit die Oberschicht nicht von der Bandage eingedrückt wird. Zum Ausfüllen dienen Streifen aus Preßspan oder ähnlichem Stoff. In Abb. 194 sind diese Zwischenlagen deutlich zu erkennen.

Läufer von Asynchronmaschinen mit Drahtwicklung, die nur bei kleinen Leistungen vorkommt, erhalten keine um den ganzen Umfang herumlaufenden Kopfbandagen. Die Köpfe der Spulengruppen werden vielmehr einzeln mit kleinen Schnur- oder Drahtbandagen an einer Blechscheibe oder an einem gegen die Welle abgestützten Ring (Wicklungsträger) befestigt. Bei ganz kleinen Stromwenderankern erübrigt sich ebenfalls das Bandagieren der Wicklungsköpfe, dagegen muß eine Schnurbandage aufgebracht werden, welche die Zuleitungen zum Stromwender hält.

Bei den Trommelläufern der Turbomaschinen kann die Befestigung der Wicklungsköpfe ebenfalls durch Drahtbandagen erfolgen. An ihrer Stelle werden aber meistens massive Kappen aus unmagnetischem Stahl

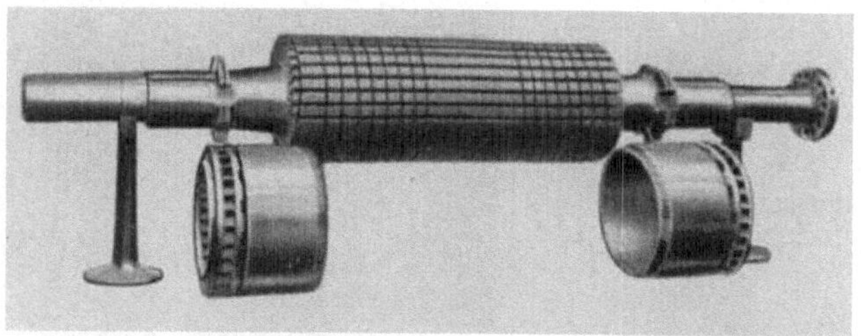

Abb. 250. Läuferkörper mit Stahlkappen (Werkbild SIEMENS).

oder Bronze verwendet, die auf vorbereitete Sitzflächen an den Zähnen aufgeschrumpft und an besonderen Ansätzen der Welle festgeschraubt werden (Abb. 250). Die Kappen tragen oft die Lüfter, die die Kühlluft durch die Maschine treiben.

Für die Polwicklungen der Schenkelpolmaschinen ist bei kleinen Einheiten meistens keine besondere Befestigung notwendig, bei größeren werden Polwicklungsstützen vorgesehen, die verhindern, daß Windungen seitlich heraustreten (Abb. 233). Bei langen Läufern können mehrere derartige Stützen nebeneinander angeordnet werden.

XI. Prüfen der Wicklungen.

A. Prüfung der fertigen neuen Wicklungen.
(Vgl. VDE 0530, § 48 bis 53.)

Die Prüfungen, denen neu hergestellte Wicklungen zu unterwerfen sind, sind in VDE 0530 (Regeln für die Bewertung und Prüfung von elektrischen Maschinen) festgelegt. Es sind zwei Prüfungen für die Wicklungen und eine Prüfung für die Klemmen vorgesehen.

1. Wicklungsprüfung.

Sie dient zur Feststellung der ausreichenden Isolierung von Wicklungen gegeneinander und gegen Körper. Die Prüfung erfolgt in der Weise, daß der eine Pol einer Wechselstromquelle (Frequenz im all-

Zahlentafel 35. *Prüfspannungen für die Wicklungsprüfung*
(nach VDE 0530).

	I	II		III	IV
	Wicklung	Bereich		Prüfspannung in Volt (der größere der Werte)	
1	Alle Wicklungen mit Ausnahme von 6 bis 9	Nennleistung kleiner als 1 kW		$2\,U + 500$	
2		Nennleistung von 1 kW an	bis 100 Volt	1000	
3			bis 1000 Volt	$2\,U + 1000$	1500
4			bis 3000 Volt	$3\,U$	
5			über 3000 Volt	$2\,U + 3000$	
6	Erregerwicklungen von Einankerumformern und Synchronmotoren	mit stets geschlossenem Erregerkreise ohne oder mit Drehstromanlauf[1]		$2\,U + 1000$	1500
7		mit für den Anlauf unterteilter Erregerwicklung ohne oder mit Drehstromanlauf[1]		$10\,U + 1000$	1500
8		mit abschaltbarem Erregerkreise	ohne Drehstromanlauf	$10\,U + 1000$	1500
9			mit Drehstromanlauf	$20\,U + 1000$, jedoch max. 8000	1500

gemeinen 50 Hz) an die zu prüfende Wicklung, der andere Pol an die Gesamtheit der untereinander und mit dem Körper verbundenen anderen Wicklungen gelegt wird. Man steigert langsam die Spannung bis zu der in Zahlentafel 35 angegebenen Prüfspannung (mit höchstens 50 % dieses Wertes beginnend) und hält die Prüfspannung 1 Minute lang aufrecht.

In Zahlentafel 35 bedeutet U

1. die höchste auf dem Leistungsschild angegebene Nennspannung der Maschine, bei Feldwicklungen die Nenn-Erregerspannung,

2. bei leitend verbundenen Wicklungen einer oder mehrerer Maschinen die höchste gegen Körper beim Körperschluß eines Poles auftretende Spannung,

3. bei Läuferwicklungen von Asynchronmotoren, die dauernd in einer Richtung umlaufen, die Läuferspannung; bei Umkehr-Asynchronmotoren zum Antrieb von Werkzeugmaschinen die 1,5fache Läuferspannung; bei Asynchronmotoren mit hoher Schleuderdrehzahl, z. B. zum Antrieb von Hebezeugen, die 2,5fache Läuferspannung,

---

[1] Der Erregerkreis von Einankerumformern und Synchronmotoren gilt als geschlossen, wenn der äußere Widerstand nicht mehr als das 10fache des inneren beträgt.

Empfohlen wird, die Erregerwicklung von Einankerumformern und Synchronmaschinen stets geschlossen zu halten oder sie für den Anlauf zu unterteilen.

4. bei dauernd mit dem Außenpol geerdeten Maschinen die 1,25-fache Nennspannung,

5. bei Maschinen, die im Sternpunkt kurz geerdet sind, die 0,8fache Nennspannung.

Kurzschlußwicklungen brauchen nicht geprüft zu werden.

2. Windungsprüfung.

Sie dient zur Feststellung der ausreichenden Isolierung benachbarter Windungen gegeneinander.

Die Prüfung erfolgt bei Leerlauf durch Erhöhung der angelegten oder erzeugten Spannung (Motoren oder Generatoren) auf die in Zahlentafel 36 angegebenen Werte. Die Frequenz bzw. Drehzahl kann entsprechend erhöht werden. Die Prüfdauer beträgt 3 Minuten.

Die höhere Spannung unter 1 und 2 soll ein Ersatz für die nicht durchführbare Wicklungsprüfung von Strang zu Strang sein.

Zahlentafel 36. *Prüfspannungen für die Windungsprüfung*
(nach VDE 0530).

	I	II
	Wicklungsart	Prüfspannung / Nennspannung
1	Wicklungen, die der Wicklungsprobe von Strang zu Strang (vgl. S. 241) nicht unterworfen werden (Wicklungen von Maschinen für weniger als 1000 Volt mit unlösbaren Verbindungen)	1,5
2	Wicklungen mit abgestufter Isolierung für dauernde Erdung eines Poles	1,5
3	Alle anderen Wicklungen	1,3

3. Klemmenprüfung.

Die Klemmen von Maschinen müssen eine Prüfspannung gleich der 1,5fachen Prüfspannung der Wicklung (s. Zahlentafel 35) aushalten.

Die Dauer der Prüfung beträgt 1 Minute.

Die Ausführung dieser Prüfung kann aber nur entweder an den zur Maschine gehörenden Klemmenbrettern vor dem Anschluß an die Wicklung oder bei Verzicht auf diese Art der Prüfung an Klemmenbrettern gleicher Type verlangt werden.

B. Prüfung teilweise erneuerter Wicklungen.

Für die Prüfung der Isolation von ausgebesserten elektrischen Maschinen genügt im allgemeinen die Wicklungsprüfung. Wenn möglich, ist der ausgebesserte Wicklungsteil zunächst für sich der vollen Prüfspannung nach **Zahlentafel 35** auszusetzen. Nach endgültiger Fertigstellung der ausgebesserten Wicklung ist die Wicklungsprüfung mit einer Prüfspannung auszuführen, die innerhalb der Garantiezeit 80 % und nach Ablauf der Garantiezeit 70 % der Prüfspannung für die neue Maschine beträgt; die gleichen Bedingungen gelten für die Prüfung gebrauchter Maschinen.

Bei vollständiger Neuwicklung der Maschine wird die Wicklungsprüfung mit der Prüfspannung für die neue Maschine ausgeführt.

C. Prüfung während der Herstellung der Wicklungen.

Es ist erwünscht, daß Fehler, die bei der Herstellung der Wicklungen auftreten, sobald als möglich entdeckt werden. Man nimmt daher schon während der Herstellung Prüfungen vor, die im wesentlichen der Wicklungs- und Windungsprüfung an der fertigen Maschine entsprechen. Hierzu kommen noch Prüfverfahren, die dazu dienen, die Stelle zu finden, an der ein festgestellter Fehler liegt.

1. Prüfung von Stromwendern und Schleifringen.

Bei Stromwenderankern und Läufern mit Schleifringen untersucht man vor dem Wickeln Stromwender und Schleifringe auf Körperschluß

mit einer Prüfspannung, die zweckmäßig noch etwas höher gewählt wird, als der Zahlentafel 35 entspricht. Einen Pol der Stromquelle legt man an Körper (z. B. an die Welle), den andern an die Stromwenderstege oder an die Schleifringe.

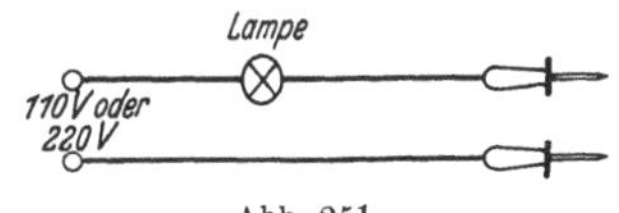

Abb. 251.
Schaltung einer Prüflampe.

Damit alle Stromwenderstege gleichzeitig der Prüfung unterworfen werden, schlingt man um den Stromwender einen blanken Kupferdraht, der alle Stege miteinander verbindet. Die Durchführung der Prüfung erfolgt genau wie bei der Wicklungsprüfung.

Bei Stromwendern prüft man noch die einzelnen Stege, ob sie gegeneinander isoliert sind; dies geschieht mit Hilfe der sog. Prüflampe (am besten Glimmlampe), deren Schaltung Abb. 251 zeigt. Die Leitungen endigen in Metallspitzen, die in isolierte Handgriffe eingesetzt sind. Die Spitzen werden auf benachbarte Stege aufgesetzt; das Aufleuchten der Lampe zeigt einen Fehler in der Isolation an.

2. Prüfung von Spulen und Wicklungen.

Formspulen und Halbformspulen werden meistens vor dem Einlegen in die Nuten geprüft. Bei Formspulen ist die wichtigste Probe diejenige auf Windungsschluß. In einfachster Weise kann sie mit dem Induktions-Prüfgerät vorgenommen werden (Abb. 252). Die zu prüfende Spule P wird um einen Schenkel eines U-förmigen geblechten Eisenkernes gelegt, der dann durch ein aufgelegtes Joch geschlossen wird. Es ist darauf zu achten, daß die Drahtenden der zu prüfenden

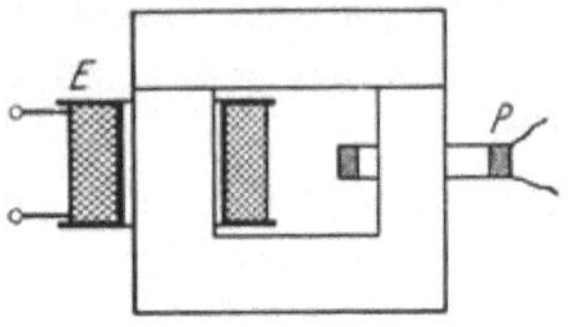

Abb. 252. Induktionsprüfgerät.

Spule sich nicht berühren. Speist man die Erregerwicklung E mit Wechselstrom, so werden in der zu prüfenden Spule Wechselspannungen erzeugt; Ströme können jedoch nur beim Vorliegen eines Windungsschlusses auftreten. Ein Windungsschluß kann sich anzeigen entweder dadurch, daß die Spule warm wird, oder dadurch, daß die Stromaufnahme der Erregerwicklung nach Einlegen des Prüflings höher ist als vorher. Das Prüfen einer Turboläuferspule mit Hilfe eines solchen Prüfgerätes zeigt Abb. 253.

Abb. 253. Prüfen einer Induktorspule auf Windungsschluß (Werkbild SIEMENS).

Eine ähnliche auf Induktionswirkung beruhende Einrichtung, die unter dem Namen Ankerprüfeinrichtung bekannt ist, dient zur Untersuchung von Spulen und Wicklungen, die in Nuten liegen.

Ein U-förmiger Elektromagnet (Erregermagnet) mit einer von Wechselstrom gespeisten Spule wird so an den zu prüfenden Anker (Abb. 254 a) oder Ständer (Abb. 254 b) gelegt, daß das Eisenpaket des Prüflings als Schlußjoch für den Magneten wirkt. Wenn der Magnet erregt ist, werden in den Wicklungen Spannungen induziert.

Bei offenen Wicklungen (z. B. Drehstrom-Ständerwicklungen nach Abb. 254 b) treten nur dann Ströme auf, wenn ein Windungsschluß in einer der unter Spannung stehenden Spulen vorhanden ist. Zur Feststellung solcher einen Windungsschluß andeutenden Ströme setzt man auf die gleichen Nutöffnungen, die der Erregermagnet umfaßt oder auf die um die Spulenweite entfernten Nuten einen zweiten kleineren U-förmigen Eisenkörper (Suchmagnet) auf (JS in Abb. 254 b), der eine Spule trägt, deren Enden an einen Hörer (T in Abb. 254 b) angeschlossen sind. Wenn der Suchmagnet über eine Nut greift, in der ein Fehlerstrom fließt, hört man im Hörer einen Ton.

An Stelle des Suchmagneten läßt sich auch ein schmaler Streifen Eisenblech verwenden, der auf die Nutenöffnungen gehalten wird. Fließt in der Nut ein Fehlerstrom, so wird das Blech angezogen.

Auch in einer geschlossenen Stromwenderwicklung (Abb. 254a) fließt bei Erregung des Erregermagneten kein Strom, wenn die Wicklung symmetrisch und fehlerfrei ist. Außer einem einfachen Windungsschluß können bei einem solchen Anker noch andere Fehler vorkommen; die Fehler machen sich in verschiedener Weise bemerkbar.

Ein Windungsschluß zeigt sich wieder an, wenn man mit dem an den Hörer angeschlossenen Suchmagneten über eine Nut kommt, in der die fehlerhafte Spule liegt; auch die Benutzung eines Blechstreifens ist wieder möglich. Oft erkennt man den Windungsschluß aber auch an einer größeren Stromaufnahme der Spule des Er-

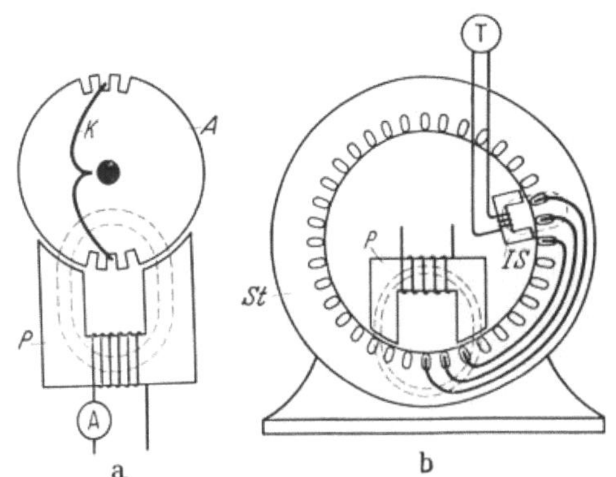

Abb. 254. Prüfung in Nuten liegender Spulen auf Windungsschluß (Werkbild SIEMENS). a bei einem zweipoligen Stromwenderanker; b bei einem vierpoligen Drehstromständer.

regermagneten (Strommesser A in Abb. 254a). Ob ein festgestellter Windungsschluß in der Spule selbst liegt, oder ob die zugehörigen Stromwenderstege sich berühren, kann man feststellen, wenn man die Spulenenden auslötet.

Wenn bei einer Ankerspule Anfang und Ende beim Einlöten vertauscht worden sind, hört man im Hörer des Suchmagneten einen Ton über den ganzen oder einen größeren Teil des Ankerumfanges. Eine ähnliche Erscheinung tritt auf, wenn ein sog. Lagenschluß vorhanden ist, d. h. wenn in einer Nut ein Leiter der Oberschicht Berührung hat mit einem solchen der Unterschicht. Beim Vorliegen eines Lagenschlusses verschwindet der Ton immer dann, wenn der Erregermagnet oder der Suchmagnet gerade die Nut umfaßt, in der der Lagenschluß liegt. Die Anwendung des Ankerprüfgerätes bei einem zweipoligen Gleichstromanker zeigt Abb. 255.

Die Ergebnisse der Prüfung mit dem einfachen Induktionsverfahren unter Verwendung normaler Wechselstromfrequenz sind nicht immer einwandfrei. Insbesondere kommen sog. unvollkommene Windungsschlüsse nicht zum Vorschein. Besser ist in dieser Hinsicht die Hochfrequenzprüfung, deren Schaltung Abb. 256 zeigt. Einaus der Spule L_1 und dem Kondensator C_1 bestehender Schwingungskreis liegt an der Sekundärwicklung des Transformators T. Ein Funkenübergang an der Funkenstrecke F ruft in dem Schwingungskreis Schwingungen hoher Frequenz hervor. Ein zweiter, aus L_2 und C_2 bestehender Schwingungskreis wird durch den Drehkondensator C_2 auf den ersten Kreis abgestimmt. Der Resonanzzustand zeigt sich durch den größten Ausschlag des eingebauten Strommessers A an. Wird nun die zu prüfende Spule P in das magnetische Feld der Spulen L_1 und L_2 gebracht, so wird beim Vorhandensein eines Windungsschlusses die Resonanz gestört, und der Ausschlag des Strommessers A geht zurück.

Abb. 255. Ankerprüfeinrichtung im Betrieb (Werkbild SIEMENS).

Das beschriebene Prüfverfahren kann auch bei Spulen angewandt werden, die schon in die Nuten gelegt sind. Die Spulen L_1 und L_2 müssen dann beim Abstimmen des zweiten Kreises die gleiche Lage zum Eisenkörper der Maschine haben wie beim Prüfen der Spulen. Auf diese Weise können also auch Halbformspulen sowie eingefädelte und eingeträufelte Wicklungen nach ihrer Fertigstellung geprüft werden.

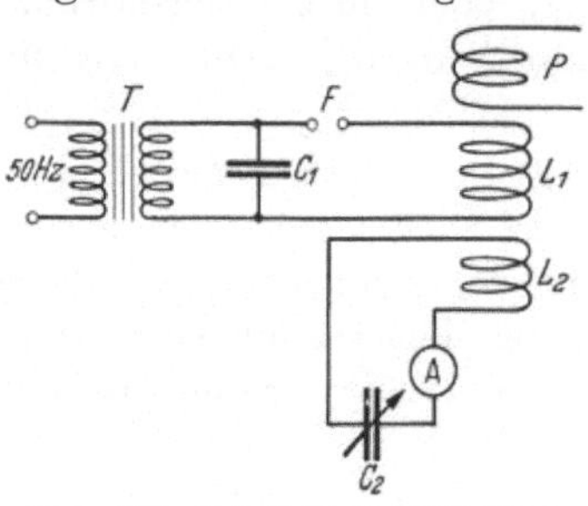

Abb. 256. Schaltung zur Windungsprobe mit Hochfrequenz.

Die Prüfeinrichtung nach Abb. 256 erzeugt *gedämpfte* Hochfrequenzschwingungen. Mit *ungedämpfter* Hochfrequenz arbeitet ein von der General Electric Co. entwickelter Spulenprüfer [139 u. 140]. Die Schwingungen werden von einem Röhrensender erzeugt und magnetisieren mittels einer Erregerspule einen stabförmigen Kern aus Hochfrequenzeisen. Beiderseits der Erregerspule sitzen auf dem Kern zwei weitere Spulen in symmetrischer Anordnung, die Zweige einer Meßbrücke bilden. Als Nullinstrument dient ein Röhrenvoltmeter. Die zu prüfende Spule wird auf das eine Ende des Kerns geschoben. Bei Windungsschluß wird die Symmetrie des Magnetfeldes gestört und das Nullinstrument der Meßbrücke zeigt einen Ausschlag.

Bei umpreßten Formspulen und Halbformspulen wird meistens auch die Nutisolation vor dem Einlegen der Spulen geprüft. Jede Spulenseite wird auf der Länge, auf der sie später in der Nut liegt, mit Stanniol umwickelt oder in eine sog. künstliche Nut gelegt, in der sie allseitig von Metall umgeben ist. Ein Pol der Spannungsquelle wird an das Stanniol oder an die künstliche Nut, der andere an die Spulenenden gelegt. Die Prüfspannung wird gewöhnlich etwas höher gewählt, als sie sich nach Zahlentafel 35 für die fertige Wicklung ergibt.

3. Aufsuchen von Fehlerstellen.

Bei der Feststellung eines Windungsschlusses nach den beschriebenen Prüfverfahren ergibt sich gleich auch die Lage der fehlerhaften Spule. Dies ist nicht ohne weiteres der Fall, wenn ein Körperschluß vorliegt. Hier muß der Ort des Fehlers meistens besonders festgestellt werden.

In vielen Fällen kann man den Fehler „ausbrennen". Man läßt bei der Wicklungsprobe den Strom so lange übergehen, bis sich die Fehlerquelle durch Rauchentwicklung oder durch einen Lichtbogen bemerkbar macht. Wenn der Übergangswiderstand an der Fehlerstelle gering ist, müßte man, um ein Ausbrennen zu ermöglichen, eine Stromquelle großer Leistungsfähigkeit nehmen, um hohe Stromstärken zu erzielen; dabei besteht die Gefahr, daß Beschädigungen des Eisenkörpers auftreten.

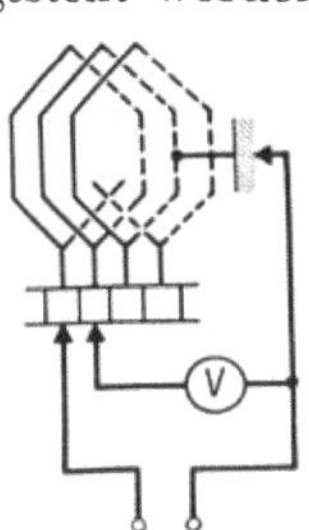

Abb. 257. Schaltung zum Aufsuchen von Fehlerstellen in Gleichstromankern.

Bei Gleichstromankern benutzt man daher oft ein anderes Verfahren. Man führt einem beliebigen Stromwendersteg einen Gleichstrom konstanter Stärke zu, der über die Fehlerquelle zum Körper fließt (Abb. 257). Mittels eines Spannungsmessers V mißt man die Spannung zwischen Körper und Stegen. An den mit der schadhaften Spule unmittelbar in Verbindung stehenden Stegen zeigt sich die geringste Spannung. Das Verfahren läßt sich auch bei Wechselstromwicklungen anwenden, wenn man an den Verbindungsstellen der einzelnen Spulen blanke Stellen herstellt, an die der Spannungsmesser angeschlossen werden kann.

Umschalten und Umwickeln.

Es besteht häufig das Bedürfnis, eine vorhandene Maschine mit einer Spannung oder einer Drehzahl zu betreiben, für die sie nicht gebaut ist. Es ist dann meistens notwendig, die Wicklung der Maschine umzuschalten oder sie durch eine neue Wicklung mit anderer Windungszahl und anderem Leiterquerschnitt zu ersetzen. Besonders Instandsetzungswerkstätten sehen sich oft vor derartige Aufgaben gestellt.

A. Wechselstromwicklungen.

Bei Synchronmaschinen kommen Änderungen der Wicklung praktisch nur im Ständer vor. Auch bei der Induktionsmaschine wird meistens nur die Ständerwicklung geändert, die Läuferwicklung nur dann, wenn die Maschine eine andere Polzahl erhalten soll. Für Änderungen der Wicklungen von Wechselstrom-Stromwendermaschinen gilt hinsichtlich des Ankers das, was später über die Änderung der Gleichstromanker gesagt wird. Änderungen von Nebenschlußwicklungen können nur auf Grund genauerer Rechnungen durchgeführt werden. Da außerdem Änderungen an derartigen Maschinen nicht häufig vorkommen, werden sie hier nicht besprochen.

1. Änderung der Spannung bei gleichbleibender Polzahl und Frequenz.

Diese Änderung tritt am häufigsten auf und kommt für die Ständerwicklungen der Synchronmaschinen und Induktionsmaschinen in Frage. Wenn bei der Änderung die magnetischen Verhältnisse in der Maschine bestehen bleiben sollen, stehen die Spannungen im gleichen Verhältnis wie die Zahlen der in Reihe geschalteten Leiter, vorausgesetzt, daß der Wicklungsfaktor ungeändert bleibt. Die Leiterquerschnitte müssen etwa im umgekehrten Verhältnis wie die Leiterzahlen geändert werden.

Wenn bei der Änderung der gesamte *reine* Kupferquerschnitt einer Nut der gleiche bleibt, ändert sich die Leistung und die Erwärmung der Maschine nicht. Meistens ist aber bei geringerer Leiterzahl je Nut die Ausnutzung des Nutenraumes für den reinen Kupferquerschnitt günstiger als bei größerer Leiterzahl. Bei gleichbleibender Stromdichte und Wicklungserwärmung kann daher die Leistung der Maschine bei

Erhöhung der Leiterzahl etwas geringer, bei Verringerung der Leiterzahl etwas höher werden.

Beispiel: Eine Wicklung für 500 Volt (Sternschaltung) und 32,7 A hat je Nut 26 Drähte. Der Drahtdurchmesser ist 2,2 mm blank, 2,5 mm isoliert; zwei Drähte sind parallel geschaltet. Der Nutenschlitz ist 3,5 mm breit. Es soll für die Maschine eine neue Wicklung für 380 Volt (Sternschaltung) entworfen werden.

Für 500 Volt beträgt die Zahl der in Reihe geschalteten Leiter je Nut $\frac{26}{2} = 13$. Für 380 Volt sind erforderlich $13 \cdot \frac{380}{500} \approx 10$ Leiter je Nut. Für jeden Draht muß mit einem Raum gerechnet werden, der seinem umschriebenen Quadrat entspricht (Abb. 116). Für jeden Leiter der bisherigen Wicklung sind also $2,5 \times 2,5 = 6,25$ mm², insgesamt also $26 \times 6,25 = 162,5$ mm² notwendig. Bei der neuen Wicklung würden also, wenn keine parallelen Drähte notwendig wären, für jeden Draht $\frac{162,5}{10} = 16,25$ mm² zur Verfügung stehen. Der Durchmesser des isolierten Drahtes dürfte dann $\sqrt{16,25} = 4,04$ sein. Da dieser Draht nicht durch die Nutöffnung hindurchgeht, müssen, falls die Wicklung eingeträufelt werden soll, parallele Drähte vorgesehen werden. Bei *zwei* parallelen Drähten stehen je Draht $\frac{16,25}{2} = 8,12$ mm² zur Verfügung, entsprechend einem Durchmesser des isolierten Drahtes von $\sqrt{8,12} = 2,85$ mm. Es werde ein Draht gewählt, der blank 2,5 mm, isoliert 2,8 mm Durchmesser hat.

Wir bestimmen noch die Stromdichte bei beiden Wicklungen, wenn wir in beiden Fällen die gleiche Leistung zugrunde legen. Bei der Wicklung für 500 Volt steht dem Strom zur Verfügung $2 \times 2,2^2 \cdot \frac{\pi}{4} = 7,60$ mm². Die Stromdichte beträgt $\frac{32,7}{7,60} = 4,31$ A/mm². Der Strom ändert sich etwa im umgekehrten Verhältnis der Spannungen; er beträgt für die 380-Volt-Wicklung $32,7 \frac{500}{380} = 43$ A. Für diesen Strom stehen zur Verfügung $2 \times 2,5^2 \cdot \frac{\pi}{4} = 9,88$ mm²; die Stromdichte ist demnach $\frac{43,0}{9,88} = 4,35$ A/mm². Hinsichtlich der Stromdichten besteht also kein wesentlicher Unterschied zwischen den beiden Wicklungen; die Maschine kann also in beiden Fällen die gleiche Leistung abgeben.

Wenn die neue Spannung die Hälfte der bisherigen ist (z. B. 110 Volt an Stelle von 220 Volt), so ist meistens eine Umschaltung jedes Wicklungsstranges in zwei parallele Zweige möglich (s. S. 59 u. 78). Umgekehrt ist bei einer Verdoppelung der Spannung eine Umschaltung nur möglich, wenn eine gerade Zahl von *parallelen* Zweigen schon vorhanden ist. Es genügt nicht etwa, daß in den einzelnen Spulen parallele *Drähte* vor

handen sind; denn eine Reihenschaltung parallel gewickelter Drähte
würde die Drahtisolation gefährden.

Wenn die neue Spannung sich zur bisherigen verhält wie $1 : \sqrt{3}$
($= 1 : 1{,}73$), so kann die Wicklung in Dreieck umgeschaltet werden,
wenn sie bisher in Sternschaltung arbeitete. Umgekehrt ist zuweilen
eine Umschaltung von Dreieck auf Stern möglich, wenn die neue Spannung um das $\sqrt{3}$ fache höher ist als die bisherige. In diesem Falle,
also bei einer Erhöhung der Spannung ist aber zu prüfen, ob die Isolation der Wicklung gegen das Eisen der höheren Spannung gewachsen ist.

Bei einer Umänderung der Ständerwicklung für andere Spannung
bleibt die Läuferwicklung in jedem Falle unverändert sowohl bei der
Induktionsmachine als auch bei der Synchronmaschine.

2. Änderung der Frequenz bei gleichbleibender Polzahl.

Bei gleichbleibender Polzahl ist mit einer Änderung der Frequenz
im gleichen Verhältnis eine Änderung der (synchronen) Drehzahl verbunden. Wenn sich verhältnisgleich mit der Frequenz auch die Spannung ändert, kann die Wicklung bestehen bleiben. Ist z. B. ein vierpoliger Drehstrommotor für 4 kW bei 220 Volt und 50 Hz bemessen, so
ist seine synchrone Drehzahl 1500 U/min. Mit der gleichen Wicklung
ist der Motor brauchbar für 110 Volt und 25 Hz, wobei die Leistung auf
2 kW, die synchrone Drehzahl auf 750 U/min herabgeht. Dabei ist noch
nicht berücksichtigt, daß bei der geringeren Drehzahl die Lüftung
schlechter ist, so daß aus diesem Grunde die Leistung weiter verringert werden muß.

Wird die Frequenz nach oben erheblich geändert, so nehmen die
Eisenverluste der Maschine stark zu und es ist mit einer Erhöhung
der Erwärmung zu rechnen; allerdings ist zu bedenken, daß bei der
höheren Drehzahl, welche die Frequenzerhöhung mit sich bringt, auch
die Lüftung besser wird.

Wenn sich nur die Frequenz ändern soll, nicht aber die Spannung,
so muß die in Reihe geschaltete Leiterzahl im umgekehrten Verhältnis
der Frequenz umgerechnet werden. Soll z. B. ein Motor, der für 60 Hz
gewickelt ist und 10 Leiter je Nut besitzt, für 40 Hz bei derselben Spannung Verwendung finden, so ist die Zahl der Leiter je Nut im Verhältnis $\frac{60}{40}$, also auf 15 zu erhöhen, wobei die Schaltung der Wicklung die
gleiche bleibt. Mit der Erhöhung der Leiterzahl muß natürlich wieder
eine entsprechende Verringerung des Leiterquerschnittes vorgenommen
werden. Die Leistung geht auch hier mindestens im Verhältnis der
Frequenz herunter, wenn die neue Frequenz geringer ist als die bisherige; bei einer Frequenzsteigerung ist wieder Rücksicht auf die Zu-
nahme der Eisenverluste zu nehmen.

3. Änderung der Polzahl bei gleichbleibender Spannung und Frequenz.

Eine solche Änderung kommt nur bei der Induktionsmaschine vor; sie bringt eine Änderung der Zahl der magnetischen Kreise und eine Änderung des magnetischen Flusses eines Poles mit sich. Bei gleicher magnetischer Dichte im Luftspalt zwischen Ständer und Läufer ist der Polfluß um so größer, je kleiner die Polzahl ist. Die Höhe des Eisenrückens im Ständer und Läufer muß aber nach der Größe des Polflusses bemessen sein. Man erkennt daraus, daß eine *Verringerung* der Polzahl eine Vergrößerung der Rückenhöhe notwendig machen würde. Da dies praktisch nicht durchführbar ist, kommt im allgemeinen nur eine *Vergrößerung* der Polzahl in Frage.

Bei einer Vergrößerung der Polzahl kann man von den in Abschnitt III C besprochenen Polumschaltungen keinen Gebrauch machen; man muß daher eine neue Wicklung vorsehen. Die Windungszahl eines Wicklungsstranges, also auch die Zahl der Leiter je Nut muß verhältnisgleich mit der Polzahl wachsen, wenn bei gleichbleibender Spannung auch die magnetische Dichte im Luftspalt die gleiche bleiben soll. Die Leistung der Maschine geht in dem gleichen Verhältnis zurück, in dem die Polzahl zunimmt, vorausgesetzt, daß die schlechtere Lüftung bei geringerer Drehzahl nicht eine größere Abnahme der Leistung bedingt.

Bei der Erhöhung der Polzahl ist häufig die neue Wicklung nicht als Ganzlochwicklung ausführbar, auch dann nicht, wenn die alte eine solche war. Die neue Wicklung muß dann als Bruchlochwicklung ausgeführt werden.

Eine Änderung der Ständerwicklung für eine andere Polzahl erfordert auch eine entsprechende Änderung der Läuferwicklung, falls der Läufer nicht eine Käfigwicklung besitzt. Auch im Läufer kann hierbei eine Bruchlochwicklung notwendig werden.

4. Änderung der Wicklungsart.

Zuweilen wird mit den bisher besprochenen Änderungen noch eine Änderung der Wicklungs*art* verbunden (z. B. Zweischichtwicklung mit verkürztem Schritt an Stelle einer Einschichtwicklung). Es sind dann nicht, wie bisher angegeben, die reinen Windungszahlen umzurechnen, sondern die Produkte aus Windungszahlen und Wicklungsfaktoren. Wird *nur* die Wicklungs*art* geändert, bleiben also Polzahl, Spannung und Frequenz bestehen, so muß das Produkt aus Windungszahl und Wicklungsfaktor ungeändert bleiben.

B. Gleichstromwicklungen.

Bei Gleichstrommaschinen kommen im wesentlichen die zwei Fälle vor, daß eine Maschine bei gleichbleibender Drehzahl mit einer anderen

Spannung oder bei gleichbleibender Spannung mit einer anderen Drehzahl betrieben werden soll. Ob. es sich dabei um einen Motor oder Generator handelt, ist für die Lösung der Aufgabe meistens gleichgültig.

1. Änderung der Spannung bei gleichbleibender Drehzahl.

a) Ankerwicklung. Die Zahl der in Reihe geschalteten Ankerleiter muß sich in dem gleichen Verhältnis ändern, in dem sich die Spannung ändert. Da die kleineren genormten Gleichstromspannungen im Verhältnis 1:2 aufeinanderfolgen (110, 220, 440 Volt), ist häufig auch die Zahl der in Reihe geschalteten Ankerleiter in diesem Verhältnis zu ändern, eine Umwicklung von 110 Volt auf 220 Volt z. B. bedingt eine Verdoppelung.

Wenn die Art und Schaltung der Wicklung dieselbe bleibt, kann die Änderung nur dadurch erfolgen, daß die Windungszahl jeder Spule im Verhältnis der neuen zur alten Spannung geändert, beim Übergang von 110 Volt auf 220 Volt also verdoppelt wird. Bei einer Vergrößerung der Windungszahl wird der für den einzelnen Leiter zur Verfügung stehende Raum in der Nut im gleichen Verhältnis geringer, bei einer Verkleinerung der Windungszahl größer. Der Querschnitt des Leiters (einschl. Isolation) muß sich also im umgekehrten Verhältnis ändern wie die Windungszahl. Proportional der Windungszahl je Spule ändert sich auch die Stegspannung; gegebenenfalls muß noch festgestellt werden, ob diese nicht unzulässig groß wird.

Beispiel: Eine Wicklung für 110 Volt ist mit 4 Leitern je Nut ausgeführt. Der reine Kupferquerschnitt eines Leiters ist $3{,}7 \times 13 = 48 \mathrm{mm^2}$, der Strom im Ankerleiter 196 A, mithin die Stromdichte $\frac{196}{48} = 4{,}09 \mathrm{A/mm^2}$. Jeder Leiter nimmt mit Isolation eine Fläche von $4{,}1 \times 13{,}4 \mathrm{mm^2}$ ein. Soll die Wicklung durch eine solche für 220 Volt ersetzt werden, so müssen auf diesem Raum zwei isolierte Leiter untergebracht werden, die mit Isolation also die Abmessungen $4{,}1 \times 6{,}7 \mathrm{mm^2}$ haben dürfen. Bei gleicher Stärke der Isolation sind dann die Abmessungen des blanken Drahtes $3{,}7 \times 6{,}3 = 22{,}2 \mathrm{mm^2}$. Bei unveränderter Stromdichte ergibt sich ein Strom im Leiter von $22{,}2 \times 4{,}09 = 91$ A, während bei gleichbleibender Leistung der Strom $\frac{196}{2} = 98$ A betragen müßte.

Die Zahl der in Reihe geschalteten Leiter kann man auch dadurch ändern, daß man die Wicklung umschaltet. Nach Abschnitt V E gilt für die Zahl $2a$ der parallelen Ankerzweige

bei der eingängigen Wellenwicklung	$2a = 2$,
bei der eingängigen Schleifenwicklung	$2a = 2p$,
bei der zweigängigen Wellenwicklung	$2a = 4$,
bei der zweigängigen Schleifenwicklung	$2a = 4p$.

Kleine Maschinen sind meistens vierpolig ($p = 2$); bei ihnen hat also die Schleifenwicklung doppelt so viel parallele Ankerzweige wie die Wellenwicklung gleicher Gangzahl. Demgemäß ist bei der Wellenwicklung die Zahl der in Reihe geschalteten Leiter bei gleicher Spulenzahl und gleicher Windungszahl je Spule doppelt so groß wie bei der Schleifenwicklung.

Wenn also ein vierpoliger Anker eine Schleifenwicklung hat und für die doppelte Spannung abgeändert werden soll, so kann dies grundsätzlich durch Umschaltung in eine Wellenwicklung geschehen; ebenso läßt sich eine vorhandene Wellenwicklung durch Umschalten in eine Schleifenwicklung für die halbe Spannung herrichten. Bei einer solchen Umschaltung bleiben die Spulen vollständig erhalten, nur die Enden werden anders abgebogen (s. Abb. 145). Die Änderung ist aber praktisch nur bei Drahtwicklung, also bei kleinen Ankern durchführbar,

Die Umschaltung der Wellenwicklung in die Schleifenwicklung macht hinsichtlich der Erfüllung der Wicklungsgesetze nie Schwierigkeiten, da die Schleifenwicklung für beliebige Spulen- und Nutenzahlen ausführbar ist. Soll jedoch eine Schleifen- in eine Wellenwicklung umgeschaltet werden, so ist erst zu prüfen, ob mit der vorhandenen Zahl der Nuten, Spulen und Stege eine Wellenwicklung überhaupt ausführbar ist. Falls eine symmetrische Wellenwicklung nicht möglich ist, wird häufig eine Wicklung mit blinder Spule oder eine künstlich geschlossene Wicklung möglich sein.

b) Feld-, Wendepol- und Kompensationswicklung. Bei gleichbleibender Drehzahl muß bei diesen Wicklungen die Durchflutung, d. i. das Produkt aus Strom und Windungszahl, unverändert bleiben. Wenn z. B. die Maschine für das Doppelte der früheren Spannung umgewickelt wird, so verringern sich alle Ströme auf die Hälfte, wenn man voraussetzt, daß die Leistung den früheren Wert behält. Die Windungszahl muß dann verdoppelt, der Querschnitt der Leiter auf die Hälfte verringert werden. Der Widerstand erhöht sich dabei auf das Vierfache des früheren Wertes. Bei Reihenschlußwicklungen, Wendepol- und Kompensationswicklungen braucht man es bei der Querschnittsumrechnung nicht sehr genau zu nehmen, da die Größe des durch sie fließenden Stromes nicht durch den Widerstand der Wicklungen bestimmt wird. Bei der Nebenschlußwicklung von Motoren muß aber der Widerstand *möglichst genau* vervierfacht werden, wenn die Ankerspannung verdoppelt wird, da nur in diesem Fall die Durchflutung und damit der magnetische Fluß ungeändert bleiben. Eine Änderung des Flusses würde eine Änderung der Drehzahl zur Folge haben.

Eine Verwendung der bisherigen Feld- und Wendepolspulen kommt bei einer Erhöhung der Spannung auf das Doppelte nur in Frage, wenn die Wicklungen bisher parallele Stromzweige aufwiesen. Die Zahl der parallelen Zweige muß dann auf die Hälfte verringert werden, d. h. aus einer Parallelschaltung von zwei Zweigen muß eine Reihenschaltung dieser beiden Zweige werden.

Bei einer Verringerung der Spannung auf die Hälfte des früheren Wertes können die vorhandenen Spulen der Feld- und Wendpolwicklung stets verwendet werden. Man hat einfach die Zahl der parallelen Zweige zu verdoppeln; wenn also bisher reine Reihenschaltung vorhanden war, sieht man nunmehr zwei parallele Zweige vor, und zwar zweckmäßig in der Weise, daß der eine Zweig die Spulen aller Nordpole, der andere die aller Südpole enthält.

2. Änderung der Drehzahl bei gleichbleibender Spannung.

Diese Änderung kommt im wesentlichen nur bei Motoren vor. Kleine Drehzahländerungen (bis etwa $+10\%$) kann man erzielen durch Änderung des Luftspaltes der Hauptpole. Eine Vergrößerung des Luftspaltes hat eine Drehzahlerhöhung, eine Verkleinerung des Luftspaltes Drehzahlverringerung zur Folge. Eine Verkleinerung des Luftspaltes wird dadurch vorgenommen, daß man zwischen Joch und Polwurzel passend zugeschnittene Eisenbleche legt, eine Vergrößerung dadurch, daß man etwa vorhandene Eisenbleche herausnimmt oder sie durch Messingbleche ersetzt. Sind keine Bleche vorhanden, so muß die Polwurzel abgedreht oder abgefeilt werden.

Eine Erhöhung der Drehzahl kann bei Nebenschlußmotoren außerdem durch Einbau von Widerständen in den Erregerstromkreis bewirkt werden. Wenn auf diese Weise die Drehzahl in hohem Maße gesteigert wird (bis etwa um 50%), so kann die Maschine, falls sie reine Nebenschlußmaschine ist, unstabil werden und zum Durchgehen neigen. Um dies zu verhindern, ordnet man auf den Hauptpolen eine zusätzliche schwache Reihenschlußwicklung an, welche magnetisch im gleichen Sinne wie die Nebenschlußwicklung wirkt (Hilfsreihenschlußwicklung). Die Leistung bleibt unverändert, wenn die Änderung der Drehzahl nach einem der beiden genannten Verfahren vorgenommen wird.

Bei sehr starker Änderung der Drehzahl (etwa im Verhältnis 1 : 2) muß der Anker umgewickelt oder umgeschaltet werden. Die Zahl der in Reihe geschalteten Ankerleiter ist dabei der Drehzahl umgekehrt proportional. Um z. B. eine Verdoppelung der Drehzahl bei gleichbleibender Spannung zu erzielen, ist der Anker in der gleichen Weise abzuändern, als wenn bei gleichbleibender Drehzahl die Spannung auf die Hälfte verringert werden soll (vgl. Anhang B 1 a). In entsprechender Weise sind auch die Wicklungen abzuändern, die mit dem Anker in Reihe geschaltet sind, d. h. *Reihenschluß*-Feldwicklungen, Wendepol- und Kompensationswicklungen (s. S. 253/254).

Im Gegensatz zu einer Änderung für kleinere oder größere Spannung bei gleichbleibender Drehzahl (nach Anhang B 1) bleiben jedoch bei Verringerung oder Erhöhung der Drehzahl und gleichbleibender Spannung die *Nebenschluß*-Feldwicklungen ungeändert.

Bei der Umwicklung des Ankers ändert sich die Leistung etwa im Verhältnis der Drehzahlen, wenn die Kühlungsverhältnisse sich nicht wesentlich ändern. Bei starker Herabsetzung der Drehzahl wird aber die Kühlung meistens schlechter; dadurch wird eine weitere Verringerung der Leistung bewirkt.

Bei einer erheblichen Erhöhung der Drehzahl ist noch zu prüfen, ob die umlaufenden Teile der Maschine den höheren Fliehkräften gewachsen sind, besonders ob die Ankerwicklung für die neue Drehzahl hinreichend gut befestigt ist. Ferner ist den erhöhten Eisenverlusten Beachtung zu schenken.

Übersicht über die Wicklungsfaktoren.

(Die Zonenfaktoren in Tafel I sind mit 4 Dezimalstellen angegeben, damit bei der Multiplikation mit weiteren Teilfaktoren genauere Ergebnisse erzielt werden; die Gesamtwicklungsfaktoren in den anderen Tafeln sind mit 3 Dezimalstellen angegeben.)

Es bedeuten: q die Zahl der (bewickelten) Nuten je Pol und Strang,

γ die Zahl der Spulen je Strang,

t den größten gemeinsamen Teiler der Nuten- und Polpaarzahl.

Tafeln I–VII siehe Seiten 256/258.

Tafel I. *Beträge der Zonenfaktoren von dreiphasigen Wicklungen* [1].

n	ξ_{z1}	ξ_{z3}	ξ_{z5}	ξ_{z7}
1	1,0000	1,0000	1,0000	1,0000
1½	0,9746	0,7698	0,3385	0,5186
2	0,9659	0,7071	0,2588	0,2588
2½	0,9620	0,6805	0,2309	0,2011
3	0,9598	0,6667	0,2176	0,1774
3½	0,9585	0,6585	0,2100	0,1650
4	0,9577	0,6533	0,2053	0,1576
4½	0,9571	0,6497	0,2022	0,1528
5	0,9567	0,6472	0,2000	0,1495
5½	0,9564	0,6454	0,1984	0,1471
6	0,9561	0,6440	0,1972	0,1453
6½	0,9560	0,6429	0,1963	0,1439
7	0,9558	0,6420	0,1955	0,1429
7½	0,9557	0,6413	0,1949	0,1420
8	0,9556	0,6407	0,1944	0,1413
8½	0,9555	0,6403	0,1940	0,1407
9	0,9555	0,6399	0,1937	0,1403
9½	0,9554	0,6396	0,1934	0,1399
10	0,9554	0,6393	0,1932	0,1395
20	0,9550	0,6373	0,1915	0,1372
∞	0,9549	0,6366	0,1910	0,1364

[1] Für n (1. Spalte) ist zu setzen:
q bei Ganzlochwicklungen,
γ bei Einschicht-Bruchloch-Urwicklungen,
$\gamma/2$ bei Zweischicht-Bruchloch-Urwicklungen.
(Die übrigen Bruchlochwicklungen sind auf Urwicklungen zurückzuführen).
$\gamma/2\,r$ bei Zweischicht-Stabwicklungen mit r Wicklungsringen.

Tafel II. *Beträge der Wicklungsfaktoren von dreiphasigen Einschicht-Bruchloch-Urwicklungen zweiter Art (mit natürlicher Zonenänderung).*

γ	ξ_1	ξ_3	ξ_5	ξ_7
1	0,866	0	0,866	0,866
3	0,945	0,577	0,140	0,061
5	0,951	0,616	0,173	0,111
7	0,953	0,626	0,182	0,124
9	0,954	0,630	0,186	0,129
∞	0,955	0,637	0,191	0,136

Tafel III. *Beträge der Wicklungsfaktoren von dreiphasigen Einschicht-Bruchlochwicklungen mit 3 unbewickelten Nuten.*

t	γ	ξ_1	ξ_3	ξ_5	ξ_7
1	1	0,985	0,866	0,643	0,342
	2	0,973	0,769	0,433	0,078
	3	0,968	0,730	0,357	0
	4	0,965	0,709	0,317	0,037
	6	0,962	0,688	0,277	0,072
	10	0,959	0,667	0,243	0,098
	20	0,957	0,652	0,217	0,119
	∞	0,955	0,637	0,191	0,136
3	1	0,866	0	0,866	0,866
	4	0,955	0,650	0,266	0,040
	7	0,958	0,660	0,247	0,057
	10	0,957	0,657	0,234	0,087
	13	0,957	0,654	0,226	0,100
	22	0,957	0,649	0,213	0,117
	67	0,956	0,641	0,199	0,131
	∞	0,955	0,637	0,191	0,136
5	2	0,866	0	0,866	0,866
	7	0,951	0,619	0,212	0,003
	12	0,955	0,641	0,217	0,080
	17	0,956	0,644	0,213	0,102
	22	0,956	0,644	0,209	0,112
	37	0,956	0,643	0,203	0,124
	112	0,955	0,639	0,196	0,128
	∞	0,955	0,637	0,191	0,136
7	3	0,866	0	0,866	0,866
	10	0,949	0,606	0,190	0,020
	17	0,954	0,634	0,204	0,089
	24	0,955	0,639	0,204	0,108
	31	0,955	0,640	0,203	0,117
	52	0,955	0,640	0,199	0,127
	157	0,955	0,638	0,194	0,134
	∞	0,955	0,637	0,191	0,136
9	4	0,866	0	0,866	0,866
	13	0,948	0,600	0,179	0,030
	22	0,953	0,630	0,197	0,094
	31	0,955	0,636	0,199	0,112
	40	0,955	0,638	0,201	0,120
	67	0,955	0,639	0,197	0,128
	202	0,955	0,638	0,193	0,134
	∞	0,955	0,637	0,191	0,136

Tafel IV. *Wicklungsfaktoren (Grundwelle) polumschaltbarer Wicklungen (Dahlander-Schaltung) für $N = \infty$.*

	Einschichtwicklung	Zweischichtwicklung $W = {}^1/_2\tau'$
kleine Polzahl	$\dfrac{12 \sin 15°}{\sqrt{2}\,\pi} = 0{,}699$	$\dfrac{3}{\sqrt{2}\,\pi} = 0{,}675$
große Pohlzahl	$\dfrac{3}{\pi} = 0{,}955$	$\dfrac{3\sqrt{3}}{2\,\pi} = 0{,}827$

Tafel V.
Zonenfaktoren der zweiphasigen Ganzlochwicklungen.

q	ξ_1	ξ_3	ξ_5	ξ_7
2	0,924	0,383	0,383	0,924
3	0,910	0,333	0,244	0,244
4	0,906	0,318	0,213	0,180
5	0,904	0,312	0,200	0,159
6	0,903	0,309	0,194	0,149
∞	0,900	0,300	0,180	0,129

Tafel VI. *Zonenfaktoren einphasiger Ganzlochwicklungen.*

$Q = $ Zahl der Nuten je Pol

$q = $ Zahl der bewickelten Nuten je Pol

Q	q	q/Q	ξ_{z1}	ξ_{z3}	ξ_{z5}	ξ_{z7}
3	2	${}^2/_3$	0,866	0	0,866	0,866
4	2	${}^1/_2$	0,925	0,385	0,385	0,924
4	3	${}^3/_4$	0,804	0,118	0,138	0,805
5	3	${}^3/_5$	0,872	0,125	0,333	0,127
5	4	${}^4/_5$	0,766	0,182	0	0,182
6	3	${}^1/_2$	0,910	0,333	0,244	0,244
6	4	${}^2/_3$	0,836	0	0,224	0,224
6	5	${}^5/_6$	0,744	0,200	0,054	0,054
7	4	${}^4/_7$	0,873	0,175	0,270	0
7	5	${}^5/_7$	0,810	0,071	0,139	0,200
8	5	${}^5/_8$	0,856	0,069	0,187	0,114
8	6	${}^3/_4$	0,794	0,115	0,077	0,157
∞	∞	0,6	0,859	0,109	0,212	0,047
∞	∞	${}^2/_3$	0,827	0	0,165	0,118
∞	∞	0,7	0,810	0,047	0,129	0,128

Tafel VII. *Kurven zur Entnahme von Teilfaktoren* (siehe Seite 258).

Den Kurven können entnommen werden:

1. Sehnungsfaktoren $\xi_{S\nu}$ abhängig vom Verhältnis W/τ. (Wenn $W > \tau$, ist mit dem Wert $(2 - W/\tau)$ als Abszisse zu rechnen.)

Berechnungsgleichung: $\xi_{S\nu} = \cos \nu \dfrac{\varepsilon_S}{2} = \cos \nu\,(1 - W/\tau)\,\dfrac{\pi}{2}$.

2. Unterschiedsfaktoren $\xi_{U\nu}$ abhängig von $\varepsilon/2 = \varepsilon_U/2$.

Berechnungsgleichung: $\xi_{U\nu} = \cos \nu \dfrac{\varepsilon_U}{2} = \cos \nu \dfrac{1}{4}\,(\beta_1 - \beta_2)$.

3. Verschiebungsfaktoren $\xi_{V\nu}$ abhängig von $\varepsilon/2 = \varepsilon_V/2$.

Berechnungsgleichung: $\xi_{V\nu} = \cos \nu \dfrac{\varepsilon_V}{2}$.

Eine Ringverschiebung um den Winkel ε_V entspricht einer Zonenänderung um den Winkel $\varepsilon_U = {}^1/_2\,(\beta_1 - \beta_2)$ oder einer Sehnung um den Winkel $\varepsilon_S = (1 - W/\tau)\,\pi/2$.

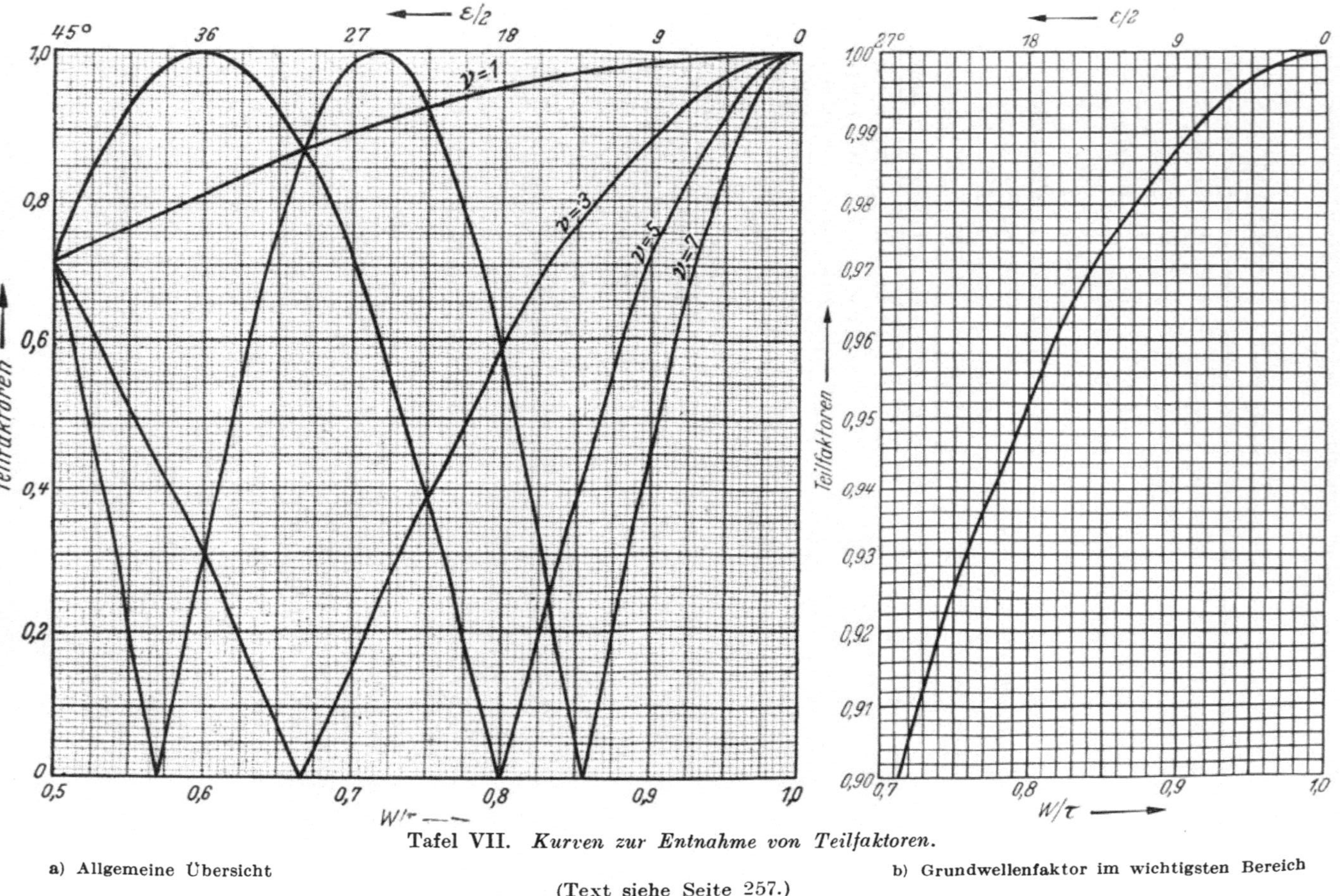

Tafel VII. Kurven zur Entnahme von Teilfaktoren.

a) Allgemeine Übersicht

(Text siehe Seite 257.)

b) Grundwellenfaktor im wichtigsten Bereich

Schrifttumsverzeichnis.

Verzeichnis der Abkürzungen.

AEG-Mitt. = AEG-Mitteilungen.

A. f. E. = Archiv für Elektrotechnik.

ATM = Archiv für Technisches Messen.

BBC-Mitt. = BBC-Mitteilungen.

BBC-Nachr. = BBC-Nachrichten.

Bull. S. E.V. = Bulletin des Schweiz. Elektrotechnischen Vereins.

El. Ber. = Elektrotechnische Berichte.

Electr. = The Electrician.

El. Eng. = Electrical Engineering.

Elettr. = Elettrotecnica.

El. J. = Electric Journal.

El. Obzor = Elektrotechnicky Obzor.

El. Tms. = Electrical Times.

ETZ = Elektrotechnische Zeitschrift.

E. u. M. = Elektrotechnik und Maschinenbau.

G. E. Rev. = General Electric Review.

J. A. I. E. E. = Journal of the American Institute of Electrical Engineers.

Jb. AEG-Forsch. = Jahrbuch des Forschungsinstituts der AEG.

Nov. techn. = Novosti technitscheskoj literaturi.

Rev. Gén. = Revue Générale de l'Electricité.

S. T. Z. = Schweiz. Techn. Zeitschrift

S.-Z. = Siemens-Zeitschrift.

VDE-Fachber. = Fachberichte des Verbandes Deutscher Elektrotechniker.

Vestn. el. = Vestnik elektropromischlonosti.

W. V. Siemens = Wissenschaftliche Veröffentlichungen aus dem Siemens-Konzern.

Das vorliegende Verzeichnis berücksichtigt nur das Schrifttum vom Jahre 1921 ab. Das ältere Schrifttum ist in dem im Verzeichnis unter [1] aufgeführten Buche enthalten.

Über fremdsprachliche und in weniger verbreiteten deutschen Zeitschriften erschienene Arbeiten sind oft an anderer, leichter zugänglicher Stelle Berichte gebracht. In eckigen Klammern stehende Angaben weisen auf diese Berichte hin.

Bücher.

[1] RICHTER: Ankerwicklungen für Gleich- und Wechselstrommaschinen. Berlin 1920 (Neudruck 1922).

[2] RÜDENBERG: Elektrische Schaltvorgänge, 3. Aufl. Berlin: Springer 1933.

[3] v. RZIHA u. SEIDENER: Starkstromtechnik, Bd. 1, 7. Aufl. Berlin 1930.

[4] RICHTER: Elektrische Maschinen, Bd. I. Berlin: Springer 1924; Bd. II. Berlin: Springer 1930; Bd. III. Berlin: Springer 1932; Bd. IV. Berlin: Springer 1936; Bd. V. Berlin: Springer 1950.

[5] Liwschitz: Die elektrischen Maschinen, Bd. I, 2. Aufl. Leipzig u. Berlin 1931; Bd. II. Leipzig u. Berlin 1931; Bd. III. Leipzig u. Berlin 1934.

[6] Clément: Der Entwurf elektrischer Wicklungen, 3. Aufl. Paris 1932 [E. u. M. Bd. 50 (1932) S. 280].

[7] Raskop: Katechismus für die Ankerwickelei, 5. Aufl. Berlin 1937 [El. Ber. Bd. 3 (1937) S. 205].

[8] Raskop: Berechnungsbuch des Ankerwicklers, 3. Aufl. Berlin 1938 [El. Ber. Bd. 8 (1938) S. 9].

[9] Raskop: Isolierlacke, deren Eigenschaften und Anwendung in der Elektrotechnik, insbesondere im Elektromaschinen- und Transformatorenbau, 2. Aufl. Berlin 1948.

[10] Riepenberg: Praktische Anleitung zur Instandsetzung von Elektromaschinen und Transformatoren sowie zur Herstellung von Elektromaschinen-Wicklungen und Transformatoren-Wicklungen, 3. Aufl. Berlin 1940 [El. Ber. Bd. 17 (1941) S. 205].

[11] Punga: Vorlesung über Elektromaschinenbau. Darmstadt 1948.

[12] Richter: Kurzes Lehrbuch der elektrischen Maschinen. Berlin: Springer 1949.

[13] Bödefeld u. Sequenz: Elektrische Maschinen, 4. Aufl. Wien: Springer 1949.

[14] Biermanns: Hochspannung und Hochleistung. München 1949.

[15] Sequenz: Die Wicklungen elektrischer Maschinen, Bd. I. Wien: Springer 1950.

[16] Holland-Merten: Die Vakuum-Imprägnierung. Halle (Saale) 1951.

Zeitschriften-Aufsätze.

Allgemeiner Inhalt:

[17] Roe: Wichtige Kleinigkeiten beim Ankerwickeln. El. J. Bd. 34 (1937) S. 294 u. 323 [El. Ber. Bd. 3 (1937) S. 205 u. 360].

[18] Kauders: Erkenntnisse über Wicklungen elektrischer Maschinen, 1. Teil. El. Obzor Bd. 26 (1937) S. 533 [El. Ber. Bd. 4 (1938) S. 10]; 2. Teil, El. Obzor Bd. 27 (1938) S. 213 [El. Ber. Bd. 7 (1938) S. 19].

[19] Raskop: Wicklungsarten und Hilfsmittel für deren Herstellung. Dtsch. Elektro-Handw. Bd. 15 (1937) S. 804 [El. Ber. Bd. 4 (1938) S. 75].

[20] Bundin: Werkbänke für die Anfertigung von Wicklungsteilen. Vestn. El. Bd. 2 (1938) S. 37 [El. Ber. Bd. 6 (1938) S. 314].

[21] Pokorny: Wicklungsschemen elektrischer Maschinen. El. Obzor Bd. 29 (1940) Nr. 21 S. 21 [El. Ber. Bd. 16 (1940) S. 224].

Wechselstrom-Ständerwicklungen:

[22] Punga u. Roos: Verdrillte Stäbe. E. u. M. Bd. 39 (1921) S. 485.

[23] Ilg: Über Drehstrom-Motoren mit offenen Nuten und Verschluß durch lamellierte Spreizkeile. S.-Z. Bd. 1 (1921) S. 192.

[24] de Pistoye: Wechselstrom-Bruchlochwicklungen. Rev. Gén. Bd. 14 (1923) S. 798.

[25] Mandl: Die Nutenharmonischen in der Spannungskurve von Drehstrom-Generatoren. E. u. M. Bd. 44 (1926) S. 325.

[26] Liwschitz: Polumschaltbare Wicklungen. ETZ Bd. 47 (1926) S. 585.

[27] Rasch: Ein Beitrag zum Studium der Bruchlochwicklungen. ETZ Bd. 47 (1926) S. 1352.

[28] Baffrey: Über den Einfluß der Schrittverkürzung auf die Überlastungsfähigkeit von Drehstrommotoren. A. f. E. Bd. 16 (1926) S. 97.

[29] Fritze: Über die Wicklungsfaktoren von Maschinenwicklungen. A. f. E. Bd. 18 (1927) S. 199 [ETZ Bd. 48 (1927) S. 1661].

[30] Pohl: Die MMK.-Oberschwingungen der Drehstromwicklungen. A. f. E. Bd. 18 (1927) S. 238 [ETZ Bd. 48 (1927) S. 1268].

[31] Tittel: Eine neue Zweistabwicklung. S.-Z. Bd. 7 (1927) S. 691.

[32] Pohl: Die MMK.-Oberschwingungen einschichtiger Drehstromwicklungen. A. f. E. Bd. 19 (1927/28) S. 443 [ETZ Bd. 49 (1928) S. 689].

[33] Tittel: Neuartige Wicklungen für Wechselstrommaschinen. ETZ Bd. 49 (1928) S. 1103.

[34] Suter: Über neue Wicklungen asynchroner Wechselstrommaschinen. S. T. Z. Bd. 25 S. 73 [ETZ Bd. 50 (1929) S. 1663].

[35] Seike: Die einfache Ausführung der Bruchloch-Ankerwicklungen für Wechselstrom. E. u. M. Bd. 49 (1931) S. 21 u. 139.

[36] Punga: Die Nutenharmonischen von Drehstromgeneratoren mit Bruchlochwicklungen. ETZ Bd. 52 (1931) S. 1301 u. 1325.

[37] Hering: Eine neue Ständerwicklung für Turbogeneratoren hoher Betriebs- oder Prüfspannung. S.-Z. Bd. 11 (1931) S. 187.

[38] Kauders: Systematik der Drehstromwicklungen, 1. Teil. E. u. M. Bd. 50 (1932) S. 88 u. 106; 2. Teil E. u. M. Bd. 52 (1934) S. 85.

[39] Laible: Stromverdrängung in Nutenleitern von trapezförmigem und dreieckigem Querschnitt. A. f. E. Bd. 27 (1933) S. 558 [ETZ Bd. 55 (1934) S. 193].

[40] Sequenz: Drei Regeln für die Wahl der Nutenzahlen bei Käfigankermotoren. ETZ Bd. 55 (1934) S. 269.

[41] Hellmund u. Veinott: Unregelmäßige Wicklungen bei Induktionsmotoren mit Schleifringläufer. El. Eng. Bd. 53 (1934) S. 342 [ETZ Bd. 55 (1934) S. 820].

[42] Schmitz: Die Wechselwirkung zwischen Wicklungen verschiedener Polzahl. ETZ Bd. 55 (1934) S. 1024.

[43] Schuisky: Unsymmetrische Schaltungen der Ständerwicklung des Induktionsmotors. A. f. E. Bd. 28 (1934) S. 716.

[44] Krebs: Neue polumschaltbare Wicklung. AEG.-Mitt. 1934, S. 398 [ETZ Bd. 56 (1935) S. 348].

[45] Sequenz: Formeln zu einer einfachen Austeilung von Wechselstromwicklungen. ETZ Bd. 56 (1935) S. 983.

[46] Sequenz: Der Entwurf von zweischichtigen Wechselstromwicklungen. E. u. M Bd. 56 (1938) S. 7 [ETZ Bd. 59 (1938) S. 399].

[47] Kunoth: Neuzeitliche Zweistabwicklungen für Wechselstromgeneratoren. VDE-Fachber. Bd. 10 (1938) S. 52.

[48] Raskop: Polumschaltbare Drehstrom-Wicklungen und deren Bedeutung für das Elektromaschinenbauerhandwerk. Dtsch. Elektro-Handw. Bd. 16 (1938) S. 583 [El. Ber. Bd. 8 (1938) S. 74].

[49] Dunbar: Eine Näherungsformel für den Sehnungsfaktor von Ankerwicklungen. El. Tms. Bd. 94 (1938) S. 240 [El. Ber. Bd. 8 (1938) S. 285].

[50] Harms: Wahl des Wicklungsschrittes bei Wechselstrommaschinen mit Rücksicht auf den Werkstoffaufwand. E. u. M. Bd. 57 (1939) S. 93 [ETZ Bd. 60 (1939) S. 697].

[51] Möller: Polumschaltbare Motoren mit zwei getrennten Wicklungen als Korbwicklung. ETZ Bd. 60 (1939) S. 593.

[52] Hopwood: Wickelverfahren für Wechselstrommotoren. El. Eng. Bd. 9 (1939) S. 250 [El. Ber. Bd. 16 (1940) S. 224].

[53] Taylor: Wechselstromwicklungen und ihre Schaltungen. El. Eng. Bd. 8 (1939) S. 441 [El. Ber. Bd. 12 (1939) S. 377].

[54] Rebora: Drehstromgenerator mit Ständerwicklung für 42 u. 50 Hz. Ellettr. Bd. 26 (1939) S. 34 [ETZ Bd. 60 (1939) S. 1290].

[55] Schmitz: Über Drehstrom-Zweischichtwicklungen. ETZ Bd. 61 (1940) S. 778.

[56] TRASSL: Polumschaltbare Wicklungen für Synchronmaschinen mit ausgeprägten Polen. E. u. M. Bd. 58 (1940) S. 145 u. 166.

[57] SCHACK-NIELSEN: Oberwellenarme Drehstromwicklungen. E. u. M. Bd. 58 (1940), S. 339.

[58] LEUKERT: Neuerungen bei Synchronmaschinen. E. u. M. Bd. 58 (1940) S. 345.

[59] BOROVKOV: Vorrichtung zum Biegen der Spulen für die Zweischicht-Ständerwicklung. Vestn. el. Bd. 11 (1940) S. 47 [El. Ber. Bd. 18 (1941) S. 275].

[60] MÁNDI: Polumschaltung im Verhältnis 1:2 (verbesserte Dahlanderschaltung). Elektrotechnika Bd. 33 (1940) S. 42 [E. u. M. Bd. 59 (1941) S. 105].

[61] KADE: Oberfelder in Wechselstrom-Wicklungen. E. u. M. Bd. 59 (1941) S. 141.

[62] BEDJANIC: Beitrag zur Theorie der zweischichtigen symmetrischen Bruchlochwicklungen. E. u. M. Bd. 59 (1941) S. 499.

[63] MOUČKA: Konstruktion der Wicklungen elektrischer Maschinen mit verschiedener Phasenaufteilung im reduzierten Schema. El. Obzor Bd. 29 (1940) S. 621 u. 633 [El. Ber. Bd. 18 (1941) S. 57].

[64] TÜXEN: Das Oberwellenverhalten mehrphasiger Wechselstromwicklungen. Jb. AEG-Forsch. Bd. 8 (1941) S. 78 [E. u. M. Bd. 61 (1943) S. 273].

[65] JORDAN u. TÜXEN: Die Analyse unsymmetrischer Drehstromwicklungen. Jb. AEG-Forsch. Bd. 8 (1941) S. 106 [E. u. M. Bd. 61 (1943) S. 83].

[66] SEQUENZ: Ein neues Verfahren zum Einbringen von Ständerwicklungen. E. u. M. Bd. 61 (1943) S. 147.

[67] RICHTER: EMK und Wicklungsfaktor bei beliebiger Feldkurve. ETZ Bd. 70 (1949) S. 309.

[68] RICHTER: Felderregerkurve und Feldkurve bei elektrischen Maschinen. ETZ Bd. 71 (1950) S. 618.

[69] JASSE: Beitr. g zur Frage der günstigsten Stabhöhe bei Stromverdrängung. A. f. E. Bd. 39 (1950) S. 323.

[70] v. DOBBELER: Unsymmetrische Drehstromwicklungen. ETZ Bd. 72 (1951) S. 203.

[71] HUBER: Die Berechnung des Wicklungsfaktors. E. u. M. Bd. 68 (1951) S. 470, 493 u. 516.

Mehrphasige Läuferwicklungen:

[72] HUDETZ Nomogramme zur Bestimmung des Rotor-Wicklungsfaktors. ETZ Bd. 53 (1932) S. 1253.

[73] LIWSCHITZ u. RAYMUND: Zusätzliche Verluste in Käfigwicklungen von Asynchron- und Synchronmaschinen. W. V. Siemens Bd. 14 (1935) Heft 1 S. 16.

[74] KÜBLER: Stromverdrängung bei Doppelstabläufern. ETZ Bd. 56 (1935) S. 637.

[75] KAUDERS: Eine neuartige Käfigwicklung und ihre Anwendung zur Lösung des Anlaufproblems von Asynchronmotoren. E. u. M. Bd. 54 (1936) S. 521 [ETZ Bd. 58 (1937) S. 97].

Stromwenderwicklungen:

[76] BOJKO: Einfache Darstellung von Gleichstrom-Ankerwicklungen. ETZ Bd. 42 (1921) S. 1126.

[77] RIKER u. DUDLEY: Schleifenwicklungen mit ungleichen Spulengruppen. El. J. Bd. 22 (1925) S. 25 [ETZ Bd. 47 (1926) S. 194].

[78] SCHUBERG: Wickelkopfausladung und Berechnung der Windungslänge bei Stab- und Schablonenankern. ETZ Bd. 47 (1926) S. 1128.

[79] DREYFUS: Über die Verbesserung der Kommutierungsverhältnisse von Schleifenwicklungen durch Verkürzung des Wicklungsschrittes (Sehnenwicklung) und andere Mittel. A. f. E. Bd. 16 (1926) S. 28 [ETZ Bd. 48 (1927) S. 244].

[80] Sequenz: Erweiterung der Meßschrittformeln auf unsymmetrische Wellenwicklungen. ETZ Bd. 49 (1928) S. 750 u. 884.

[81] Sequenz: Die Symmetriebedingungen für Gleichstromankerwicklungen. ETZ Bd. 49 (1928) S. 1217.

[82] Sequenz: Reihenwicklungen mit toten Spulen oder halbblinden Stegen. E. u. M. Bd. 47 (1929) S. 845.

[83] Sequenz: Die „Froschbeinwicklung". ETZ Bd. 52 (1931) S. 995.

[84] Archibald: Ankerwicklungen. Electr. Bd. 105 (1930) S. 407 [ETZ Bd. 52 (1931) S. 177].

[85] Sequenz: Versuch einer allgemeinen Theorie der Gleichstrom-Ankerwicklungen. A. f. E. Bd. 27 (1933) S. 709 [ETZ Bd. 55 (1934) S. 146].

[86] Sequenz: Neue Wellenwicklungen. E. u. M. Bd. 52 (1934) S. 273 [ETZ Bd. 55 (1934) S. 1177].

[87] Correggiari: Die Wahl der Nutenzahlen bei Reihen- und Reihenparallelwicklungen von Gleichstrommaschinen. Elettr. Bd. 21 (1934) S. 35 [E. u. M. Bd. 52 (1934) S. 316].

[88] Sequenz: Theorie der eingängigen Gleichstrom-Ankerwicklungen. 1. Teil, A. f. E. Bd. 31 (1937) S. 524 [ETZ Bd. 58 (1937) S. 983]; 2. Teil, A. f. E. Bd. 33 (1939) S. 367 [ETZ Bd. 60 (1939) S. 812].

[89] Novak: Wicklungen mit Ausgleichswirkung. El Obzor Bd. 26 (1937) S. 595 [E. u. M. Bd. 56 (1938) S. 240; El. Ber. Bd. 4 (1938) S. 313].

[90] Novak: Wicklungen bei nicht ganzen Zahlen von Nuten je Polpaar. El. Obzor Bd. 28 (1939 S. 299 [El. Ber. Bd. 12 (1939) S. 171].

[91] Humburg: Die Wirkung der Ausgleichsverbindungen bei Wellenwicklungen. E. u. M. Bd. 58 (1940) S. 203.

[92] Markov: Die zweigängige Schleifenwicklung für Gleichstrommaschinen. Elektritschestwo Bd. 61 (1940) S. 18 [E. u. M. Bd. 61 (1943) S. 81; El. Ber. Bd. 17 (1941) S. 267].

[93] Najdin: Kollektorenlötung in Wannen. Vestn. el. Bd. 11 (1940) S. 46 [El. Ber. Bd. 18 (1941) S. 274].

[94] Sequenz: Zahl der Spulen zwischen benachbarten Stegen einer Stromwenderwicklung. E. u. M. Bd. 59 (1941) S. 585.

[95] Schack-Nielsen: Die Latoursche oder Froschbeinwicklung. E. u. M. Bd. 60 (1942) S. 342.

[96] Sequenz: Wicklungsfaktoren von Stromwenderwicklungen. E. u. M. Bd. 60 (1942) S. 445.

[97] Sequenz: Das Spannungsvieleck von Stromwenderwicklungen. E. u. M. Bd. 61 (1943) S. 259.

[98] Schack-Nielsen: Eine neue Ausführung der mehrfachen Anker-Wellenwicklung. E. u. M. Bd. 61 (1943) S. 461.

[99] Schrage: Mehrfachparallelwicklungen für Drehfeld-Kommutatormaschinen. Bull. S. E. V. Bd. 34 (1943) S. 138 [E. u. M. Bd. 61 (1943) S. 428].

[100] Faye-Hansen: Latour- oder Froschbeinwicklungen und andere Kommutatorwicklungen mit mehr parallelen Ankerstromzweigen als Polen. Elektroteknisk Tidsskrift Bd. 56 (1943) S. 37 [E. u. M. Bd. 61 (1943) S. 301 u. 303].

[101] Sequenz: Selbstausgleichende Stromwenderwicklungen. E. u. M. Bd. 62 (1944) S. 108.

Gleichstrom-Feldwicklungen:

[102] Ekk: Vorrichtung für das Aufwickeln der Polspulen elektrischer Maschinen. Vestn. el. Bd. 5 (1938) S. 10 [El. Ber. Bd. 7 (1938) S. 300].

Hilfswicklungen:

[103] Liwschitz: Das Drehmoment und die Gesichtspunkte für den Entwurf der Dämpferwicklung einer Mehrphasen-Synchronmaschine im Parallelbetrieb. A. f. E. Bd. 10 (1922) S. 96.

[104] Löbl: Messung der Wirksamkeit von Dämpferwicklungen. VDE-Fachber. Bd. 2 (1927) S. 104.

[105] Lochner: Der Entwurf der Wicklungen (Wendepol-, Kompensationswicklungen usw.). Electr. Bd. 108 (1932) S. 500 [E. u. M. Bd. 50 (1932) S. 524].

[106] Brüderlink: Die Stromverteilung in den Dämpferstäben von Synchronmaschinen beim Abdämpfen nichtsynchroner Drehfelder. S.-Z. Bd. 16 (1936) S. 133.

[107] Putz: Dämpferwicklungen. E. u. M. Bd. 61 (1943) S. 639.

Isolierung der Wicklungen:

[108] Zederbohm: Fortschritte in der Isolierung von Wechselstrom-Hochspannungswicklungen. S.-Z. Bd. 1 (1921) S. 15 u. 33.

[109] Imhoff: Fortschritte der Isolationstechnik, speziell in bezug auf die Geradseiten geschlossener Ankerspulen. ETZ Bd. 49 (1928) S. 1215.

[110] Rücklin: Ein experimenteller Beitrag zum Spulenproblem. A. f. E. Bd. 20 (1928) S. 507.

[111] Ross: Rotorisolation von Turbogeneratoren. El. J. Bd. 25 (1928) S. 63 [ETZ Bd. 50 (1929) S. 93].

[112] Hill: Verbesserung der Isolation von Hochspannungs-Wechselstromgeneratoren. J. A. I. E. E. Bd. 47 (1928) S. 492 [ETZ Bd. 50 (1929) S. 492; E. u. M. Bd. 47 (1929) S. 93].

[113] Schenkel: Ein Turbogenerator für 40000 V Prüfspannung. S.-Z. Bd. 10 (1930) S. 396.

[114] Beldi: Verbesserung der Isolation von Hochspannungsmaschinen. BBC.-Nachr. Bd. 17 (1930) S. 297; BBC.-Mitt. Bd. 17 (1930) S. 304 [ETZ Bd. 53 (1932) S. 389].

[115] Matthias: Die heutigen Probleme der Hochspannungs-Kraftübertragung (u. a. Isolation und Abstützung von Wicklungen). ETZ Bd. 52 (1931) S. 1457.

[116] Boller u. Wellauer: Zusammenfassende Darstellung der dielektrischen Verluste in Mikanitisolationen für Generatorspulen hoher Spannung. Bull. S. E. V. Bd. 22 (1931) S. 589 [ETZ Bd. 53 (1932) S. 583].

[117] Beldi: Gegenwärtiger Stand der Isoliertechnik im Großmaschinenbau, insbesondere bei hohen Spannungen. E. u. M. Bd. 50 (1932) S. 541.

[118] Stach: Isoliertechnik im Maschinenbau. ETZ Bd. 54 (1933) S. 563.

[119] Eberspächer u. Stach: Beitrag zur Isolierung von Hochspannungsmaschinen. S.-Z. Bd. 14 (1934) S. 88.

[120] Trechow: Kompound für Stirnteile von Motorwicklungen. Nov. techn. Bd. 2 (1938) S. 31 [El. Ber. Bd. 6 (1938) S. 315].

[121] Büssing: Glasfäden als Isolierstoff für elektrische Maschinen. E. u. M. Bd. 57 (1939) S. 377 [ETZ Bd. 60 (1939) S. 1139].

[122] Mathes u. Stewart: Asbest- und Glasfaserisolation. El. Eng. Bd. 58 (1939) Transact. S. 290 [ETZ Bd. 60 (1939) S. 1139].

[123] Roe: Zweckmäßige Isolation von Ankerwicklungen. Power Bd. 83 (1939) S. 62 [El. Ber. Bd. 11 (1939) S. 206].

[124] Dementjev: Wicklungsschutz von Niederspannungsmaschinen durch Imprägnieren und durch Anstrich. Vestn. el. Bd. 10 (1939) S. 27 [El. Ber. Bd. 15 (1940) S. 217].

[125] Mantrov: Berechnung des erforderlichen Drucks beim Umpressen der Isolation bei elektrischen Maschinen. Vestn. el. Bd. 11 (1940) Nr. 10 S. 16 [El. Ber. Bd. 18 (1941) S. 58].

[126] Hartmann: Das Papier als Hochspannungsisolierstoff. BBC.-Nachr. Bd. 30 (1943) S. 65.

[127] Beldi: Aktuelle Isolationsprobleme im Maschinen- und Transformatorenbau. BBC.-Mitt. Bd. 30 (1943) S. 224.

[128] Geissler: Die Wicklungsausladung von Formspulen für Ständerwicklungen. E. u. M. Bd. 62 (1944) S. 378.

[129] Wellauer: Die Spannungsbeanspruchung der Eingangsspulen von Wicklungen beim Auftreten von Stoßspannungen verschiedener Steilheit. Bull. S. E. V. Bd. 38 (1947) S. 655.

[130] Flegler: Die Stoßwellenbeanspruchung von Maschinen- und Transformatorenwicklungen. ETZ Bd. 70 (1949) S. 285.

[131] Oburger: Die Isolation für thermisch hochbeanspruchte elektrische Maschinen. E. u. M. Bd. 67 (1950) S. 150.

Sichern der Wicklungen gegen mechanische Kräfte:

[132] Ferris: Bandagieren von Ankern. El. J. Bd. 35 (1938) S. 145 [El. Ber. Bd. 7 (1938) S. 20].

[133] Leiner: Wicklungsbeanspruchungen bei plötzlichen Kurzschlüssen von Synchrongeneratoren. E. u. M. Bd. 59 (1941) S. 521.

[134] Jasse: Die mechanischen Kräfte im Ankerwicklungskopf einer elektrischen Maschine. A. f. E. Bd. 39 (1950) S. 319.

Prüfen der Wicklungen:

[135] Liebscher u. Ziegler: Prüfung der Windungsisolation von Spulen mittels Hochfrequenz-Spannungen. S.-Z. Bd. 8 (1928) S. 581.

[136] Rylander: Windungsprobe an Spulen mit Hochfrequenz. El. J. Bd. 25 (1928) S. 10 [ETZ Bd. 50 (1929) S. 1668].

[137] Bialous u. Malpica: Prüfeinrichtung für Kommutatorwicklungen. G. E. Rev. Bd. 41 (1938) S. 129 [El. Ber. Bd. 6 (1938) S. 315; ETZ Bd. 59 (1938) S. 884].

[138] Dickinson: Ein neues Spulenprüfgerät. G. E. Rev. Bd. 41 (1938) S. 199 [El. Ber. Bd. 7 (1938) S. 20].

[139] Dickinson: Ein Hochspannungs-Prüfgerät für Spulen. G. E. Rev. Bd. 42 (1939) S. 129 [El. Ber. Bd. 11 (1939) S. 206].

[140] Raske: Wicklungs-Prüfeinrichtungen für elektrische Maschinen. ATM, Z. 731-2 (1940).

[141] Stockmayer: Die Prüfung elektrischer Maschinen. ETZ Bd. 72 (1951) S. 691.

Umschalten und Umwickeln:

[142] Dowis: Umwickeln von Gleichstromankern für geänderte Betriebsbedingungen. Power-Plant-Engineering Bd. 43 (1939) S. 438 [El. Ber. Bd. 13 (1939) S. 57].